AF810490

BEITRÄGE ZUM AUSLÄNDISCHEN UND INTERNATIONALEN PRIVATRECHT

HERAUSGEGEBEN VOM
MAX-PLANCK-INSTITUT FÜR AUSLÄNDISCHES
UND INTERNATIONALES PRIVATRECHT

Direktor: Professor Dr. Hans Dölle

25

1 9 5 5

WALTER DE GRUYTER & CO.
BERLIN

J. C. B. MOHR (PAUL SIEBECK)
TÜBINGEN

DER EINFLUSS DUMOULINS AUF DIE ENTWICKLUNG DES KOLLISIONSRECHTS

von

FRANZ GAMILLSCHEG

Tübingen

1 9 5 5

WALTER DE GRUYTER & CO.
BERLIN

J. C. B. MOHR (PAUL SIEBECK)
TÜBINGEN

Gedruckt mit Unterstützung
der Gesellschaft für Rechtsvergleichung

©

Aile Rechte vorbehalten
Ohne ausdrückliche Genehmigung des Verlags ist es auch nicht gestattet,
das Buch oder Teile daraus
auf photomechanischem Wege (Photokopie, Mikrokopie) zu vervielfältigen
Printed in Germany
Satz und Druck: Buchdruckerei Eugen Göbel, Tübingen

A. und C. MAFTEI

in freundschaftlicher Verehrung

VORWORT

Meinem verehrten Lehrer *Konrad Zweigert* danke ich die Anregung zu der vorliegenden Untersuchung über die Bedeutung *Dumoulins* im Kollisionsrecht. Diese Aufgabe war wie kaum eine zweite geeignet, den großen und eigenen Reiz der Rechtsgeschichte offenbar zu machen, galt sie doch einem Mann, der in gleicher Weise Wissenschaftler höchsten Ranges und Politiker, Denker und Kämpfer, zeitlos und zeitgebunden war; dazu kam, daß sich im Laufe der Untersuchung eine zweite kraftvolle Gestalt jener Zeit unvermittelt in den Vordergrund schob, *d'Argentré,* der an hohem Interesse Dumoulin nicht nachsteht. Wenn ich ursprünglich davon ausgegangen war, in Dumoulin eine der Hauptpersonen der Statutenlehre zu sehen, so zeigte sich bald, daß als die zentrale Figur jener Zeit nicht Dumoulin, sondern sein ebenbürtiger Gegner d'Argentré zu gelten hat, demgegenüber die Bedeutung Dumoulins in der Geschichte des Kollisionsrechts verblaßt. Daß Dumoulin der Schöpfer der Lehre von der Parteiautonomie ist, habe ich nicht bestätigt gefunden, wie auch sonst vielfach die Lehren des Statutisten zu sehr mit heutigen Maßen gemessen und nach heutigen Begriffen ausgelegt werden. Doch tut das der Bedeutung Dumoulins keinen Abbruch; denn wir erkennen in ihm nicht nur den Ahnherrn des französischen Rechts, dem die Bewahrung des fränkischen Rechtsguts weitgehend zu danken ist, sondern auch den – vielleicht ersten – großen Rechtsvergleicher; und allein der Gedanke, aus der Vielzahl der fränkischen Gewohnheitsrechte das jus commune Francorum zu schöpfen, sichert ihm für immer seinen Platz in der Geschichte.

Vielen habe ich zu danken, daß die Arbeit in der gegenwärtigen Form vorgelegt werden kann: In erster Linie meinem verehrten Lehrer Professor *Dölle,* der sie in die Veröffentlichungen der Gesellschaft für Rechtsvergleichung und in die Reihe der Beiträge zum ausländischen und internationalen Privatrecht aufgenommen hat; der Gesellschaft für Rechtsvergleichung und ihrem Sekretär, meinem Kollegen Rechtsanwalt Dr. *Neumayer,* für den großzügigen Druckkostenzuschuß; dem Leiter des französischen Instituts in Tübingen, Herrn *René Cheval,* dank dessen freundlicher Vermittlung mir ein Jahresstipendium in Paris gewährt wurde, wo die reichen Schätze der Nationalbibliothek wie die unvergleichliche Cité universitaire alle Voraussetzungen fruchtbarer Arbeit boten; meiner Kollegin Fräulein *Gisela von der Trenck* für zahlreiche wertvolle Hinweise; der Deutschen Forschungsgemeinschaft für eine Reisebeihilfe, die mir erlaubt hat, Zitate zu überprüfen und an das Ganze noch einmal Hand anzulegen. Wenn ich endlich in der Lebensbeschreibung Dumoulins bei seinem kurzen Gastspiel als Professor in Tübingen etwas ausführlicher verweilt bin, so glaubte ich das gegenüber der Universität, der ich meine wissenschaftliche Ausbildung verdanke, verantworten zu können.

Franz Gamillscheg

INHALTSVERZEICHNIS

Zweiter Teil
DER EINFLUSS DUMOULINS AUF DIE ENTWICKLUNG DES KOLLISIONSRECHTS

EINLEITUNG

Das Leben Dumoulins [1]

CHARLES DUMOULIN, oder, wie er selbst unterschrieb: DU MOLIN, mit dem lateinischen Namen CAROLUS MOLINAEUS, wurde Ende des Jahres 1500 in Paris geboren. Er stammte, trotz seines bürgerlichen Namens[2], aus einer alten Landedelmannfamilie, in der die juristische Tradition seit längerem verwurzelt war. Ein Vorfahre, PIERRE DUMOULIN, war Rat am Pariser Parlament, ein anderer Bischof von Toulouse und Träger hoher Staatsämter gewesen. Sogar von Umständen wird berichtet, die für eine Verwandtschaft DUMOULINS zu Anna Boleyn, der unglücklichen zweiten Gattin König Heinrichs VIII. von England und Mutter der späteren Königin Elisabeth, sprechen[3]. Zum Besitz der Familie gehörten das Lehen von Migneaux, bei Antony, südlich von Paris, und das Gut Fontenay en Brie, sowie einige andere Liegenschaften.

Von seinem Vater JEAN DUMOULIN, Rechtsanwalt in Paris, erhielt er seinen ersten Rechtsunterricht. Er war der Älteste von sieben Kindern; seinen fünf Schwestern und seinem Bruder Ferry war er in brüderlicher Zuneigung zugetan, doch sollte er später mit seinem Bruder in einen über seinen Tod hinaus währenden Streit geraten.

In Paris bildete er sich zunächst in den Fächern der humanistischen Bildung – Grammatik, Philosophie, klassische Sprachen – aus und ging

---

[1] Eine ausführliche Biographie findet sich aus der Feder von J. BRODEAU als Einleitung zu der Gesamtausgabe der Werke DUMOULINS von 1654 und 1681 (Opera Omnia I 1–60). Der historische Wert dieser Darstellung ist bestritten. OLIVIER-MARTIN, Concours d'Agrégation S. 8 Anm. 1, rühmt ihre „peinliche Genauigkeit". Andere nennen sie oberflächlich und fehlerhaft; tatsächlich entspricht auch die Schilderung der Ereignisse in Tübingen, s. unten S. 8 ff., nicht der Wirklichkeit; eine kritische Biographie gibt es wohl noch nicht, da BRODEAU vielfach die umfangreichen autobiographischen Stellen in den Werken DUMOULINS als Grundlage nimmt (insbes. O. o. I S. 838 f. und in Widmungsschriften). Eine Anzahl unveröffentlichter Briefe befindet sich in der Basler Universitätsbibliothek, CARBONNIER 1. Die Darstellung BRODEAUS dient den meisten Biographien als Unterlage.

[2] MERVILLE, Discours sur Dumoulin 4.

[3] MERVILLE 5; HENRION DE PENSEY, Eloge de Dumoulin 5.

dann mit 16 Jahren nach Orléans, später nach Poitiers, um an diesen Orten von 1517 bis 1521 Jura zu studieren. Nach Orléans zurückgekehrt, hielt er seine ersten öffentlichen Vorlesungen und erregte durch die Selbständigkeit, mit der er bisher unangetastete Lehren des kanonischen Rechts bekämpfte, das Aufsehen seiner Zuhörer.

Nach Abschluß der siebenjährigen Studien ließ er sich 1522 in Paris als Rechtsanwalt nieder und wurde alsbald zu einem gesuchten Gutachter. Mit 23 Jahren erstattete er das berühmte Consilium 53, das zum Ausgangspunkt der noch heute in Frankreich gültigen Auffassung von der Rechtsnatur des ehelichen Güterrechts wurde[4]. Dagegen war ihm in der Laufbahn des Anwalts kein Erfolg beschieden. Eine angeborene Sprachhemmung scheint in der damaligen Zeit seine Plädoyers stark beeinträchtigt zu haben[5]; jedenfalls gab er seine anwaltschaftliche Tätigkeit bald auf und widmete sich ganz der Forschung und Wissenschaft, unter Beibehaltung seiner Gutachtertätigkeit, die ihm die Mittel für ein bescheidenes Leben verschaffte.

In diese wissenschaftliche Arbeit vergrub er sich mit einem gewissen Fanatismus. Die Annahme hoher Ämter, die ihm von seinen Freunden angetragen wurden, lehnte er ab, um seine Zeit und wissenschaftliche Unabhängigkeit nicht zu verlieren, ja, er schnitt sich sogar, um das Jahr 1530, trotz des Abratens seiner Freunde, seinen stattlichen schwarzen Bart ab, um auf seine Pflege nicht zu viel Zeit verschwenden zu müssen. Aus ähnlichen Gründen entschied er sich dafür, sich niemals zu verheiraten, schenkte seinem jüngeren Bruder Ferry 1531 seinen gesamten Grundbesitz und verzichtete zu seinen Gunsten auf alle seine Erbrechte, welche Großmut ihm allerdings schlecht gedankt werden sollte.

In diese Zeit fallen die Arbeiten Dumoulins am ersten Teil seines Kommentars zur Pariser Coutume. Dreizehn Jahre hatte er an die Vorarbeiten gegeben; nun (1535) begann er mit der Ausarbeitung. Er konnte aber nur ein Jahr ungestört schreiben, bis die Wirren des Krieges zwischen König Franz I. von Frankreich und Kaiser Karl V. seine Muße unterbrachen. Durch die allgemeine wirtschaftliche Not geriet er in Schulden, wobei er sich zumal über ungerechte Steuern zu beklagen hatte; außerdem wurde ihm sein letztes bares Geld in der Wohnung gestohlen. Als sich diese widrigen Umstände ungünstig auf seine Gesundheit aus-

[4] S. unten S. 42 ff.

[5] Doch hat er einige Prozesse gewonnen, die seinen Kollegen aussichtslos erschienen waren. Brodeau 5 kleidet das in die Formulierung: „Seine Plädoyers waren Bäume, die ausgezeichnete Früchte, aber wenig Blüten und Blätter trugen.“

zuwirken begannen, wurde er endlich das spartanische Leben leid und entschloß sich zu heiraten. Unter mehreren begüterten Mädchen wählte er die „tugendsame, bescheidene und gefällige" LOUISE DE BELDON, obwohl sie eine geringe Mitgift mitbrachte, und führte sie Anfang 1538 heim[6].

In dieser Zeit nahm er die Arbeiten am Kommentar zur Pariser Coutume wieder auf, mußte sie aber wegen Krankheit mehrfach unterbrechen. Sein Schüler und Helfer war FRANÇOIS BAUDOIN, der später selbst als Jurist einen beachtlichen Namen errang. Im Verein mit ihm stellte Dumoulin den ersten Teil des Kommentars, der das Lehensrecht behandelt, soweit fertig, daß er ihn veröffentlichen konnte; er wurde ihm von seinem Verleger ohne nochmalige Durchsicht aus der Hand gerissen; in den beiden folgenden Ausgaben von 1558 und 1564 mußte Dumoulin daher vieles berichtigen. Trotzdem war das Werk eine Sensation bei seinen Zeitgenossen, und das Parlament von Paris beschloß, Dumoulin als Anerkennung für seine wissenschaftliche Leistung von sich aus auf die Liste der Kandidaten für einen eben frei werdenden Richterstuhl zu setzen[7]. Dumoulin zeigte sich für diese Ehrung empfänglich, lehnte aber unter Hinweis darauf ab, daß er sein Leben ganz der Wissenschaft widmen wollte.

Die Bedeutung des Kommentars zur Pariser Coutume war groß[8]. Die

[6] „Deus optimus mihi dedit uxorem studiorum meorum moecenatem nobilem Ludovicam Beldonem magno lectu selectam", O. o. I 839; MERVILLE 18.

[7] Folgender kleiner Zwischenfall, der in keiner Biographie Dumoulins fehlt, ist bezeichnend für das Ansehen, das er bei seinen Kollegen im Parlament genoß: Wegen seiner Sprachhemmung hatte ihn der Vorsitzende dieses Gerichts, der durch seine historischen Arbeiten bekannt gewordene CHRISTOPHE DE THOU, im Plädoyer unterbrochen und mit den Worten beleidigt: „Schweigen Sie, Sie Nichtskönner!" Hiergegen protestierte die Anwaltschaft geschlossen, und ihr Wortführer sagte: „Laesisti hominem doctiorem quam umquam eris." Die Echtheit dieser Anekdote wird allerdings von MERVILLE 55 bezweifelt, da zwischen Dumoulin und DE THOU eine enge Freundschaft bestanden habe; über letzteren vgl. MITTEIS, ZSSt. 63 (1943) G. Abt. 171.

[8] Eine ausführliche Inhaltsangabe bei AUBÉPIN, L'influence de Dumoulin sur la législation française. In diesem Werk bekämpft Dumoulin die rechtlichen Grundlagen des Feudalismus, dessen tatsächliche Macht bereits im Vergehen war; jedes Kapitel, jede Glosse ist ein Schlag gegen die Vorrechte der feudalen Grundherren. Ebenso heftig bekämpft Dumoulin die weltlichen Vorrechte der Kirche, auf Schritt und Tritt findet sich der Gedanke ausgedrückt, daß der Staat in seiner Straf- und Lehnsgewalt über der Kirche steht, AUBÉPIN 28; LABORDERIE, L'influence de Dumoulin 14; HELLO 105 ff. Über die Bedeutung des Werkes für die Stärkung des Landesrechts gegenüber dem römischen Recht der „eleganten Jurisprudenz" vgl. MITTEIS (oben Anm. 7) 170 f. Über die Coutume von Paris im allg. vgl. OLIVIER-MARTIN, Histoire de la Coutume de la Prévôté et Vicomté de Paris. – Gegen die Darstellung AUBÉPINS von Dumoulins Kampf gegen den Feudalismus werden neuestens von HERDING gewisse Vorbehalte angemel-

1580 erfolgte Neufassung des Pariser Ortsrechts stützte sich vielfach auf dieses Werk; vor allem liegt das Verdienst Dumoulins darin, die wissenschaftliche Erforschung der Coutumes auf eine höhere Ebene gehoben und die Methoden der Erfassung des römischen Rechts auf die Gewohnheitsrechte übertragen zu haben. Dem stand nicht entgegen, daß sein Stil holprig und ungefällig, sein Latein unelegant war und sich nicht mit der Schreibweise eines CUJAZ messen konnte[9].

In den Jahren bis 1541 arbeitete Dumoulin am zweiten Teil des Kommentars, Des Censives, den er jedoch erst 1558 veröffentlichen konnte. Weiter gedieh das auf vier Teile berechnete Werk nicht; lediglich vereinzelte Notizen fanden sich noch in seinem Nachlaß. Danach wandte er sich einer anderen, wie er sagt, „langen und lästigen" Arbeit zu, die ihn in den Jahren 1541–1544 beschäftigen sollte. Er kommentierte die sieben Bände Consilien des italienischen Juristen ALEXANDER TARTAGNUS VON IMOLA[10], den er sehr schätzte. In diesen 1300 Anmerkungen finden sich auch öfters Stellen, die auf das Kollisionsrecht Bezug haben. 1544 wurde das Werk gedruckt.

Im Jahre 1542 begannen die Religionskriege nun auch sein Leben von Grund auf umzugestalten. Im Juli dieses Jahres erstattete er ein Gutachten, das Consilium 43, gegen verschiedene Edikte Franz I., in denen die Konfiskation aller Güter der Protestanten und derer, die solche verbergen, angeordnet wurde[11]. In das gleiche Jahr fällt sein Übertritt zum Kalvinismus[12].

In den Jahren 1543–45 verfaßte er ein Werk über das Zinswesen[13],

det: De jure feudali, in: Deutsche Vierteljahrsschrift für Literaturwissenschaft und Geistesgeschichte 28 (1954) 288 ff. [304 ff.].

[9] Hierüber schreibt Dumoulin in seiner Widmung an Franz I. „proprietate verborum diligenter observata nec laboravi ad altiorem et graviorem sermonis elegantiam" O. o. I S. XIV. CUJAZ hat ihn wegen seines Stils kritisiert, AUBÉPIN 128.

[10] Vgl. unten S. 18 Anm. 2.

[11] „Dies hatte zu verschiedenen Anordnungen der kirchlichen Stellen in Paris im Juli 1542 geführt, die zur Entdeckung von Sektierern und Abtrünnigen aufforderten, um deren Güter beschlagnahmen zu können. Die Prediger verlangten in ihren Predigten, daß man sein Gewissen erleichtern und alles berichten müsse, was man wisse, bis zu den einfachsten Verdächten, daß sogar die Kinder verpflichtet seien, ihre Eltern, und die Angestellten, ihre Arbeitgeber anzuzeigen. Der Mißbrauch, der hiermit getrieben wurde, war so groß, ... daß es zu großen Ärgernissen kam", BRODEAU 13 f.

[12] Zum erstenmal wurde damit ein Zentralist, Vertreter der Macht des Königtums, Anhänger des neuen Glaubens; dies ist deshalb bemerkenswert, weil sich die feudalistischen Kräfte gerade des Protestantismus als Waffe gegen die Zentralgewalt des Königs bedienten, AUBÉPIN 26.

[13] Tractatus commerciorum et usurarum redituumque pecunia constitutorum, et monetarum.

in dem viele den Ursprung des Geldnominalismus sehen [14] und in welchem er das kanonische Zinsverbot angriff [15]. Das Buch hatte, wie seine Vorgänger, großen Erfolg – D'ARGENTRÉ nennt ihn den „doctissimum usurarum exactor" – und hat die Rechtsprechung in Zinssachen und die spätere Abfassung der Coutume stark beeinflußt [16]. In der Vorrede zur französischen Ausgabe tritt Dumoulin zum erstenmal für die Vereinheitlichung des französischen Gewohnheitsrechts als Mittel zur Stärkung der königlichen Macht ein [17]; er wird damit zum Wegbereiter der französischen Rechtseinheit [18].

Die folgende Zeit sieht eine ununterbrochene Kette weiterer Abhandlungen römischrechtlichen Inhalts entstehen [19], jene „Labyrinthe", „Nouveaux intellects", in denen Dumoulin es unternahm, die in ihnen behandelten Rechtsfragen auf neue Weise zu klären. Überschattet ist diese Zeit seines Lebens durch einen Prozeß, den er mit seinem Bruder Ferry führen mußte, hatte er doch die Universalschenkung widerrufen, mit der er ihn seinerzeit in den Besitz seiner Güter gesetzt hatte. Grund des Widerrufs war der Umstand, daß Dumoulin sich doch, entgegen seiner damaligen Voraussicht, verheiratet hatte und inzwischen drei Kinder geboren waren, die ihm verbliebenen Mittel auch angesichts der schlechten Zeitläufte nicht mehr zur Bestreitung des Lebensunterhalts für sich und die Familie

---

[14] MARTIN WOLFF, IPR² 14, Anm. 12. Der Kapitalstrom aus der neuen Welt und der Aufschwung des Handels hatten Dumoulin von der Notwendigkeit des Zinsdarlehens überzeugt. Doch wagte er es nicht, das kanonische Zinsverbot direkt anzugreifen, sondern erreichte sein Ziel auf dem Umweg über den Rentenkauf. Seine Ansicht, von Pius V. 1568 verurteilt, wurde bereits 1557 in einer Entscheidung des Pariser Parlaments anerkannt, LABORDERIE, L'influence de Dumoulin 15. Über die Geldschuldlehre Dumoulins vgl. TÄUBER, Molinaeus' Geldschuldlehre (Berliner Diss.) 4 ff.; DAWSON, The equitable remedies of the French Chancery before 1789, in: Festschrift für Ernst Rabel I (1954) 131 ff.; über seine Stellung zum Pfandrecht WARNKÖNIG, Dogmengeschichtliche Darstellung von der Lehre von der lex commissoria beim Pfandrecht, Archiv f. d. civ. Praxis 24 (1841) 17 ff.

[15] Ob CALVIN oder Dumoulin hierbei der erste war, läßt sich nicht feststellen, TÄUBER 4 Anm. 20.

[16] Nach BOULLENOIS, Traité I 382 (mit Auszügen).

[17] Oratio de concordia et unione consuetudinum Franciae, O. o. II 690.

[18] Vgl. unten S. 90 ff. und AUBÉPIN 84 ff., bes. 88, 96 ff.; LABORDERIE, L'influence de Dumoulin, 5; MEYNIAL 270 ff.

[19] De eo quod interest (1546), eine neue Erklärung zu Codex VII. 47;
De donationibus factis vel confirmatis in contractu matrimonii;
De inofficiosis testamentibus, donationibus et dotibus (1547–1550);
Anmerkungen zum Kommentar des Dynus Mugellanus in regulas juris Pontifici (1548);
Stilus Curiae Parlamenti (1550);
Commentaire sur les reigles de Chancellerie (1551);
Annotationes ad Jus Pontificium seu canonicum (1549–51).

ausreichten. Das Pariser Parlament entschied den Streit zugunsten Dumoulins; die von diesem auf C. 8. 55. 8 gestützten, mit großem Scharfsinn entwickelten Thesen zur Verteidigung seines Anspruchs fanden ihren Niederschlag in den erwähnten Abhandlungen über die Schenkung; sie sind Bestandteil des französischen Rechts geworden und in den Code civil übergegangen[20].

Das Jahr 1552 bedeutet einen Wendepunkt im Leben Dumoulins. Die politischen Stürme ergriffen ihn, „le calme de sa vie fut changé en orage", wie BRODEAU schreibt.

Anlaß hierzu gab das Edikt König Heinrichs II. „Ad parvas datas" von 1550, das sich gegen Mißbräuche der päpstlichen Finanzverwaltung, insbesondere gegen Datierungsschwindel, richtete. Nachdem Heinrich II. schließlich alle Zahlungen an die Kurie verboten hatte, geriet er in offenen Krieg mit Julius III., unter anderem auch wegen des Herzogtums Parma. Daß Dumoulin für den König und gegen den Heiligen Stuhl Partei ergriff, erscheint nach dem Vorangegangenen selbstverständlich. Er schrieb einen Kommentar zu dem Edikt[21] und vertrat darin den Standpunkt, daß zu allen Zeiten die französischen Könige die Gesetze über die kirchliche Verwaltung und ihren Status erlassen hätten, die von den kirchlichen Würdenträgern stets befolgt und von den Parlamenten registriert worden seien[22]. Damit war der alte Streit um die gallikanischen Freiheiten der Kirche von Frankreich wieder entbrannt. Julius III., erschreckt durch die Aussicht, nach dem Abfall Deutschlands auch noch Frankreich zu verlieren, gab unter dem Eindruck dieser Schrift den Kampf gegen Heinrich II. auf und machte mit ihm Frieden[23].

[20] MERVILLE 18 Anm. 1; CHÉNON-OLIVIER-MARTIN 363.

[21] Commentarius ad edictum Henrici II contra parvas datas et abusus Curiae Romanae et in antiqua edicta et senatusconsulta Franciae usw. (1551).

[22] Weiter enthält die Schrift in buntem Wirrwarr eine Geschichte des Papsttums, das mit dem Antichrist verglichen wird, neben weltlichen und theologischen Bemerkungen, Skandalgeschichten und handfesten Beleidigungen, MERVILLE 30, AUBÉPIN 38. Es ist daher wohl nicht aufrichtig, wenn Dumoulin schreibt, nur der Eifer für die Sache des Königs gebiete ihm, gegen die Mißbräuche der Kurie zur Feder zu greifen, nicht um sie zu stürzen, sondern um sie zu reformieren, wobei er nie anderes als Anhänglichkeit für den katholischen Glauben empfunden habe. Zweifelhaft scheint die Ansicht AUBÉPINS (52 ff.), Dumoulin habe nicht den Ehrgeiz gehabt, ein Reformator wie LUTHER oder CALVIN zu werden, sondern lediglich politische Ziele im Auge gehabt, sein Kampf habe sich nur gegen den weltlichen Arm der Kirche gerichtet; seine Tätigkeit in Tübingen spricht im Gegenteil für theologisch-reformatorische Ambitionen Dumoulins, s. unten S. 8. Alle Werke Dumoulins standen auf dem Index. Eine Leseerlaubnis wurde bei „MACHIAVELLI und dem gottlosen MOLINAEUS" meist nicht erteilt.

[23] ANNE DE MONTMORENCY, Connétable von Frankreich, stellte aus diesem Anlaß

Die Reaktion der Parteigänger des Papstes in Frankreich ließ jedoch nicht auf sich warten. Heinrich II. führte in Piemont Krieg und konnte, wollte sich wohl auch um Dumoulin nicht kümmern. Als erste sprach sich die theologische Fakultät der Sorbonne gegen das Buch aus und verlangte seine Unterdrückung; wohl aus dieser Zeit dürfte der besondere Grimm herrühren, den Dumoulin gegen die Doctores der Sorbonne hegte. Der nächste Schritt war eine vom Papst angeordnete Sonderuntersuchung durch einen Doktor der Sorbonne als Inquisitor des Glaubens, doch Dumoulin unterwarf sich nicht, da der Papst nicht gleichzeitig Richter und Partei sein könne. Der Streit gelangte vor den Conseil Privé du Roy unter Vorsitz von Katharina von Medici; diese vertagte bis zur Rückkehr des Königs. Als Dumoulins Feinde sahen, daß sie auf diesem Wege nicht zum Ziel kommen würden, ließen sie sein Haus in Paris plündern. Dumoulin sah sich gezwungen, nach Deutschland zu fliehen.

So beginnt im Jahre 1552 die erste Periode seines wenig beständigen Wanderlebens. Zunächst begab er sich an den Hof des Landgrafen Philipp von Hessen, den er bereits früher mit Gutachten in seinen Erbstreitigkeiten unterstützt hatte, und konnte ihm nun ein zweites Mal durch das Gewicht seiner Meinung zum Erfolg verhelfen[24]. Inzwischen war Heinrich II. wieder in Paris eingetroffen und Dumoulin kehrte dorthin zurück, um seine Sache zu verteidigen; seine Gegner waren jedoch zu mächtig, der König nicht geneigt, es mit ihnen zu verderben, wohl auch abgestoßen von der maßlosen Heftigkeit Dumoulins; so kam es, daß sein Haus zum zweiten Mal geplündert wurde und Dumoulin nach drei Tagen bereits unverrichteter Sache ein zweites Mal zur Flucht nach Deutschland gezwungen wurde, „où il rencontra un meilleur sort et sa vertu et probité y fut mieux reconnue et recompensée qu'elle n'avoit esté en son ingrate patrie“ [25].

Über Genf, die Republik Calvins, und Neuenburg, wo er einer kalvinistischen Synode präsidierte, begab sich Dumoulin nun nach Straßburg, wo er durch Vermittlung von Jakob Sturm die Stelle eines Professors der Rechte und Rats der Stadt erhielt. Hier blieb er von September 1552 bis September 1553, in welchem Monat er, nach ehrenvollem Abschied

---

Dumoulin dem König vor und sagte: „Sire, ce que Vostre Majesté n'a pu faire et executer avec trente mil hommes, de contraindre le Pape Jules a luy demander la paix, ce petit homme l'a achevé avec un petit livret“, Brodeau 21. Dumoulin war nämlich von kleiner Gestalt, er hatte einen schwarzen, zweigeteilten Bart und schwarzes Haupthaar, das im Alter in „geziemendes Grau“ überging, O. o. I S. XIX.

[24] Consilium 18 O. o. II 865 ff.

[25] Brodeau 26.

von Straßburg, eine Reise zu verschiedenen deutschen Fürsten, August von Sachsen, Pfalzgraf Friedrich, Herzog Christoph von Württemberg und Landgraf Wilhelm von Hessen, die in Heilbronn versammelt waren, unternahm.

Im Dezember 1553 folgte Dumoulin einem Ruf Herzog Christophs von Württemberg und ließ sich in Tübingen nieder[26]. Es vermittelten dies gemeinsame protestantische Freunde: BULLINGER, Reformator von Zürich und Anhänger ZWINGLIS, und VERGERIO, ein ehemaliger italienischer Bischof, der sich der Reformation angeschlossen hatte und nun in Tübingen lebte; aber Dumoulin hatte sich wohl auch selbst darum beworben, in Tübingen eine Professur zu erhalten, hoffte er doch, daß sich Herzog Christoph, der zum königlichen Hof in Paris in enger Verbindung stand, für ihn einsetzen würde, sei es zur Ermöglichung seiner Rückkehr, sei es, um seine Habseligkeiten herschaffen und seine Frau und seine Kinder nachkommen lassen zu können.

Auch religiöse Gründe mögen für die Wahl Tübingens mitgesprochen haben. Dort herrschte der lutherische Glaube, der Kalvinismus war ohne Einfluß; möglich ist es, daß Dumoulin sich insgeheim auch die Aufgabe gesetzt hatte, diese bedeutende Stadt und Universität dem Kalvinismus zu gewinnen, und zwar sowohl durch die überzeugende Kraft seiner theologischen Argumentation, als auch durch den Einfluß auf Herzog Christoph, dem er als politischer und juristischer Ratgeber unentbehrlich zu sein hoffte[27].

Dumoulin wurde zum ersten Professor der Rechte, primarius jurium, ernannt und erhielt die Stelle des im Jahre vorher verstorbenen Juristen JOHANNES SICHARDT. Am 18. 12. 1553 begann er seine Vorlesungen. Der Vormittag war der Darstellung der ersten sechs Bücher des Codex gewidmet, in der im Anschluß an den Titel de Summa Trinitate auch seine Abhandlung über das Kollisionsrecht enthalten ist, die daher auch unter dem Namen lectura Tubingensis bekannt geworden ist. Am Nachmittag las er über den Titel der Digesten De verborum obligationibus[28].

---

[26] Die Darstellung BRODEAUS über die Tübinger Zeit ist sehr mangelhaft; sie stützt sich wohl auf die autobiographischen Angaben Dumoulins (O. o. I 839 und Vorrede zu Extricatio Labyrinthi dividui et individui, O. o. II S. VIII u. a.). Nach dieser Darstellung habe Dumoulin große Erfolge bei den Studenten gehabt, der Neid seiner Kollegen habe ihn aber durch Intrigen zum Verlassen der Stadt gezwungen, und zwar im Mai 1555. Neuere Forschungen haben dies widerlegt, insb. BUDER, Calvins Beziehungen zu Tübingen, und CARBONNIER, Dumoulin à Tubingue, auf die sich die Darstellung im folgenden stützt.

[27] CARBONNIER 4.

[28] Daraus entstanden die beiden Werke: Commentarius in sex priores libros Codicis

Sein Erfolg bei den Studenten war groß, sie strömten in Mengen herbei, und schon damals scheint es, nach Dumoulins Klagen zu schließen, an geeigneten Unterbringungsmöglichkeiten gefehlt zu haben. Seine endgültige Bestallung erhielt Dumoulin Ende Januar 1554; am 28. 2. 1554 hielt er seine Antrittsvorlesung[29]. In ihr offenbarten sich bereits ebenso sehr seine theologischen Ambitionen wie die Maßlosigkeit seiner Angriffe. In seiner Feindschaft gegen das Papsttum nahm er kein Blatt vor den Mund: GRATIAN ist für ihn eine Schlange, Papst Gregor VII. und seine Nachfolger nennt er ein siebenköpfiges und zehngehörntes Ungeheuer, welches die „imperatores Germaniae oppresserit", „Arma coepit contra Fridericum II huius nostrae Sueviae ducem optimum imperatorem" (Nr. 8). Besondere Angriffe richtete er gegen die Bettelorden der Franziskaner und Dominikaner, aber auch die Doktoren der Sorbonne kommen keineswegs besser weg, sondern werden mit den heftigsten Ausdrücken bedacht: „pauci, sordidi, vieti, lucifugi, male educati et peius docti, a Papa et Cardinalibus, quorum flabella sunt, excitati consenescunt in Sorbona" (Nr. 28)[30].

Dumoulin war in der Tat ein schwieriger Charakter. Seine Eitelkeit scheint grenzenlos gewesen zu sein; jedenfalls hielt er sich für den ersten Juristen seiner Zeit und verkündete diese Meinung entsprechend, erreichte damit auch, daß sie von seinen Zeitgenossen geteilt wurde[31]. Er selbst sagte von sich: Ego qui nemini cedo et qui a nemine possum doceri[32]; es ist nicht verwunderlich, wenn er es mit dieser Einstellung auch gegenüber seinen Kollegen in Tübingen an dem nötigen Takt hat fehlen lassen[33].

(1604 erstmalig gedruckt) und, zusammen mit Vorlesungen, die Dumoulin in Dôle hielt, Nova et analytica explicatio rubricae de verborum obligationibus. Nach AUBÉPIN 132 ist Dumoulin in diesem Werk der Schöpfer der juristischen Bedeutung des Ausdrucks „kann nicht" (O. o. III 18, Nr. 2). Dumoulin hielt sich aber nicht streng an diese Ausdrucksweise, BOUHIER, Observations Kap. 19, Nr. 14, Bd. I 527.

[29] Solemnis oratio in celeberrima Tubingensis universitate habita, Tübingen 1554; die Rede wurde erst wieder 1681 in die Gesamtausgabe aufgenommen.

[30] Wenn Dumoulin auch als Gutachter vielfach deutschen Landesherren gegen den Kaiser geholfen hat, so vertritt er doch in der Auseinandersetzung des Kaisertums mit dem Papsttum, die er historisch in der Einleitung seines Werks über die Lehen (vgl. oben S. 3 Anm. 8) behandelt, den Standpunkt der deutschen Kaiser, vgl. O. o. I 15, Nr. 73, S. 20, Nr. 99 u. a.

[31] CHÉNON II 367.

[32] O. o. I, S. XIX.

[33] Man vergleiche die Äußerung von GUY COQUILLE, einem Zeitgenossen Dumoulins (s. unten S. 127 ff.): „Mais le dict DU MOLIN, qui pour son grand & excellent scavoir mérite d'estre loué, mérite aussi d'estre blasmé pour sa grande et accoustumé médisance", Coustume de Nivernais 399, vgl. unten S. 128 Anm. 30.

Des Taktes hätte es aber bedurft. Dumoulin war Kalvinist, während Tübingen streng lutherisch war; dies hätte schon für weniger anmaßende und explosive Charaktere genügend Zündstoff gegeben. So kam es, daß bereits einen Monat später das erstemal von einer Abreise Dumoulins die Rede ist [34]. Hierzu führten verschiedene Gründe. Zunächst hatte er Schwierigkeiten mit seiner Wohnung. Er hatte zuerst bei seinem kalvinistischen Glaubensbruder, dem Professor der Rechte MELCHIOR VOLMAR [35] gewohnt, verlangte aber, daß man ihm ein eigenes Haus zur Verfügung stelle; dazu kam es jedoch nie, sei es, daß ein gewisses Widerstreben bei den verantwortlichen Stellen mitgespielt hat, sei es, daß nur die natürliche Langsamkeit der Behörden schuld war [36].

Schwierigkeiten machte auch die Unterbringung seiner Studenten [37]. Dumoulin, der unzufrieden war, daß sie in den wenig bequemen Herbergen hausen mußten, hatte den etwas extravaganten Plan, ein Studentenhaus mit 200 heizbaren Zimmern errichten zu lassen; der Plan kam aber nicht zur Ausführung. Schließlich bemängelte Dumoulin auch die schlechte Qualität des Fleisches, das die Tübinger Metzger zu verkaufen hatten.

Entscheidenden Anteil an den Mißhelligkeiten Dumoulins in Tübingen hatte jedoch die religiöse Frage. Hier zeigte er sich von seiner schlechtesten Seite. Von Anfang an gab er sich als streitbaren Kalvinisten, betitelte seine lutherischen Kollegen von der Universität als Papisten und Schismatiker und versuchte, sie zu bekehren. Besonders wenig Fingerspitzengefühl bewies er in der, wie BRODEAU sagt, „kitzligen" Frage der Ubiquitätslehre [38]. Die Vertreter dieser Lehre hatten die höchsten

---

[34] CARBONNIER 6.

[35] Über VOLMAR vgl. BUDER 11; KLÜPFEL, Geschichte und Beschreibung der Universität Tübingen 33.

[36] Im Dezember 1553 wurde dieses Haus vorbereitet (Brief Dumoulins an CALVIN, Corpus Reformatorum, Calvini opera Bd. XIV und XV, Nr. 1880); im März 1554 befahl Herzog Christoph, daß er ein Haus erhalten sollte (Brief an CALVIN, a.a.O. Nr. 1932); im Herbst hatte er noch immer keines, obwohl er angeboten hatte, auf eigene Kosten eins zu kaufen (Brief an CALVIN vom 5. 3. 1555, a.a.O. Nr. 2134); die Protokolle des akademischen Senats enthalten mindestens 7 Beratungen über dieses Thema, laut CARBONNIER 7 Anm. 1.

[37] „Ich habe nicht nur den vernünftigeren, sondern auch den größeren Teil der Studenten auf meiner Seite gehabt" schreibt Dumoulin an CALVIN, a.a.O. Nr. 2134, laut BUDER 16 Anm. 26.

[38] BRODEAU 29 stellt die Verhältnisse gerade umgekehrt dar. Nach BRODEAU hätten neidische Kollegen Dumoulin mit der Behauptung gestürzt, daß er Ubiquist sei; dies habe zu seiner Ausweisung durch „öffentliches Dekret" geführt. BRODEAUS Irrtum ist

kirchlichen Ämter in Württemberg inne: BRENZ und JAKOB ANDREÄ waren theologische Vertraute und Berater des Herzogs Christoph[39]. Dies hinderte Dumoulin nicht, sie als gottlose und dumme Schismatiker zu bezeichnen; er verweigerte die Entgegennahme des Abendmahls, solange die Kirchen von Tübingen durch dieses Dogma infiziert seien[40]. CALVIN selbst betrachtete die Tätigkeit seines Anhängers mit geringer Freude. Er versuchte mäßigend auf ihn einzuwirken[41], konnte aber nicht verhindern, daß die Lage um Dumoulin alsbald gespannt und unerträglich wurde.

So wundert es nicht, daß der Aufenthalt Dumoulins bald zu einer Kette von Zwischenfällen wurde. Es hat wohl bereits mit der Antrittsvorlesung angefangen, und Herzog Christoph, der kein Interesse daran hatte, mit dem Papst in Konflikt zu kommen, scheint Dumoulin wegen der ungewöhnlichen Schärfe seiner Angriffe eine Rüge erteilt zu haben; dieser, sehr aufgebracht, drohte darauf mit seiner sofortigen Abreise, und Herzog Christoph lenkte ein[42]. Mit einem lutherischen Pastor hatte er ein dreistündiges Streitgespräch in der Öffentlichkeit; in erhitzten Tischreden wurden die Vertreter der Ubiquitätslehre als fanatische Dummköpfe bezeichnet. Ein weiterer Skandal folgte aus Anlaß einer Doktorpromotion[43], was Herzog Christoph dazu bewog, insgeheim nach einer

umso erstaunlicher, als Dumoulin selbst in seinen Werken mehrfach gegen das „schisma ubiquitatis" Stellung nimmt, vgl. O. o. III S. VIII, XI.

[39] Über BRENZ vgl. KLÜPFEL 36 f., über J. ANDREÄ KLÜPFEL 72 f.

[40] Brief an CALVIN 5. 3. 1555, a.a.O. XV. Nr. 2134, lt. CARBONNIER 9 Anm. 3, und Widmung zu Extricatio labyrinthi dividui et individui, O. o. III S. VIII.

[41] Brief CALVINS 29. 7. 1554, a.a.O. XV Nr. 1990: „Daß man Dir einige Schwierigkeiten machte, bedaure ich ..., aber wundern können wir uns darüber nicht. Denn da dort noch viel papistischer Sauerteig übriggeblieben ist, kann es Dir an erklärten Feinden nicht fehlen. Es gibt auch gewisse eigensinnige Leute, die, ebenso starrköpfig als händelsüchtig, keinen, der von ihrer Sekte abweicht, lieben oder dulden können. Da müssen wir mit tapferer Selbstbeherrschung eher überwinden, als uns im offenen Kampf mit ihnen herumschlagen ... Deshalb ... solltest Du Dir Mühe geben, sie merken zu lassen, daß sie es in Dir mit einem gelassenen ruhigen Mann zu tun haben", laut BUDER 15. „Ich fürchte sehr, er schadet der guten Sache, die er verteidigen will, durch seinen Eigensinn", schrieb CALVIN an BULLINGER 18. 9. 1554 (a.a.O. XV Nr. 2134), lt. BUDER 15 Anm. 18, CARBONNIER 10 Anm. 2.

[42] Brief Dumoulins an CALVIN 21. 3. 1554, a.a.O. XV Nr. 1932, lt. CARBONNIER 10 Anm. 3.

[43] Dumoulin setzte hierüber eine Verteidigungsschrift an den Herzog auf, die den Klatsch und die kleinliche Eifersucht seiner Kollegen, wie es scheint, in starken Worten geißelt, vgl. BUDER 17, KLÜPFEL 78 f.; diese Denkschrift meint er wahrscheinlich in der Vorrede zu Extricatio labyrinthi dividui et individui, O. o. III S. VIII; er versandte sie an mehrere deutsche Fürsten, offenbar bereits auf der Suche nach einer andern Stelle.

anderen Stelle für Dumoulin Umschau zu halten[44] und Dumoulin aufzufordern, sich künftig nicht mehr um theologische Fragen zu bekümmern, sondern sich ausschließlich seinen juristischen Vorlesungen zu widmen[45]. Am 24. 7. 1554 ging sein unduldsamer Geist wieder mit ihm durch, als er erneut anläßlich einer Doktorpromotion das Wort ergriff, seinen Kollegen, den Juristen GEBHARD, bei der Festrede unterbrach und öffentlich den in Tübingen herrschenden Geist brandmarkte. Herzog Christoph verlangte über diesen Zwischenfall einen Bericht, von dem eine Abschrift von Dumoulin auch an CALVIN gesandt wurde[46].

In diesem Augenblick scheint Dumoulin bereits entschlossen, Tübingen wieder zu verlassen. Nicht daß er dazu gezwungen wurde, wie es einem anderen Theologen, SCHWENKFELD, erging, der zu derselben Zeit kurzerhand ausgewiesen wurde, weil er öffentlich gegen BRENZ Stellung genommen hatte; denn so sehr Herzog Christoph Dumoulin als Juristen schätzte, so scheinen doch weder er noch BRENZ selbst seine theologischen Husarenstücke ernst genommen zu haben[47].

Im September 1554 geschah nun der Zwischenfall, der das Faß zum Überlaufen brachte. Wohl durch eine unbedachte Redewendung geriet Dumoulin während seiner Vorlesung mit einem streitbaren Studenten, DAVID HÜNLIN, zusammen; dieser fühlte sich beleidigt und ersuchte den Senat um die Erlaubnis, Dumoulin verklagen zu können. Der Senat verfügte die gütliche Einigung[48]; was daraus wurde, ist nicht mehr bekannt; Dumoulin verließ aber, wahrscheinlich am 30. 9. 1554[49], die Stadt. Man trennte sich jedoch in aller Freundschaft; er selbst bat den Herzog um seinen Abschied, und man machte in Tübingen sogar noch einige Gesten, um ihn zurückzuhalten. Daß Dumoulin endgültig ging, mochten die schweren Epidemien mitbewirkt haben, die zu jener Zeit

---

[44] Christoph wandte sich an einen Verwandten, den Grafen Georg von Mömpelgard (Montbéliard), BUDER 17.

[45] O. o. III S. VIII.

[46] Dumoulin an BULLINGER, a.a.O. XV Nr. 2006, lt. CARBONNIER 11. Das an CALVIN geschickte Stück befindet sich im Archiv der Universität Genf.

[47] CARBONNIER 12; BRODEAU spricht hingegen, im Anschluß an Dumoulin (O. o. I 839) von einer „Verschwörung" gegen Dumoulin (S. 19).

[48] Senatsprotokoll vom 13. 9. 1554, lt. BUDER 16 Anm. 28.

[49] VERGERIO kündigte in einem Schreiben an BULLINGER vom 28. 9. 1554 die Abfahrt Dumoulins für „übermorgen" an, CARBONNIER 12 Anm. 4. BRODEAU und ihm folgend die meisten Biographen lassen Dumoulin erst im Mai 1555 aus Tübingen abreisen; im Staatsarchiv Stuttgart befindet sich jedoch ein Brief Dumoulins an Herzog Christoph vom 10. 12. 1554 aus Montbéliard, CARBONNIER 12 Anm. 3. Das Consilium 15 ist datiert: Dezember 1554 Montbéliard.

die Stadt heimsuchten[50]. Dumoulins Nachfolger wurde der Italiener GRIBALDI; auch mit ihm sollte die Universität keine Freude erleben[51]. Verhandlungen, die Dumoulin später noch einmal mit Herzog Christoph wegen einer Rückkehr nach Tübingen führte, blieben ohne Ergebnis.

So verließ Dumoulin nach knapp 10 Monaten die schwäbische Landesuniversität und das, wie er schreibt, „ungastliche Tübingen"; dennoch scheint er eine gewisse Anhänglichkeit an diese Stadt bewahrt zu haben, zumindest rechnete er es sich zum Ruhme, hier gelehrt zu haben[52].

Zunächst begab sich Dumoulin nach Straßburg und besuchte dann verschiedene deutsche Städte, wie Worms und Kassel, wo er einigen deutschen Fürsten Gutachten in Rechtsstreitigkeiten erstattete. Bewerbungen um einen Lehrstuhl in Leipzig oder Straßburg schlugen fehl[53][54]. Inzwischen hatten ihm auch seine hohen fürstlichen Gönner beim Hof in Paris die Rückkehrerlaubnis erwirkt. Dumoulin ging jedoch noch nicht nach Paris zurück, sondern verbrachte die zweite Hälfte des Jahres 1555 in Dôle, der Hauptstadt der Franche-Comté, wo er auf Veranlassung des Grafen Georg von Montbéliard vor einer zahlreichen Zuhörerschaft mehrere Vorlesungen hielt[55]. Aber auch hier verfolgte ihn das Mißge-

---

[50] CARBONNIER 13.

[51] Dumoulin hatte als Nachfolger seinen Schüler F. BAUDOIN vorgeschlagen, nicht ohne den Hintergedanken, dessen Straßburger Lehrstuhl selbst wieder einnehmen zu können. Der Senat der Universität war jedoch nicht dazu geneigt und berief GRIBALDI, der wegen Glaubensverfolgung aus Pavia hatte fliehen müssen. Auch dieser blieb nicht lange. Herzog Christoph schreibt über beide an den Pfalzgrafen Friedrich (a.a.O. XV S. 86): „Er ist mir mit zweyen Welschen in schola Tubingensi, dem MOLINAEO und GRIBALDO, begegnet, daß ich ferner mein Lebtag keinen Welschen mehr daselbst zu einem professori zu gedulden habe, wunderbarliche, seltsame und unbeständige Köpf", BUDER 17 Anm. 29.

[52] Vgl. seine Einleitung zum Titel de feudis (Neufassung von 1558) O. o. I 4: „Alemanniam autem vocabant quae nunc dicitur Suevia ubi sita es Tubinga, in qua docui."

[53] Dumoulin wollte offensichtlich nur an eine protestantische Universität kommen, denn er schlug das Angebot Kaiser Ferdinands, in Freiburg den Lehrstuhl ULRICH ZÄSIS zu übernehmen, aus, BRODEAU 30, obwohl er ZÄSI sehr hoch schätzte, vgl. O. o. I 3, Nr. 4, 5.

Dagegen hat Dumoulin niemals in Heidelberg gelehrt (so GUTZWILLER 329). Dieser Irrtum scheint sich von hier aus auch bei NIBOYET, Cours de droit int. pr. français[2] 359 eingeschlichen zu haben, wo auch sonst einige Unrichtigkeiten stehen: Dumoulin starb nicht 1581, sondern 1566, und nicht in Tübingen, wie NIBOYET schreibt, sondern in Paris, er hat in Montbéliard auch nicht gelehrt, sondern dort den Grafen Georg beraten und anschließend im Gefängnis gesessen, s. unten S. 14. Der Irrtum bezüglich Montbéliard und Heidelberg findet sich auch bei NIBOYET, Traité III 51.

[54] Im Jahre 1554 stellte Dumoulin seinen Kommentar zu den Werken des DECIUS fertig, in dem sich mehrere auf die Statutenkollision bezügliche Stellen finden.

[55] Die Frucht dieser Vorlesungstätigkeit bilden die Quinque solemnes lectiones Dolanae (1557 gedruckt).

schick. Da er – nach der Darstellung BRODEAUS – in einer Rechtsfrage dem Grafen Georg nicht zu Gefallen sein wollte, warf ihn dieser für 4 Monate ins Gefängnis von Montbéliard, von wo ihn erst die aufopfernden Bemühungen seiner Frau, die aus Paris herbeigeeilt war, und die Drohung mit einer Klage vor dem Reichskammergericht befreien konnten. Am 5. 6. 1556 kehrte er nach Dôle zurück und nahm seine Vorlesungen wieder auf. Ende des Jahres zwang ihn jedoch ein Dekret Philipps II. zum Verlassen der Stadt, nachdem Dumoulin es abgelehnt hatte, an den Universitäten Dôle oder Löwen sich für ständig niederzulassen [56].

So mußte Dumoulin weiterziehen. Sein nächstes Ziel war die freie Reichsstadt Besançon; doch als ihn hier die Nachricht von dem Tod seiner Frau erreichte, brach er seine Vorlesungen ab und kehrte nach Paris zurück, wo inzwischen sein Haus ein drittes Mal geplündert worden war.

Die folgenden fünf Jahre konnte sich Dumoulin wieder seiner Arbeit widmen, die denn auch eine stattliche Anzahl neuer Werke hervorbrachte [57]; 1557 heiratete er ein zweitesmal und fand in ANNE DU VIVIER „die gleichen Tugenden und andere empfehlenswerte Eigenschaften wie bei seiner ersten Frau" [58].

Doch ließen ihn die allgemeinen Zeitläufte nicht lange ein ungestörtes Leben führen. 1562 wurde sein Haus ein viertes Mal gebrandschatzt, ein Teil seiner Bibliothek sowie ungedruckte Manuskripte dabei vernichtet. Dumoulin ging mit der Armee des Prinzen Condé nach Orléans, wo er theologische Vorlesungen hielt. Er hatte sich jedoch wenige Zeit vorher von den Kalvinisten getrennt und war Lutheraner geworden; so zwangen ihn die kalvinistischen Stadtväter von Orléans bald wieder zum Verlassen der Stadt. Nach einem Zwischenaufenthalt auf einem Gut seiner Kinder kehrte er dennoch nach Orléans zurück, wo er in die Belagerung der Stadt durch den Herzog von Guise hineingeriet [59].

Nach Aufhebung der Belagerung reiste er nach Lyon, wo viele seiner Werke gedruckt worden waren, aber auch hier vermochte es die Macht

---

[56] Die letzte in Dôle gehaltene Vorlesung wurde veröffentlicht unter dem Namen Novus intellectus quinque legum (zur lex si ita scriptum, D. 28. 2. 13, gedr. 1560).

[57] Neben dem in Anm. 56 genannten u. a.: 2. Teil und 2. Auflage des ersten Teils zur Pariser Coutume (1558); Tractatus de Dignitatibus, Magistratibus et Civibus Romanis (geschrieben in Tübingen, gedruckt 1560); vgl. auch das Verzeichnis am Ende der Arbeit.

[58] BRODEAU 37.

[59] Seine Werke aus dieser Zeit tragen theologischen Charakter.

seiner Gegner, ihn, wenn auch nur vorübergehend, ins Gefängnis zu werfen.

Sein kämpferischer Geist blieb ungebrochen. 1564 wieder in Paris, veröffentlichte er drei Gutachten, die ihm erneut endlose Verfolgungen eintragen sollten. In dem ersten Gutachten erklärte er die Wahl des Bischofs von Amiens, des Kardinals ANTOINE DE CRÉQUY, eines erbitterten Gegners der Protestanten, für null und nichtig. In dem zweiten Gutachten, das er dem Rat der Universität Paris zuleitete, erhärtete er an Hand von 9 Thesen, daß man den Jesuiten nicht gestatten dürfe, sich in die Universität einzugliedern. Das dritte Gutachten endlich wandte sich gegen die Gültigkeit des Konzils von Trient [60]; er fand hier gleich zwölf Nichtigkeitsgründe, so unter anderem, das Konzil, berufen zur Besserung der Mißstände des Papsttums, hätte nicht unter Vorsitz des Papstes tagen und nicht aus Feinden der Reformation zusammengesetzt sein dürfen, auch seien die freien Reichsstädte nicht zugezogen worden. Gegen gewisse, die Innenpolitik des Landes betreffende Bestimmungen des Konzils führte er an, sie wendeten sich gegen die alten Konzile von Frankreich, die Rechte der Krone, die Würde und Majestät des Königs, das Ansehen seiner Anordnungen und Verordnungen, die Rechte und Freiheiten der gallischen Kirche usw. [61]. Es ist nicht verwunderlich, daß diese Konsultationen, deren Ergebnisse für den Autor „funeste et déplorable“ [62] waren, Dumoulins Feinde wieder auf den Plan riefen. Unter dem Vorwand, daß das letzte Gutachten ohne Erlaubnis des Königs gedruckt worden war, machte man ihm den Prozeß, obwohl Dumoulin eine allgemeine Druckerlaubnis für seine Werke hatte. Sein Haus wurde erneut durchwühlt, die Schrift gegen das Konzil von Trient beschlagnahmt, Dumoulin selbst auf zwei Monate ins Gefängnis geworfen. Der König bestätigte zuerst seine Einkerkerung, verfügte jedoch bald auf Bitten hochstehender Gönner seine Freilassung.

In den beiden folgenden Jahren sehen wir den unerschütterlichen Mann erneut in heftiger Fehde, diesmal mit den Kalvinisten [63]; 1566 ver-

---

[60] Conseil sur le fait du concile de Trente, réception ou rejet d'iceluy (1564).

[61] AUBÉPIN 49; vgl. zu einem Einzelpunkt MITTEIS (oben S. 3 Anm 7) 186 Anm. 175.

[62] BRODEAU 43.

[63] Eine theologische Streitschrift Collatio et unio quatuor Evangelistarum J. Chr. usw. (1565) verursachte einen Sturm der Kalvinisten gegen Dumoulin, die die Schrift in Genf öffentlich verbrannten und verdammten. Gegen diese Zensur brachte Dumoulin im Parlament von Paris eine Klage ein, HAAG, La France protestante V 794.

Unter dem Decknamen SIMON CHALLUDRE, einer Umstellung seines Namens, veröffentlichte Dumoulin als Antwort eine Schrift „La défense de Ch. du Molin contre

faßte er sein letztes hochbedeutsames Werk[64], in dem zahlreiche Bestimmungen der französischen Gewohnheitsrechte kommentiert werden, Beispiel einer systematischen Rechtsvergleichung und Vorbereitung der Vereinheitlichung des Rechts. Seine besondere Bedeutung erhielt dieses Werk dadurch, daß es die Bildung eines französischen Gemeinen Rechts förderte und somit ein Schritt auf dem Wege wurde, den Dumoulin in seiner Oratio de concordia et unione consuetudinum Franciae[65] vorgezeichnet hatte. Die Ansichten, die Dumoulin in diesem Kommentar äußert, wurden vielfach übernommen, das Werk als meisterhaft angesehen. „Chaque apostille est une décision qu'il n'est pas permis de contester" sagte CHRISTOPH DE THOU[66]; DAGUESSEAU nennt sie „fast ebenso verehrungswürdig wie Gesetze"[67].

Am 27. 12. 1566 setzte eine Krankheit dem arbeits- und kampfreichen Leben Dumoulins ein Ende. Auf dem Totenbett soll er den katholischen Glauben wieder angenommen haben und im Frieden mit der Kirche verschieden sein. Betrauert von den größten Rechtsdenkern seiner Zeit – JEAN BODIN nennt ihn „collegii nostri decus", sein großer Gegner D'ARGENTRÉ „homme incomparable, autheur exact et très diligent"[68] –, wurde er auf dem Friedhof der Pfarre St. André in Paris beigesetzt.

---

les calomnies des Calvinistes et ministres de leur secte" (1565), in der er die Gründe seines Übertritts darlegt, HAAG ebda.

[64] Le grand coutumier contenant les coutumes générales et particulières du royaume de France et de Gaules, avec des annotations (1567).

[65] Vgl. oben S. 5 Anm. 17.

[66] HAAG 794.

[67] LABORDERIE, L'influence de Dumoulin 17.

[68] BRODEAU 54 f.

ERSTER TEIL

Dumoulins Stellung in der Geschichte des Kollisionsrechts

1. Kapitel

DUMOULINS ABHANDLUNGEN ÜBER DAS KOLLISIONSRECHT

Dumoulin hat ein juristisch-theologisches Lebenswerk hinterlassen, das in der Gesamtausgabe von 1681 fünf stattliche Foliobände füllt, in denen seine zahlreichen Äußerungen zu Fragen des Kollisionsrechts verstreut sind. Viele von ihnen können nur aus der Lage des zur Entscheidung stehenden Falls verstanden werden; andere sind nur aus Zielsetzung und Geist der kommentierten Rechte erklärlich, das Bemühen, aus ihnen ein System und leitende Grundsätze herauszuschälen, ist darum in besonderem Maße der Gefahr unzulässiger Verallgemeinerung ausgesetzt. Dennoch ist es vielleicht nicht abwegig, Dumoulin unter zwei Gesichtswinkeln zu sehen: einmal ist er Gutachter, Rechtsanwalt, Kommentator französischen Gewohnheitsrechts, der das Recht anwendet, wie er es in der Gerichtspraxis seiner Zeit vorfindet; schlagwortartig könnte man hier von Dumoulin als „Gewohnheitsrechtler" sprechen. Zum andern ist er Wissenschaftler, Professor und Lehrer, geformt durch die Schule des römischen Rechts, dessen gewaltigen Stoff er in Vollkommenheit beherrscht, und der es sich vielleicht auch angelegen sein läßt, seine Schüler durch die Brillanz seiner scharfsinnigen Unterscheidungen mitzureißen; man könnte hierbei von ihm als „Römischrechtler" sprechen. Aus dieser doppelten Stellung mögen sich auch gewisse Widersprüche in seinen Werken erklären – soweit sie nicht überhaupt einer fehlerhaften Überlieferung zur Last fallen.

Dumoulin als Gewohnheitsrechtler behandelt Fragen des Kollisionsrechts an zahlreichen Stellen seiner Werke, unter anderem im ersten Teil „Des fiefs" des Kommentars zur Coutume von Paris (hier auch Kollisionsfälle zwischen Lehns- und Allodialrecht) [1], in den Kommen-

[1] Die Frage, nach welchem Recht sich das Lehen richtet, behandelt Dumoulin mehr-

taren zu den 7 Bänden Consilien des ALEXANDER TARTAGNUS [2] und zu den Consilien des DECIUS [3], in seinen rechtsvergleichenden Anmerkungen zu den französischen Gewohnheitsrechten [4] und an andern Stellen. Hier ist Dumoulin nicht so sehr der geistreiche und scharfsinnige Exeget als ein durch die Gegebenheiten der Gerichtspraxis gebundener Kommentator des heimischen Rechts. Eine einheitliche Linie läßt sich in diesen Ausführungen nicht finden, was auch nicht verwunderlich ist, erstrecken sie sich doch über die ganze Zeit seines bewegten Lebens. Doch tragen sie als Kennzeichen eine enge Abhängigkeit vom Recht der belegenen Sache, wodurch Dumoulin bei einigen späteren Schriftstellern in den Ruf geraten ist, die absolute Territorialität der Coutumes behauptet und damit ihre Anwendung jenseits ihrer Grenzen schlechthin verneint zu haben [5].

Dumoulin als Professor und Theoretiker hat eine ausführliche Ab-

---

fach. Die älteste französische Praxis hatte das Recht des Lehnshofs angewandt, so eine Entscheidung des Pariser Parlaments von 1281 (MEIJERS, Beiträge 66 f., 4 Anm. 2). Seit dem 14. Jahrhundert hat sich die Ansicht durchgesetzt, daß für die vermögensrechtliche Seite des Lehnsverhältnisses das Recht des dienenden Lehens zu gelten habe; dem folgt auch Dumoulin. Die gewöhnlichen Lehen seien, so sagt er, Titel I § 1 Glosse V Nr. 4, O. o. I 69, in Deutschland personal, in Gallien real, unter Hinweis auf den von ihm sehr geschätzten ULRICH ZÄSI. An anderer Stelle sagt er, es gelte nicht die Coutume des Lehnshofs, sondern die Coutume am Ort des dienenden Lehens „quia in his quae concernunt rem ... debet inspici consuetudo loci, ubi res sita est", Titel I § 12 Glosse VII in verbo praescription Nr. 37, O. o. I 224, mit vielen Nachweisen; weitere Stellen: Titel I § 33 Glosse I, in verbo droict de relief, Nr. 86, O. o. I 410; zu Art. 224 der Coutume von Vermandois, O. o. II 705; zu Art. 21 der Coutume von Poitou, O. o. II 751 u. a.

Titel II (de Censives) § 76 Glosse I in verbo droict de vente, O. o. I 722: (die droits de vente dus au seigneur censier) „non debentur in vim contractus aut pacti investiturae, quia tunc solus tenor investiturae attendi deberet, sed petuntur in vim consuetudinis, ergo necessario in vim consuetudinis loci servientis, cum haec jura sunt onera realia ipsius fundi ... et unaquaeque consuetudo loco suo claudatur ... ergo sola consuetudo loci servientis inspicitur, an et quanta et qualia debeatur".

[2] Notae solemnes Caroli Molinaei ... ad Consilia Alexandri Tartagni, Opera omnia III 879 ff. MEIJERS, Recueil 637 Anm. 2 a. E. weist darauf hin, daß sich gerade bei den Anmerkungen zu ALEXANDER die Ausgabe von 1681 durch zahlreiche Zensureingriffe von der ursprünglichen Ausgabe, die Dumoulin selbst besorgt habe, unterscheide. Man müsse, um sicher zu gehen, die Ausgabe von 1549 benutzen.

Über ALEXANDER TARTAGNUS (1423–1477) vgl. LAINÉ I 190 ff.; SAVIGNY VI 271 ff. Seine Consilien hatten den Ruf, besser zu sein als die anderer Rechtsgelehrter, und scheinen hauptsächlich Alexanders Ruhm begründet zu haben, SAVIGNY aaO 277.

[3] Caroli Molinaei Jurisconsulti in Consilia Philippi Decii Annotationes, O. o. III 753 ff. Über DECIUS vgl. SAVIGNY VI 322 ff.

[4] Notae solemnes ad Consuetudines Gallicas, O. o. II 693 ff.; vgl. auch oben S. 16 Anm. 64.

[5] S. unten S. 33 Anm. 43.

handlung über die Fragen der Statuten hinterlassen, in der er, losgelöst von den Rücksichten auf die territorialistische Grundhaltung der französischen Gerichte und Gewohnheitsrechte, sein System auf der Grundlage des gemeinen Rechts entwickelt. Das ist die Dissertation „Conclusiones de statutis", die einen Teil seiner Vorlesung an der Tübinger Universität bildete und daher auch den Namen lectura Tubingensis führt. Sie bildet die Grundlage für die Beurteilung Dumoulins in neuerer Zeit und soll im folgenden unter § 1 dargestellt werden.

Dumoulin war endlich auch Gutachter. Als solcher vertrat er, offensichtlich in Übereinstimmung mit einer gewissen dahingehenden Übung seiner Zeit, die Interessen seiner Auftraggeber mit List und Geschick, entging aber auch nicht der Gefahr, von Andersdenkenden mit dem Vorwurf der Parteilichkeit bedacht zu werden[6]. Ein solches Gutachten ist das Consilium 53, das für die Entwicklung des Rechts der ehelichen Gütergemeinschaft in Frankreich bedeutsam geworden ist und in welchem man oft die erste Äußerung des Gedankens von der Freiheit der Parteien sieht, ihr Recht zu wählen. Das Consilium 53 wird daher im § 2 eingehend behandelt werden.

§ 1

Die Abhandlung „Conclusiones de statutis et consuetudinibus localibus"[1]

Die Abhandlung über die Statutenkollision befindet sich an dem traditionellen Ort, an dem diese Erörterungen zu erfolgen pflegen, nämlich im Anschluß an die lex Cunctos Populos, De summa trinitate, Codex

---

[6] Gutachten waren in Italien, und wohl auch in Frankreich, eine geschätzte Einnahmequelle; so konnte es vorkommen, daß Gutachter ihren Klienten immer Recht gaben (MEIJERS 615). Bei ALEXANDER rügt Dumoulin einmal selbst, daß er sich widerspricht (vgl. hierzu LAINÉ I 197 f.); aber auch gegen Dumoulin wurde der Vorwurf erhoben, er benütze seine Autorität und sein Wissen, nicht um der gerechten, sondern um der übernommenen Sache zum Siege zu verhelfen: so schon D'ARGENTRÉ („ut intentioni serviat", s. unten S. 120 Anm. 32). Auch HUGO GROTIUS hat in Fragen, die zweifelhaft waren, die Antwort erteilt, die seiner Partei am besten paßte, KOLLEWIJN 35.

[1] O. o. III 554 ff. Die erste Ausgabe von 1604 stimmt mit dem Abdruck in der Ausgabe von 1681 mit Ausnahme eines Wortes (s. unten S. 38 Anm. 66) überein. Die Abhandlung ist abgedruckt bei MEILI, Argenträus und Molinäus und ihre Bedeutung im intern. Privat- und Strafrecht, in: BöhmsZ 5 (1895) 554 ff. Inhaltsangaben bei LAINÉ I 226 ff.; STORY; LAURENT I 370 ff.; CALEB 138 ff., u. a.

BRODEAU berichtet (S. 28 der Biographie), daß die Vorlesung Dumoulins über die

1. 1. 1. Bevor Dumoulin den ersten Titel De summa trinitate et fide catholica zu kommentieren beginnt, schickt er Vorbemerkungen voraus: die erste, de rubro, interessiert hier nicht, die zweite „Conclusiones de statutis", dritte „De delictis" und vierte „De praescriptionibus" enthalten die Abhandlung über die Statuten [2].

Als erstes teilt Dumoulin die statuta et consuetudines in zwei, allerdings sehr verschieden große Gruppen ein:

1. Statuten, die die Form betreffen; hierher zählt er auch Regeln des Prozeßrechts;
2. Statuten, die den Inhalt der Rechtssache betreffen.

Während Nr. 1 in wenigen Sätzen behandelt wird, wird Nr. 2 unterteilt in

A. Gebiete, die vom Willen der Parteien abhängig sind, und
B. Gebiete, die nur dem Gesetz allein unterstehen.
   Diese Gruppe wird weiter unterteilt in
   a) Statuten, die eine Sache, und
   b) Statuten, die eine Person betreffen.

1. Die Statuten, die die *Form* betreffen, werden mit wenigen Worten abgetan: „Aut statutum loquitur de his, quae concernunt nudam ordinationem vel solemnitatem actus, et semper inspicitur statutum vel consuetudo loci ubi actus celebratur." Dies gelte für Verträge, Urteile, Testamente, Urkunden u. a. Nach Verweisen auf Stellen aus dem Corpus Juris folgen Beispiele: Ein Testament, das vor zwei Zeugen an einem Ort errichtet wurde, wo eine strengere Förmlichkeit nicht verlangt wird, ist überall wirksam. Gleiches gelte für alle andern Rechtsgeschäfte. Darüber seien alle Doktoren einhelliger Meinung. Daraus folge: ob eine Urkunde vollstreckbar ist, entscheide sich nach dem (Recht des) Ort(s) [3], wo geklagt wird, auf welche Weise die Vollstreckung erfolgt, nach dem Ort, wo sie stattfindet; denn Vollstreckbarkeit und Art und Weise der Vollstreckung beträfen das Verfahren.

Dumoulin folgt hiermit der überkommenen Lehre [4], wie sie das erste

---

ersten sechs Bücher des Codex sofort ins Deutsche übersetzt wurde; eine deutsche Ausgabe sei 1555 in Frankfurt erschienen.

[2] Über diese Einteilung vgl. unten S. 25 Anm. 27.

[3] „. . . . attenditur locus, ubi agitur".

[4] Über die Dogmengeschichte vgl. LAINÉ II 328 ff.; KRČMAR, Beiträge zur Geschichte des IPR, in: Festschrift zum hundertjährigen Bestehen des ABGB (1911) 133 ff. Einzelheiten über die Anerkennung und Vollstreckung fremder Urteile im ältesten französischen Recht bei MEIJERS, Beiträge 43 f.

Mal von WILHELM VON CUNEO[5] formuliert worden sein soll, von BARTOLUS übernommen und seither in Italien fast einmütig vertreten wurde[6]. Für Frankreich war die Gültigkeit dieser Regel hingegen noch nicht eindeutig entschieden. JACQUES DE RÉVIGNY[7], PIERRE DE BELLEPERCHE[8] und MASUER[9] waren der Auffassung gewesen, daß ein Testament, in welchem über Liegenschaften verfügt werden sollte, in der jeweiligen Form der lex situs errichtet werden müsse. Dumoulin wirft nun das Gewicht seines Ansehens zugunsten der italienischen Lösung in die Waagschale; es scheint, daß sie damit auch in Frankreich befestigt worden ist[10]; d'ARGENTRÉ hat ihr nicht widersprochen, und auch im niederländischen Raum setzte sie sich durch, obwohl hier das Ewige Edikt von 1611 noch einmal mit der Kraft des ausdrücklichen Gesetzes zur älteren französischen Ansicht zurückgekehrt ist[11]. Im 18. Jahrhundert wird die Gültigkeit des Satzes LOCUS REGIT FORMAM ACTUS in der französischen Lehre nicht mehr bestritten.

Auch an anderer Stelle[12] entscheidet Dumoulin gleich. In Venedig genügt zur Errichtung eines Testaments die Heranziehung zweier Zeugen. Ein Tübinger Bürger reist in Geschäften dorthin, erkrankt auf den Tod und errichtet sein Testament gemäß dieser Form; nach gemeinem Recht hätte es der Beiziehung von sieben Zeugen bedurft. Zu Unrecht verlangen die gesetzlichen Erben die Herausgabe der Erbschaft: das Testament ist gültig, „denn bei Verträgen und Testamenten ist maßgeblich der Abschluß- bzw. Errichtungsort"[13]. Nun folgt eine inter-

---

[5] MEIJERS 601, Beiträge 94. Über W. VON CUNEO, Rechtslehrer in Toulouse und Orléans, Zeitgenosse des CINUS, s. SAVIGNY VI 32 ff.; die Textstelle ist abgedruckt bei MEIJERS, Beiträge, Beilagen XXVI.

[6] Eine Ausnahme nennt LAINÉ II 341: den Italiener FACHINÄUS.

[7] JACOBUS DE RAVANIS, gest. 1297 als Bischof von Verdun, vgl. LAINÉ I 119; SAVIGNY V 531 ff.; MEIJERS 597, Tijdschrift v. Rechtsgeschiedenis 1 (1918/19) 473 ff. und Beiträge, Beilagen XVI ff.; NEUMEYER, ZfVölkerrecht 11 (1920) 203.

[8] PETRUS DE BELLA PERTICA, PETRUS PERTICANUS, gest. 1308, Schüler des Vorigen, Bischof und Kanzler von Frankreich, vgl. SAVIGNY VI 26; LAINÉ I 119; MEIJERS 598; Beiträge, Beilagen XXI ff.

[9] JEAN MASUER, gest. nach 1449, vgl. LAINÉ I 208. MASUER schreibt: „Hoc verum quo ad bona qui ibi sita sunt, secus in illis qui sunt aliunde et maxime in immobilibus, quia de jure et consuetudine requirunt testes septem ... attendenda est enim consuetudo loci, ubi bona sita sunt", Practica forensis Titel 33 Nr. 24; LAINÉ II 343; MEIJERS 642.

[10] In diesem Sinne LAINÉ II 343.

[11] S. unten S. 155 Anm. 29.

[12] Codex VI, Titel 32, „Quemadmodum testamenta aperiantur, inspiciantur et describantur" O. o. III 739 (741). In der Ausgabe von 1681 sind die Seiten 739 bis 741 fälschlich als 735–737 numeriert.

[13] O. o. III 741: „Dixi enim in contractibus, item enim in testamentis inspici

essante Einschränkung: Statuten von Ländern, mit denen man sich gerade in Kriegszustand befindet, werden nicht angewendet, „statuta et consuetudines terrae hostilis habentur pro nullis". Als Beispiel nennt Dumoulin hierfür die Türkenkriege, und es ist auch anzunehmen, daß er nur die Glaubenskriege mit dem Islam im Auge hatte; es muß ihm wohl auf die tiefgreifende Verschiedenheit der christlichen und der mohammedanischen Welt ankommen, denn in Italien wie in Frankreich selbst herrschte ja vielfach Krieg, ohne daß deshalb ein Ausschluß der Anwendung des fremden Rechts verlangt worden wäre. Trifft diese Deutung zu, so mag es sich hier um einen Vorläufer dessen handeln, was die heutige Wissenschaft als ordre public herausgearbeitet hat. Dagegen ist die Fremdartigkeit des fremden Formstatuts allein für Dumoulin, wie für BALDUS, auf welchen er sich beruft, kein Grund zu seiner Ausschaltung: BALDUS hatte, im Gegensatz zu BARTOLUS, ein nach babylonischem Recht errichtetes Testament für gültig erklärt[14], Dumoulin stimmt ihm zu.

Ebenso entscheidet sich Dumoulin in dem (unten näher zu besprechenden) Consilium 53[15] und an anderen Stellen[16]; wie für die Errichtung des Testaments, so gelten auch für seine Eröffnung die Förmlichkeiten des Rechts des Orts, an dem sie vorgenommen wird[17].

Die lex loci actus ist auch für das Prozeßrecht maßgebend. Dieser Gedanke ist ebenfalls Gemeingut der italienischen und französischen Statutisten, die Einteilung der Rechtssätze in solche des Verfahrens- und solche des materiellen Rechts, die auf den italienischen Statutisten JACOBUS

---

locum ... contractus vel eum ubi est factum testamentum." Diese, an sich zu allgemeine Fassung bezieht sich dem Zusammenhang nach auf die Form der Verträge und Testamente, nicht auf ihren Inhalt. Dies hindert nicht, daß Dumoulin an manchen Stellen auch die Ansicht vertreten hat, der Inhalt eines Vertrages richte sich nach dem Recht des Abschlußorts, s. unten S. 112 Anm. 6.

[14] Mit anderer Begründung, vgl. MEIJERS 627.

[15] „Die Ansicht des OLDRADUS, es genüge nicht, wenn ein in Paris errichtetes Testament in der Ortsform errichtet wird [es handelt sich um einen zufällig in Paris weilenden Ausländer], wird zurückgewiesen von BARTOLUS, BALDUS, PAULUS [gemeint ist wohl PAUL DE CASTRO, gest. 1441, vgl. LAINÉ I 188, SAVIGNY VI 246], JASON, allen Legisten, allen Kanonisten, und das ist die Meinung aller Doktoren: ubicumque consuetudo vel statutum locale disponit de solemnitate vel forma actus: ligari etiam exteros illum actum ibi gerentes, et gestum esse validum & efficacem ubique, etiam super bonis soli extra territorium consuetudinis vel statuti", O. o. II 965.

[16] Randbemerkung zu Titel II § 76, Nr. 36 der Coutume von Paris: „Consuetudo loci inspicitur in his, quae solemnitatem actus gerendi respiciunt, non autem in his, quae decisionem causae respiciunt", O. o. I 722.

Ein Testament, das die Ortsform nicht wahrt, ist nichtig: Cons. 31, Nr. 4, O. o. II 901.

[17] O. o. III 741.

Balduini zurückgehen soll[18], hatte sich auch in Frankreich[19] frühzeitig durchgesetzt[20].

Dumoulin untermauert diese Regel, die von seinen Nachfolgern nicht mehr in Zweifel gezogen worden ist[21], noch an einigen andern Stellen seiner Werke[22].

2. Nach der Vorabbehandlung der Statuten über Form und Prozeßführung wendet sich Dumoulin nun den Statuten zu, die den *Inhalt des Rechtsstreites,* causam vel meritum decisionis, betreffen. Er unterteilt sie in zwei Gruppen: Sachen, die vom Willen der Parteien abhängig sind oder ihrer Verfügung unterliegen, und Sachen, die nicht vom Willen der Parteien, sondern nur von der Kraft des Gesetzes abhängen.

---

[18] Meijers 595; Neumeyer II 85 ff.; J. Balduini, Schüler von Azo, war 1213 Professor in Bologna, vgl. Savigny V 90 ff.

Die Unterscheidung findet sich fast durchweg bei den alten Schriftstellern, die sich auch häufig mit Fragen der Einordnung von Rechtssätzen in die eine oder andere Gruppe beschäftigen, vgl. die Beispiele bei Meijers 615 f.

[19] Die französische Praxis hatte die gleiche Trennung bereits früher und unabhängig von den italienischen Gelehrten durchgeführt, so Meijers 589, Beiträge 10 (Entscheidung des Pariser Parlaments von 1265); die Unabhängigkeit dieser Entwicklung wird allerdings von Neumeyer, ZfVölkerrecht 11 (1920) 199 f., bezweifelt.

[20] Interessante Einzelheiten, wie die Praxis bereits in frühester Zeit qualifiziert hat, bei Meijers, Beiträge 10 ff.

[21] Dumoulin ist wohl auch hier nur ein Glied in der Kette, wenn auch ein gewichtiges.

Gegen die Zurückführung der Geltung der lex fori für das internationale Zivilprozeßrecht auf den Satz „Locus regit actum" wendet sich Riezler, Internationales Zivilprozeßrecht 75. Warum soll aber „locus regit actum" nicht auch prozeß- (d. h. öffentlich-) rechtlichen Charakter haben können? Es kommt doch wohl nur darauf an, welchen Inhalt ein solcher Satz, der an und für sich in seiner Allgemeinheit nichts Brauchbares auszusagen geeignet ist, im Laufe seiner geschichtlichen Entwicklung durch Auslegung erhält.

[22] In Turin bestimmt das Ortsrecht, sagt Dumoulin, daß öffentliche Urkunden (einer gewissen Art) ohne Vollstreckungsklausel (strepitus) vollstreckt werden können. Ein Tübinger Bürger möchte nun in Tübingen, wo solches Recht nicht gilt, aus einer solchen Urkunde vollstrecken: er kann es nicht ohne die in Tübingen erforderliche „Klausel". „Et hoc appellant nostri, quamvis barbare, stylum curiae esse observandam", O. o. III 741 (oben S. 21 Anm. 12). Im Text heißt es: „id est ... judex videt instrumentum cogit eum, qui ex testamento aliquid debet, sine omni strepitu judiciali solvere": dieses „ex testamento" soll offensichtlich „ex instrumento" heißen, vgl. Boullenois, Traité I 524.

Daß das Ortsrecht für die Art der Vollstreckung maßgebend ist, erhellt auch aus der Stelle „quia ... illa actio potest habere vim promptae et paratae executionis, vel aliud utile privilegium ex statuto et consuetudine loci", Lectio I der 5 lectiones solemnes Dolanae, Nr. 31, O. o. III 392; es handelte sich um prozeßrechtliche Vorteile, die gewisse Ortsrechte der actio tutelae gegenüber der Klage aus Geschäftsführung ohne Auftrag gewähren.

Für die erste Gruppe stellt Dumoulin den bedeutsamen Satz auf: „In his quae pendent a voluntate partium vel per eas immutari possunt ... inspiciuntur circumstantiae voluntatis, quarum una est statutum loci in quo contrahitur, et domicilii contrahentium antiqui vel recentis et similes circumstantiae".

Dies besagt mithin, wörtlich genommen, folgendes: Auf den Gebieten, die der Parteidisposition überlassen sind, hängt es von den Umständen des Willens der Parteien ab, was zwischen ihnen Rechtens sein soll.

Solche Umstände, die für die Auslegung des Parteiwillens heranzuziehen sind, seien der Ort des Vertragsschlusses, der frühere oder jetzige Wohnsitz der Parteien und ähnliche Umstände.

Das wird nun ausgeführt.

Nehmen wir an, sagt Dumoulin, die Flächenmaße sind an verschiedenen Orten verschieden und ein Grundstück wird verkauft oder abgemessen: so sei nicht stets das Maß zu verwenden, das am Ort des Vertragsschlusses (Vertragsort) gilt, sondern im Zweifel soll das Maß des Orts gelten, an dem das Grundstück ausgemessen und übergeben werden und die Erfüllung stattfinden soll[23]. Wenn andere Gelehrte (auf die verwiesen wird) ersterer Meinung sind und sich dafür auf die lex si fundus, de evictionibus (D. 21. 2. 6)[24] berufen, so sei das nicht schlüssig, denn diese lex spreche von einer persönlichen Gewährleistung und betreffe nicht das Maß, das „der Sache anhänge und real sei". Wenn allerdings aus anderen Umständen erhelle, welches Maß die Parteien gemeint haben, dann sei es anders; die Frage sei mehr auf tatsächlichem als auf rechtlichem Gebiet gelegen.

Die eben gefundene Regel wird eingeschränkt, wenn es sich nicht um bestimmte Grundstücke handele, sondern wenn beispielsweise ein Erblasser ganz allgemein im Testament „1000 Joch" vermacht habe, ohne das Maß, das gelten solle, näher zu bezeichnen; da der Testator hierbei sich unter „Joch" nur ein bestimmtes Maß vorgestellt habe, so sei im Zweifel das Maß des Orts zugrunde zu legen, an dem der Testator seinen Wohnsitz hatte.

Danach kehrt Dumoulin wieder zum Ausgangspunkt, dem Verkauf eines Grundstücks, zurück. Er wendet sich in der „heftigen Tonart der

[23] Ebenso an der oben S. 18 Anm. 1 genannten Stelle O. o. I 410.

[24] „(Gajus, im 10. Buch ad edictum provinciale) Si fundus venierit, ex consuetudine ejus regionis, in qua negotium gestum est, pro evictione caveri oportet." Die Ansicht, daß für den Vertrag das Recht des Abschlußorts maßgebend ist, stützte sich hauptsächlich auf diese Gesetzesstelle; vgl. unten S. 112.

Legisten seiner Zeit"[25] gegen die allgemeine Meinung, daß hierbei das Recht des Abschlußorts maßgebend sein solle. Völlig verkehrt sei es, hierfür die lex si fundus heranzuziehen, vielmehr liege das Recht in dem stillschweigenden und wahrscheinlichen Willen der Parteien (quinimmo jus est in tacita et verisimili mente contrahentium)[26].

Folgenden Fall gibt Dumoulin: Ein Tübinger Bürger reist in Italien und will dort sein in Tübingen gelegenes Haus verkaufen; muß er zwei Eviktionsbürgen stellen und haftet er für das Doppelte im Fall der Eviktion, wie es das Recht des italienischen Vertragsorts vorsieht? Ja, sagen alle, aber sie irren sich, denn sie verstehen weder die Praxis, noch erfassen sie den Sinn des Gesetzes si fundus, das Gegenteil ist vielmehr wahr: „denn der Verkäufer ist den italienischen Statuten nicht unterworfen, und jenes Statut betrifft nicht die Sache, sondern die Person und kann demnach Fremde nicht binden, die nicht so angesehen werden, als würden sie durch das Statut, dessen Gebiet sie betreten, verpflichtet". Der Tübinger hafte daher nur gemäß dem Gewohnheitsrecht seines Wohnorts oder nach dem gemeinen Recht. Ebenso unrichtig sei, daß jenes Statut die Förmlichkeit und Art und Weise des Vertragsschlusses betreffe (so daß es nach den oben unter 1 entwickelten Regeln anwendbar wäre), vielmehr behandle es den Inhalt (causam, meritum et decisionem). Die lex si fundus werde daher zu Unrecht für den Inhalt der ersten conclusio herangezogen[27].

Der eigentliche Anwendungsfall der lex si fundus ist dann gegeben, sagt Dumoulin weiter, wenn hier, d. h. in Tübingen, ein Tübinger Bürger seinem Nachbarn ein Grundstück verkauft, das in Genf liegt. Wenn die lex sage, man hafte für die Eviktion gemäß dem Recht des Orts, an dem das Geschäft abgeschlossen wurde, so meine sie nicht den zufälligen Abschlußort[28], sondern den Wohnort[29]; denn Grundstücke würden ge-

---

[25] Lainé I 229, vgl. auch Boullenois, Démissions 153 f.

[26] Meili, BöhmsZ 5 (1895) 554 schreibt richtig „verisimili", im Text steht „verisimiliter": „Et advertendum, quod doctores pessime intelligunt l. si fundus, de evictionibus. Quia putant ruditer et indistincte: quod debeat ibi inspici locus et consuetudo, ubi fit contractus, et sic jus in loco contractus. Quod est falsum; quinimmo jus est in tacita et verisimiliter mente contrahentium."

[27] Unklar ist die Einteilung der Abhandlung in conclusiones: nur die erste conclusio ist als solche bezeichnet; die zweite umfaßt die Statuten des dispositiven Rechts, die dritte die realen, die vierte die personalen Statuten, die fünfte handelt de delictis und die sechste de praescriptionibus. Statt dessen erscheinen die Untertitel de delictis und de praescriptionibus in der gleichen Aufmachung wie die Hauptüberschrift, so daß der Eindruck entsteht, es handle sich um drei selbständige Abhandlungen.

[28] Wörtlich: „den Ort des zufälligen Vertrags" (wenn so richtig überliefert).

wöhnlich nicht unterwegs, sondern am Wohnsitz des Verkäufers verkauft, und das Gesetz habe sich den häufig und nicht den selten vorkommenden Fällen anzupassen. Wenn damit schon der außerhalb des Wohnsitzes gelegene Ort der Belegenheit der Sache ausgeschlossen sei, so um so mehr auch der zufällige Abschlußort. Das sei offensichtlich: denn es sei eher anzunehmen, daß der Vertragschließende am Erfüllungsort kontrahiert habe, als an einem zufälligen Ort [30].

Man kann nicht sagen, daß dieser letzte Verweis auf den Erfüllungsort überzeugend ist, nachdem Dumoulin gerade das Recht des Orts der Belegenheit für den Verkauf des Grundstücks ausgeschlossen hat. Aber er will sich auch der lex contraxisse, D. 44. 7. 21 [31], für seine Ansicht, daß der zufällige Abschlußort auf jeden Fall unerheblich sei, bedienen, und so erklärt sich wohl diese nicht recht verständliche Stelle.

Weiter entscheidet Dumoulin die Frage, nach welchem Recht sich die traditio eines Grundstücks richte; nach der lex contraxisse, die in dem Streit der Meinungen über das den Vertrag beherrschende Recht neben der lex si fundus als maßgebliche Kollisionsnorm verwendet wird, gelte hier das Recht des Lageorts. Also werde der Verkäufer so angesehen, als habe er dort den Vertrag geschlossen. Dennoch gelte im Zweifel nicht das Recht dieses (so zu verstehenden) Vertragsorts, da der Verkäufer ihm nicht unterworfen sei und auch seine Kenntnis von diesem Recht nicht vermutet werde; daher gelte auch um so weniger das Recht eines zufälligen Abschlußorts, das er noch weniger kenne. Woraus sich klar ergebe, daß die lex si fundus voraussetze, daß die Vertragschließenden am Vertragsort ihren Wohnsitz haben. In welchem Falle die Sache klar sei.

Will man diesen Abschnitt zusammenfassen, so meint Dumoulin – wenn ich ihn richtig verstanden habe –: ein solcher Vertrag richtet sich nach dem gemeinsamen Wohnsitzrecht der Vertragschließenden; die hierfür maßgebende Kollisionsnorm ist die lex si fundus, die in dem Sinn auszulegen ist, daß es den Normalfall darstelle, daß ein Grundstück am

---

[29] Der Ansicht, daß der Wohnsitz der Parteien als Ort des Vertragsschlusses anzusehen sei, folgen BOULLENOIS, Démissions 151 ff., Traité I 523 ff. (allerdings mit der Einschränkung, daß nur ein Anwalt von so umfassendem Ansehen wie Dumoulin es hätte wagen können, der einhelligen Meinung der Doktoren entgegenzutreten) und BOUHIER, Oberservations I 612 ff., vgl. MEIJERS 651 Anm. 3. Auch SAVIGNY neigt zur gleichen Ansicht, System VIII 254 Anm. 1.

[30] „Patet: quia quis censetur potius contrahere in loco, in quo debet solvere, quam in loco, in quo fortuito transiens contrahitur: l. contraxisse."

[31] „(Julianus, im 3. Buch ex Minicio) Contraxisse unusquisque in eo loco intellegitur, in quo ut solveret se obligavit."

Wohnsitz der Parteien verkauft werde; nicht komme es auf den zufälligen Vertragsabschlußort an. Als weiteres Argument für den Ausschluß der lex loci contractus bringt er dabei die These, daß die die Eviktionshaftung betreffenden Statuten personal seien, ein italienisches Eviktionsstatut mithin einen ihm nicht unterworfenen Tübinger nicht binden könne. Handele es sich aber um die Übertragung eines Grundstücks, so gelte das Recht der belegenen Sache; maßgebende Kollisionsnorm sei hier die lex contraxisse, die ja besage, daß als Ort des Vertragsschlusses der Erfüllungsort (der gleichzeitig Ort der Belegenheit ist) gelte.

Wie ist es aber, wenn die Vertragschließenden keinen gemeinsamen Wohnsitz haben? Dumoulin untersucht diese Fälle im folgenden eingehend. Man muß, sagt er, auf andere Umstände ex aequo et bono zurückgreifen. Wenn etwa der Verkäufer über das ihm fremde Ortsrecht aufgeklärt wurde und nicht widersprochen hat, dann genüge dies zum Beweis dafür, daß er stillschweigend entsprechend jenem Recht zu handeln scheine, habe er es sich doch selber zuzuschreiben, daß er nicht ein anderes Gesetz zum Ausdruck gebracht hat[32]. Gleiches gelte (d. h. anzuwenden ist das Recht des Wohnsitzes des Käufers), wenn sich jemand ausdrücklich an einen Ort begibt, um dort einen Käufer zu finden; dann wird er so angesehen, als habe er sich vorher über das dort geltende Recht unterrichtet. Wenn umgekehrt der Käufer eigens zum Zwecke des Kaufes sich an den Wohnsitz des Verkäufers begibt, so hafte dieser nur nach seinem eigenen Recht. Das letztere gelte auch dort, wo ein Käufer nur zufällig in der Fremde kaufe. Es sei also die Stellung des Verkäufers besser als die des Käufers, wenn der Vertrag an einem zufälligen Ort geschlossen werde.

Zu diesem Abschnitt ist zusammenfassend zu sagen: Wenn die Vertragschließenden keinen gemeinsamen Wohnsitz haben, so ist Kollisionsnorm letzten Endes das bonum et aequum, d. h. Umstände, die nach Treu und Glauben für die Anwendung des einen oder des andern Rechts sprechen. So gilt das Recht des Verkäufers, wenn der Käufer sich eigens an dessen Wohnsitz begibt oder wenn der Vertrag an einem zufälligen Ort geschlossen wurde, es gilt umgekehrt das Recht des Wohnorts des Käufers, wenn der Verkäufer darüber aufgeklärt wurde und nichts gesagt hat oder wenn er sich eigens zum Käufer begeben hat.

Nach einigen Verweisungen auf Stellen aus dem Corpus Juris folgt

---

[32] „si aliam legem non expressit“: vielleicht zu lesen „aliam mentem“? Dumoulin verweist auf D. 2. 14. 39, wonach die Unklarheit des Vertrags zu Lasten des Verkäufers und Vermieters gehe.

der bedeutsame Satz: „Hier wird geklagt nicht so sehr auf Grund eines Gewohnheits- oder Statutarrechts, als vielmehr auf der Grundlage einer stillschweigenden Vereinbarung oder eines vom Statut oder dem Gewohnheitsrecht gebildeten Vertrags“ [33]. Dies sei etwas Verschiedenes, die Gewohnheit forme die Handlungen der Welt, wie schon PETRUS ANCHARANUS gesagt habe.

Danach wendet sich Dumoulin dem, wie er sagt, alltäglichen Mitgift- und Ehevertrag zu. Dieser gelte als am Wohnsitz des Mannes, nicht am Abschlußort, geschlossen. Unter Wohnsitz des Ehemannes sei der Aufenthalts-, nicht der Herkunftsort zu verstehen [34].

Was geschieht, wenn nach der Eheschließung der Ehemann seinen Wohnsitz verlegt? Die Frage ist von großer praktischer Bedeutung, da die verschiedenen Ortsrechte ganz unterschiedliche Regelungen über das Schicksal der Mitgift nach dem Tod der Frau treffen. Es gibt Rechte, die dem Manne nichts oder nur ein Viertel der Mitgift zusprechen, andere wieder, wie die Coutume von Toulouse, lassen den Mann nach Vorversterben der Frau, wenn keine Kinder vorhanden sind, die ganze Mitgift erben. So geht der Streit darüber, ob sich durch einen nachträglichen Wechsel des ehelichen Wohnsitzes die Rechte des Mannes ändern oder

[33] „Notandum: quod tunc non tam agitur ex consuetudine vel statuto, quam ex tacito pacto inexsistente vel ex contractu informato a statuto vel consuetudine“ („agitur“ kann man wohl mit „klagen“ übersetzen, anders und m. E. zu frei die Übersetzung von LAINÉ I 232); Dumoulin hat hier offensichtlich im Auge, daß „zwischen den Parteien ihr Wille Gesetz ist“, wie es heute im Art. 1134 C. c. heißt; s. auch D'ARGENTRÉ, Glosse 2 zu Art. 436 der Coutume der Bretagne: „tollit ubique in permissis provisio hominis provisionem legis“.

Über die Entwicklung des Grundsatzes der Vertragsfreiheit im alten franz. Recht vgl. TISON, Le Principe de l'Autonomie de la Volonté dans l'Ancien Droit Français (Etude de droit interne), Paris 1931; GOUNOT, Le principe de l'autonomie de la volonté en droit privé, Diss. Dijon 1912.

[34] „intellegitur non de domicilio originis, sed de domicilio habitationis ipsius viri“. Dies war eine Streitfrage des älteren Schrifttums, MEIJERS 606 Anm. 4. Dumoulin verweist auf eine eigene Anmerkung zu ALEXANDER, Cons. 100 Bd. 3 Nr. a, O. o. III 937, in der er, in Übereinstimmung mit BALDUS und BUTRIGARIUS (1274 bis 1348, Lehrer des BARTOLUS, vgl. SAVIGNY VI 60 ff.) und entgegen SALICET (s. folgende Anm.) die gleiche Ansicht vertritt. Daß der Ehevertrag nicht der lex loci contractus, sondern dem Recht des Wohnsitzes des Mannes unterliegt, war eine der ersten Abspaltungen von der Regel für Verträge und geht zurück auf GUIDO DE SUZARIA (gest. um 1285, SAVIGNY V 349 ff.); sie war von Anfang an communis opinio, wie DECIUS, Cons. 19 bezeugt; vgl. MEIJERS 596 und Anm. 3. Schon GUIDO DE SUZARIA beruft sich hierbei auf die lex exigere dotem, s. unten Anm. 36, wie nach ihm auch BARTOLUS, vgl. unten S. 55. In Frankreich folgt dem MASUER, Practica forensis Titel 14 Nr. 11, LAINÉ I 210, jedoch nur für bewegliche Sachen.

nicht. Erstere Meinung vertreten SALICET[35] und ALEXANDER in dem angeführten Consilium, sagt Dumoulin; nach seiner Ansicht ist das ungerecht und falsch, ungerecht nämlich, weil der Mann dann betrügerisch und zum Nachteil der sonst berufenen Erben der Frau seinen Wohnsitz nachträglich in ein Gebiet verlegen könne, dessen Recht ihn besser stelle, und falsch, wie aus D. 5. 1. 65, der lex exigere dotem, bewiesen werde[36].

Dumoulin begnügt sich aber nicht mit der Beweisführung aus dem römischen Recht und aus allgemeinen Billigkeitserwägungen, sondern begründet das Ergebnis, formell die lex exigere dotem auslegend, des weiteren damit, daß der Anspruch des Mannes auf die Mitgift auf einer stillschweigenden Vereinbarung der Ehegatten beruhe. „Es besteht, wie aus dem Vorhergehenden erhellt, eine stillschweigende Vereinbarung (tacitum pactum) dahingehend, daß der Ehemann die Mitgift nach dem erkannten und vorausgesehenen Recht jenes (d. h. des ersten) Wohnsitzes erhalten soll; und wenn nichts anderes vereinbart wurde, so geht dieses tacitum pactum in die actio ex stipulatu rei uxoriae[37] über und bildet diese actio." Es folgt eine große Reihe von Autoren, die im Ergebnis der gleichen Ansicht sein sollen.

Das Statut des ersten ehelichen Wohnsitzes gelte nun nicht nur für die Liegenschaften, die in seinem Bereich belegen sind, sondern überall, unabhängig davon, ob die Mitgiftgüter bewegliche Sachen, Grundstücke oder Forderungen sind. Der Grund liege darin, daß hier eine *stillschweigende Vereinbarung* gegeben sei, die wie eine ausdrückliche zu behandeln sei; was der Mann von der dos erhalte, erhalte er auf Grund eines Vertrags, nicht auf Grund eines Statuts; „lucrum statutarium proprie non est nec legale, sed conventicium seu pactionale".

Es geht hier also um die Frage, nach welchem Recht sich der Gewinn des Mannes nach dem Tod der Frau bemißt. An sich ist die Meinung im großen und ganzen einhellig: weder der (zufällige) Abschlußort noch der Herkunftsort des Mannes kommen in Frage, sondern das Recht des ehelichen Wohnsitzes. Zweifel bestehen nur, wenn der Wohnsitz nachträglich verlegt wurde. Dumoulin sagt hierzu: der Gewinn des Mannes be-

---

[35] BARTHOLOMÄUS V. SALICET (1330–1412), Professor in Bologna und Padua, vgl. LAINÉ I 178; SAVIGNY VI 227 ff.; vgl. auch unten S. 113.

[36] „(Ulpian im 35. Buch zum Edikt) Exigere dotem mulier debet illic, ubi maritus domicilium habuit, non ubi instrumentum dotale conscriptum est: nec enim id genus contractus est, ut et eum locum spectari oporteat, in quo instrumentum dotis factum est, quam eum, in cuius domicilium et ipsa mulier per condicionem matrimonii erat reditura."

[37] Hierüber vgl. JÖRS-KUNKEL 286 f.

rechnet sich nach dem Recht des ersten ehelichen Wohnsitzes, denn die Parteien hätten Abweichendes vereinbaren können; da sie dies unterlassen haben, werden sie so angesehen, als hätten sie das Recht ihres Wohnsitzes stillschweigend zum Inhalt einer Vereinbarung gemacht. Daher komme nur das Recht des ersten ehelichen Wohnsitzes in Frage, denn nur dieses hätten die Ehegatten bei Eingehung der Ehe im Auge gehabt; da ferner ein stillschweigender Vertrag die gleichen Wirkungen entfalte wie ein ausdrücklich geschlossener, gelte dieses Recht auch für Grundstücke, die nicht in seinem Bereich belegen sind, genau so wie auch ein Ehevertrag seine Wirksamkeit überall entfalten würde.

Dumoulin schränkt diesen Grundsatz gleich wieder ein: „Anders ist es, wenn das Statut absolut und verbietend ist, ungeachtet entgegenstehender Vereinbarungen: dann findet es jenseits seiner Grenzen keine Anwendung, außer es werden seine Bestimmungen ausdrücklich zum Inhalt einer Vereinbarung gemacht, quia pactio bene extenditur ubique, sed non statutum merum, hoc est, sola et mera vi statuti."

Wann allerdings ein Statut verbietend ist, läßt er unerörtert; ebensowenig äußert er sich zu dem Fall, was geschieht, wenn an dem Ort, wo die Dotalgüter belegen sind, seinerseits ein prohibitives Statut besteht.

Dumoulin kehrt nun zum stillschweigenden Vertrag zurück. Den Einwand, die Brautleute hätten den Inhalt des Statuts möglicherweise nicht gekannt, schlägt er damit, daß ihre Kenntnis vermutet werde; wenn sie eine Kenntnisnahme verabsäumt hatten, so hätten sie es sich selber zuzuschreiben, wenn sie behandelt würden, als hätten sie ihr Recht gekannt. Anders sei es, wenn der Mann vorsätzlich oder fahrlässig etwas verheimlicht oder einen anderen Wohnsitz oder sogar ein anderes Vaterland vorgetäuscht hat: dann würde er weder auf Grund eines stillschweigenden Vertrags, der dann nicht in Frage käme, noch auf Grund des Statuts, dessen Geltendmachung die Einrede der Arglist entgegenstehe, etwas erhalten, sondern müsse die gesamte Mitgift zurückgeben. Es sei nun auch meistens so, daß die jungen Frauen ohne Kenntnis der Gesetze heiraten: hier genüge es, daß die Kenntnis bei denen gegeben sei, die für sie handelten, also wohl beim Vater oder Vormund. Deshalb sei der Fall wieder anders zu behandeln, daß die Braut geraubt oder die Ehe heimlich geschlossen wurde: hier müsse die Braut wieder in den vorigen Stand eingesetzt werden, und zwar nicht gegenüber dem auf dem Statut beruhenden Gewinn des Mannes an der Mitgift, sondern gegenüber der Verabsäumung eines anders lautenden Ehe- und Mitgiftvertrags.

Der Fragenkreis wird nun erweitert: Angenommen, die Eltern der

Braut vereinbaren bei Übergabe der Mitgift lediglich, daß diese zurückzuerstatten sei; eine solche Stipulation gilt nach gemeinem Recht für den Fall, daß die Tochter ohne Hinterlassung von Kindern stirbt. Die Rückgabeverpflichtung des Mannes werde nun durch das örtliche Statut modifiziert, d. h. der Mann brauche die Mitgift nur nach Abzug des Gewinns zurückzuerstatten, der ihm vom Statut zuerkannt wird. Wenn natürlich des näheren ausbedungen worden sei, der Mann solle etwa die Mitgift als Ganzes oder einen bestimmten Teil davon zurückerstatten müssen, so gelte das Vereinbarte: „quia provisio hominis facit cessare provisionem legis".

Die gegenteilige Ansicht von Baldus und Salicet weist Dumoulin zurück: die Eltern, die eine solche einfache Vereinbarung mit dem Manne getroffen hatten, dürften nicht besser gestellt sein, als wenn sie als Erben der Tochter klagen würden; eine solche stipulatio simpliciter expressa hätte nicht mehr Wirksamkeit als eine Klage aus lex 1 de rei uxoriae (C. 5. 13. 1.), die ihrerseits nach den örtlichen Statutarrechten auszulegen sei.

Die Folge dessen, daß das Statut zum Inhalt eines stillschweigenden Vertrags wird, ist nun, daß sich seine Rechtswirkungen (kraft seiner vertraglichen Natur) auch auf bona alibi sita, auf Grundstücke, die außerhalb seines Geltungsbereichs liegen, beziehen. Hier schreitet Dumoulin nunmehr zu einer Einschränkung: dies gelte nur, wenn das Statut die (stillschweigende) Vereinbarung lediglich einschränkt oder erweitert d. h. seinen Inhalt abändert, ohne sich mit dem gemeinen Recht in (allzu großen) Widerspruch zu stellen. Nicht soll ein Statut hingegen, auf dem Wege seiner Übernahme in einen Vertrag, extraterritoriale Wirkung entfalten, wenn es zum gemeinen Recht in Widerspruch steht und infolgedessen ein dahingehender Wille der Parteien überhaupt erst durch die Existenz dieses Statuts, entgegen dem verbietenden gemeinen Recht, ermöglicht, „belebt und bestätigt" wird[38]. In einem solchen Fall habe eine stillschweigende Unterwerfung der Parteien unter dieses Statut nicht die Wirkung, daß sich die Bestimmungen des Statuts auch auf Grundstücke außerhalb seines Bereichs erstrecken sollen.

Als Beispiel dient das Statut, das die ausgestattete Tochter von der Erbfolge ausschließt[39]. Im Fall, daß das Statut die Tochter von sich aus,

---

[38] „Nisi statutum non simpliciter informaret ampliando aut limitando pactum, sed illut vivificaret seu validaret contra jus commune prohibitivum."

[39] Von dem Grundsatz des römischen Rechts, daß man auf künftige Rechte und Erbschaften nicht verzichten könne – ein Grundsatz, der auch in Frankreich an sich aner-

ohne einen eigenen Verzichtsvertrag zu verlangen, ausschließt, ist es klar, sagt Dumoulin: dann ist dieser Ausschluß lediglich „legalis et statutaria" und hat keine extraterritorialen Wirkungen[40]. Anders ist es bei der zweiten Gruppe von Statuten, kraft derer die Tochter nur von der Erbschaft ausgeschlossen wird, wenn eine freiwillige[41] Verzichtserklärung hinzutritt, also nicht das Gesetz allein bestimmt, sondern „Menschen tätig mitwirken" *(concurrente ministerio hominis)*. Dieser Fall wäre an sich gemäß den in diesem Abschnitt niedergelegten Grundsätzen zu behandeln, d. h. an sich müßte das Statut kraft seiner vertragsähnlichen Natur seine Wirkung überall entfalten können; aber hier wird nun die Einschränkung praktisch, daß das Statut nicht etwas erlauben dürfe, was dem gemeinen Recht widerspricht: da nach gemeinem Recht ein vertraglicher Verzicht der Tochter auf die Erbschaft nichtig sei und seine Wirksamkeit nur von dem örtlichen Statut empfange, könne es auch jenseits seiner Grenzen keine Geltung beanspruchen. Es könne demnach die Tochter die Erbschaft von Gegenständen, die außerhalb des Gebiets des ausschließenden Statuts belegen sind, antreten, „denn es geziemt sich nicht, daß ein Statut außerhalb seines eigenen Bereichs verbietendes, negatives gemeines Recht abändere".

3. Damit endet der erste, wertvollste[42] Teil der Abhandlung. Der zweite behandelt die Gebiete, die vom Willen der Parteien unabhängig

kannt wurde –, gab es in den französischen örtlichen Gewohnheitsrechten mannigfache Ausnahmen. Einige Rechte schlossen die abgefundene und ausgestattete Tochter von jeder Erbfolge aus, andere verlangten einen förmlichen Verzichtsvertrag expressis verbis, der nur mit dem Ehevertrag zusammen eingegangen werden konnte und eine solche Abfindung voraussetzte, dazwischen gab es viele Mittellösungen. Vgl. hierzu Warnkönig II 499 ff. Den ursprünglichen Rechtszustand in einer Reihe französischer Landrechte beschreibt Yver, Les caractères originaux du groupe de coutumes de l'ouest de la France, in: Revue historique de droit français et étranger 30 (1952) 49 Anm. 3.

Zum Ausschluß der Tochter s. Alexander, Bd. III Cons. 29; Bd. I Cons. 16 (s. unten S. 33 Anm. 43) und 128; Dumoulin, Cons. 55, O. o. II 968; Anm. zu Consilium 276 des Decius, O. o. III 790; Anm. zu Art. 241 der Coutume von Anjou, O. o. II 722; hierzu Boullenois, Traité I 296.

[40] „Quae renuntiatio capit totam vim et essentiam a statuto vel consuetudine loci"; „renuntiatio" kann im Zusammenhang nur „Ausschluß" heißen. Weiter: „Quamvis statutum non excludat filiam dotatam simpliciter, quo casu exclusio esset mere legalis et statutaria, spectans ad sequens membrum distinctionis" (d. h. sich auf den folgenden Abschnitt bezieht, der die Statuten zum Inhalt hat, die nur vom Gesetz abhängen), „et absque dubio clauderetur loco suo vel extenderetur ad bona sita extra suum territorium." Dieses „vel extenderetur" scheint mir zweifellos ein „nec extenderetur" zu sein. Dumoulin wollte dem Statut jede extraterritoriale Wirkung absprechen.

[41] „mediante spontanea renuntiatione": vielleicht zu lesen „sponsalia renuntiatione"? Vgl. Boullenois, Traité I 325.

[42] Lainé I 228.

und *lediglich dem Gesetz unterworfen sind:* aut statutum disponit in his, quae non pendent a voluntate partium, sed a sola potestate legis.

Bevor Dumoulin nun diese Gruppe weiter in reale und personale Statuten unterteilt, setzt er sich mit der Wortunterscheidung des BARTOLUS auseinander. Bekanntlich hatte dieser den Wortlaut eines Statuts zu einem möglichen Kriterium für seine Natur erklärt[43]; Dumoulin verwirft diese Ansicht und weiß sich dabei in Übereinstimmung mit der gemeinen Meinung.

Danach folgt die Gruppe der *realen Statuten.* „Wenn das Statut eine Sache betrifft, dann richtet sich das anwendbare Recht nach dem Ort der Belegenheit“ [44] und findet auch auf Ausländer Anwendung, ganz gleich, welche Formulierung es gebraucht. Eine Ausnahme gelte nur dann, wenn das Statut sich ausdrücklich auf eigene Angehörige beschränke: dann gelte für die Fremden gemeines Recht; oder wenn es lediglich ausländische Frauen (von etwas) ausschließen wolle: dann seien nur diese ausgeschlossen; ebenso, wenn das Statut, das den Erstgeborenen zur Erbfolge berufe (wie es in England Recht sei), sich auf Einheimische beschränke: dann würden nur diese der Rechtswohltat des Statuts teilhaftig[45].

Im allgemeinen würden aber auf Sachen bezügliche Statuten auch Ausländern gegen Einheimische zugute kommen[46].

---

[43] S. unten S. 60 f.; in extenso LAINÉ I 132, 155 ff.; diese Wortauslegung zurückzuweisen, gehörte zum guten Ton der Autoren, vgl. D'ARGENTRÉ unten S. 70 u. a.

Ebenso Dumoulin in seiner Anmerkung zu Alexander Bd. I Cons. 16: „Haec vera rejecta verbali distinctione BARTOLI, an loquatur in rem vel in personam ... Sed teneas indistincte quod statuta vel consuetudines tanquam reale non extenduntur extra sua territoria“, O. o. III 884, LAINÉ I 199. Im Zusammenhang sollte das nur bedeuten, daß das Statut von Lucca, das die Tochter bei Vorhandensein von Brüdern oder des Vaters von der Erbfolge ausschloß, territorial sei, weil es, obwohl in personam gerichtet, odios und dem gemeinen Recht widersprechend sei. Von vielen Nachfolgern Dumoulins wird jedoch diese Stelle verallgemeinert und daraus der Schluß gezogen, er habe alle Statuten für territorial angesehen, so u. a. COQUILLE: „Autres indistinctement ont dit que tous statuts sont locaux et les biens doivent être réglés selon la loi du lieu où ils sont assis. ALEX. DE IMOLA, in cons. 16 vol. 1 et DU MOLIN en l'annotation sur iceluy disent que la commune opinion des Docteurs est que tous statuts sont locaux, sans y observer la distinction s'ils sont in rem vel in personam“, Coustume de Nivernois 263; LAINÉ I 294; vgl. unten S. 129, 164 u. a.

[44] Über die in dieser Ausdrucksweise zutage tretende Vermengung der Begriffe s. unten S. 73 ff.

[45] Vgl. unten S. 44 ff.

[46] Hier spielen also fremdenrechtliche Einschläge hinein, die bei den Erwägungen der Legisten jener Zeit eine nicht geringe Rolle spielten; man zögerte zuweilen, ein an sich reales Statut anzuwenden, wenn es im Einzelfall einen Ausländer begünstigt hätte, vgl. das von Dumoulin angeführte Cons. 41 Bd. 7 des ALEXANDER und MEIJERS 608. Am Ende des Abschnitts sagt Dumoulin selbst „statutum dans beneficium concernens

Sehr viel verwickelter ist die Behandlung der Gruppe der *personalen Statuten.*

Die erste Regel, die Dumoulin hierzu anführt, gibt bereits eine verwirrende Verknüpfung des persönlichen[47] und örtlichen Anwendungsbereichs des Statuts. „Ein Statut, das die Person betrifft[48]", sagt er, „bezieht sich nicht auf Fremde, ob es die Geschäftsfähigkeit der Person erweitert oder einschränkt (sive habilitet sive inhabilitet personam)". Wenn ein Statut bestimme, daß ein Minderjähriger unter 25 Jahren ohne Zustimmung seiner Verwandten und ohne Ermächtigung durch den Richter keinen Vertrag gültig schließen könne, so gelte das nur für die Minderjährigen, die der Gesetzgebungsgewalt dieses Statuts[49] unterworfen seien.

Dumoulin beruft sich hierzu, wie seine Vorgänger[50], auf D. 26. 5. 1. 2[51]. Im einzelnen gelte nun folgendes: ein fremder Minderjähriger kann ohne die genannte Voraussetzung verfügen, und zwar sowohl im Bereich des Statuts – d. h. in seinem Bereich handelnd – als auch über Grundstücke, die sich intra territorium befinden. Anders ist es jedoch nach Meinung von Dumoulin bei einem minor subditus, einem dem Statut unterworfenen Minderjährigen. Dieser könne im Bereich des Statuts ohne die genannte Voraussetzung[52] nicht verfügen; ebensowenig könne er in seinem Bereich über Grundstücke verfügen, die außerhalb liegen; wohl könne er aber über Liegenschaften außerhalb verfügen,

---

personam non comprehendit exteros, etiam hospites et advenas, qui non possunt eo uti".

[47] Zum persönlichen Bereich bei der Auslegung von Testamenten s. auch Anm. zu dem Kommentar des Decius, zum 6. Buch des Codex, ad legem quamvis, O. o. III 875.

[48] „agit in personam". Gleiches bedeuten: „concernere p." „disponire circa p." „dari in p." usw., vgl. Lainé I 238.

[49] „subditis suae jurisdictioni": jurisdictio hier im Sinne von Gesetzgebungsgewalt, gesetzlicher Zuständigkeit, nicht von Gerichtsbarkeit; denn der Gerichtsbarkeit waren schon seit den Anfängen auch die Ausländer unterworfen; vgl. Neumeyer II 23.

[50] Lainé I 241.

[51] „(Ulpian, 39. Buch zu Sabinus) Quod autem permittitur tutorem dare provincii praesidi, eo tantum permittitur, qui sunt ejusdem provinciae vel ibidem domicilium habent."

[52] Dumoulin sagt „solemnitas". Dies ist eine seiner vielen Ungenauigkeiten: denn wäre die Zustimmung, um die es sich hier handelt, eine solemnitas, Formvorschrift, dann müßte ja die Regel locus regit formam actus gelten, der fremde Minderjährige also dem Statut unterworfen sein. Diese Ungenauigkeit ist umso bemerkenswerter, als die Qualifikation der Zustimmungsbedürftigkeit als eines Teils der Capacitas umstritten war: vgl. über Tiraqueau (1480–1558), einen Zeitgenossen Dumoulins, der sich über diese Frage unter Berufung auf Bartolus, Baldus und Salicet ausläßt, Lainé I 216.

wenn auch er selbst außerhalb handle. Denn, sagt Dumoulin, soweit sich das Statut auf Personen beziehe, beschränke es sich auf die subditi, die ihm Unterworfenen – daher erfasse es den fremden Minderjährigen nicht –, und soweit es sich auf Sachen beziehe, beschränke es sich auf die intra territorium belegenen Liegenschaften[53]. Es handelt sich also hier um ein Statut, das gleichzeitig real = auf Sachen bezogen = territorial, und personal = auf subditi beschränkt ist. Diese Ansicht ist nicht an sich widerspruchsvoll, aber sie steht im Gegensatz zu dem Begriff „personal“, wie er sich herausgebildet hat, dessen Wesen gerade darin bestand, daß das personale Statut dem subditus überallhin zu folgen habe: hier also auch dem minor subditus nicht gestatte, über auswärts gelegene Grundstücke zu verfügen.

Die Nachfolger Dumoulins haben diese Auffassung nicht geteilt: für d'ARGENTRÉ ist das Statut ein gemischtes, BOULLENOIS geht zwar auf die Stelle ausführlich ein, verwirft die Lösung Dumoulins jedoch[54].

Als nächstes behandelt Dumoulin Fragen aus dem Vormundschaftsrecht[55]. Der unter Vormundschaft Stehende sei geschäftsbeschränkt, wo immer er sich befinde und in Beziehung auf alle seine Güter, wenn der Vormund vom zuständigen Richter bestellt worden ist. Das Statut ist also personal; daß es extraterritorial ist, begründet Dumoulin weiter damit, daß die dem Entmündigten auferlegte Beschränkung der Geschäftsfähigkeit nicht nur aus dem Statut allein seine Kraft schöpfe, sondern sich auch auf das gemeine Recht und eine interpretatio passiva extensiva des Gesetzes stützen könne[56]. Diese interpretatio finde statt selbst bei

---

[53] Dumoulin spricht von „res“ „Sachen“, es handelt sich jedoch stets um Liegenschaften, unbewegliche Sachen, da die beweglichen Sachen nach allg. Meinung dem Recht des Wohnsitzes des Eigentümers folgten, vgl. unten S. 42 Anm. 74.

[54] BOULLENOIS Traité I 87 ff., 91, 727 ff.; Dissertations 434 ff.; LAINÉ spricht von „incroyables subtilités“ I 243 f.

[55] Über die zugrunde liegenden sachlichrechtlichen Normen betr. cura, tutela und die im Lauf der Zeit daraus entwickelten Institute der garde-noble und garde-bourgeoise s. unten S. 141 Anm. 109 und WARNKÖNIG II 277 ff., 280 ff.; MITTEIS, ZSSt. 63 (1943) G. A. 181 f.; OLIVIER-MARTIN, Coutume de Paris I 159 ff., 181 ff.

[56] Der interpretatio passiva extensiva liegt der Gedanke zugrunde, daß Statuten, die dem gemeinen Recht bekannte Rechtsgebilde abändern, den gleichen Anwendungsbereich haben sollen, den das unveränderte gemeine Recht hätte: so RAPHAEL FULGOSIUS (1367–1427, Schüler von SALICET und Professor in Pavia und Padua, SAVIGNY VI 237 ff.), vgl. hierzu MEIJERS 626 f.; Dumoulin im Kommentar zum Titel 33 des 6. Buches des Codex, O. o. III 743: „Wir wissen, daß die Statuten gemäß dem gemeinen Recht auszulegen (wörtlich: zu verstehen) sind, auch wenn sie diesem nichts hinzufügen, wenn andernfalls jemand ungerecht beschwert würde; dazu sagt man, daß die Statuten vom gemeinen Recht eine interpretatio passiva empfangen.“ Ebenso

odiosen Statuten[57], also auch solche würden, trotz ihrer odiosen Natur, die an sich gegen eine Erstreckung sprechen würde, außerhalb ihres Bereichs Anwendung finden. Dies gelte nur für allzu exorbitante Statuten nicht[58].

Leider läßt Dumoulin die Frage unbeantwortet, welcher Richter zur Bestellung des Vormunds zuständig ist; er geht davon aus, daß es der Richter am Wohnsitz des Entmündigten ist, es wird aber später nicht an Stimmen fehlen, die die Verwaltungsbefugnis des Vormunds über Liegenschaften des Mündels von der lex situs abhängen lassen und daher den Richter des forum situs für zuständig erklären werden.

Weiter behandelt Dumoulin die Frage, ob der Curator oder Tutor die Früchte des verwalteten Vermögens des Mündels zu Eigentum erwerben kann. Ein solches Recht scheint ihm exorbitant zu sein; wo ein Statut ein solches Recht verleiht, sei es gebietsbeschränkt und erstrecke sich nicht auf Liegenschaften außerhalb seines Bereiches. Die Begründung ist interessant: das Statut ist territorial, weil es in dieser Hinsicht mehr ein Recht auf Sachen als eine Gewalt über Personen gebe (magis est jus in res quam potestas in personam)[59], wenn auch der Vormund über die Person Gewalt habe; das vormundschaftliche Verwaltungsrecht, das auch im gemeinen Recht verankert sei, entfalte seine Wirksamkeit überall,

an anderer Stelle: Die Regeln des gemeinen Rechts, die über eine vacatio durch Todesfall (es handelte sich um die Folgen einer Vakanz eines Kardinalstuhls, die durch eine der kommentierten Regeln herbeigeführt worden war) befinden, sollen auch für den Fall, daß die vacatio durch diese Regel herbeigeführt wurde, Anwendung finden, und zwar ... kraft der passiva interpretatio, „quia extentio quae fit virtute (= en vertu de) interpretationis passivae, habet locum indistincte“: In regulas Cancellariae Romanae .... Commentarius analyticus, Paris 1599, S. 258 = O. o. V 56.

[57] Daß „odiose“ Statuten einschränkend auszulegen sind und nicht über die Grenzen ihres Bereichs hinaus wirken, ist ein alter Grundsatz der Kommentatoren, der seinen Ansatz bereits in D. 12. 6. 40 findet. Wilhelm v. Cuneo (vgl. oben S. 21 Anm. 5) leugnet die extraterritoriale Wirkung der odiosen Statuten als erster; bei Bartolus, (s. unten S. 58) bilden sie eine Unterabteilung der verbietenden personalen Statuten; vgl. Meijers 602 f., Lainé I 146; Alexander gibt folgende Regel: „Ubi duo (d. h. Statuten) concurrunt, quorum unum est, ut prodest, aliud, ut nocet, ... attendendum illud, quod prodest“: Cons. 100 Bd. 3 Nr. 7. Die Unterscheidung hat, so unbrauchbar sie ist, eine lange Laufbahn durchmessen, wohl deshalb, weil sie das Gerechtigkeitsgefühl befriedigt und man mit ihr jedes gewünschte Ergebnis erzielen kann. Über die Kritik vgl. Lainé I 147; unten S. 94.

[58] Warum Dumoulin hier von odiosen Statuten spricht, ist nicht recht ersichtlich; sollte er das Statut, das das Mündel in der Verfügung und Verwaltung beschränkt, als odios ansehen?

[59] Wie die Gegenüberstellung mit potestas ergibt, ist „jus“ hier im Sinne von subjektivem Recht gemeint.

nicht hingegen das Fruchtziehungsrecht, welches real sei und den Bereich des Statuts nicht überschreiten könne. Dumoulin sieht offensichtlich dieses Statut als doppeltes an; das Recht auf Verwaltung des Mündelvermögens und ihre Art und Weise richten sich nach dem Statut mit Wirkung auf alle Güter des Mündels, kraft der passiven Interpretation; das Fruchtziehungsrecht ist dagegen wegen seines exorbitanten Charakters auf die Liegenschaften innerhalb des Bereichs des Statuts beschränkt. Dumoulin spaltet das Statut also in einen personalen und einen realen Zweig[60]; unnötig und verwirrend ist dabei allerdings die Berufung auf die Realität des letzteren, auf die es nicht ankommt, wenn das Statut exorbitant ist, oder umgekehrt auf seinen exorbitanten Charakter, wenn das Statut ohnehin real ist. Entscheidend ist für Dumoulin wohl die Ansicht gewesen, daß das Statut eben über das Maß des Üblichen hinausgeht, was nach gemeinem Recht noch Rechtens ist; deshalb nennt er es dann, zusätzlich und hilfsweise, „real" [61].

Als nächstes bespricht Dumoulin das Statut, das dem filius familias[62] zu testieren erlaubt. Dieses Statut ermächtige ihn, überall zu testieren, auch über Grundstücke, die nicht im Bereich des erlaubenden Statuts belegen sind. Ein exterus, Fremder könne dagegen nicht testieren, selbst nicht über Grundstücke intra fines statuti. Das Statut ist also personal im Sinne der üblichen Terminologie.

Der Grund liegt in folgendem: wenn ein Statut hauptsächlich die Person betrifft und nur als Nebenfolge sich auch auf Sachen bezieht[63], so habe es extraterritoriale Wirkung, wenn es eine Beschränkung der Person, ein impedimentum personale aufhebe. Eine solche Beschränkung,

---

[60] Nach BOULLENOIS, Démissions 133 soll diese Unterscheidung von allen franz. Juristen übernommen worden sein, so von CHOPPIN (der das Statut aber für real erklärt, weil „die Früchte mit der Wurzel in der Erde hängen (!)", (s. unten S. 124) DUPLESSIS, AUZANET, RENUSSON (s. unten S. 148).

[61] S. auch unten S. 82.

[62] Der filius familias war in den Ländern des römischen Rechts testierunfähig. In den Ländern des germanischen Gewohnheitsrechts galt die (zu summarische) Regel „Puissance paternelle n'a lieu". Tatsächlich war der Rechtszustand bei der ausgeprägten Hausgemeinschaft der germanischen Rechte, bei der die Familie eine Einheit bildete und durch die starke väterliche Strafgewalt zusammengehalten wurde, von der römischrechtlichen väterlichen Gewalt nicht allzu verschieden, vgl. WARNKÖNIG II 196, 264 ff., 487 und OLIVIER-MARTIN, Coutume de Paris I 151 ff.

[63] Die Unterscheidung der Statuten in solche, die recte et directo, und solche, die indirecte ac per consequentiam auf Liegenschaften wirken, findet sich bereits bei WILHELM v. CUNEO (oben S. 21 Anm. 5; MEIJERS, Beiträge XXVIII) und wird übernommen von BALDUS, ALEXANDER, GAILL, RODENBURG (s. unten S. 159), HERT (s. unten S. 168 f.) u. a., KOLLEWIJN 66 Anm. 2.

wie das jus patriae potestatis könne es überall aufheben, die Freistellung gelte dann auch im Bereich des gemeinen Rechts oder anderer Statuten. Das Statut, das dem Haussohn das Testieren erlaube, sagt Dumoulin, hätte ihn ja auch ganz emanzipieren können: wobei zu ergänzen ist, daß dann niemand an dem personal-extraterritorialen Charakter des Statuts, das die capacitas betrifft, zweifeln würde.

Extraterritoriale Wirkung kommt aber einem Statut nicht zu, das „absolut" bestimmt (etwa): der Mann kann der Frau nichts vermachen. Ein solches Statut stütze sich weder auf das gemeine Recht[64] noch hebe es eine einfache Beschränkung der Person auf, sondern führe neues Recht ein.

Dumoulin behandelt nun das sehr strittige Gebiet der Schenkungen zwischen Ehegatten von Todes wegen[65].

Die Darstellung zeichnet sich nicht durch besondere Klarheit aus. Jenes Statut, sagt Dumoulin, binde den ihm Unterworfenen *(subditus)* überall, wo immer er auch testiere, aber nicht hinsichtlich ausländischer Grundstücke. Liegenschaften, die nicht im Bereich des Statuts belegen sind, kann der subditus also seiner Frau legieren. Hinsichtlich der fundi alibi siti könne das Statut seine Grenzen nicht überschreiten[66].

Ein Fremder könne dagegen im Bereich des Statuts seiner Frau etwas

---

[64] Dem Statut, das „habet concursum juris communis" steht gegenüber das „statutum correctorium juris communis"; dieses erstreckt sich nicht auf Grundstücke extra territorium: so Dumoulin in Cons. 31 Nr. 25, O. o. II 903 f.; vgl. auch Coutume de Paris § 155 Anm. 5, O. o. I 907: „Consuetudo Parisiensis ligat subditum ubique, licet sit contra jus commune" und unten S. 88 ff.

[65] Das Recht der Schenkungen zwischen Ehegatten war in den französischen Coutumes auf mannigfaltige Art geregelt: ein Teil der Coutumes verbietet Schenkungen zwischen Ehegatten unter Lebenden, gestattet aber solche von Todes wegen; andere gestatten nur gegenseitige Schenkungen; andere verbieten diese und gestatten testamentarische Schenkungen für den Fall, daß keine Kinder vorhanden sind, oder ohne diese Klausel; andere gestatten Schenkungen zu Nießbrauch, der Errungenschaft, des Sonderguts (propres) u. a. Auch das Recht der gegenseitigen Schenkungen war unterschiedlich normiert: nach den meisten Coutumes, die gegenseitige Schenkungen gestatteten, durften keine Kinder vorhanden sein, andere bestimmten, daß der Altersunterschied zwischen den Ehegatten nicht zu groß oder die Zuwendungen nicht zu unterschiedlich sein durften; vgl. Warnkönig II 552 ff., 559 ff. Nach Pariser Recht waren alle Freigebigkeiten zwischen Ehegatten, unter Lebenden wie von Todes wegen, verboten, lediglich die gegenseitige Schenkung des Nießbrauchs an den beweglichen Sachen und der Errungenschaft war, wenn keine Kinder vorhanden waren, gestattet (Art. 155 der alten, 1510 niedergelegten Coutume von Paris); vgl. Olivier-Martin, Coutume de Paris II 292 ff.

[66] „excederet fines suas". So die erste Ausgabe Hannover 1604; in der Ausgabe von 1681 heißt es „exoneraret fines suas".

vermachen – aber eben nicht Grundstücke, die dort belegen sind; denn die Grundstücke unterlägen dem örtlichen Recht, das in dieser Hinsicht „die Sache betrifft", rescivit rem.

Dumoulin scheint hier wieder zwischen einer personalen und einer realen Seite des Statuts unterscheiden zu wollen. Wenn aber kein Legat zwischen Ehegatten über ein Grundstück intra territorium möglich ist, auch wenn ein exterus verfügt, andererseits das Legat eines Grundstücks extra territorium immer möglich ist, auch wenn es ein subditus macht[67], dann hat die Klassifizierung als Personalstatut keinen Sinn, dann ist das Statut, das Schenkungen zwischen Ehegatten verbietet, in seiner Wirkung ein reales Statut[68].

Die Gebietsbeschränkung des Statuts, das neues Recht einführt, novum jus inducit, wird dagegen wiederum dann aufgehoben, wenn das Statut nicht nur in dem Willen des Gesetzgebers „sic volo, sic jubeo" oder in der Bewahrung der Güter seines Machtbereichs seine Grundlage habe, sondern auch in Übereinstimmung mit der Wohlfahrt der Allgemeinheit, im Gleichklang mit der natürlichen Gerechtigkeit und dem gemeinen Recht einhergehe; ein solches Statut habe Wirkung auf seine

---

[67] So Meylan, Les statuts réels et personnels dans la doctrine de du Moulin, Festschrift Paul Fournier 523 Anm. 13.

[68] Vgl. Meijers 646 f. Anm. 4. Über den ganzen Fragenbereich Weiss, Traité III 592 Anm. 1; Calixte, Des donations entre époux en droit international privé, Pariser Dissertation (1895) 40 ff. (54).

Als Realstatut bezeichnet Dumoulin das Verbot, dem Ehegatten zu legieren, in seiner Anm. zum Cons. 41, Bd. V des Alexander: „Si haec disputatio esset in hoc regno (d. h. in Frankreich), ubi consuetudines censentur locales et principaliter ... res illic sitas concernere, unde: mulier hic prohibita legare viro potest hic eadem legare de bonis existentibus Aureliis vel alibi ubi consuetudo non prohibet". Es kann also eine Frau, die nach Pariser Recht gehindert ist, dort belegene Liegenschaften ihrem Ehemann zu vermachen, gültig Liegenschaften legieren, die in Orléans oder an einem sonstigen Ort gelegen sind, dessen Recht dieses Verbot nicht kennt, O. o. III 958. Zu dem Cons. 41, Bd. V s. Lainé I 193. Ähnlich ist die Äußerung Dumoulins zu Alexander, Cons. 44 Bd. V: „statutum in effectu non disponit de ipsis personis, vel earum statu, sed de ipsis rebus, et sic quibuscumque verbis loquatur (dies gegen Bartolus, vgl. unten S. 60 ff.) ligat omnes quoad res in sua ditione sitas", „non esse differentiam inter civem et forensem, sed in situ bonorum; quia hujusmodi statuta sint realia et localia", O. o. III 659; Boullenois, Traité I 17 f., über das Cons. 44 Bd. V Lainé I 194 f.

An anderer Stelle sagt Dumoulin das Gegenteil, nämlich daß das Pariser Legatverbot einen Pariser Bürger auch bezüglich seiner in Meaux gelegenen Liegenschaften binde, Coutume de Paris § 155 Anm. 5, O. o. I 906 f. Meijers 647 Anm. 4 weist hierzu darauf hin, daß diese letzten nach Dumoulins Tod erschienenen Anmerkungen nicht mit denen identisch seien, auf die Dumoulin selbst in seinen Werken oft verweise. Außerdem habe in Meaux der gleiche Rechtszustand wie in Paris geherrscht.

subditi überall, auch bezüglich der Güter, die nicht in seinem Bereich belegen sind.

Das Statut, das in der Normandie gilt, wonach Frauen, die während der Ehe unter Mitwirkung des Mannes ihr Erbgut verkauft haben, nach dem Tod des Mannes widerrufen können, erfaßt nach Dumoulin alle Liegenschaften, wo immer sie auch gelegen seien. Der Grund ist für die Zustände in der Normandie wenig schmeichelhaft: dort seien die Frauen den Männern wie Mägde untertan, die Männer seien meistens habgierige Betrüger, und deshalb sei von vornherein beim Mann die Vermutung des Betrugs und bei der Frau die Vermutung der berechtigten Furcht gegeben, was nun ebenfalls beim Verkauf von Gütern zutreffe, die in Paris, Lyon oder Deutschland lägen; außerdem entspreche diese Regelung der natürlichen Gerechtigkeit und dem gemeinen Recht [69].

In Paris würden dagegen die Frauen glimpflicher behandelt; daher finde dieses Statut keine Anwendung, wenn eine Pariserin ihr Erbgut verkauft habe, selbst wenn es sich um in der Normandie belegene Grundstücke handele und der Vertrag dort geschlossen worden sei. Ein Statut, das einen die Person betreffenden Vorteil gewährt, umfasse eben die Fremden nicht, auch nicht die Gäste.

Anders ist – damit schließt der Abschnitt – über das Statut zu entscheiden, das sagt, der Minderjährige unter 25 Jahren könne nicht über Grundstücke testieren. Dieses Statut betreffe die Sachen; es bezwecke die Bewahrung des Familiengrundbesitzes und sei real. Daraus folge, daß es auf Fremde wie auf Einheimische anzuwenden sei. Gleiches gelte für Statuten, die über den Heimfall von Nachlaßgütern an die Linie, von der sie stammten, befinden. Sie gehören zu den im vorigen Abschnitt behandelten Statuten [70].

---

[69] Der Sache nach richtet sich demnach hier die Extraterritorialität des Statuts nach dem Willen des Gesetzgebers – so wenigstens in der Deutung, die Dumoulin gibt –, für den die praesumptio fraudis beim Mann und justi timoris bei der Frau Motiv zum Erlaß des Statuts gewesen ist. Diese, dem römischen Recht entnommenen Vertragsmängel hätten aber an sich schon genügt, den Vertrag zu Fall zu bringen. Dumoulins Nachfolger haben das Statut hingegen durchweg als real angesehen, vgl. unten S. 95 Anm. 91, S. 193 Anm. 45.

[70] An dieser Stelle kommt Dumoulin noch einmal auf die Wortauslegung des Bartolus zurück: das Statut sei real und es sei gleich, ob es laute „Der Minderjährige kann über Grundstücke nicht testieren" oder „Über Grundstücke kann durch Minderjährige testamentarisch nicht verfügt werden". Zu Unrecht sieht Lainé I 248 hierin einen Rückfall Dumoulins selbst in den Verbalismus des Bartolus; vgl. Meylan 513 Anm. 4.

4. Die folgende conclusio handelt von den *Delikten*. Sie sei kurz dargestellt. Gefragt wird, ob ein Fremder mit der durch das Statut ausgesprochenen Strafe belegt werden könne. Hier sei zu unterscheiden, sagt Dumoulin: (1.) Das Statut bestraft etwas, was auch nach gemeinem Recht ein Delikt ist; dann treffe den Fremden die Strafe des Statuts, denn der Rechtsbrecher werde bezüglich des Delikts zum subditus der örtlichen Gerichte und werde so angesehen, als habe er sich durch seine Handlungsweise verpflichtet, deren Folgen auf sich zu nehmen, und sich der Strafe des Statuts unterworfen. Dieser Meinung seien alle Legisten und Kanonisten. Einschränkend sagt Dumoulin hierzu: ein exorbitantes Statut, das die Strafe des gemeinen Rechts um ein vielfaches überschreite, gelte dagegen nicht für den Fremden, der es sicher nicht gekannt habe. Er sei daher nach gemeinem Recht zu strafen. Nur bei Gewohnheitsverbrechern und bei besonderer Grausamkeit der Ausführung der Tat sei doch das Statut anzuwenden, ebenso dann, wenn der Täter das Statut gekannt habe; ob letzteres zu vermuten sei, sei Sache des Richters. – (2.) Das Statut bestraft etwas, was nach gemeinem Recht nicht strafbar ist. Hierdurch werde der Fremde, der das Statut nicht kenne, ebenso wie der Einheimische, der das Statut vielleicht nicht kennt, nicht betroffen. Kannte der Fremde das Statut jedoch, so komme es darauf an, ob er den animus delinquendi hatte und das Statut mißachten wollte [71].

5. Der letzte Abschnitt ist der Ersitzung und Verjährung gewidmet [72]. Hier ist Dumoulin kurz. Die lex situs gelte bei Grundstücken wie bei beweglichen Sachen und solchen unkörperlichen Sachen und Rechten, die den Sachen anhaften [73]. Anders sei es (d. h. es gelte offensichtlich das Wohnsitzrecht wohl des Schuldners) bei persönlichen, einmaligen oder wiederkehrenden Forderungen, selbst wenn diese Rechte durch Gesamthypotheken oder andere angelehnte Rechte gesichert seien.

---

[71] Sei noch erwähnt: Das vom Bischof erlassene Statut, das den Dieb mit Exkommunikation bestraft, findet keine Anwendung, wenn der Diebstahl vom subditus im Ausland begangen wurde: Annotationes in VI Decretalium Liber primus, Titel II, Kapitel 2, ut animarum, O. o. IV 198 f. Dumoulin verweist auf ALEXANDER Bd. 1 Cons. 111, „statuta an ligant forenses“, die Randbemerkung lautet, „statuta an ligant habitantes extra territorium“.

[72] Über den Rechtszustand im Bereich von Ersitzung und Verjährung vgl. WARNKÖNIG II 330 ff., 416 f., OLIVIER-MARTIN, Coutume de Paris II 82 ff.

[73] In dem Abdruck bei MEILI, BöhmsZ 5 (1895) 566 fehlt an dieser Stelle „sive immobilium“, wodurch der Sinn entstellt wird.

Hiermit bricht die Abhandlung über die Statuten[74] ab, um unvermittelt in die Kommentierung einer Frage des Zinses im Anschluß an C. 1. 1. 1. überzugehen.

§ 2

Das Consilium 53

Als nächstes ist in größerer Ausführlichkeit das Consilium 53 zu besprechen, das Dumoulin in jungen Jahren 1524 erstattet hatte[1]. Es hat Geschichte gemacht und die Rechtsprechung auf dem Gebiete des internationalen Ehegüterrechts in Frankreich bis zum heutigen Tage in der darin vorgeschlagenen Weise festgelegt.

Es handelte sich um einen Streit der Erben des verstorbenen Kanzlers de Ganey (von andern de Ganay geschrieben) mit den Erben seiner Frau[2]. Die Eheleute de Ganey hatten sich in einer gegenseitigen Schenkung von Todes wegen zum Erben aller unbeweglichen Errungenschaft eingesetzt, die während der Ehe gemacht würde. Sie lebten in Paris; Art. 110 der (alten) Pariser Coutume[3] sah vor, daß zwischen den Ehe-

[74] In der Frage, welchem Recht die beweglichen Sachen unterliegen, hat Dumoulin keine einheitliche Stellung eingenommen. Die Regel „mobilia ossibus inhaerent" kennt er zunächst nur für die Forderungen (Kommentar zur Pariser Coutume, Titel 1 § 1 Glosse 4 Nr. 9, O. o. I 54 f. [die Seite ist fälschlich als 56 bezeichnet], es gelte das Recht des Gläubigers, hier des Lehnsherrn). Zu Titel 16 § 185 Nr. 4, 5 der Pariser Coutume sagt Dumoulin, daß der Nachlaß eines Bastard als bona vacantia an den jeweiligen Lehnsherrn falle, in dessen Gebiet sich die Sachen befinden, auch mobilia, selbst „wenn die Meinung [des BALDUS] richtig wäre, daß im Bereich des Erbrechts die beweglichen Sachen der Person folgen, da es sich hier nicht um Erbfolge, sondern um herrenloses Gut handele". „Neulich hat [ein gewisser] CHARTIER gesagt, quod mobilia sequuntur personam, non consuetudinem loci, ubi reperiuntur, et male". Dagegen hat er gegen Ende seines Lebens in seinem Kommentar zu den französischen Coutumes (s. oben S. 16 Anm. 64) die entgegengesetzte Meinung vertreten: („. . . id est domicilium ultimae habitationis, quod solum debet attendi in mobilibus, ut notavi Alex. Cons. 100 libro 3"), Anm. zu Art. 9 der Coutume von Montreuil, O. o. II 709; ebenso zu Kap. 12 Art. 41 der Coutume der Auvergne, O. o. II 747; zu Art. 6 der Coutume von Lille, O. o. II 718 sowie zu Art. 254 der alten Coutume von Orléans, O. o. II 722 und Art. 140 der Cout. von Senlis, O. o. II 700, so auch schon Cons. 15 Nr. 22, O. o. II 851 (1554); MEIJERS 640 Anm. 3, LAINÉ II 232 ff.

[1] Dargestellt bei CALEB 135 f.; Auszüge bei MEILI, BöhmsZ 5 (1895) 459 Anm. 47. Das Cons. 53 findet sich in allen französischen Lehrbüchern des IPR erwähnt; vgl. auch SURVILLE, Du rôle de la volonté 10 ff.; zur Bedeutung in der Rechtsprechung Berufungsgericht Aix, Revue crit. de d. i. p. 1951, 284 ff.

[2] Es ist daher nicht ganz zutreffend, wenn CALEB 135 von einer „consultation donnée aux époux de Ganay" spricht; ungenau insofern auch BATIFFOL, Traité 629.

[3] = Art. 200 der erneuerten Coutume von 1580.

gatten, wenn sie nichts Abweichendes vereinbaren, Gütergemeinschaft[4] eintritt, bei der jeder Gatte zur Hälfte berechtigt wird. Herr de Ganey erwarb nun Liegenschaften im Bereich von Lyon, im Gebiet des geschriebenen Rechts, das die Gütergemeinschaft nicht kannte[5]. Nach seinem Tode verblieb die Witwe im Genuß aller Güter; nach ihrem Versterben wurde ein Neffe ihr Erbe; die Erben des Herrn de Ganey machten nun geltend, die Erblasserin, Frau de Ganey, sei niemals (Mit)eigentümerin des im Gebiet von Lyon belegenen Grundstücks geworden, da sich die in Paris geltende Gütergemeinschaft als reales Statut nicht auf das Gebiet von Lyon erstrecke, jenes dort belegene Grundstück mithin auch nicht Teil des Gesamtgutes und damit Teil der gegenseitigen Schenkung geworden sei. Nachdem die Erben des Mannes ihre Ansprüche an einen Schweizer Bürger aus Bern abgetreten hatten, wandten sich die Erben der Frau mit der Bitte um eine Rechtsauskunft an Dumoulin.

Dumoulin behandelt in dem Gutachten drei Fragen:

1. Ob sich die Gütergemeinschaft nach Pariser Recht auch auf die in Lyon belegenen Grundstücke erstrecke;

2. ob die in Paris erfolgte Schenkung Wirkungen überall entfalten könne;

3. ob durch die Schenkung der besagten Grundstücke Eigentum oder Nießbrauch verschafft worden sei.

Die erste Frage bildet den hauptsächlichen Inhalt des Consilium.

Dumoulin geht davon aus, daß ein Vertrag, auch ein stillschweigend geschlossener, seine Wirkungen überall entfalte (d. h. daß eine ver-

---

[4] S. folgende Anmerkung.

[5] In den Ländern des Gewohnheitsrechts ist die Gütergemeinschaft zum gemeinen Recht geworden, mit Ausnahme der Normandie (Art. 389 des normannischen Gewohnheitsrechts – diese Ausnahme spielte in der wissenschaftlichen Auseinandersetzung eine große Rolle, vgl. hierüber KNECHT, Des conflits de coutumes matrimoniales de Paris et de Normandie à partir du 16e siècle, Pariser Dissertation 1909) und zweier anderer Coutumes. Das Gemeinschaftsvermögen besteht nach Pariser Recht aus der Fahrnis der beiden Ehegatten, den errungenen Liegenschaften (meubles et conquêts immeubles) sowie aus der Nutznießung aller Liegenschaften; auf der Passivseite umfaßt es alle Schulden, auch die vorehelichen: daher das Sprichwort „Qui épouse le corps épouse les dettes", LOISEL, Institutes coustumières I. 2. 8, lt. WARNKÖNIG II 250, sowie die vom Mann und von der Frau mit Ermächtigung des Mannes in der Ehe eingegangenen Schulden. Wird die Gütergemeinschaft aufgelöst, sei es durch Tod, sei es durch Trennung von Tisch und Bett, so wird das Gemeinschaftsvermögen aktiv und passiv regelmäßig in zwei Hälften geteilt, wovon im ersteren Fall die eine dem überlebenden Ehegatten, die andere den Erben des Verstorbenen zukommt. Vgl. WARNKÖNIG II 243 ff., insb. 250 f.; OLIVIER-MARTIN, Coutume de Paris II 224 ff.; MITTEIS, ZSSt. 60 (1943) G. A. 184 f.

tragliche Verpflichtung auch Grundstücke erfasse, die nicht in dem Rechtsgebiet belegen sind, in dem der Vertrag geschlossen wurde). Die eheliche Gütergemeinschaft bilde nun einen Gesellschaftsvertrag, dessen Grundlage nicht die Coutume allein, sondern eine stillschweigende Übereinkunft der Parteien darstelle. Wer nichts anderes ausdrücklich vereinbare – indem er einen Ehevertrag schließt, was ihm frei steht, und seine ehegüterrechtlichen Beziehungen anders als das Gesetz regelt –, werde so angesehen, als wenn er „contrahere ... secundum consuetudinem notoriam illius loci" gewollt habe; „die Coutume formt alle Handlungen, auch wenn es nicht zum Ausdruck kommt" (Nr. 3). Wenn somit der Inhalt der Coutume zum Vertragsinhalt geworden sei, so verliere sie damit ihren Charakter als lex publica und werde zur lex privata, als von den Parteien vereinbartes und gewolltes Recht[6], denn hätten die Parteien etwas anderes gewollt, dann wäre ja die Coutume nicht Inhalt ihres Vertrags geworden. Wer also etwas gerichtlich geltend machen wolle, was ihm die Coutume zuspreche, der habe eine Klage nicht aus dem Statut, sondern aus Vertrag. Die Gesellschaft, die die Gatten stillschweigend durch ihre Eheschließung gebildet haben, sei daher bezüglich aller Güter der Verpflichteten wirksam, auch der Güter, die im Bereich anderer Statuten belegen sind[7].

Nach der Aufstellung dieser Behauptung beginnt Dumoulin nun, mögliche Einwände zu entkräften. Als erstes behandelt er die berühmte Frage, ob das englische Erbstatut, das den Erstgeborenen zum Alleinerben macht, extraterritoriale Wirkungen entfalte[8].

---

[6] Vgl. oben S. 28 Anm. 33.

[7] Dieselbe Ansicht vertritt Dumoulin in einer Anmerkung zu dem franz. Gelehrten CHASSENEUZ (1480–1541; über ihn LAINÉ I 210 ff.), Titre de droicts appartenans à gens mariés, rubr. 4 § 2 in textu: au Duché de Bourgogne, O. o. II 1091: „Ista consuetudo inducit tacitum contractum societatis, et ille tacitus contractus extenditur ad omnia bona acquisita ubicumque nec tollitur ex simplici migratione in locum diversae consuetudinis", vgl. auch BOULLENOIS, Traité I 757.

[8] Die Frage nach dem Geltungsbereich der erbrechtlichen Statuten, insb. des englischen Statuts stellte eine famosissima quaestio dar. In der italienischen Lehre waren die Meinungen geteilt. Unter den Schriftstellern, die den Nachlaß einem einheitlichen Recht unterstellen wollten, fanden sich verschiedene Ansichten: die einen wollten das Recht des Sterbeorts (so etwa SALICET, s. unten S. 113, in Frankreich auch die alte Coutume von Vermandois von 1448, MEIJERS, Neue Beiträge 65, 78 ff.), andere das Recht des Herkunftsorts des Erblassers (so ALBERICH DE ROSATE, ein Zeitgenosse von BARTOLUS und Rechtsanwalt in Bergamo, SAVIGNY VI 112 ff.; MEILI, BöhmsZ 9 (1899) 41 ff.; LAINÉ I 127), andere wieder das Recht des Landes anwenden, in dem der größere Teil des Nachlasses belegen sei. Demgegenüber standen die Schriftsteller, die die Geltung der lex situs vertraten und damit die Einheitlichkeit der Nachlaßregelung preisgaben: so Dumoulin selbst, etwa Coutume von Paris, Titel 13 § 149 Nr. 2,

Pierre de Belleperche [9], sagt Dumoulin, habe entschieden, daß der Erbe die in England gelegenen Güter nach englischem Recht (d. h. als Erstgeborener alles, als Nachgeborener nichts), dagegen die in Frankreich gelegenen Güter nach französischem Recht (d. h. pro rata) erhalten solle; denn diese Bestimmung sei real und betreffe die Sachen; ein die Person betreffendes Statut sei dagegen personal. Soweit dieser Gelehrte; Dumoulin führt ihn deshalb an, weil er auf diese letzte Bemerkung seine Ansicht stützt, daß „die gewohnheitsrechtliche Bestimmung, wonach die Ehegatten mit beweglicher Habe und Errungenschaft in Gemeinschaft sind, personal ist, weil sie eine Handlung und einen Vertrag der Person betrifft" (Nr. 5).

Man muß zugeben, die Begründung könnte nicht dürftiger sein. Daß ein Statut, das die Person betrifft, personal ist, ergibt sich von selbst, auch wenn man, wie Dumoulin hier, unter personal „extraterritorial" versteht. *Daß* das Statut aber die Person und nicht das Vermögen betrifft, geht aus der angezogenen Stelle keineswegs hervor, sondern blieb zu begründen: statt dessen zieht Dumoulin sich mit einer Tautologie aus der Schlinge.

Daß zwischen den Ehegatten eine Gesellschaft entstanden ist, erhärtet er im folgenden noch weiter damit, daß sie die erworbenen Güter ja gemeinschaftlich besessen und ihre Gesellschaft damit auch durch Taten, nicht nur durch Worte eingegangen seien; daß auch Leute, die bereits verheiratet seien, eine solche Gesellschaft eingehen könnten, könne niemand bezweifeln; es sei daher klar, daß „diese Gemeinschaft und Gesell-

---

O. o. I 902, bei den Italienern Baldus (s. unten S. 65) und fast einhellig die französischen (mit Ausnahme von Cujaz, der für die Anwendung des Wohnsitzrechts des Erblassers eintrat, vgl. Lainé II 289 ff.), deutschen und niederländischen Statutisten; frühe Beispiele aus der Praxis in diesem Sinne sind in Entscheidungen des normannischen Obergerichts von 1211 und 1242 erhalten, s. Meijers, Beiträge 53 ff. Den Widerspruch zu dem Grundsatz des römischen Rechts nemo pro parte testatus usw. löste man dadurch auf, daß man sagte, es handle sich hier angesichts einer Mehrzahl rechtlich selbständiger Gesetze um eine Mehrzahl von Vermögen, ja selbst von Personen: „Quot consuetudines, tot hereditates". Der Grundsatz von der Geltung der lex situs hat auch in einigen Coutumes gesetzlichen Niederschlag gefunden, vgl. z. B. Art. 2 der Coutume von Ponthieu, zitiert nach Renusson, Traité de la Communauté Teil 1 Kap. 15 Nr. 10: „Quand aucune personne résidante en ladite comté va de vie à trespas intestat, délaisse aucuns biens meubles ou immeubles, situés en icelle comté, les meubles suivent la coutume du lieu où le trépassé meurt, et les choses foncières ou immeubles suivent les Coutumes des Seigneuries & Juridictions où elles sont situées & assises".

Vgl. Lainé I 262, II 278 ff.; Gutzwiller 315, 319; Meijers 581, 608 ff., 620 ff.

[9] Oben S. 21 Anm. 8; vgl. auch unten S. 99.

schaft, die aus einem wahren Vertrag und Vereinbarung der Parteien herrühre, wenn diese auch inhaltlich von dem Ortsrecht umschrieben werde, seine Wirkung gleichmäßig in allen Orten entfalte" (Nr. 6, 7).

Johannes Andreae[10], fährt Dumoulin fort, hatte die Bestimmungen französischer Rechte, wonach die Witwe nach dem Tode des Mannes den einen oder andern Teil des Mannesvermögens erhalten solle, als reales Statut bezeichnet, da sie sich auf die Güter und nicht auf eine Handlung des Menschen beziehe. Da hat er das französische Recht nicht verstanden, sagt Dumoulin: unser Recht stellt in diesem Punkte nicht auf die Güter ab, sondern in erster Linie und unmittelbar auf eine Handlung und Verfügung der eheschließenden Personen, dergestalt, daß hier ein Gesellschaftsvertrag hinsichtlich der beweglichen Sachen und der Errungenschaft gegeben sei; das Statut wirke „primario et directo" auf die Personen und die von ihnen vollzogenen Handlungen (Rechtsgeschäfte); und es schade nichts, daß es mittelbar und als Folge auch auf Güter Einfluß nehme, die außerhalb des Bereichs des Statuts liegen: „unde non est inconveniens, quod in consequentiam et per indirectum habeat effectum ubique, etiam in bonis sitis extra locum consuetudinis et domicilii partium"[11].

Dumoulin läßt also hier Nebenwirkungen auf ausländische Grundstücke zu, ohne, wie in der Abhandlung Conclusiones de statutis, die Einschränkung zu machen, daß das Statut ein impedimentum personale aufheben müsse (vgl. oben S. 37).

Nach Zurückweisung eines Consilium des Oldradus[12], der in gegenteiligem Sinne entschieden hatte, tut Dumoulin ein gleichfalls gegenteiliges Consilium des Petrus Ancharanus mit dem Bemerken ab, der Verfasser habe die betreffenden statutarischen Bestimmungen schlecht gekannt; hätte er ihre wahre Natur erkannt, so hätte er anders entschieden.

Der nächste Einwand, den Dumoulin zu entkräften unternimmt, ist schon gewichtiger. „Auch steht dem nicht entgegen", sagt er, „daß nach den Entscheidungen des höchsten Gerichtshofs die Gewohnheitsrechte lokal sind, in ihren Bereichen eingeschlossen und ohne Wirkung außerhalb derselben"[13]. Dies treffe zu, soweit es sich lediglich um die Coutu-

---

[10] In seinen Additiones ad speculum juris. Über Joh. Andreae (1270–1348) Savigny VI 87 ff.

[11] Vgl. oben S. 37 Anm. 63.

[12] Oldradus, gestorben 1335, Schüler des Cinus und Lehrer des Bartolus, war Rechtslehrer und Anwalt und wurde vor allem durch seine Consilien berühmt, Savigny VI 49 ff.

[13] „Non obstat, quod per arrestae curiae supremae consuetudines sint locales et suis quibuscumque locis claudantur nec extra ea extendantur"; vgl. unten S. 97 f.

mes handelt (d. h., soweit die Rechtswirkungen, um deren Erstreckung extra territorium es geht, allein auf dem coutumären Recht beruhen) und soweit etwas nur und unmittelbar von der Coutume hervorgebracht werde, denn dort handele es sich um die Kraft und Wirkung der Coutume an sich. Anders sei es jedoch, wo es sich um einen Vertrag handele, der von Leuten, die im Bereich der Coutume wohnen und abschließen, vermittels der Coutume verwirklicht werde, und wo das Klagerecht nicht aus dem Statut an sich, sondern aus dem vom Statut gebildeten Vertrag folge, wie im vorliegenden Fall; die extraterritoriale Wirkung hiervon sei nur eine mittelbare und entfernte Wirkung der Coutume; genau gesprochen sei es nicht so, daß die Coutume selbst ihren Bereich überschreite und über anderswo gelegene Sachen verfüge, sondern sie verfüge lediglich über ein von ihren Untertanen in ihrem Bereich abgeschlossenes Rechtsgeschäft; das könne sie; dieses so vollzogene Rechtsgeschäft entfalte nun seine Wirkungen zwischen den Beteiligten überall, auch hinsichtlich anderswo belegener Güter „quod nemini prudenti fuit umquam dubium".

Masuer[14], fährt Dumoulin fort, habe in seiner Abhandlung de successionibus ab intestato das gleiche gemeint. Wo eine Rechtsfolge von der Coutume allein abhänge, sei – nach Masuer – sie auf den Bereich derselben beschränkt: so sei das englische Erstgeburtsrecht auf England beschränkt, in Frankreich belegene Liegenschaften würden nach französischem Erbrecht verteilt, weil hier die Coutume der Sache anhänge und nichts Personales habe (quia tunc consuetudo adhaeret rei et nihil habet personalitatis). Wo aber die Handlung eines Menschen dazwischentrete (intercedente facto et ministerio hominis), erstrecke sich die Wirkung dieses (die Handlung formenden) Statuts überall, auch auf anderswo gelegene Grundstücke[15]. So werde nach auvergnatischem Recht die verheiratete Tochter von der Erbfolge ausgeschlossen: dieser Ausschluß erfasse auch die Güter, die im Bereich anderer Statuten gelegen sind.

Dumoulin schränkt diese Ansicht Masuers ein: der Tochter solle nur dann die Erbfolge in den anderswo belegenen Nachlaß verwehrt sein, wenn sie einen ausdrücklichen Erbverzicht im Beisein und mit der Zustimmung des Erblassers ausgesprochen habe; wo ein solcher fehle und die Tochter nur auf Grund des Statuts allein ausgeschlossen sei, habe der Ausschluß keine extraterritorialen Wirkungen. Im ersten Fall beruhe die

---

[14] Vgl. oben S. 21 Anm. 9.

[15] Vgl. oben S. 32.

Erstreckung auf einem pactum und dem gemeinen Recht, daran fehle es im zweiten Fall.

Wie oben[16] dargelegt, hat Dumoulin später seine Ansicht über diesen Punkt geändert: ein Ausschluß der Tochter von der Erbfolge, auch wenn er ausdrücklich vereinbart worden sei, sollte deshalb keine extraterritoriale Wirkung haben, weil er sein Dasein einem Statut verdanke, das zwingendes gemeines Recht abändere.

Ähnlich, fährt Dumoulin fort, sei es ja auch im Erbrecht: ein Statut, das den Erstgeborenen zum Erben einsetze, gelte nur im eigenen Bereich; wenn aber der Erblasser den Erstgeborenen testamentarisch zum Alleinerben mache, so gelte dies für alle Nachlaßgegenstände, wo immer sie sich auch befinden (Nr. 15).

Soweit, was Dumoulin zur ersten Frage zu sagen hat, ob die auf Pariser Recht beruhende eheliche Gütergemeinschaft auch bewirke, daß die in Lyon erworbenen Grundstücke zum gemeinschaftlichen Vermögen werden. Im weiteren legt er noch dar, daß die in Paris gemachte Schenkung auch das in Lyon belegene Grundstück erfasse[17]. Die dritte Frage beantwortet er dann mit einem wahrhaften Salto mortale der juristischen Logik dahingehend, daß die Schenkung des dortigen Grundstücks volles Eigentum vermittelt habe (was im Bereich des geschriebenen Rechts möglich war) und nicht nur, was nach Pariser Recht allein zulässig gewesen wäre[18], den Nießbrauch daran, da „die Schenkenden so angesehen werden, daß sie ihrer Schenkung die Wirkung beilegen wollen, die das jeweilige Ortsrecht des geschenkten Gegenstandes gestatte", und da im Macon die Schenkung zu vollem Eigentum zulässig sei[19].

Das weitere Schicksal des Prozesses erfahren wir in der Ausgabe der Werke Dumoulins von 1681: im Jahre 1527 entschied das Pariser Parlament im Sinne des Gutachtens; doch erreichte jener Schweizer Bürger, der die Rechtsnachfolge der Gegenpartei angetreten hatte, in den bewegten Jahren 1547/1548 eine Abänderung des Urteils zu seinen Gunsten. Dennoch schließt das Consilium 53 ohne Bitterkeit mit einer Preisung der wunderschönen Stadt Bern.

---

[16] S. 32.

[17] „An donatio mutua Parisii a civibus Parisiensibus facta possit corrigi ... etiam in bonis in patria juris scripti ... sitis", „corrigi" wohl zu lesen „porrigi".

[18] Vgl. oben S. 38 Anm. 65 a. E.

[19] „Autre chose est le droit de communauté, & autre chose est le droit de disposer (schenkungsweise)" sagt auch RENUSSON, Traité de la Communauté Teil 1 Kap. 15 Nr. 16, s. unten S. 146 ff.

2. Kapitel

DUMOULINS STELLUNG IN DER GESCHICHTE DES KOLLISIONSRECHTS

§ 1

Einführung

In der Geschichte der Statutentheorie unterscheidet man[1] drei Schulen, die nacheinander die Entwicklung des Kollisionsrechts bestimmt haben. Am Beginn steht die italienische[2] Schule, die, von den ersten Anfängen des MEISTER ALDRICUS an, in einer langen Reihe namhafter Gelehrter in Italien und in Frankreich – hier waren die Rechtsschulen von Toulouse, Orléans, Montpellier Zentren romanistischer Forschung – bis zu BARTOLUS und BALDUS die Grundsteine der Statutentheorie legte. Nach allgemeiner Auffassung, die darzulegen im einzelnen hier nicht der Platz ist[3], ist für die italienische Schule kennzeichnend ihr internationalistischer Zug, ihre Aufgeschlossenheit gegenüber dem fremden Recht, die auf den Notwendigkeiten von Handel und Wandel beruht und in der leidenschaftslosen Zuerkennung einer gleichen Daseinsberechtigung für das fremde Recht eine neue Form des jus gentium[4] herangebildet habe. Sie habe sich durch die Idee der Gerechtigkeit und allgemeinen Billigkeit leiten lassen und die Lösungen von einem internationalistisch-universalen Standpunkt aus gesucht, also nach Regeln, die in abstracto und in allen Regionen gelten könnten. Hierbei sei kennzeichnend die Vielfalt der Wege und Methoden, mit der sie das Ideal der Gerechtigkeit zu verwirklichen getrachtet habe, während es an einem leitenden Grundprinzip fehle.

Die italienische Schule wird abgelöst durch die französische Schule.

---

[1] Vgl. LAINÉ I 49 ff. und die Lehrbücher des IPR.

[2] Von GUTZWILLER 313, RAAPE, Lehrbuch 108, „italienisch-französische" Schule genannt, da der Anteil der französischen Gelehrten an ihrer Ausgestaltung beträchtlich gewesen sei. Der Kürze halber sei der übliche Ausdruck beibehalten, wenn auch der GUTZWILLERsche Vorschlag Zustimmung verdient. Dagegen scheint mir der Vorschlag NIBOYETS, Traité III 52 Anm. 2, statt von italienischer und französischer von Pariser und bretonischer Schule zu sprechen, der Leistung der Italiener nicht gerecht zu werden.

[3] In den folgenden Ausführungen handelt es sich lediglich um den Platz Dumoulins in der Geschichte der Statutenlehre. Es ist daher nicht erforderlich, zu den Forschungsergebnissen von MEIJERS Stellung zu nehmen, der ein eigenständiges, von der Schule der Kommentatoren unabhängiges Kollisionsrecht in Frankreich und den Niederlanden aufgedeckt hat.

[4] So LEREBOURS-PIGEONNIÈRE, Précis 15.

Diese, so sagt man, habe ihre Wurzeln aus der Idee der Souveränität der Landrechte, ihrer Selbständigkeit und Abgeschiedenheit gezogen; die von ihr verfochtenen Lösungen seien aus einem fremdenfeindlichen Abwehrwillen der Coutumes geboren, die sich in eifersüchtiger Wahrung ihrer Hoheitsrechte dem Eindringen fremden Rechts nach Möglichkeit verschlossen hätten. Charakteristisch für die französische Schule ist nach allgemeiner Meinung die Einteilung aller Statuten in die beiden Klassen der statuta realia und statuta personalia, wobei ersteren das Hauptgewicht zugekommen und den statuta personalia lediglich ein engbegrenzter Ausnahmebereich belassen worden sei[5]. Unbestrittenes Haupt der französischen Schule ist der Bretone D'ARGENTRÉ; sie findet ihre Anhänger in Frankreich, den Niederlanden, aber auch in Deutschland.

Die niederländische Schule endlich wird durch den Teil der niederländischen Schriftsteller des Kollisionsrechts gebildet, die ihr Hauptaugenmerk den Fragen nach dem Geltungsgrund des ausländischen Rechts, dem „ob überhaupt" seiner Anwendung gewidmet haben, nachdem bisher die grundsätzliche Möglichkeit, fremdes Recht anzuwenden, als Tatsache hingenommen und nur das „wann", „in welchen Fällen" erörtert worden war; Frucht der Arbeit der niederländischen Schule, verkörpert durch die drei Namen PAUL VOET, ULRICH HUBER, JOHANNES VOET, ist die Lehre von der comitas gentium.

Wo steht nun Dumoulin, welcher Schule ist er zuzurechnen? Steht er zwischen der italienischen und der französischen Schule, wie es zuweilen[6] angenommen wird, oder gehört er zu einer von ihnen?

Die Frage ist streitig, die Ansichten halten sich die Waage.

LAINÉ, dessen Werk bei allen Vorbehalten auch heute noch den Grundstock jeder historischen Arbeit dieser Zeitspanne bildet, hält Dumoulin für den letzten Vertreter der italienischen Schule[7]. Für LAINÉ ist maßgebend, daß er gleich seinen Vorgängern nach Einzellösungen gesucht habe, die dem gesunden Menschenverstand und dem Bedürfnis nach einer gerechten Lösung wie der Natur der Sache entsprochen hätten; dagegen sei der Platz, den in seinem System die für die französische Lehre charakteristische Zweiteilung der Statuten in statuta realia und statuta personalia einnehme, gering. Auch GUTZWILLER[8] zählt Dumoulin zur italienischen Schule: nach Charakter und Anlage seines Werkes gehöre er in

[5] S. unten S. 95 ff.

[6] LABORDERIE, Un Précurseur du droit int. privé, Clunet 39 (1912) 79 ff.; HORST MÜLLER 49 Anm. 22; NIEDERER 43.

[7] LAINÉ I 225 ff.

[8] GUTZWILLER 320 Anm. 3.

die Reihe der Bartolisten. Viele gewichtige Stimmen schließen sich der gleichen Ansicht an[9].

Es fehlt aber auch der Gegenmeinung nicht an Gewicht, die in Dumoulin wenn nicht den Begründer, so doch den Mitbegründer der französischen Schule sieht, die aus der schematischen Einteilung aller Statuten in reale und personale die Grundlage ihrer Theorie gemacht habe. Diese Auffassung, die sich schon in den älteren Lehrbüchern findet[10] und dort vielleicht auf einer auf BOUHIER zurückgehenden irrigen historischen Darstellung beruht haben mag[11], wurde auch nach dem Erscheinen von LAINÉS Introduction au droit international privé vertreten und gewinnt heute wieder wachsende Bedeutung[12]. BATIFFOL, der in seinem Lehrbuch auf 15 Seiten eine meisterhafte Übersicht über die Geschichte

---

[9] ROLIN, Principes du droit intern. privé I 64: Dumoulin habe seine Abhandlung im Anschluß an die lex cunctos populos gebracht, die Einteilung in statuta realia und statuta personalia sei bei ihm beiläufig und nicht der beherrschende Grundsatz. Für AUBÉPIN 123, der Dumoulin allerdings nicht unter dem besonderen Blickwinkel des Kollisionsrechts betrachtet, ist Dumoulin Bartolist nach der Anlage seiner Werke, ihrer Form (Glossen, Kommentare, Traktate, Consilien) wie ihrem Inhalt. Weiter: A. WEISS, Traité III 21; CATELLANI I 436 (zitiert nach GUTZWILLER 320 Anm. 3); DESPAGNET-DE BOECK, Précis de droit intern. privé (5. Aufl.) 297; BARTIN, Principes de droit intern. privé I 135; BATIFFOL, L'influence de la loi française sur la capacité civile des étrangers 38 (s. aber unten Anm. 12); NIBOYET, Traité III 52; NUSSBAUM, Deutsches intern. Privatrecht 22; BUSTAMANTE, Derecho internacional privado (2. Aufl.) 64 usw.

[10] BARDE, Théorie traditionelle des statuts, Introduction Nr. XV, zitiert nach LAINÉ I 125.

[11] S. unten S. 197.

[12] PILLET, Traité pratique du droit intern. privé: für diesen ist bestimmend, daß Dumoulin die erbrechtlichen Fragen in das Gebiet des realen Statuts verwiesen hat (S. 43); er hält die Frage jedoch für unwesentlich und weigert sich, darauf einzugehen.

SURVILLE, La théorie des statuts d'après Bartole et Dumoulin, Clunet 48 (1921) 11 ff., betrachtet Dumoulin als den Begründer der französischen Schule. Dumoulin habe soziale Gegebenheiten vorgefunden, die von denen sehr verschieden gewesen seien, in denen BARTOLUS lebte; dieser konnte sich mit Muße eingehenden Analysen hingeben, die ihm seine Einsicht vorgeschrieben habe; Dumoulin habe dagegen das Hindernis der absoluten Territorialität der Coutumes vor sich gesehen, von dem er nicht absehen, sondern das er nur verringern konnte; das System Dumoulins lasse sich, was für die französische Schule typisch sei, auf folgende Sätze zurückführen: im Grundsatz ist das Gesetz real und territorial; ausnahmsweise ist es personal, und zwar in zwei Fällen: 1. wenn es sich um den Inhalt von Verträgen handelt, die dem Parteiwillen unterworfen sind, 2. wenn es sich um Gesetze handelt, die entweder die Personen zum Gegenstand haben oder die sich auf Personen und Rechtsgeschäfte hauptsächlich und auf Sachen mittelbar beziehen.

Weiter:

SURVILLE, Cours élémentaire du droit int. privé (7. Aufl. 1925) 34; VALÉRY, Manuel du droit int. privé 27; BATIFFOL, Traité 242; LEREBOURS-PIGEONNIÈRE, Précis 21; wohl auch MEYLAN, Les statuts réels et personnels dans la doctrine de Dumoulin, in: Festschrift Paul Fournier.

der Statutentheorie auf dem Kontinent gibt, sieht die Zweiteilung der Statuten bei Dumoulin zumindest schon als im Keime vorhanden an[13].

Man mag zweifeln, ob die Frage der Einreihung Dumoulins von großer Bedeutung ist; alle Klassifizierungen haben etwas Künstliches[14]. Dennoch soll sie in diesem Abschnitt im einzelnen geprüft werden, nicht zuletzt deshalb, weil diese Prüfung Anlaß gibt, einige Thesen zur Geschichte des Kollisionsrechts zu untersuchen, die der Fragestellung zugrundeliegen. Wenn es auch nicht Aufgabe dieser Arbeit sein kann, das Bild unserer Wissenschaftsgeschichte von Grund auf erneuern zu wollen, so werden sich doch Einschränkungen und Verschiebungen des gewohnten Bildes ergeben.

Im folgenden soll deshalb das System der conclusiones de statutis mit den vergleichbaren Arbeiten des BARTOLUS und BALDUS, der beiden Häupter der italienischen Schule einerseits, und der Abhandlung D'ARGENTRÉS als des Vertreters der französischen Schule andererseits verglichen werden. Als zweites sollen im einzelnen die von Dumoulin verwendeten Kriterien zur Bestimmung des persönlichen und räumlichen Anwendungsbereichs des Gesetzes mit den von seinen Vorgängern und Nachfolgern verwendeten in Beziehung gesetzt werden; hierbei wird es nötig sein, einige allgemeine kritische Bemerkungen zur Methode und Terminologie der Statutisten überhaupt vorauszuschicken. Dagegen wäre der an sich naheliegende Vergleich der von den Vertretern der beiden Schulen vorgeschlagenen Lösungen der Einzelfragen für die *Einordnung* Dumoulins wohl wenig aufschlußreich; denn nicht so sehr in den Lösungen liegt der Unterschied der beiden Schulen, als in dem von ihnen eingeschlagenen Weg, sie zu finden[15]. Dagegen wird in dem Teil der Arbeit, der den *Einfluß* Dumoulins auf die Entwicklung des Kollisionsrechts zum Gegenstand hat, im einzelnen verfolgt werden, wie die von ihm vorgeschlagenen Lösungen von der Nachwelt aufgenommen worden sind.

---

[13] Traité 242.

[14] So auch PILLET, vgl. oben Anm. 12.

[15] So ist für BALDUS (s. unten S. 65 f.) wie für D'ARGENTRÉ (s. unten S. 71) das Statut, das die Tochter von der Erbfolge ausschließt, territorial; für BALDUS, weil es zwar personal, aber dem gemeinen Recht widersprechend, für D'ARGENTRÉ, weil es real ist. Ganz allgemein kann schon jetzt gesagt werden, daß der Unterschied der beiden Schulen im Praktischen gar nicht so groß ist, wie es immer dargestellt wird; insb. trifft es nicht zu, daß die italienischen Statutisten hauptsächlich „Handel und Wandel" im Auge gehabt hätten, denn auch ihre Lösungen handeln zum überwiegenden Teil von Fragen des Personen-, Familien- und Erbrechts, wie in der folgenden Darstellung sofort ersichtlich sein wird.

Zu Anfang sei noch einmal der Aufbau der conclusiones de statutis zum Vergleich dargestellt:

I. Für die Form gilt die lex loci actus.

II. Für den Inhalt des Rechtsverhältnisses unterscheide:

  A. Das Rechtsverhältnis unterliegt der Disposition der Parteien.

  B. Das Rechtsverhältnis unterliegt dem Gesetz allein; hier unterscheide weiter:

    1. Das Statut betrifft die Sache; dann gilt die lex situs.

    2. Das Statut betrifft die Person.

      a) Es wirkt in seiner personalen Seite extraterritorial und exteri ausschließend; soweit es Grundstücke betrifft, ist es

        aa) territorial,

        bb) extraterritorial, wenn es dem gemeinen Recht entspricht, durch interpretatio passiva extensiva,

        cc) doch territorial, wenn es exorbitant ist.

      b) Das Statut betrifft die Person direkt und mittelbar die Sachen; es ist in seiner Wirkung auf Sachen

        aa) extraterritorial, wenn es ein impedimentum personale aufhebt, aber in Übereinstimmung mit dem gemeinen Recht bleibt,

        bb) territorial, wenn es novum jus inducit,

        cc) doch extraterritorial, wenn es der natürlichen Gerechtigkeit und der allgemeinen Wohlfahrt entspricht.

III. Das Statut betrifft die Delikte.

IV. Das Statut betrifft Verjährung und Ersitzung.

§ 2

Die Abhandlungen von Bartolus, Baldus und d'Argentré

I. Bartolus

Auch Bartolus bringt seine Abhandlung[1] im Anschluß an die Glosse quod si Bononiensis zur lex cunctos populos, C. 1. 1. 1. Er beginnt mit der doppelten Frage erstens, ob das Statut sich (in seinem Gebiet) auf

[1] Abgedruckt bei Meili, Die theoretischen Abhandlungen von Bartolus und Baldus über das intern. Privat- und Strafrecht, in: BöhmsZ 4 (1894) 258 ff. Lainé I 131 ff.

non subditi erstrecke[2], und zweitens, ob sich die Wirkungen des Statuts extra territorium erstrecken[3]. Dies wird in neun Kapiteln erörtert, von denen 1–5 die erste und 6 ff. die zweite Frage betreffen.

1. Vertragsrecht („Quid de contractibus?")

a) Für die Formvorschriften (solemnitas) gilt die lex loci contractus (Nr. 14, Verweis auf die lex si fundus)[4].

b) Für das Prozeßrecht die lex fori (Nr. 15).

c) Für den Inhalt des Vertrags (litis decisio) gilt:

aa) für die Wirkungen des Vertrags das Recht des Abschlußortes; dies gilt, wie ausdrücklich hervorgehoben wird, auch für den Verkauf eines Grundstücks, auch wenn das Grundstück nur an seinem Lageort

---

gibt eine ausführliche Inhaltsangabe, MEILI, Lehrbuch 79 ff., hat die Ergebnisse nach heutiger Systematik geordnet. Zahlreiche Angaben auch bei HORST MÜLLER 37 ff.

[2] „Primo, utrum statutum porrigatur extra territorium ad non subditos? Secundo, utrum effectus statuti porrigatur extra territorium statuentium?" So schon die älteste mir zugängliche Ausgabe, Lectura super I et II parte Codicis, Mailand 1484 und wohl alle folgenden. Das erste „extra territorium" ist jedoch ein Versehen. Nach dem Manuskript Paris B. N. Nr. 4591 lautet die Stelle: „Nunc venio ad glossam qui dicit „Si Bononiensis" cujus occasione videnda sint duo, primo utrum statuta porrigantur ad non subditos, secundo utrum effectus statutorum ... (hier fehlt eine Zeile) statuentium." Auch aus dem Zusammenhang ergibt sich eindeutig, daß es im ersten Teil der Abhandlung darum geht, ob *intra territorium* der Fremde durch das Statut gebunden ist: so heißt es vor Nr. 14: „pone contractum celebratum *in hac civitate* per ... forensem", in Nr. 20: „si forensis delinquit *hic*", in Nr. 21 (es handelte sich um ein in Venedig zu errichtendes Testament) „Quidam advena fecit *ibi* testamentum", in Nr. 27: „quidam habet domum *hic*". Daß ein Statut sich nicht außerhalb seines Bereiches auf Fremde erstreckt, war hingegen außer Frage. Schließlich sei noch darauf verwiesen, daß in der Ausgabe Augsburg 1574 es in den Zusätzen S. 6 linke Spalte oben heißt „Utrum statutum porrigatur ad non subditos *intra territorium* ...". Dennoch scheint das Versehen bisher unbemerkt geblieben zu sein. GUTZWILLER 317 legt die Stelle so aus, als habe BARTOLUS mit dem extra territorium eine „extension du statut" auf Fremde gemeint; das scheint mir aber unhaltbar. Nach GUTZWILLER behandele Teil eins der Abhandlung die Frage, utrum statutum porrigatur extra territorium, Teil zwei, an statuta porrigant effectum suum extra territorium, das ist jedoch dasselbe. Tatsächlich handelt es sich im ersten Teil der Abhandlung, zumindest nach der Fragestellung, um die Abgrenzung des persönlichen, im zweiten Teil um die Abgrenzung des örtlichen Anwendungsbereichs des Statuts. S. auch die folgende Anm.

[3] SURVILLE, Clunet 48 (1921) 1 ff. sieht in dieser Fragestellung den Schlüssel und Ausgangspunkt der Bartolinischen Lehre; damit habe BARTOLUS alle Statuten in zwei Klassen geteilt und damit eine allgemeine Theorie gefunden, die alle Fragen zu lösen geeignet gewesen sei. Das ist unrichtig. Die doppelte Fragestellung deutet nicht die (spätere beherrschende) Alternative territorial-extraterritorial an, sondern gliedert die Untersuchung in die beiden Fragenbereiche Anwendbarkeit auf Fremde (1) und Anwendbarkeit im Ausland (2).

[4] S. oben S. 24 Anm. 24.

geleistet werden kann; Verweis auf die lex si fundus; Ausnahme: beim Dotal- und Ehevertrag entscheidet das Wohnsitzrecht des Mannes[5] (Nr. 17, 19);

bb) für die Folgen von Verzug und Fahrlässigkeit[6]:

α) das Recht des Erfüllungsort, wenn ein solcher vereinbart wurde;

β) die lex fori, wenn mehrere Erfüllungsorte oder keiner vereinbart wurde (Nr. 18).

Es folgen Anwendungsfälle:

a) Der Dotalvertrag folgt dem Wohnsitzrecht des Mannes.

b) In Perugia gilt für die Rückforderung eines Darlehens eine Verjährungsfrist von zehn Jahren. In Rom wird ein Darlehen gegeben mit der Maßgabe, daß es in Perugia zurückzuzahlen sein soll; der Gläubiger schweigt zehn Jahre; seine Forderung ist verjährt, da seine Nachlässigkeit als in Perugia vollzogen gilt („quia est contracta in illo (loco) negligentia", zu c bb *α*). Es folgt eine längere Auseinandersetzung mit der von Wilhelm von Cuneo geäußerten Ansicht, für die ex post facto in das Vertragsverhältnis eingreifenden Tatsachen, wie Fahrlässigkeit oder Verzug, gelte die lex fori (Nr. 19).

2. *Deliktsrecht („Quid de delictis?, Nr. 20)*

Ein Fremder begeht eine unerlaubte Handlung, ein Vergehen:

a) Sein Tun ist auch nach gemeinem Recht verboten: dann trifft ihn die Strafe des Statuts.

b) Sein Tun wird durch das gemeine Recht nicht verboten:

aa) Er wohnt schon lange im Bereich des Statuts: dann gilt gleiches wie zu a).

bb) Er wohnt noch nicht lange im Bereich des Statuts.

α) Ist sein Tun allgemein in Italien statutarisch verboten (wie z. B. die

---

[5] Vgl. oben S. 28 Anm. 34.
Bartolus begnügt sich mit dem Zitat von D. 5. 1. 65 und einem Verweis auf eine eigene Anmerkung hierzu. Dumoulin beruft sich auf den stillschweigenden Vertrag, den die Gatten geschlossen haben (s. oben S. 28 ff.).

[6] Die Einteilung der Wirkungen des Vertrags in solche, die durch den Vertragsschluß bedingt sind (und der lex loci contractus unterliegen), und solche, die erst später sich ergeben (und der lex loci solutionis gehorchen), klingt schon bei W. von Cuneo an. Sie wurde von den meisten Kommentatoren übernommen, so von Baldus und Salicet, und auch im 19. Jhdt. noch vertreten (Foelix-Demangeat, Laurent; in gewissem Sinne auch Asser, Fiore), lt. Meijers 606 und dort Anm. 1 und 2; in der Schweiz wurde sie erst durch die Entscheidung des Bundesgerichts vom 12. 2. 1952, BGE 78 (1952 II) 74 ff. (85) aufgegeben.

Ausfuhr von Getreide)[7], so kann er Unwissenheit nicht als vollständige Entschuldigung vorschützen.

β) Ist das Verbot nicht allgemein verbreitet, so wird er nur bestraft, wenn er es kannte oder grobfahrlässig nicht kannte (ignorans non tenetur nisi ignorantia fuit crassa et supina[8], Nr. 20).

3. *Testamentsrecht („Quid in testamento?")*

In Venedig kann man nach dortigem Recht vor zwei oder drei Zeugen testieren; kann dies auch ein Ausländer?[9]

a) Die erste Frage gilt der Gültigkeit dieses, das gemeine Recht abändernden Statuts; sie wird in längeren Ausführungen bejaht[10]. Dies wird auch darauf gestützt, daß es utile, bonum, favorabile und im Interesse sowohl des Erblassers (vgl. Militärtestament) als auch des Erben und der Zeugen (damit diese nicht von ihren Geschäften abgehalten würden [!]) sei[11] (Nr. 22 f.).

b) Die zweite Frage gilt der Anwendbarkeit dieses Statuts auf den Fremden. Bartolus unterscheidet:

aa) Das Statut bezieht sich ausdrücklich nur auf seine Bürger: dann gilt es nicht für Fremde[12].

bb) Das Statut ist allgemein gehalten: dann erfaßt es die Fremden mit (Nr. 24).

Auch in Fragen der freiwilligen Gerichtsbarkeit (d. h. in diesem Zusammenhang bezüglich der Amtsbefugnisse des Notars und der Formerfordernisse des öffentlichen Testaments)[13] untersteht der Fremde den

---

[7] Das Getreideausfuhrverbot wird schon von den ältesten Schriftstellern behandelt, so von Wilhelm Durantis (vgl. unten S. 57 Anm. 15, Meili, NiemZ 9 [1899] 29) und Johannes Faber (unten S. 89 Anm. 70 und Meili ebda. 38, Meijers, Beiträge Beilage XXXIII); es mag eine ähnliche Rolle gespielt haben wie heute die Devisengesetzgebung. Vgl. auch unten S. 176 Anm. 27, S. 181 zu Anm. 54 und S. 200 Anm. 78.

[8] Die gleiche Einteilung wie Bartolus nach der Strafbarkeit des Tuns gemäß gemeinem Recht trifft auch Dumoulin, s. oben S. 41.

[9] Nach gemeinem Recht waren sieben Zeugen erforderlich; unter fünf durfte auf keinen Fall gegangen werden: C. 6. 23. 31. 3. Das Beispiel des venezianischen Statuts wird häufig herangezogen, s. oben S. 21.

[10] Vgl. Lainé I 139 f.

[11] Hier ist die Eigenschaft des Statuts als favorabilis noch ein Argument für die Bejahung seiner Gültigkeit überhaupt; später wird sie zur Begründung seiner extraterritorialen Wirkung herangezogen.

[12] Ebenso Dumoulin, s. oben S. 33.

[13] Lainé I 141 übersetzt den Ausdruck „voluntaria jurisdictio" seltsamerweise mit „volontés du testateur" und meint, es handele sich um die Auslegung des letzten Willens des Erblassers. Ebenso Rolin I 60.

örtlichen Gesetzen. Ein formgültig zustande gekommenes Testament hat Gültigkeit auch hinsichtlich von Grundstücken, die außerhalb des Bereichs des Statuts belegen sind (Nr. 25).

cc) Dagegen erstreckt sich ein Statut, das dem filius familias zu testieren gestattet, nicht auf Fremde[14], „quia statuta non possunt legitimare personam sibi non subditam" (Verweis auf D. 26. 5. 1. und 26. 1. 10).

dd) Wenn, damit schließt dieser Abschnitt, das Statut eine Einschränkung (der Geschäftsfähigkeit) der Person enthält („impediendo personam"), so gilt es aus den gleichen Gründen nicht für Ausländer. Wenn also durch Statut der Mann gehindert sei, seine Frau zur Erbin einzusetzen, so betrifft das den Fremden nicht. Einzige Begründung ist ein Verweis auf Wilhelm Durantis[15] (Nr. 26).

4. *Sachenrecht*

In den Materien, die weder Verträge noch Delikte noch letztwillige Verfügungen sind, sondern die aus der Sache selbst abgeleitet werden (quid in his quae non sunt contractus, neque delicta, neque ultimae voluntates? ... est quaestio de aliquo jure descendente ex re ipsa), gilt das Recht des Orts der Belegenheit; so z. B. für die Frage, wie hoch ein Haus gebaut werden dürfe (Nr. 27). Einzige Begründung sind die leges C. 8. 10. 3 und D. 8. 4. 13. 1.

5. Der fünfte Abschnitt behandelt und verneint die Frage, ob die weltlichen Statuten die Geistlichen binden und vor dem bischöflichen Gericht zu beachten sind (Nr. 28–31).

6. Mit dem sechsten Abschnitt beginnt Bartolus mit der Behandlung der Frage, ob die Statuten außerhalb ihres Bereiches Wirkungen entfalten. Hier sind viele Fragen zu untersuchen, sagt er.

Im Bereich der *statuta prohibitiva* ist zu unterscheiden:

a) Das Statut ist prohibitiv im Sinne einer Formvorschrift, wie das Verbot, ein Testament oder eine öffentliche Urkunde ohne Beiziehung

---

[14] Ebenso Dumoulin, s. oben S. 37 f. und Anm. 62 daselbst.

[15] Über Wilhelm Durantis (1237–1296), den Verfasser des Speculum juris, s. Lainé I 118; Savigny V 501; Meili, BöhmsZ 9 (1899) 1 ff. (25 ff.).

Das Argument, daß das Statut personam impedit, wird hier in dem Sinne gebraucht, daß deswegen die Anwendbarkeit auf Fremde ausgeschlossen sein soll; Dumoulin, der es ebenfalls verwendet, benützt es zur Entscheidung der Frage seines örtlichen Anwendungsbereichs.

zweier Zeugen und des Notars zu errichten: ein solches Statut gilt nur in seinem Bereich[16].

b) Das Statut ist prohibitiv hinsichtlich einer Sache, wie das Verbot, eine Sache an Außenstehende, die nicht zu einer Gemeinschaft gehören, zu verkaufen; wo auch immer ein solcher Verkauf vonstatten geht, ist er ungültig, da das Statut die Übertragung des Eigentums an der Sache verhindert[17].

c) Das Statut ist prohibitiv hinsichtlich der Person. Dann kann es sein:

aa) Entweder favorabile: dann entfaltet es seine Wirkung überall, bindet seine Untertanen auch im Ausland und gilt auch für ausländische Liegenschaften.

Beispiele: der Minderjährige kann kein Testament errichten; die Ehegatten können sich nicht gegenseitig Vermächtnisse aussetzen[18], damit die Liebe nicht getrübt und getäuscht werde; der Entmündigte kann nicht mehr über seine Güter verfügen, auch nicht über auswärts gelegene (Nr. 32).

bb) Oder odiosum: dann erstreckt es seine Wirkungen nicht extra territorium.

Beispiel: das Statut, das die Tochter von der Erbfolge ausschließt[19].

7. Der siebte Abschnitt ist den *gestattenden Statuten (statuta permissoria)* gewidmet.

Hier sind zwei Fragen zu unterscheiden und gleichzeitig zu untersuchen, nämlich, ob die gestattete Rechtshandlung auch außerhalb des gestattenden Gesetzesbereichs vorgenommen werden kann, und ob eine innerhalb des Bereichs des Statuts vorgenommene Handlung außerhalb desselben Wirkungen erzeugt.

---

[16] Das steht nicht in Widerspruch zu oben S. 57, bb a. E.: der Bereich der Formvorschrift ist begrenzt, die Gültigkeit des formgerecht zustandegekommenen Testaments unbegrenzt.

[17] Es handelt sich also offensichtlich um den Fall, daß die Sache selbst im Bereich des Statuts liegt. Offen bleibt der Fall, daß der Verkauf im Bereich des Statuts vorgenommen wird, die verkaufte Sache aber wo anders liegt. Die Frage ist für die Erhaltung des Familienvermögens, die wie in Frankreich so auch in Italien eine große Rolle spielt, von Bedeutung; zu ihrer Sicherung bestanden viele Statuten, die Veräußerungen extra consortes verboten.

[18] Vgl. vorige Seite, unter dd. Dort handelte es sich darum, ob das Legatverbot auch Fremde erfaßt; hier, ob es für Einheimische im Ausland und für auswärts belegene Güter gilt. Dumoulin lehnt im Gegensatz zu BARTOLUS die Erstreckung des Verbots auf praedia alibi sita ab, s. oben S. 38 f. BALDUS vertritt eine Mittelmeinung, s. unten S. 65.

[19] Vgl. oben S. 31 f. Anm. 39, S. 36 Anm. 57.

a) Das Statut ersetzt eine Sondergenehmigung. Die Ermächtigung, die das Statut erteilt, gilt nur innerhalb seines Bereiches: so kann jemand, der durch das Statut zum Notar gemacht wird, außerhalb des Geltungsbereichs dieses Statuts keine öffentlichen Urkunden wirksam errichten, „denn wenn Akte, die auch die freiwillige Gerichtsbarkeit betreffen, von jemand bewilligt werden, der unter dem Fürsten (Kaiser) steht, dann können sie nicht extra territorium ausgeübt werden" (Nr. 34 f.).

Urkunden, die dagegen von einem solchen durch das Statut ernannten Notar innerhalb seines Bereiches gefertigt werden, haben überall Beweiskraft: so werde eine vor ihm vorgenommene emancipatio überall anerkannt.

b) Das Statut genehmigt etwas, was an sich nach gemeinem Recht zulässig ist, indem es ein Hindernis des gemeinen Rechts wegräumt (tollit obstaculum).

aa) Eine nach gemeinem Recht strengere Formvorschrift wird erleichtert. Beispiel: für die Errichtung eines Testaments genügen zwei Zeugen.

α) Das Statut ist an sich gültig[20].

β) Strittig ist, ob das so gefertigte Testament auch anderswo belegene Güter erfaßt. BARTOLUS zitiert hier im verneinenden Sinne JACQUES DE RÉVIGNY und eine frühere Meinung des CINUS[21], bejahend u. a. WILHELM VON CUNEO, dem er sich anschließt[22] (Nr. 36 f.).

bb) Ein Hindernis des gemeinen Rechts, das die Person betrifft, wird durch das Statut behoben: Beispiel: der filius familias kann testieren[23]; der Bastard kann zum Erben eingesetzt werden, was nach gemeinem Recht ebenfalls verboten war.

α) Außerhalb des Geltungsbereichs des Statuts kann der Bastard nicht zum Erben eingesetzt werden und die Erbschaft antreten (Nr. 39).

β) Aber auch der Bastard, der innerhalb des Geltungsbereichs des Statuts zum Erben eingesetzt worden ist, kann außerhalb desselben gelegene Güter nicht als Erbe erhalten; ebensowenig ist das Testament des filius familias, das im Gebiet gemacht wurde, extra territorium wirksam. So-

---

[20] Wie bereits ausgeführt, s. oben S. 56.

[21] CINUS (1270–1362) war ein Lehrer des BARTOLUS; vgl. SAVIGNY VI 63 ff.

[22] Vgl. oben S. 20 ff. BARTOLUS zitiert die Argumente seiner Vorgänger und verweist auf C. 6. 23. 31. Interessant ist, daß er jedoch einen der Gründe des WILHELM VON CUNEO zurückweist, daß nämlich das Statut zwar nicht direkt, aber per quandam consequentiam auf anderswo gelegene Grundstücke einwirken könnte. Dumoulin bedient sich dagegen dieser Formel, s. oben S. 37 Anm. 63.

[23] Vgl. oben S. 37 Anm. 62.

weit nämlich ein Statut die Form betrifft, könne es sich extra territorium erstrecken, ohne dadurch einem andern Staate vorzugreifen, zu schaden; ein Statut hingegen, das eine Person ermächtige, etwas zu tun, sei anderer Natur, denn der Gesetzgeber könne nur insoweit ermächtigen, als er damit niemand anderem vorgreife[24]. Daß an sich der Richter das Urteil auch eines fremden Gerichts zu vollstrecken hat, stehe dem nicht entgegen, denn dabei handele es sich um bereits entstandene Rechte; wenn er neues Recht einführe, erstrecke es sich nicht außerhalb seines Bereiches[25] (Nr. 40 f.).

c) Den Abschluß des siebten Abschnitts bildet, ohne daß der Zusammenhang recht ersichtlich wird[26], die berühmte und vielgeschmähte Abhandlung über das englische Erbstatut[27]. In England erbt der Erstgeborene alles, im Bereich des gemeinen Rechts erben die Kinder zu gleichen Teilen. Wie vererbt sich der Nachlaß eines Engländers, der zum Teil in England, zum Teil auf dem Kontinent belegen ist?

Den Streitstand schildert BARTOLUS wie folgt:

JACQUES DE RÉVIGNY, WILHELM VON CUNEO und CINUS vertreten die Ansicht, daß die Liegenschaften in England nach englischem, in Italien nach gemeinem Recht vererbt werden; andere sind der Meinung, daß maßgebend das Recht des Orts ist, an dem die Erbschaft angetreten worden ist, denn es handle sich um einen Quasikontrakt, der an diesem Ort eingegangen worden sei und daher nach den Grundsätzen des Vertragsrechts dem Recht dieses Orts unterworfen sei.

BARTOLUS selbst unterscheidet jedoch nach den Worten des Statuts[28]:

aa) Das Statut bestimmt „circa rem", etwa: „bona decedentium veniant in primogenitum" – dann gilt die jeweilige lex situs, „weil das Recht

[24] Eine erste Ahnung des Souveränitätsgedankens! Hinter obiger Lösung steht das Interesse des Landesherrn, erblosen Nachlaß einzuziehen; vgl. JOH. VOET, De statutis Nr. 7, MEIJERS 669 Anm. 1. Die französische Praxis wandte seit alters her die lex situs an, Entscheidung des Pariser Parlaments von 1260 u. a., lt. MEIJERS, Beiträge 58 Anm. 6.

[25] Diese Gegenüberstellung von „jus jam fundatum" und „jus novum" krankt daran, daß jus im ersten Fall subjektives und im zweiten Fall objektives Recht bedeutet. Eine ähnliche Feststellung drängt sich bei ULRICH HUBER, unten S. 177 Anm. 37, auf. Den Begriff des novum jus inducere verwendet auch Dumoulin, vgl. oben S. 38.

[26] Deshalb scheint es mir nicht zutreffend zu sagen, die nun folgende Einteilung der Statuten nach der Bestimmung circa rem und circa personam sei bei Bartolus lediglich eine Untergruppe der statuta permissoria tollentia obstaculum; BARTOLUS scheint vielmehr die Frage der englischen Erbschaft sich bis zum Schluß aufgespart zu haben (vgl. unten S. 106).

[27] S. oben S. 44 Anm. 8; Übersetzung bei LAINÉ I 154.

[28] Wie auch schon WILHELM VON CUNEO gelegentlich, vgl. MEIJERS, Beiträge 94.

die Sachen selbst betrifft, ob sie nun von Einheimischen oder von Fremden besessen werden".

bb) Das Statut bestimmt „circa personam", etwa „primogenitus succedat". Dann ist zu unterscheiden:

1. Der Erblasser war nicht Engländer: dann betrifft ihn und den Nachlaß das Statut nicht, „quia dispositio circa personas non porrigitur ad forenses", d. h. seine Liegenschaften (einschließlich, das muß man ergänzen, der in England belegenen) vererben sich an die Söhne zu gleichen Teilen.

2. Der Erblasser war Engländer: dann erbt der Erstgeborene die in England belegenen Güter; hinsichtlich der in Italien liegenden Grundstücke bleibt aber auch bei BARTOLUS bei der von seinen oben angeführten Vorgängern vertretenen Ansicht: die Grundstücke, die nicht in England liegen, vererben sich nach gemeinem Recht, und zwar aus zwei Gründen, die BARTOLUS zur Auswahl stellt: man könne das Statut entweder als odios ansehen, weil es die Nachgeborenen von der Erbschaft ausschließt, oder als ein Statut, das als erlaubendes ein obstaculum tollit, nämlich die Nachgeborenen dem Erstgeborenen aus dem Wege räume (!) „ne sequentes filii impediant primogenitos" – in beiden Fällen zeitigt ein solches Statut nach dem oben Gesagten keine extraterritoriale Wirkung[29] (Nr. 42).

---

[29] Im Ergebnis unterscheidet sich mithin das Statut, das nach seiner Wortfassung personal ist, von dem realen Statut nur dadurch, daß das personale Statut die in England gelegenen Güter von Fremden nicht erfassen will; nicht dagegen sagt BARTOLUS, daß es auf in Italien gelegene Güter von Engländern anwendbar sein soll, daß es also extraterritoriale Wirkung habe. Und doch findet man vielfach die Ansicht, daß nach BARTOLUS' Meinung das personal gefaßte Statut der Person „über das Gebiet hinaus folge", daß die Extraterritorialität des Statuts also von seiner Wortfassung abhängig sein soll, vgl. NUSSBAUM 21, LEREBOURS-PIGEONNIÈRE 16. Das sagt aber BARTOLUS gar nicht; er begrenzt den persönlichen Anwendungsbereich, während andererseits noch nichts in seinem Werk darauf hindeutet, daß er mit der „Personalität" des Statuts bereits unlöslich die Idee seiner Extraterritorialität verbunden hätte. Die Verschmelzung dieser beiden Begriffe ist erst in späterer Zeit erfolgt, wie unten S. 81 ff. dargelegt wird. Wenn es sich aber lediglich darum handelte, ob innerhalb des nach anderen Kriterien abgegrenzten örtlichen Bereichs des Statuts auch Fremde von ihm erfaßt werden sollen, so ist es gar nicht mehr so lächerlich, auf seinen Wortlaut abzustellen; etwas anderes tut auch Dumoulin nicht, der zwar zu Recht einen Unterschied zwischen „bona non veniant ad foeminas" und „foeminae non succedant" verneint, aber doch die Einschränkung macht: „fallit si statutum expresse se limitet ad foeminas vel personas sui territorii", s. oben S. 33, und vermeint man ihn nicht zu demselben bequemen Argument greifen zu sehen, wenn er im Consilium 53 in dem krampfhaft anmutenden Bemühen, seine These zu rechtfertigen, von Art. 110 des Rechts von Paris sagt „quod convincitur per textum in dicto articulo, *ubi principaliter et primario disponit de personis*" usw.?

8. und 9. Der achte Abschnitt handelt von der Bestrafung der Auslandstaten und dem dabei anzuwendenden Verfahren, der neunte von der Wirkung von Strafurteilen außerhalb des Bereichs des Urteilenden; vermerkt sei, daß BARTOLUS hier zwischen Strafen, die die Person, und Strafen, die die Sachen betreffen, unterscheidet.

II. BALDUS

BALDUS, Schüler des BARTOLUS, folgt in seiner Abhandlung[30], die er am gewohnten Platz bei der lex cunctos populos bringt, in vielem seinem Lehrer, unterscheidet sich jedoch auch wieder nicht unerheblich von ihm; während er in der Argumentation naturgemäß stark von ihm abhängig ist, strebt er doch zu einer umfassenderen Systematik und strafferen Gruppierung und steht so in der Mitte zwischen BARTOLUS und Dumoulin.

Einleitend beginnt BALDUS mit der Feststellung: Jedes Statut betrifft entweder die Personen oder die Sachen oder die Handlungen[31].

---

[30] Abgedruckt bei MEILI, Die theoretischen Abhandlungen von Bartolus und Baldus über das internationale Privat- und Strafrecht, in: BöhmsZ 4 (1894) 455 f., vgl. auch LAINÉ I 166 ff.; SAVIGNY VI 185 ff.; MEILI, Lehrbuch 85; MEIJERS 607 erkennt der Abhandlung keinen großen Wert zu.

Hinzuweisen ist auf ein Frühwerk des BALDUS: Tractatus de vi et potestate statutorum ratione personarum, territorii et rerum, von ihm „repetitio" genannt, herausgegeben von MEIJERS, Tractatus duo de vi et potestate statutorum, Haarlem 1939. BALDUS gibt hier einleitend einen Überblick über die bisher übliche Einteilung der Statuten in solche, die betreffen 1. die Form, 2. den Inhalt des Verfahrens, letzteres unterteilt in a) Statuten, die die Person betreffen: hier gelte das Recht des Orts des Vertrags oder Delikts oder Testaments; b) Statuten, die die Sache betreffen: hier gelte die lex situs. Zu a) wird ergänzt: aa) soweit das Statut die Person wegen irgendeiner Fähigkeit, qualitas, betreffe, gelte das Heimatrecht (locus personae); bb) soweit es sie wegen eines Geschäftes betreffe, das Recht des Vornahmeorts. BALDUS verweist in der Einleitung auf CINUS und WILHELM VON CUNEO. Anschließend nimmt er eine andere systematische Einteilung vor, und zwar in 1. befehlende, 2. verbietende, 3. gestattende, 4. strafende Statuten. Zu 1 wird untersucht, wieweit das Statut dem subditus intra territorium und extra territorium und entsprechend dem non subditus intra und extra territorium gebieten kann. Die gleiche Unterteilung wird zu 2 getroffen; andere ins einzelne gehende Gliederungen enthalten 3 und 4. Die Einzellösungen weichen zum Teil von den in der oben behandelten Abhandlung gegebenen ab; so wird das Statut, das den spurius zum Erben einzusetzen gestattet, hier für gültig (Nr. 59), dort für ungültig erklärt. Vgl. im einzelnen MEIJERS a.a.O. VIII (auch abgedruckt Revue critique de droit intern. privé 35 [1946] 211).

[31] Verweis auf D. 1. 5. 1. Diese Einteilung ist wie die D'ARGENTRÉS (s. unten S. 82) eine Einteilung nach dem Gegenstand, im Gegensatz zu der Einteilung nach der Wirkung. Um die Wirkung der Statuten im persönlichen und örtlichen Bereich zu untersuchen, bedient er sich der gleich folgenden anderen Kriterien, „um die Sache verständlicher zu machen", „ut clarius habeas".

Er fährt aber sogleich fort, daß er bei dieser Einteilung nicht bleiben werde, sondern folgende Gruppierung vornehme:

Die Statuten des Zivilrechts (im Gegensatz zum kanonischen Recht) betreffen:

(A) das Recht der Personen (de jure personae);

(B) das Recht der Form (de jure solemnitatis vel formae);

(C) das Recht des Verfahrens (de jure ordinis seu judiciorum);

(D) das Recht der Vollstreckung (de jure exsecutivo).

Die vier Abschnitte werden allerdings sehr ungleichmäßig behandelt, denn der erste Abschnitt über die Personen nimmt fast den gesamten Raum der Abhandlung ein. Hier trifft Baldus mannigfache Unterscheidungen.

A. *Statuten, die die Person betreffen*

1. Statuten, die eine Beschränkung nehmen (habilitando inhabiles).

Beispiel: Das Statut, das bestimmt, daß der filius familias testieren dürfe:

a) Ein fremder filius familias kann im Bereich des Statuts nicht gültig testieren,

b) wohl aber ein einheimischer, der sich außer Landes befindet.

Baldus begründet das damit, daß das Statut favorabile sei; wenn schon ein Statut die Person überall schwächen (d. h. in ihrer Geschäftsfähigkeit mindern) könne, so könne es sie um so mehr habilitieren; außerdem, sagt Baldus, „verum credo quia ista potestas inest personae, et ista actus hominis privati, in quo non consideramus territorium", eine Begründung, in der die Zweiheit Person – Ort stark anklingt (Nr. 58–60).

2. Statuten, die eine Beschränkung auferlegen (inhabilitando habilem).

Beispiel: Der filius familias kann keinen Vertrag schließen.

Das Statut bezieht sich nicht auf Fremde; es wirkt auf Einheimische auch extra territorium. Wenn schon eine gerichtliche Entscheidung, wie die Entmündigung, einen Menschen mit extraterritorialer Wirkung vertragsunfähig machen könne, so erst recht ein Statut. Baldus weist aber darauf hin, daß sich dieser Fall nicht zur Verallgemeinerung eigne, denn oft widerspreche ein solches beschränkendes Statut dem gemeinen Recht, und dann habe es außerhalb seines Bereichs keine Wirkung (Nr. 61).

Darauf geht Baldus zu neuen Gesichtspunkten für die Einteilung der statuta personalia über.

Er unterscheidet nunmehr:

1. Statuten, die etwas erlauben (statuta permissiva).

Beispiel: Der Bastard (spurius) kann zum Erben eingesetzt werden.

a) Ob das Statut an sich gültig ist, wird des längeren erörtert (Nr. 63 bis 71).

b) Seine Gültigkeit vorausgesetzt, erstreckt es sich doch nicht auf bona alibi sita: „limitata potestas limitatum paret effectum", die Fähigkeit, den spurius zum Erben einzusetzen, leite sich von einer Autorität ab, die unter der des Kaisers stehe, und sei daher auf deren Gebiet beschränkt[32]; außerhalb des Bereichs des Statuts gelte das gemeine Recht (Nr. 72 ff.).

Weiteres Beispiel: Das Statut gestattet dem filius familias zu testieren. Daß der fremde filius familias durch das Statut nicht ermächtigt wird, wurde bereits oben dargelegt; BALDUS bekräftigt es noch einmal[33]; nun fragt es sich, ob ein solches Testament, das ein subditus im Bereich des Statuts errichtet hat, auch die außerhalb belegenen Güter erfasse: BALDUS verneint seine extraterritoriale Wirkung unter Hinweis auf die Ansicht des BARTOLUS (Nr. 78–80).

Als letztes Beispiel der erlaubenden Statuten behandelt BALDUS das Statut, das bestimmt, daß der Erstgeborene unter Ausschluß der Geschwister zur Erbfolge berufen sein soll[34].

a) Das Statut ist gültig, soweit nur den Nachgeborenen das Recht verbleibt, Unterhalt zu fordern. Nur dieses sei „de jure naturae" und könne nicht genommen werden.

b) Bei den Wirkungen ist zu unterscheiden, ob ein Testament errichtet wurde, das den gleichen Inhalt hat, wie es das Statut vorschreibt, oder nicht. War ein Testament vorhanden, und wurde es nach den Formen entweder des gemeinen Rechts oder des Ortsrechts errichtet, so erbt der

---

[32] Interessant sind auch die weiteren Begründungen: „quia, ubi agitur de jure noviter inducendo per statutum, statuentes nihil possunt ultra limites ... id est ultra territorium" (Nr. 76); soweit die gesetzliche Bestimmung auf dem Willen beruhe, beziehe sie sich auf alle Güter (gemeint ist wohl der letzte Wille, durch den der spurius eingesetzt wurde); soweit sie aber auf der sachlichen Einweisung (in die Erbschaftsgegenstände) beruhe, müsse sie durch den örtlichen Richter durchgeführt werden. Zum Argument, ein Statut, das novum jus inducit, sei territorial, s. oben S. 60 Anm. 25.

[33] Die Abhandlung ist nicht gerade ein Muster an klarer Gliederung, vgl. MEIJERS 607. Auch gebraucht BALDUS den Ausdruck „valere" hier zur Bezeichnung der Erstreckung auf Fremde, statt, wie sonst, der Gültigkeit des Statuts überhaupt.

[34] Übersetzung dieses Teils der Abhandlung bei LAINÉ I 175 ff.; vgl. oben S. 44 Anm. 8; S. 60 ff.

eingesetzte Erstgeborene alle Güter, auch die, welche im Bereich des gemeinen Rechts belegen sind.

Anders ist es, wenn ein Testament nicht vorhanden war. BALDUS weist zunächst die Ansicht zurück, der Erblasser, der ohne Testament versterbe, müsse so angesehen werden, als habe er das Statut durch sein Schweigen zum Inhalt eines stillschweigenden Testaments gemacht, und es sei daher das Recht des Wohnorts des Erblassers auf alle seine Nachlaßgüter anzuwenden[35]: dies sei nur eine Fiktion; das Statut handle nicht von der Person, sondern vom Erwerb (der Sachen), daher sei das Recht des Orts anzuwenden, wo die zu erwerbenden Sachen liegen (Nr. 84–86).

2. Statuten, die etwas verbieten (statuta prohibitoria).

Beispiel: Die Frau kann dem Mann nichts vermachen.

a) Das Statut ist gültig, es verstößt nicht gegen die guten Sitten.

b) Räumlicher Geltungsbereich.

aa) Wenn das Testament intra territorium errichtet wurde, so erstreckt sich die Wirkung der letztwilligen Verfügung nicht auf bona alibi sita; hier fehle es gewissermaßen am nötigen consensus, der durch das verbietende Statut mit einem Mangel behaftet sei, wie auch eine Schenkung zwischen Ehegatten erst mit ihrer Vollziehung mangelfrei werde.

bb) Ist das Testament aber im Ausland errichtet, dann ist es hinsichtlich ausländischer Grundstücke gültig; das Statut hat also insoweit keine Kraft. Es treffe auch nicht zu, wie BARTOLUS behauptet, fährt BALDUS fort, daß das Statut favorabile sei; vielmehr sei es odios[36] (Nr. 87 f.).

Weiteres Beispiel: Die Tochter ist von der Erbfolge ausgeschlossen, solange männliche Nachkommen vorhanden sind.

a) Das Statut ist gültig, da es zur Bewahrung der Macht der Familien diene.

b) Doch hat das Statut keine Wirkung auf bona alibi sita, die von der Tochter geerbt werden können; zwar nicht, weil, wie BARTOLUS sagt, das Statut odios sei – es sei vielmehr mixtum ex favore et odio und

---

[35] Vgl. über die Auffassung, daß, wer ohne Testament versterbe, sein Heimatrecht stillschweigend zum Inhalt eines Testaments machen wolle, MEIJERS 609, 633 f.

[36] Für BALDUS ist das Statut damit beschränkt territorial, indem es Verfügungen seiner Untergebenen nur insoweit verbietet, als sie im Inland vorgenommen werden oder inländische Grundstücke betreffen, aber Verfügungen gestattet, die Einheimische außer Landes über auswärts gelegene Güter treffen. Ob das Statut ausländische Frauen hinsichtlich inländischer Grundstücke betrifft, wird nicht gesagt.

daher hauptsächlich favorabile –, sondern weil es sich nicht dorthin erstrecken könne, wo gegenteiliges (gemeines) Recht gelte[37].

B. Über *Form, Verfahren und Vollstreckung* handelt BALDUS in zwei Paragraphen. Im Bereich des für den Beweis anzuwendenden Rechts unterscheidet er:

Für das Verfahren der Beweiserbringung (ritus, ordinatio probationis) gilt die lex fori; für die materiellrechtliche Seite des Beweises (substantia) gilt die lex loci contractus.

Für die Form gilt die lex loci contractus[38], doch gilt die lex fori für Ereignisse, die erst im Prozeß auftauchen, ebenso wie für Gang und Ordnung des Verfahrens selbst.

Für die restitutio in integrum endlich gilt die lex loci contractus; in gedrängter Kürze gibt Baldus hier einen Überblick über den Stand der Meinungen hinsichtlich des Rechts, das den Vertrag regelt (Nr. 93 f.).

Es folgt ein umfangreiches Kapitel über das internationale Strafrecht. Auch BALDUS unterscheidet u. a., ob die Strafe Person, Handlung oder Sache betrifft[39].

III. D'ARGENTRÉ

BERTRAND D'ARGENTRÉ (1519–1590), aus altem, vornehmem bretonischem Adel, wurde mit 28 Jahren Präsident der Sénéchaussée und damit oberster Richter seines Landes; er war weiter Historiker (er verfaßte eine Geschichte der Bretagne), Gesetzgeber und Dogmatiker und beeinflußte maßgeblich die Neufassung des bretonischen Landrechts von 1590[40].

D'ARGENTRÉ hat Dumoulin bei aller persönlichen Wertschätzung[41] zeitlebens bekämpft[42]. Ihre Fehde auf dem Gebiet des Kollisionsrechts

---

[37] „quod non extendatur extra territorium, ubi contraria est juris dispositio", „juris" wohl im Sinne von gemeinem Recht; die Begründung ist dürftig! Da sich in dem Statut ein odioses und ein begünstigendes Element die Waage halten, ist es wohl die Idee des novum jus inducere, die den Ausschlag für die Territorialität des Statuts gibt.

[38] BALDUS behandelt hier nur die Form von Verträgen.

[39] Vgl. unten S. 106.

[40] LAINÉ I 311; DE LA LANDE DE CALAN, Bertrand d'Argentré, ses doctrines juridiques et leur influence (1892); HORST MÜLLER 50 ff.

[41] Nachweise bei LA LANDE DE CALAN 48 f.

[42] Nicht aber umgekehrt: Dumoulin hat zwar D'ARGENTRÉ, nicht aber sein Werk gekannt (LA LANDE DE CALAN 16); er starb 18 Jahre vor dem Erscheinen der Kommentierung des Art. 218 der Coutume der Bretagne. Deshalb ist es unrichtig, wenn oft dargestellt wird, daß die beiden in wissenschaftlicher Fehde miteinander gelebt

ist bekannt; doch war sie für D'ARGENTRÉ nur ein kleiner, nicht so wichtiger Ausschnitt aus dem Kampffeld einer Gegnerschaft, die auf viel mehr beruhte als nur auf wissenschaftlichem Meinungsstreit. Dumoulin und D'ARGENTRÉ waren die Vertreter zweier gegensätzlicher Weltanschauungen: D'ARGENTRÉ der Verteidiger einer feudalen und partikularistischen Staatsauffassung, Dumoulin Vorkämpfer der Macht des Königs und der Einheit seiner Gesetze. Die Landrechte waren durch ihre Aufzeichnung in den vorhergegangenen 150 Jahren zu einem eigenständigen Leben befähigt worden [43]; durch ihre wissenschaftliche Durchdringung, die Darstellung ihrer Gemeinsamkeiten, verbunden mit dem Aufruf zur Einheit, versuchte Dumoulin, aus ihnen ein Instrument königlichen Einflusses zu machen; dem stemmte D'ARGENTRÉ sich entgegen. Sein Werk ist Seite für Seite eine Zurückweisung des ersten Teils des Kommentars zur Pariser Coutume über die Lehen [44], in welchem Dumoulin mit allen Mitteln die Feudalität zurückzudrängen und zum Schaden des Lehnsrechts den landrechtlichen Rechtsgrundsätzen das Tor zu öffnen unternahm.

Bei der Abhandlung D'ARGENTRÉs über das Kollisionsrecht, die nun darzustellen ist, ist zunächst bemerkenswert, daß er mit der Tradition bricht, die Erörterungen über die Statuten im Anschluß an die lex cunctos populos zu bringen [45]. Sie finden sich vielmehr in seinem Kommentar zum bretonischen Landrecht als Glosse 6 zu Art. 218 [46].

D'ARGENTRÉ ist auch m. W. der erste, der seinen Ausführungen zunächst eine Art „allgemeinen Teil" vorausschickt, in dem er die Grundsätze seines Systems entwickelt, um darauf im zweiten Teil einige der täglich sich darbietenden strittigen Fragen an Hand des Systems zu lösen [47].

hätten (VALÉRY 27) oder daß gar, wie MEILI, BöhmsZ 5 (1895) 367, behauptet, „Dumoulin heftig und leidenschaftlich ... dem Mann aus der Bretagne entgegengetreten" sei.

[43] Vgl. hierzu WARNKÖNIG II 77 ff.

[44] VIOLLET 226; s. aber HERDING, oben S. 3 Anm. 8.

[45] Vgl. aber unten S. 95.

[46] Bertrandi Argentraei Commentarii in patrias Britonum leges seu consuetudines antiquissimi ducatus Britanniae, Paris 1608 (erste Ausgabe 1584), abgedruckt bei MEILI a.a.O. (S. 19 Anm. 1) 371 ff.

Art. 218 lautete: „Toute personne pourvue de sens peut donner le tiers de son héritage à autre qu'à ses hoirs."

Über die Abhandlung vgl. LAINÉ I 314 ff.; GUTZWILLER 323; MEILI, Lehrbuch 88; WEISS III 25 f.; NIBOYET, Traité III 67 ff.

[47] Dumoulin hatte in den Conclusiones de statutis noch auf eine programmatische Einleitung verzichtet und sein System in einem Stück entwickelt; BALDUS hatte zwar am Eingang seiner Abhandlung die Dreiteilung der Statuten proklamiert (s. oben

D'ARGENTRÉ beginnt seine Erörterungen mit einer scharfen Zurückweisung der bisherigen Lehren wegen ihrer vielfachen Widersprüche, die es bewirken, daß „incerti magistri incertiores lectores dimittant". Ihren vielfachen Kriterien setzt er eines entgegen, das in seiner Einfachheit bestechend wirkt und den Erfolg seiner Lehre begründet hat:

Wo es sich um Grund und Boden handelt, sei es in Verträgen, Testamenten oder anderswo, ist „certissima usu observatio", daß die lex situs anzuwenden ist[48] (Nr. 2, 9, 10).

Die Person und die beweglichen Sachen (Nr. 16) dagegen unterliegen dem Recht ihres Wohnsitzes bzw. des Wohnsitzes des Eigentümers, wo auch immer sie sich befinden (Nr. 3, 4).

Eine dritte Gruppe, die aus Elementen von Person und Sache zusammengesetzt und „gemischten" Charakter trägt, unterliegt ebenfalls der lex situs (Nr. 9).

D'ARGENTRÉ geht aber, wie alle Statutisten, formell davon aus, vom Statut her dessen Geltungsbereich abzugrenzen. Er scheidet sie daher nach ihrem Gegenstand in

a) *statuta realia*, die Grund und Boden betreffen, –

Beispiele: Statuten über Erbteilung, disponible Quoten[48a] (Nr. 9 f.) usw.;

b) *statuta personalia*, wo „principaliter de personarum jure, conditione et qualitate statuitur, abstracte ab omni materia reali". Hierher gehören Volljährigkeit, Verpflichtungsunfähigkeit Gewaltunterworfener, Entmündigung, Exkommunizierung, Legitimation, infamatio u. a. (Nr. 7, 16). Der Bereich der statuta personalia wird aber stark eingeschränkt. Statuten, die nicht die Person insgesamt, sondern lediglich eine bestimmte Fähigkeit betreffen, gehören nicht dazu und bleiben daher gebietsbeschränkt. So unterscheidet D'ARGENTRÉ zwischen universales afficientias und particulares afficientias. Zu den personalen Statuten zählen dagegen – D'ARGENTRÉ beruft sich hierbei auf HENRI BOHIC[49] – die Statuten, durch die Rechte aus Verträgen erwachsen und die außer-

S. 62), sich aber dann anderer Kriterien bedient. J. VOET wird später das Hauptgewicht seiner Abhandlung in den allgemeinen Teil verlegen, s. unten S. 181.

[48] Wie das certissima usu observatio beweist, ist für D'ARGENTRÉ – anders als für Dumoulin als Professor oder Gutachter – die richterliche Praxis einer der maßgebenden Gesichtspunkte seiner Lehre; vgl. unten S. 107.

[48a] Über das Freiteilsrecht vgl. MITTEIS ZSSt. 63 (1943) G. A. 187 ff.; WARNKÖNIG II 488 ff.

[49] H. BOHIC (1310—1390) war ein Landsmann D'ARGENTRÉS; vgl. LAINÉ I 27; MEIJERS, Neue Beiträge 68, 91 f.

vertragliche Rechte (ex facto, wohl aus Delikt oder Geschäftsführung) entstehen lassen (Nr. 14);

c) *statuta mixta* sind solche, die sowohl über Personen als auch über Sachen befinden [50] (Nr. 6, 8).

Die realen Statuten sind territorial begrenzt. Das ist der Ausgangspunkt der Lehre D'ARGENTRÉS; damit geht Hand in Hand die andere Regel, daß Rechtsverhältnisse, deren Gegenstand durch reale Statuten geregelt wird, der lex situs unterworfen sind.

> „Omnis enim potestas extra fines potestatis attributae aut propriae privata est persona, et finitae potestatis finita jurisdictio et cognitio; ideo et statuta extra territoria sua sine usu sunt, cum extra ea terreri nemo possit, quae territorii definitio est" [51] (Nr. 11).

Als reales Statut sieht D'ARGENTRÉ an:

Das Verbot der Schenkungen zwischen Ehegatten: wenn auch zuzugeben sei, daß hier personale Gesichtspunkte mitspielen – D'ARGENTRÉ denkt hier an BARTOLUS [52] –, so sei doch das Interesse an der Erhaltung des Familienvermögens, d. h. das reale Moment überwiegend (Nr. 15).

Bestimmungen über die Errungenschaftsgemeinschaft, über das Ver-

---

[50] Vgl. unten S. 105 ff. D'ARGENTRÉ verweist auf die italienischen Juristen FRANCISCUS ARETINUS (1418–1486, vgl. SAVIGNY VI 284 ff.) und PANORMITANUS (gest. 1453, vgl. MEILI, BöhmsZ 5 [1895] 374 Anm. 21); den Ausdruck „mixtim" gebraucht schon BALDUS (Nr. 59 seiner Abhandlung).

Unzutreffend scheint mir die Auslegung zu sein, die LAINÉ I 330 den statuta mixta gibt. Nach LAINÉ seien dies „statuts personnels par leur objet et réels au point de vue de leur effet", d. h. territoriale personale Statuten. Tatsächlich sind die statuta mixta aber für D'ARGENTRÉ solche, die dem Gegenstand nach Personen und Sachen gleichermaßen betreffen und wegen der teilweisen sachlichen Beziehung territorial sind.

Die Stelle lautet: (drittens sind die Vorschriften zu nennen) „quae in rem quidem conceptae reperiuntur sed tamen rerum in his consideratio praecipua est" – dies muß heißen: „quae in personam quidem conceptae reperiuntur ...", oder allenfalls: „... in rem et in personam quidem conceptae". Der Fehler findet sich schon in der zweiten Auflage; ob in der ersten, ist mir nicht bekannt.

In Nr. 8 scheint er als gemischt das Statut anzusehen, das über Liegenschaften und über bewegliche Sachen verfügt; BURGUNDUS macht dies später zum Kriterium der statuta mixta, vgl. unten S. 153.

[51] Diese sonderbare Etymologie geht zurück auf D. 50. 16. 239. 8 und ist nicht eine Erfindung D'ARGENTRÉS.

[52] „Inepte BARTOLUS putat hoc statutum esse personale, ita ut inde concludat tale statutum valiturum extra territorium, quae est conditio personalium statutorum". Zu Unrecht greift D'ARGENTRÉ deshalb BARTOLUS an: wenn sich zwar für ihn die Extraterritorialität unlöslich mit dem personalen Statut verbunden hat, so trifft das doch für BARTOLUS noch nicht zu; nicht weil das Statut personal, sondern weil es favorabile ist, sollte es nach BARTOLUS sich über seine Grenzen erstrecken, vgl. oben S. 58.

mächtnis von Grundstücken; Statuten, die nur die Fähigkeit zu einem bestimmten Akt beschränken, wie das Verbot für den Mann, der Frau durch Legat etwas zu vermachen, oder bei bestehender Ehe Güter, die zur Errungenschaft gehören, zu verschenken; den Ausschluß des Mörders von der Erbfolge (Nr. 16, 17).

Der Ausschluß der dotierten Tochter von der Erbfolge gehört für D'ARGENTRÉ ebenfalls in den Bereich der realen Statuten, ebenso das Statut, das den Vater für das Delikt seines Sohnes haften läßt[53] (Nr. 17, 18).

Die personalen Statuten dagegen haben extraterritoriale Wirkung: „Si personale esset, ubique ageret".

Die statuta mixta wiederum richten sich nach ihrem „sachlichen" Element und sind territorial. Hier erörtert D'ARGENTRÉ die Frage, welcher Richter die Dekrete zur Regelung der Veräußerung von Mündelgut durch den Vormund zu erlassen habe: ein Dekret, das in specie ein Grundstück betreffe, sei vom judex rei sitae zu erlassen; ein Dekret dagegen, das in genere aus Rechtsgründen über die Veräußerung ganz allgemein befinde, stehe dem judex domicilii zu[54]. Zum Bereich der mixta gehört auch die Legitimation; Grundstücke außerhalb des Machtbereichs des legitimierenden Fürsten kann der Legitimierte nicht erben[55]. Wo endlich nach Maßgabe ihres Grundbesitzes Personen zu einer Steuer veranlagt werden, da können res alibi sitae nicht zur Bemessung herangezogen werden (Nr. 21).

Nach diesem einleitenden Teil wendet d'Argentré sich einzelnen Fragen zu, von denen er allerdings etliche bereits in dem allgemeinen Teil gestreift hat.

In der Frage der Anwendbarkeit des englischen Erbstatuts[56] vertritt er mit Nachdruck die Geltung der lex situs für die einzelnen Nachlaßgüter. BARTOLUS muß sich eine scharfe Abkanzelung gefallen lassen: niemals sei etwas Törichteres gesagt worden, als daß man statt Sinn und Inhalt der Gesetze die Anordnung ihrer Worte beachten müsse. Es folgt eine lange Reihe Gelehrter – mehr eine Übersicht über das Schrifttum zum Verweisungsrecht überhaupt – zur Stützung seiner Ansicht[57].

[53] Und zwar nur für ein Delikt, das im Bereich des bretonischen Rechts (Art. 611 der Coutume) begangen wurde. Ob der Vater auch mit seinem anderswo belegenen Vermögen haftet, wird nicht gesagt.

[54] Vgl. aber Glosse 2 zu Art. 481 der Coutume.

[55] Vgl. oben S. 60 Anm. 24 und S. 64 Anm. 32.

[56] Vgl. LAINÉ II 293 ff.

[57] Hier zitiert D'ARGENTRÉ auch Dumoulin, Cons. 16; dort ist jedoch eine Zurück-

Das Statut, das die Tochter von der Erbfolge ausschließt, ist territorial; es ist nicht personal, und selbst wenn es dies wäre, würde es nicht den Gesamtstatus der Person berühren [58]. Wenn dagegen die Tochter in einem Vertrag ausdrücklich auf bona ubicumque sita verzichtet hat, dann solle dieser Verzicht überall gelten; war er dagegen nur in allgemeinen Wendungen zum Ausdruck gekommen, so sei das so auszulegen, daß der Verzicht jeweils der lex situs des davon betroffenen Gutes entsprechen, d. h. dort nicht gelten soll, wo das örtliche Gesetz den Ausschluß der Tochter nicht kennt (Nr. 27, 28).

Das Statut, das dem Mann verbietet, seiner Frau ein Vermächtnis zuzuwenden, ist real und erfaßt daher auch Fremde: so ist das Vermächtnis eines in Antwerpen gelegenen Grundstücks nichtig, das ein Bürger aus Löwen seiner Frau zuwenden will, da solches zwar nach dem Recht von Löwen erlaubt, durch das Antwerpener Statut jedoch verboten ist [59]. Auch das lucrum dotis des Mannes richtet sich nach der lex situs der betroffenen Liegenschaften (Nr. 46).

Wo es sich um die habilitas der Person handelt, gilt das Recht des Wohnsitzes. Ein Pariser Bürger, der mit 25 volljährig wird, kann vorher auch in der Bretagne gelegene Grundstücke nicht verkaufen, obwohl dort das Volljährigkeitsalter auf 20 Jahre festgesetzt ist (Nr. 47–49). Bewegliche Sachen folgen dem Recht des Wohnsitzes des Eigentümers (Nr. 30) [60].

Es folgt nun eine eingehende Auseinandersetzung mit dem Consilium 53, die jedoch unten S. 202 ff. im Zusammenhang dargestellt werden soll.

---

weisung der Wortauslegung des Bartolus nicht enthalten (O. o. II 853 ff.). Gemeint ist wohl die Anmerkung Dumoulins zu ALEXANDER Cons. 16 Bd. 1, s. oben S. 33 Anm. 43.

[58] Auch hier beruft D'ARGENTRÉ sich auf eine lange Reihe von Autoritäten, u. a. auf ALEXANDER Cons. 16 und 128 Bd. 1, BALDUS, Dumoulin, Cons. 55 u. a. – sehr im Gegensatz zu seiner am Eingang der Abhandlung ausgesprochenen Verdammung der incerti magistri! Die von ihm zurückgewiesene Ansicht, das Statut sei personal, und daher extraterritorial, hat BARTOLUS entgegen D'ARGENTRÉs Behauptung gar nicht aufgestellt, vgl. oben S. 58.

[59] D'ARGENTRÉ verweist auf das Cons. 31 Dumoulins, s. oben S. 38 Anm. 64.

[60] S. auch Art. 447 Glosse 2, vgl. LAINÉ II 233 f., MEILI, BöhmsZ 5 (1895) 457 Anm. 46. Schon RODENBURG (s. unten S. 158 ff.) weist darauf hin, daß es widerspruchsvoll ist, die Statuten, die bewegliche Sachen betreffen, als personal zu bezeichnen, wenn man die statuta personalia definiert, wie D'ARGENTRÉ es tut; ebenso BOULLENOIS, Traité I 28 obs. 2.

§ 3

Die Einordnung Dumoulins in die Schulen des Kollisionsrechts

I. *Vorbemerkung: Allgemeines zur Lehre der Statutisten*

Bevor uns der Vergleich der Abhandlungen Dumoulins mit den Werken seiner Vorgänger und Nachfolger im allgemeinen und im einzelnen seine Einordnung in die Schulen des Kollisionsrechts gestattet, ist es nötig, Methodik und Terminologie der Statutisten überhaupt zu untersuchen. Ohne Ausnahme leiden ihre Erörterungen an drei großen Mängeln, deren Überwindung erst unserer Zeit vorbehalten geblieben ist. Das sind 1. die Doppelspurigkeit ihrer Betrachtungsweise, 2. die unglückliche Terminologie und 3. die fehlende Scheidung von objektivem und subjektivem Recht, Gesetz und Richterspruch, allgemeiner Norm und Einzelfallgestaltung.

1. *Die Methode der Statutisten.* – Die Statutisten gehen zunächst in ihrer Methode zur Findung des anwendbaren Rechts aus vom Gesetz, indem sie versuchen, dem Gesetz Hinweise zur Abgrenzung seines Anwendungsbereichs zu entnehmen. Dies mag geschichtlich bedingt sein: zunächst[1] sind die Konflikte, die entstehen, solche der Abgrenzung der (örtlichen) lex specialis, des Statuts, gegen die lex generalis, das gemeine Recht. Das Statut bildet eine Ausnahme; man erörtert vielfach seine Gültigkeit überhaupt[2]. Hat man das „ob" der Anwendung bejaht, dann untersucht man das „wo" und „auf wen bezüglich". Aus dem Umstand, daß das gemeine Recht als subsidiäres Recht vorhanden und stets bereit war, in die Lücke zu treten, mag es sich erklären, daß nicht nach dem anwendbaren Recht gefragt wird, sondern nach dem Bereich, in dem das gemeine Recht durch das einzelne Statut eingeschränkt wird, m. a. W. nach dessen Geltungsbereich[3]. In dem Augenblick, in dem es dann um die Abgrenzung nicht mehr der Partikularrechte zum gemeinen Recht, sondern der ersteren untereinander geht, ist es allerdings mit der Betrachtungsweise vom Geltungsbereich des Gesetzes her nicht mehr getan;

---

[1] Nicht in den Rahmen dieser Untersuchungen gehört die Frage, wie weit Zweige des Systems der persönlichen Rechte mit seinem hochentwickelten Kollisionsrecht über die hundert Jahre Anwendung der lex fori in die Zeit der Statutenlehre hinüberreichen; vgl. hierzu die Untersuchungen von NEUMEYER und MEIJERS.

[2] Vgl. oben S. 56, 59 (BARTOLUS), 64 f. (BALDUS), unten S. 163 (GAILL) u. a.

[3] Vgl. NEUMEYER I 55 f., GUTZWILLER 298.

es genügt nicht, die Frage zu entscheiden, ob das Statut X auf den Fall A angewendet werden will, sondern es geht darum, welchem Statut der Fall A unterliegt; denn wenn das Statut X sich für unzuständig erklärt, etwa weil es auf Fremde keine Anwendung finden soll, so kennen wir deshalb noch nicht das zuständige Gesetz. So gehen die Statutisten unvermittelt und ohne dies durch eine gesonderte Terminologie erkenntlich zu machen, wohl auch ohne den Unterschied selbst zu erkennen, zu einer andern Methode zur Findung des anzuwendenden Rechts über, indem sie, vom Rechtsverhältnis ausgehend, nach dem anzuwendenden Recht fragen. BARTOLUS etwa beginnt seine Abhandlung mit der Frage: „Quid de contractibus?" [4]; D'ARGENTRÉ sagt: „Ubi de rebus soli agitur, inspiciendum est statutum loci, ubi res est" [5]; während im Bereich des Strafrechts meist nach dem persönlichen Geltungsbereich der strafenden Statuten gefragt wird, also ob der Fremdling ihm unterliegt, hindert das nicht, daß auch die Kollisionsnorm von der Geltung der lex loci delicti commissi aufgestellt wird, wie etwa von D'ARGENTRÉS Landsmann HENRI BOHIC [6]; ebenso bestimmt der allgemeine Satz „Mobilia personam sequuntur", eine der ältesten Kollisionsnormen überhaupt [7], daß die beweglichen Sachen dem jeweiligen Recht des Wohnorts ihres Herrn unterliegen, ohne Rücksicht darauf, was im einzelnen dieses Statut bestimmen möge, usw.[8]

Die Statutisten begehen nun den Fehler, diesen beiden Betrachtungs-

[4] Vgl. oben S. 54; MÜLLER 12. [5] Vgl. oben S. 68.

[6] Vgl. oben S. 68 Anm. 49. BOHIC sagt: „Aut consuetudo est criminalis ... et tunc consuetudo loci ubi est delictum commissum debet inspici", MEIJERS, Neue Beiträge 92. Ähnlich PAUL VOET, unten S. 114 Anm. 19.

[7] Sie findet sich zuweilen auch in alten Coutumes, so in den Coutumes des pays de Vermendois et ceulx de envyron Nr. 199: „... puisque ... moeubles n'ont pas propre situation, il convient avoir regard au corps, et par conséquent au lieu où il avoit son vray domicil; et où que les moeubles soyent, suivent le corps", lt. MEIJERS, Neue Beiträge 80.

[8] Es ist also diese Art der Bewältigung der kollisionsrechtlichen Probleme keineswegs den Statutisten unbekannt und eine Erfindung SAVIGNYS, wie vielfach behauptet wird; beginnt doch die Statutenlehre überhaupt mit der Frage des MEISTERS ALDRICUS nach dem „stärkeren und nützlicheren Recht"; unrichtig daher GUTZWILLER 312, 354, daß die SAVIGNYsche Fragestellung die ganze Statutentheorie umzuwerfen geeignet gewesen sei; umgekehrt kann aber auch SAVIGNY, System VIII 3, und RAAPE, Lehrbuch 114, nicht zugestimmt werden, daß die beiden Betrachtungsweisen in ihrer Wirkungsweise „gänzlich gleich" seien; natürlich macht es keinen Unterschied, ob man sagt, „Die Gesetze des Lageorts bestimmen über Grundstücke", oder „Grundstücke unterliegen den Gesetzen des Lageorts", denn der erste Satz ist hier nur die Umkehrung des zweiten; anders ist es, wenn man nicht von *den* Gesetzen schlechthin spricht, sondern ein bestimmtes Gesetz meint; mit der Betrachtung vom Wirkungsbereich *dieses* Gesetzes ist es überall da nicht mehr getan, wo die Antwort ja oder nein, ob es

weisen ungeschieden nebeneinander zu folgen. Sie fragen vielfach äußerlich nach dem Anwendungsbereich eines Statuts, obwohl sie inhaltlich gerade dieses Statut suchen und für ein gegebenes Rechtsverhältnis ermitteln wollen. So sagt BARTOLUS[9]: „Wenn die Worte des Statuts lauten: bona decedentium veniant in primogenitum, so wende ich auf die den Nachlaß bildenden Sachen das jeweilige Ortsrecht an"; das ist aber eine unlogische Vermengung beider Betrachtungsweisen. Wenn die Voraussetzung auf das Statut abstellt, dann kann die Folge, die sich daraus ergibt, auch nur eine Aussage über das Statut sein; richtig und einwandfrei wäre es gewesen zu sagen, wenn das Statut so oder so gefaßt ist, dann hat es diesen oder jenen Geltungsbereich; unzulässig ist jedoch, aus einer Eigenschaft des Statuts eine Folgerung für ein Rechtsverhältnis (oder eine rechtliche Eigenschaft wie den status, kurz: die die Anknüpfung erheischenden Tatbestände oder Rechtsfragen) zu ziehen; denn damit verläßt man die Abgrenzung des Geltungsbereichs jedes einzelnen Statuts nach seinem eigenen Inhalt und bildet aus der Natur des einen Statuts eine allgemeingültige Kollisionsnorm. Man kann also wohl sagen: wenn das Statut personal ist, dann unterliegen *ihm* alle Nachlaßgüter, nicht jedoch, wenn das Statut real ist, dann unterliegen die Nachlaßgüter *der lex situs!* Es könnte ja sein, daß diese ihrerseits (nach der BARTOLINIschen Unterscheidung) personal gefaßt ist und damit nach anerkannter Lehre die Güter von Fremden, also hier des Erblassers nicht erfassen will: sollten diese dann keinem Gesetz unterliegen?

Auch BALDUS begeht den gleichen Denkfehler[10].

Ebenso Dumoulin. Dieser sagt: „Aut statutum loquitur de his, quae meritum causae vel decisionis concernunt, et tunc aut in his, quae pendent a voluntate partium", er setzt also voraus, daß zunächst ein Statut vorhanden ist, das über Angelegenheiten des dispositiven sachlichen Rechts verfügt; dieses selbe Statut soll nun aber erst nach den Umständen des Falls ermittelt werden: „et tunc inspiciuntur circumstantiae voluntatis"[11]. Es ist aber ein Unding, die Umstände des Willens ein Statut ermitteln zu lassen, von dessen Inhalt es erst abhängt, ob dieser Wille überhaupt beachtlich ist. Der gleichen Ausdrucksweise bedient Dumoulin sich in der Abhandlung auch sonst[12].

---

anzuwenden ist, nicht genügt, sondern wo das anwendbare Gesetz bezeichnet werden muß; und Ausgangspunkt der Statutisten ist zunächst das einzelne, bestimmte Statut, etwa das englische Erbstatut.

[9] S. oben S. 60. [10] S. oben S. 65 zu Nr. 84–86. [11] S. oben S. 23 f.

[12] Z. B. „Aut statutum loquitur de his, quae ... solemnitatem concernunt, et semper

Auch die späteren Schriftsteller verfallen fast ausnahmslos, soweit sie sich überhaupt etwas eingehender äußern, in den gleichen Fehler. CHALLINE nennt gewisse Bestimmungen über das Retraktsrecht „mixtes qui regardent principalement le droit en la chose, et non pas les personnes, c'est pour quoy en tous ces cas là il faut se régler selon le lieu de la situation des héritages sujets à retrait" [13]. BURGUNDUS sagt von den statuta mixta, daß sie, soweit sie personal seien, von den Gesetzen des Ortes, wo der Erblasser seinen Wohnsitz hatte, abhingen [14]. Ähnlich RODENBURG: „Venio ad secundam classem statutorum, quae de statutis est, quibus jus ponitur rebus ... territorium non egredientia ... bona ut dijudicentur sua lege loci, in quo sita sunt"; die eigentliche Folge der „Realität" des Statuts, seine Territorialität, wird in dem Partizipsatz territorium non egredientia abgetan; angehängt wird die Verweisungsnorm „bona dijudicentur lege loci", die nun aber selber zwar nicht Statut, d. h. gesetztes Recht, so doch aber ein Rechtssatz ist und mit der „zweiten Klasse der Statuten" nichts mehr zu tun hat [15]. HERTS drei Regeln, mit denen dieser Schriftsteller seine Ausführungen zum Verweisungsrecht beginnt, bieten weitere Beispiele. Die erste besagt: „Wenn das Gesetz die Person betrifft, dann gilt die lex domicilii", und die dritte: „Wenn das Gesetz eine Form vorschreibt, gilt die lex loci actus", während die zweite Regel richtig lautet: „Wenn das Gesezt eine Sache betrifft, so gilt *es* unbeschadet des Rechts des Vertragsorts und des Wohnsitzrechts der Parteien" [16]. PAUL VOET sagt über die Vorschriften, die die Erbfolge betreffen, „legibus loci ubi bona sita sunt, regi debeant" [17], Statuten sollen also Gesetzen unterliegen!

Nicht anders ist es im 18. Jhdt. In den Werken von BOULLENOIS finden sich zahlreiche Beispiele. So will er sagen, daß die Geschäftsfähigkeit dem Recht des Wohnorts unterliegt, also eine allseitige Verweisungsnorm geben. Er kann sich aber von der „einseitigen" Betrachtungsweise vom Statut her nicht lösen, und wird so gezwungen, von der „Konkurrenz des personalen Statuts des Wohnsitzes mit dem personalen Statut am Ort der belegenen Sache" zu sprechen – was übrigens auch bei HERTS zweiter Regel anklingt – und diese Konkurrenz zugunsten des

---

inspicitur statutum loci, ubi actus celebratur", oben S. 20 ff., und mehrfach.

[13] Méthode générale 289 f., vgl. unten S. 143 Anm. 123.

[14] Tractatus I Nr. 37, vgl. unten S. 153.

[15] De jure quod oritur Titel 2 Kap. 2, vgl. unten S. 159.

[16] Sectio IV, s. unten S. 168 f. [17] De statutis IV. III. 10, vgl. unten S. 176.

ersteren zu schlichten [18]. Er erkennt dabei nicht, daß es in dem Augenblick, wo er die Wahl zwischen zwei zur Auswahl stehenden Rechten trifft, nicht mehr auf die sachliche Norm und ihre Charakterisierung als personal ankommt, da die kollisionsrechtliche Entscheidung nicht mehr aus dem Charakter der Norm gewonnen, sondern durch die Wahl des einen oder andern getroffen wird; nicht weil die Vorschrift am Wohnsitz personal ist, ist sie extraterritorial und gilt auch trotz entgegenstehender lex situs, sondern sie ist extraterritorial, weil für alle in Frage kommenden Statuten der Konflikt, die „Konkurrenz", wie BOULLENOIS sagt, von dritter Stelle – also hier durch den Schriftsteller, sonst durch eine Verweisungsnorm – zu ihren Gunsten geschlichtet worden ist. An anderer Stelle [19] wird bei BOULLENOIS aus dem Statut, das das Testieralter festsetzt und real oder personal ist, plötzlich eine „capacité personnelle oder réelle de tester", die als personale der lex domicilii unterliege. Das bedeutet nun aber nicht, wie man anzunehmen geneigt ist, daß damit (jegliche) Testierfähigkeit dem Recht des Wohnsitzes unterstellt sein soll, sondern im Zusammenhang, daß Fremde von *dieser* Testierfähigkeit nicht erfaßt würden, so daß hier also umgekehrt eine allseitige Verweisungsnorm herangezogen wird, um den Geltungsbereich eines Gesetzes im persönlichen Bereich abzugrenzen.

Bei der in der 6. Frage zu den „Démissions des biens" enthaltenen Abhandlung desselben Schriftstellers über das Verweisungsrecht läßt der Aufbau der Arbeit erkennen, daß sie in der ersten Hälfte den Statuten – Wesen des Statuts, Unterscheidung der realia und personalia, Zurückweisung der BARTOLINIschen Auslegungsregel, Einzelbeispiele – und in der zweiten Hälfte den Rechtsverhältnissen usw. – capacité, Form, Sachen, Verfahren, Vertrag – gewidmet ist. Ähnliches findet man bei FROLAND. BOUHIER endlich wird durch diese unklare Betrachtungsweise dazu verleitet, ein Statut im Zweifel für personal zu erklären, weil er Rechtsverhältnisse im Zweifel der lex domicilii des Rechtsträgers zu unterstellen wünscht [20].

Man ist nun versucht zu sagen, daß hier – fast möchte man meinen „selbstverständlich" – nur eine ungenaue Ausdrucksweise vorliegt und daß mit den Worten „Aut statutum loquitur de his" eben die Rechtsver-

---

[18] Traité I 7, principe 29, I 206 f., obs. 16 (unten S. 190); vgl. auch S. 127 obs. 6: „il faudra donc dire conséquemment que tous ces statuts sont régis par la loi de la situation". Bei Konkurrenz eines einführenden personalen mit einem verbietenden personalem Statut sei das einführende anzuwenden: s. unten S. 229 Anm. 98.

[19] Traité I 712 ff., obs. 28.

[20] Vgl. unten S. 197 Anm. 66.

hältnisse usw. gemeint sind, so daß obige Worte zu lesen wären „in his" oder ähnlich[21]. Dies mag bei den meisten der dargelegten Fälle auch zutreffen; dennoch enthebt es die Statutisten nicht des Vorwurfs einer unzulässigen Vermengung der Begriffe. Denn nicht immer formulieren sie so, und wenn sie so formulieren, ist es nicht immer falsch.

Nicht immer formulieren sie so: die zutreffende, vom Rechtsverhältnis ausgehende und nach der anwendbaren Rechtsordnung fragende Ausdrucksweise ist ihnen durchaus geläufig, wie die oben S. 73 genannten Beispiele, die sich beliebig vermehren lassen, zeigen. Bei Dumoulin geht überhaupt die Erörterung vom Gesetz her und vom Rechtsverhältnis her ungeschieden Hand in Hand, so bei der Frage nach dem auf Form und Verfahren anwendbaren Recht[22], nach dem für den Verkauf von Grundstücken geltenden Maß[23], nach dem für die Eviktionshaftung geltenden Recht[24] usw. Gerade diese letztere Stelle ist bezeichnend für die mangelnde Präzision der Gedanken: als Begründung für die Anwendbarkeit der lex domicilii des Tübingers in Italien gibt Dumoulin einmal eine verständige Auslegung der lex si fundus, zum andern sieht er das Statut, das über die Eviktionshaftung befindet, als personal an. Während er also im ersten Falle eine Norm (die lex si fundus), die wir heute als Kollisionsnorm bezeichnen würden, so auslegt, daß sie für die Haftung des Verkäufers auf ein passendes Gesetz verweist, erreicht er im zweiten Fall und ungeschieden davon dasselbe Ergebnis durch Qualifikation des am Vertragsort gültigen Gesetzes über die Eviktionshaftung als personal und daher Fremde nicht betreffend. Die dann folgenden Erwägungen haben wieder die Frage nach dem ex aequo et bono anzuwendenden Gesetz zum Gegenstand.

Sodann wird auch die vom Statut ausgehende Betrachtungsweise sinnvoll gebraucht, wenn es sich um die Erörterung des persönlichen und örtlichen Geltungsbereichs des Statuts handelt. Es ist richtig, zu sagen: wenn das Statut personal ist, bezieht es sich nicht auf exteri, oder: wenn das Statut real ist, ist es einer extraterritorialen Anwendung nicht fähig. Der richtige Ansatzpunkt für die Erörterung des Geltungsbereichs des Statuts findet sich vornehmlich im Bereich der personalen Statuten. Hier

---

[21] Auch heute noch ist der Ausdruck „Statut" für „Bereich von Rechtsverhältnissen" „Klasse von Gesetzen, die verwandte Gegenstände regeln" in der französischen Fachsprache gang und gebe und findet vornehmlich in der Übersetzung „Personalstatut" – trotz der damit verbundenen Zweideutigkeit – auch im deutschen Schrifttum Eingang. Dazu Raape, Kommentar 7, Einleitung B II 4.

[22] S. oben S. 20 ff., 74 Anm. 12. [23] S. oben S. 24. [24] S. oben S. 25.

ist es gang und gebe zu untersuchen, ob das Statut auch fremden Minderjährigen zu kontrahieren verbieten oder zu testieren gestatten kann, ob das Statut, das der normannischen Frau ein Widerrufsrecht bezüglich gewisser von ihrem Mann getätigter Verträge gibt [25], auch anderswo belegene Grundstücke erfaßt usw. Hier verfällt man auch nur selten in den oben gerügten Fehler zu sagen: wenn das Statut die Person betrifft, dann gilt die lex domicilii [26].

Man kann die Statutisten also wohl nicht von dem Vorwurf befreien, daß sie hier einem Denkfehler erlegen sind und sich nicht nur einer ungenauen Ausdrucksweise bedient haben: denn man kann zwar „statutum agit in rem" als „cum de rebus soli agitur" lesen und auffassen, man kann aber nicht oder jedenfalls nur in sehr seltenen Fällen das entsprechende „statutum agit in personam" als ein „cum de jure personae agitur" lesen; denn die üblicherweise hier folgende Aussage „tunc non includit exteros" wäre dann sinnlos, man kann nicht sagen, wenn *es* sich um die Person handelt, sind die Fremden ausgeschlossen, diese können nur *von einem bestimmten Statut* ausgeschlossen sein [27].

Man darf nun allerdings die praktischen Folgen dieses logischen Bruchs nicht überschätzen. Die Tatsache, daß in der sechshundertjährigen Geschichte der Statutenlehre m. W. niemand daran Anstoß genommen hat, beweist den wohl mehr theoretischen Wert dieser Erkenntnis. Gedanklich ist der oben S. 74 angedeutete Fall natürlich möglich, daß etwa in einer Erbschaftssache das einschlägige Statut am Wohnsitz des Erblassers real gefaßt und damit territorial, das entsprechende Statut am Ort, an dem der Nachlaßgegenstand sich befindet, hingegen personal gefaßt und damit auf exteri nicht anwendbar ist, so daß sich für das Grundstück kein Rechtssatz finden ließe; praktisch wird es jedoch stets so gewesen sein, daß der Richter die beiden Statuten einheitlich qualifiziert haben wird; war sein eigenes Statut für ihn personal, so hat er es auf den Nachlaßgegenstand angewendet, war es hingegen real, so wird er auch das

---

[25] S. oben S. 40.

[26] So jedoch z. B. HERT, s. oben S. 75.

[27] Erschwert wird die Klärung der Begriffe auch dadurch, daß viele der Kriterien der Statutisten nur verwendbar sind, wenn man den Geltungsbereich des Statuts untersucht, so z. B., ob das Statut odios oder favorabile, ob es einer interpretatio passiva extensiva zugänglich ist, ob es ein impedimentum personale tollit oder auferlegt u. a. Dagegen kann sowohl Statut wie Rechtsverhältnis personal oder real in dem Sinn sein, daß es sich auf Personen oder Sachen bezieht. Schließlich kann ein Begriff wie der der Parteiautonomie andererseits nur gebildet werden, wenn man vom Rechtsverhältnis ausgeht: dem Statut kann nie entnommen werden, welches Recht die Parteien wählen wollten.

andere Statut als real und damit auch auf Fremde anwendbar angesehen haben.

Daß die Statutenlehre an diesem Widersinn nicht zu scheitern brauchte, ergibt sich auch noch aus einem andern Grunde. Es findet sich bei den französischen Schriftstellern des 17. und 18. Jahrhunderts (weniger ausgeprägt bei den Niederländern) allgemein die bemerkenswerte Erscheinung, daß sie ihre von einem bestimmten Statut her gewonnenen Aussagen verallgemeinern. Man untersucht nicht jede einzelne der zahlreichen Vorschriften etwa über Schenkungen zwischen Ehegatten – wenn man auch zumeist von der Kommentierung eines bestimmten Landrechts und der entsprechenden dort enthaltenen Vorschriften ausgeht –, sondern man sagt: *dieses* Statut – und meint damit *alle diese* Statuten – ist zur Reinerhaltung der Ehe bestimmt und daher personal, und kommt damit der Sache nach zu der Verweisungsnorm: „In dieser Frage gilt die lex domicilii", oder, anders ausgedrückt, „Die Gesetze am Wohnsitz der Ehegatten beherrschen Schenkungen zwischen Ehegatten"; oder umgekehrt sagt man, *dieses* Statut – und meint wiederum *alle diese* Statuten – dient zur Erhaltung des Familienvermögens und ist deshalb real, und stellt damit die Verweisungsnorm auf: „Die Gesetze des Lageorts beherrschen Schenkungen zwischen Ehegatten." Damit ist die Einteilung der Statuten in realia und personalia tatsächlich zum bloßen Etikett herabgesunken, mit der man die Anknüpfung an den Wohnsitz oder den Lageort bezeichnet. Das Gewicht aller Erörterungen liegt dabei in der Suche nach der gerechten, der Natur der Sache oder dem Willen des Gesetzgebers entsprechenden Anknüpfung im einzelnen, in der Aufsuchung des „Schwerpunkts" des Rechtsverhältnisses, das durch das gerade von ihnen behandelte Statut geregelt wurde, nur daß sie vom Statut sprechen, auch wenn sie die dem Statut zugrundeliegende Materie meinen. Damit haben die Statutisten gerade jene „Detailanalyse" vorgenommen, als deren Begründer allgemein SAVIGNY gilt, während die von ihnen getroffene „Synthese", ihr „dogmatischer Ausgangspunkt", die Einteilung der Statuten in zwei oder drei Klassen, von jeher nur eine Formel war, die den Konflikt bezeichnet, aber nicht löst. Auf den Arbeiten der Statutisten baut ebenso WÄCHTER auf, der weniger ihre Ergebnisse als ihre Begründungen seiner Kritik unterzieht, wie auch SAVIGNY, dessen großes Verdienst es ist, die Wissenschaft von der Zwangsformel einer verfehlten Konstruktion befreit zu haben, ohne deshalb die Ergebnisse einer halbtausendjährigen Entwicklung zu mißachten.

2. *Die Terminologie der Statutisten.* – Ein großer Mangel der Statutenlehre ist auch die in ihr vorherrschende Sprachverwirrung. Die Statutisten haben es mit folgenden Fragen zu tun:

(1) Entfaltet das Statut seine Wirkung auch jenseits der Grenzen des Gesetzgebers, der es erlassen hat, ist es territorial oder extraterritorial? Hierunter verbergen sich drei Fragen: a) Gilt das Statut, wenn die Handlung extra territorium vorgenommen wird? b) Gilt es bei Sachen, die extra territorium liegen? c) Werden intra territorium begründete Rechte usw. außerhalb anerkannt? Diese Möglichkeiten können verschieden abgewandelt werden.

(2) Hat das Statut Wirkung nur auf Einheimische, subditi, oder erstreckt es sich auch auf Fremde, exteri, advenae?

(3) Ist Gegenstand des Statuts eine Sache (Liegenschaft) oder eine Person, ist es real oder personal? [28].

Die klassische italienische Lehre beginnt mit der zweiten Frage, sie stellt als eine der ersten Reaktionen gegen die unbeschränkte Herrschaft der lex fori den Satz auf „Statutum non ligat nisi subditos" [29]. Etwa im gleichen Zeitraum, in der zweiten Hälfte des 13. Jahrhunderts, erscheint die weitere Unterscheidung der Statuten nach ihrem Gegenstand in reale und personale, auf die in anderem Zusammenhang noch eingehend zurückzukommen sein wird [30]. In der weiteren Entwicklung wird nun das personale Statut mit dem Satz „Statutum non ligat non subditos" verknüpft und damit dem Begriff des personalen Statuts Inhalt, jenem Satz jedoch die notwendige Begrenzung verliehen; personal wird gleichbedeutend mit „exteri ausschließend, nur auf Untertanen bezogen". Wie weit der persönliche Anwendungsbereich geht, bildet den ersten Teil der Abhandlung des BARTOLUS; dagegen untersucht dieser Forscher noch ge-

[28] Zur Terminologie vom heutigen Standpunkt aus vgl. NIBOYET, Traité III 6 ff.; LAINÉ II 24 ff., wenig klar I 307 f., zu subditi-exteri vgl. MEYLAN 515.

[29] Schöpfer dieses Satzes ist der süditalienische Jurist KAROLUS DE TOCCO, der um 1200 gelebt hat, vgl. SAVIGNY V 155 ff.; MEIJERS 594, kritisch hierzu BATIFFOL Traité 237 Anm. 2; NEUMEYER II 75 schreibt ihn dem Legisten ROFFREDUS (SAVIGNY V 163 ff.) zu; beeinflußt durch die Verfasser schreibt ACCURSIUS die bekannte Glosse „Quod si Bononiensis", NEUMEYER II 76.

[30] Unten S. 98 ff. Diese Einteilung erscheint das erstemal deutlich bei GUIDO DE SUZARIA (s. oben S. 28 Anm. 34) im Bereich des Strafrechts, bei JACOBUS DE ARENA (vgl. SAVIGNY V 360 ff.) im Bereich des Zivilrechts, MEIJERS 598 Anm. 2. In Frankreich wird sie aufgegriffen von JACQUES DE RÉVIGNY (s. oben S. 21 Anm. 7), PIERRE DE BELLEPERCHE (s. oben S. 21 Anm. 8) und anderen Lehrern der Schule von Orléans; WILHELM VON CUNEO gibt den statuta personalia ihren endgültigen Inhalt, MEIJERS 598 ff., unten S. 99.

sondert, ob das personale Statut extraterritoriale Wirkung hat und gebraucht hierfür die Ausdrücke „porrigere ad bona alibi sita" „extendere effectum suum extra territorium", „habere locum alibi" usw.

In der Folgezeit vollzieht sich nun eine weitere Vermengung der Begriffe [31]. Personal wird zu extraterritorial und real zu territorial, die Einteilung der Statuten nach dem Gegenstand schiebt sich in die Einteilung nach ihrer Wirkung, ihrem örtlichen Geltungsbereich. Während erstere zwar den möglichen Inhalt des Statuts keineswegs erschöpft – das Statut kann außer Person oder Sache anderes zum Gegenstand haben, wie Form, Prozeß, Vertrag usw. [32] –, so ist hier andererseits doch das Vorbild des römischen Rechts, dessen Einteilung der actiones und munera [33], entscheidend. Dagegen ist die Zweiteilung der Statuten in extraterritoriale und territoriale von der Natur der Sache vorgezeichnet, ein Statut kann nur entweder das eine oder das andere sein. So hat sich wohl diese naturgegebene Zweiteilung mit der vom römischen Recht überkommenen gekoppelt mit dem Erfolg, daß man die Einteilung vom Gegenstand her an der Ausschließlichkeit der Einteilung nach dem örtlichen Anwendungsbereich teilhaben ließ. Da es das Wesen der personalen, auf den subditus bezüglichen Statuten war, ihm überallhin zu folgen, also auch außerhalb des Bereichs des Statuts zu gelten, wird umgekehrt real zu territorial. Bei Dumoulin ist diese Entwicklung noch nicht abgeschlossen, aber bereits deutlich abzusehen. Hin und wieder gebraucht er noch „localis" für territorial [34]; zum Schaden der Statutenlehre hat sich dieser Ausdruck nicht behauptet. Vielfach bedient sich Dumoulin der umschrei-

---

[31] Es wäre eine eigene Untersuchung wert, hier den genauen Vorgang aufzuspüren; sie würde über den Zweck der vorliegenden Arbeit hinausgehen.

[32] Ebenso ist statt der Einteilung nach dem Substrat der Norm eine solche nach ihrem Charakter als odios, favorabile, verbietend, gestattend usw. möglich und vielfach üblich (vgl. BALDUS, oben S. 62 ff.). In der weiteren Entwicklung wird jedoch die Frage nach dem örtlichen Bereich des Statuts zum beherrschenden Mittelpunkt der Erörterung und der Charakter der Norm zum Kriterium ihrer übergebietlichen Erstreckung.

[33] Vgl. etwa BURGUNDUS, Tractatus I Nr. 1, 26.

[34] Titel 13 § 149 N. 2 a. E. der Coutume von Paris, O. o. I 902; Anm. zu Cons. 41 Bd. V des ALEXANDER, vgl. oben S. 39 Anm. 68; Anm. zu Cons. 44 Bd. V: „quia hujusmodi statuta sunt realia et localia", ebenda; Cons. 53, s. oben S. 22 Anm. 15 u. a. Nach Dumoulin finde ich den Ausdruck „locale" bei COQUILLE, Coustume de Nivernois 2 (vgl. unten S. 129 Anm. 40), 263; LE BRUN, Traité de la Communauté Buch II Kap. 3 Abschn. 5 Nr. 23 ff. („non pas personnel, mais simple réel et local"); PECK, De testamentis conjugum Buch IV Kap. 36 Nr. 1; GAILL (s. unten S. 165). Später drückt das „locale" zuweilen den Charakter örtlichen Sonderrechts aus, dem man den Rang als Coutume nicht zuerkennen will.

benden Ausdrucksweise: „locum habebit ubique etiam extra fines suos“ „non haberet locum ultra fines“ „clauderetur loco suo“ usw.[35]. Aber auch bei ihm findet sich schon das Wort „realis“ im Sinne von „gebietsbeschränkt“, und, was nicht dasselbe ist, im Sinne von „auch auf Fremde anwendbar“; so, wenn er bei Verschiedenheit der Maße das Maß nicht des Vertragsorts, sondern des Lageorts entscheiden lassen will[36], weil das Maß „der Sache anhänge“ und real sei; daß das Schenkungsverbot zwischen Ehegatten Schenkungen auch ausländischer Eheleute verbietet, wenn sie ein Grundstück im Bereich des Statuts zum Gegenstand haben, begründet Dumoulin damit, daß das Statut in dieser Hinsicht „rescivit rem“[37]; die Beispiele ließen sich noch vermehren. Wie sehr „real“ schon mit „territorial“ verwachsen ist, zeigt sich auch darin, daß Dumoulin vielfach für die Territorialität eines Statuts doppelte Begründungen gibt, deren eine auf seine Realität anspielt. So erklärt er das Statut, das dem Vormund ein Fruchtziehungsrecht am Mündelvermögen gibt, einmal für exorbitant, und zum andern für real[38], wobei offensichtlich die letztere Begründung nur erfolgt ist, weil die Territorialität des Statuts eben schon sehr stark von seiner Realität bedingt wird; andererseits geht aus dieser Argumentation aber auch wieder hervor, daß es zu der Zeit, als Dumoulin die conclusiones de statutis vortrug, zumindest für einen in Deutschland lehrenden Professor des römischen Rechts (im Gegensatz vielleicht zu einem französischen Praktiker) noch nicht damit getan war, ein Statut für real zu erklären, um damit seinen territorialen Charakter zu beweisen, ebenso wie es der Berufung auf die interpretatio extensiva passiva bedurft hatte, um die Extraterritorialität eines personalen Statuts zu untermauern.

D'ARGENTRÉ hat sich im allgemeinen einer einwandfreien Ausdrucksweise bedient. Er führt am Anfang seiner Abhandlung aus, daß die Statuta realia territorial sind, und da für ihn tatsächlich die Beziehung zu einem Grundstück, das heißt der reale Inhalt des Statuts im eigentlichen Sinn des Wortes, das einzige Kriterium für seine Territorialität bildet, bleibt es ihm erspart, ein Statut für real zu erklären, nur um zu seiner Beschränkung auf den Bereich des Statuts zu kommen[39]. Auch beweist seine Dreiteilung, daß er noch vom Gegenstand des Statuts ausgeht und nicht von seiner Wirkung, wie man überhaupt an der Stellung-

[35] Vgl. auch oben S. 18 Anm. 1 a. E. [36] S. oben S. 24.
[37] S. oben S. 39. [38] S. oben S. 37.
[39] Das gleiche kann man von JOHANNES VOET sagen, für den ebenfalls die Beziehung auf Grundstücke das fast alleinige Kriterium ist, s. unten S. 180.

nahme zum statutum mixtum zuweilen ablesen kann, wie die Statutisten die Begriffe verstehen [40]. Dagegen ist „personal" für D'ARGENTRÉ bereits unlöslich mit der Extraterritorialität verbunden, so daß er z. B. das Statut betreffend das Legatverbot zwischen Ehegatten für personal erklärt, soweit es sich auf bewegliche Sachen beziehe, da dann das Wohnsitzrecht der Ehegatten überall gelten solle (Nr. 8) [41].

In der Folgezeit wird nun in der Lehre vollends „réel" zu territorial, „personnel" zu extraterritorial, ohne daß diese Worte jedoch ihre eigentliche Bedeutung ganz verlieren. Die Erörterungen über die persönlichen Grenzen des Statuts, seine Erstreckung auf Fremde, treten in der französischen und niederländischen Lehre stark zurück; sie verschwinden allerdings auch hier nicht völlig aus der Diskussion [42]. Eine zweite Quelle von Mißverständnissen wird dadurch eröffnet, daß die Autoren nicht zwischen Gesetz und subjektivem Recht, allgemeiner und Einzelfall-Gestaltung unterscheiden (s. unten S. 87). Als weiteres kommt hinzu, daß sie als „personal" oder „real" nicht nur das Gesetz, sondern auch den einzelnen Anspruch [43], die rechtliche Fähigkeit des Menschen [44], seine Verbindlichkeit [45] wie auch, nach römischem Vorbild, die Klagen [46] bezeichnen.

---

[40] So ist für BURGUNDUS das Statut gemischt, das gleichzeitig territorial und extraterritorial ist, und zwar ersteres, soweit es sich auf Liegenschaften, letzteres, soweit es sich auf bewegliche Sachen bezieht, s. unten S. 153; BOUHIER weist diese Klasse der Statuten zurück, weil ein Statut nicht gleichzeitig beides sein könne, s. unten S. 196; vgl. auch BOULLENOIS, Traité I 124 ff., obs. 6, und Vorwort S. XXIV.

[41] Vgl. auch Nr. 16: „... statutum (personale) valiturum extra territorium, quae est conditio personalium statutorum". Daß die Extraterritorialität bei beweglichen Sachen ein Ausdruck der comitas sei, wie DELAUME 181 behauptet, trifft bei d'ARGENTRÉ sicherlich noch nicht zu und wird überhaupt widerlegt, wenn man mit MEIJERS in der Regel „mobilia sequuntur" einen Rest des Systems der persönlichen Rechte sieht.

[42] Vgl. STOCKMANS, unten S. 161; RENUSSON, unten S. 148 Anm. 146; auch BOULLENOIS versteht réel, wo er es für gut findet, im Sinne von „Fremde erfassend", vgl. etwa Traité I 496, obs. 23, LAINÉ II 377.

[43] So sagt etwa CHOPPIN, Coutume de Paris Buch II Titel 7 Nr. 5, anläßlich des Statuts, das über die garde noble (s. unten S. 141 Anm. 109) verfügt: „la garde est une *charge personnelle* plustost que réelle. Or les droits personnels sont étendus à tous les biens de la personne, quelque parts qui'ls soyent situez, suivant la distinction de BARTOLE". Vgl. denselben unten S. 124: „droict personnel".

[44] BOULLENOIS, Traité I 712 ff., obs. 28 sagt aus Anlaß der Erörterung des Statuts, das über das Testieralter befindet: „Ne pourrait-on pas ... conclure que la capacité de tester est tout à la fois et personelle et réelle? Personelle en ce que c'est la loi seule du domicile qui la donne; et réelle en ce qu'elle se borne aux biens renfermés dans le territoire du domicile".

[45] Vgl. CHALLINE, Méthode générale 298: „A l'égard des contracts, dont *l'obligation principale est pur personnelle* ... ils ont leur effet dans tout le Royaume".

Schließlich kann der Ausdruck „conceptum in rem“ oder „in personam“ bedeuten, daß das Statut seinem Wortlaut nach oder seinem Inhalt nach real oder personal sei [47].

Der Meinungsstreit fand bei diesem Stand der Dinge unerschöpfliche Speisung. Wenn ein Autor sagt, das Statut X ist personal, weil er aus irgendeinem Grunde für richtig hält, daß es übergebietliche Wirkung haben soll, so findet sich sicher ein anderer, der nachweist, daß dieses Statut doch keineswegs die Person, deren status und habilitas, sondern die Sache betreffe und daher real sei [48]. Schon BURGUNDUS [49] sieht die Schwierigkeit des Verweisungsrechts nicht mehr darin, ob an sich das personale Statut extraterritoriale Wirkung, das reale jedoch eine solche nicht habe, sondern darin, zu erkennen, zu welcher Gruppe das jeweilige Statut gehört [50]. CHARONDAS sagt zwar, daß auch das personale Statut „ne passe outre son territoire“, drückt also den Gedanken der Gebietsbegrenzung richtig aus, wird aber durch den fehlerhaften Sprachgebrauch dazu verleitet, diese Statuten alle als „eigentlich die Grundstücke betreffend“ und daher real anzusehen [51]. CHALLINE erklärt das Statut, das Schenkungen zwischen Ehegatten verbietet, für territorial, weil es dem gemeinen französischen Recht widerspreche, muß es aber mangels eines anderen passenden Ausdrucks „réel“ nennen und sieht sich daher ebenfalls zu der Behauptung genötigt, daß es „hauptsächlich die Sachen betreffe“ [52]. PAUL VOET unterscheidet, ob das Statut real oder personal

[46] Unter „action personelle“ versteht z. B. das Landrecht von Nevers, Des droits de gens mariez, Art. V eine Klage mit beweglichen Sachen als Streitgegenstand. COQUILLE, Coustume de Nivernois 239 bemängelt das und bezeichnet es als einen eingewurzelten Fehler der Praxis „d'appeler actions et droits personnels, ceux qui sont mobiliers“, wie es auch Dumoulin in seiner Anmerkung zu Art. 88 der neuen Coutume von Artois tue; „selon la propriété de la diction, l'action personnelle est celle qui procède de paction ou convenance expresse ou tacite, tant en fait de meubles que d'immeubles“. Ähnlich RENUSSON, Traité de la Communauté Teil 1 Kap. 8 Nr. 5; BURGUNDUS, Tractatus I Nr. 6.

[47] Das ist das einzige, was BOULLENOIS aus all dieser Fülle von Fehlerquellen vermerkt.

[48] So etwa BOULLENOIS gegen BOUHIER, Traité I 114, obs. 5, gegen CHALLINE, Traité I 179, obs. 13.

[49] Tractatus I Nr. 53.

[50] „Nec enim diffitentur, si personale fuerit, quin sese porrigat extra metas territorii; si reale finitum esse limitibus ... Sed in hoc omnis cardo vertitur utrum reale sit an personale“; ähnlich FROLAND, Band I Teil 1 Kap. 4 Nr. 5. Eine reiche Übersicht über die vielfachen Fragen der Qualifikation, denen sich die Statutisten gegenüber gesehen haben, bei DELAUME 49 ff.

[51] Pandectes Buch I Kap. 25 S. 170 f.; unten S. 134.

[52] S. unten S. 144.

ist, einmal nach seinem Gegenstand (ab objecto), zweitens nach seiner Wirkung (ab effectu) und stellt bei der Behandlung der statuta mixta beide Inhalte nebeneinander[53]. Sein Sohn JOHANNES berichtet von einer Entscheidung des Utrechter Provinziallandtags, wonach das Statut, das die Testierfähigkeit festsetze, „licet de habilitate personae disponens effectum tantum reale sortiri, et ita reale esse“ [54]. LE BRUN muß, um zur einheitlichen Unterwerfung des ehelichen Güterrechts unter das Wohnsitzrecht der Ehegatten zu gelangen, das am Wohnsitz derselben geltende Statut für „personnel“ ansehen, da die „convention expresse ou tacite de la Communauté règle l'état entier de la personne“, hauptsächlich jedoch „à cause des conséquences“, d. h. wegen der sonst drohenden Zersplitterung des Güterrechts! [55]

BOULLENOIS, der in seinem Traité im allgemeinen den Gegenstand des Statuts über seine Natur als personal oder real entscheiden läßt, sucht nach Worten, um gegebenenfalls auch auf Grundstücke bezüglichen Vorschriften eine extraterritoriale Wirkung beilegen zu können. Dabei scheint er die Lösung dieser im terminologischen Wirrwarr begründeten Schwierigkeiten mit Händen greifen zu können, wenn er sich im Meinungsstreit mit BOUHIER dahin ausläßt, daß ein seinem Inhalt, seinem Gegenstand nach reales Statut nicht deshalb personal werde, weil es mit dem gemeinen Recht übereinstimme. „Mais qu'un statut ait sa source dans le Droit commun, ou non, c'est bien une raison, comme pense M. CH. DU MOLIN, pour lui donner de l'extension, au lieu de le restreindre; mais ce ne peut pas être parce que il est personnel, mais comme droit raisonnable et tendant au bien commun ... le statut peut être réel et être susceptible d'extension à raison de son utilité“ [56]. Hätte BOULLENOIS diesen Gedanken wirklich zu Ende gedacht und die Folgerungen aus ihm gezogen, er wäre seinem Traum, ein DESCARTES des Verweisungsrechts zu werden, um ein gutes Stück näher gekommen!

Schwierigkeiten machte bei dieser Sprachverwirrung auch die Bezeichnung eines Statuts als territorial, aber doch exteri ausschließend. Bei CHALLINE heißt ein solches auf subditi beschränktes territoriales Statut

---

[53] S. unten S. 173: „Mixta appellat ARGENTRAEUS, qua de re et de persona fiunt, ut si dicatur ‚minor ne alienet immobilia qui intra statuti territorii sunt‘, BURGUNDUS paulo aliter ea mixta appellat, quae partim statuentis territorio continentur, partim extra territorium extenduntur“ Sectio IV Kap. II Nr. 2.

[54] S. unten S. 184; Commentarius ad Pandectas 1. 4. Teil II. Nr. 8 a. E.

[55] Traité de la Communauté Buch I Kap. 2 Nr. 7 f. Dieser Autor sieht die Wirkung der Unterscheidung nur mehr im örtlichen Bereich, ebenda Buch II Kap. 3 Abschn. 5 Nr. 27. Vgl. auch unten S. 212.

[56] Traité I 115, obs. 5.

„purement personnel", ein anderes „mixta seu personalis in rem scripta, c'est-à-dire personnelle et réelle tout ensemble"[57]. BOULLENOIS muß ein solches Statut als „personnel réel" erklären[58]. Aber auch der umgekehrte Fall, daß das Statut extraterritorial sein und Fremde einschließen soll, machte unlösbare Schwierigkeiten; dies sieht man besonders deutlich an dem Hin und Her, mit dem das Formstatut bald als real, bald als personal, bald als mixtum bezeichnet wird[59], soweit man seine Einordnung nicht überhaupt mit Stillschweigen übergeht. Ebensowenig paßte ein Statut in das Prokrustesbett der Statuteneinteilung, das nur bezüglich subditi extraterritorial sein sollte, innerhalb seines Bereiches aber auch Fremde erfassen sollte, wie z. B. das Statut der Normandie über das Interzessionsverbot für Frauen, wie die normannische Praxis es verstand[60].

So zeigt es sich, daß die Statutisten es nicht vermocht haben, sich in einer sauberen Terminologie das geeignete Handwerkszeug zu schmieden; letzten Endes sind sie daran gescheitert. Aber auch in den folgenden hundertfünfzig Jahren hat es noch lange gedauert, bis man sich zu besser abgeklärten Begriffen durchgefunden hat[61].

Es sei noch erwähnt, daß in der letzten Zeit der Statutenlehre, um die Wende des 18. Jahrhunderts, ein neuerlicher Bedeutungswandel eintritt, nach welchem man unter statuta personalia nicht mehr die die Person und unter statuta realia die die Sachen betreffenden Statuten versteht, sondern als erstere alle am Wohnsitz einer Person und als letztere alle am Lageort einer Sache, als statuta mixta endlich alle am Ort einer Handlung geltenden Gesetze bezeichnet. Damit werden eigentlich drei Verweisungsnormen aufgestellt: für Angelegenheiten der Person gelten die an ihrem Wohnsitz bestehenden „statuta personalia", für Sachen betref-

---

[57] Vgl. unten S. 141.

[58] Vgl. unten S. 190. Dieser Autor, der der Sprachverwirrung selbst weder Herr geworden ist noch sie in ihrem Umfang erkannt hat, sagt dennoch (Traité I 24): „Ce n'a pas été ... une petite difficulté ... de fixer le sens des expressions suivantes: Statutum disponit circa personam vel circa rem" usw. „Toutes ces expressions devroient avoir, ce semble, des sens fixés unanimement dans nos Autheurs. Cependant j'ai trouvé tout le contraire; nos Auteurs ne font pas le même usage d'une même expression."

[59] Vgl. CHALLINE, unten S. 144; RODENBURG, unten S. 160; PAUL VOET, unten S. 173; BOULLENOIS, unten S. 194; Traité I 496, obs. 23; BOUHIER, unten S. 199.

[60] Vgl. unten S. 190 Anm. 35.

[61] Ein Beispiel für die verderbliche Wirkung zweideutiger Begriffe und unklarer Formeln bietet das umfangreiche Werk von LAURENT, das man tatsächlich kaum zitieren kann, ohne ihm den Prozeß zu machen, vgl. die Kritik bei DREYFUS 20 Anm. 1 und HORST MÜLLER (an zahlreichen Orten).

fende Rechtsverhältnisse gelten die „statuta realia" des Lageorts, eine Handlung endlich beurteilt sich nach den „statuta mixta" – jeweils im Sinne dieser neuen Terminologie [62]. Dies ist erklärlich, wenn man bedenkt, daß zu jener Zeit tatsächlich der Streit nur mehr um die allgemein herausgearbeiteten Verweisungsnormen ging, wenn man sich auch noch der alten Ausdrücke bediente. Für Frankreich ist diese Entwicklung, wie oben S. 79 gezeigt wurde, im Keim vorhanden; der Bedeutungswandel selbst scheint sich jedoch nur in Deutschland in der Fachsprache niedergeschlagen zu haben [63].

3. Schließlich hat sich auch noch nachteilig für das Verständnis der Gedanken der Statutisten ausgewirkt, daß sie, wie bereits angedeutet, nicht genügend zwischen den *Wirkungen von Gesetzen und von Einzelakten* – d. s. Urteile, Entscheidungen von Behörden, des Staatsoberhauptes usw. – unterschieden haben. Unter statuta personalia etwa verstehen sie nicht nur Gesetze, die eine die Person betreffende Frage allgemein regeln, sondern auch obrigkeitliche Entscheidungen in Einzelfällen wie Volljährigkeitserklärung, interdictio, Acht mit Folge der Infamie usw. Wenn immer gesagt wird, es sei „widersinnig, daß die Person in dem einen Land volljährig und in dem andern Land minderjährig, in dem einen als Verschwender entmündigt ist, in dem andern nicht", so wird hier nicht geschieden, ob die Mündigkeit auf einem Gesetz oder auf einer Volljährigkeitserklärung beruht [64]; man sagt: das Statut über die Emanzipation ist personal, und meint damit: wer gemäß dem Statut durch die zuständige Behörde emanzipiert worden ist, oder wer geheiratet hat und im Bereich eines Rechts wohnt, wo Heirat mündig macht, ist überall geschäftsfähig [65]; die Entmündigung als Verschwender wird in den überwiegenden Fällen auf einer behördlichen Entscheidung beruhen.

Auch im Bereich der gerichtlichen Zuständigkeit fehlt es an der erforderlichen Trennung vom sachlichrechtlichen Bereich; die Zuständigkeit des Richters etwa zur Ernennung des Vormunds wird im gleichen Zusammenhang mit den eigentlichen Normen des internationalen Privatrechts behandelt [66].

---

[62] Vgl. die bei RAAPE, Lehrbuch 111 angeführte Stelle von KIERULFF, Theorie des Gemeinen Rechts Bd. I 73 (1839); AUBRY, Clunet 27 (1900) 697.

[63] S. WÄCHTER 24 (1841) 256 ff.

[64] BURGUNDUS widmet der Wirkung von gerichtlichen Entscheidungen ein eigenes Kapitel (Tractatus III Utrum sententiae excedant territorium).

[65] Vgl. etwa PAUL DE CASTRO (unten S. 131); HERT, Sectio IV Nr. 11, 12, unten S. 170; BOUHIER, Observations Kap. 24 Nr. 87, S. 683, unten S. 199 Anm. 74.

[66] Vgl. D'ARGENTRÉ Nr. 18: „In mixtis ... judex rerum adeundus est"; BURGUN-

II. *Die Elemente der italienischen Schule bei Dumoulin*

Die Frage nach der Einordnung Dumoulins in die französische oder italienische Schule kann, wie wir oben gesehen haben, nicht von den Einzellösungen her, sondern nur durch Vergleich von System und Kriterien gewonnen werden. Im allgemeinen bedient sich Dumoulin überwiegend der Kriterien der italienischen Schule.

Hinsichtlich des *persönlichen Anwendungsbereichs* des Statuts übernimmt Dumoulin den Satz der Italiener „Statutum non ligat nisi subditos“ [67], der wohl nie so allgemein gemeint war, wie er gehalten ist, und daher, anders gefaßt, gleichbedeutend ist mit dem Satz „Statutum non potest habilitare non subditos“. „Aut statutum agit in personam, et tunc non includit exteros, sive habilitet sive inhabilitet personam“; ähnlich an zahlreichen anderen Stellen [68].

Sehr stark zeigt sich die Abhängigkeit Dumoulins von der italienischen Schule bei der Betonung der *Bedeutung des gemeinen Rechts.* Neben der Beziehung auf Grundstücke, der „Realität“, und neben der Regel „Statutum non ligat non subditos“ ist die Frage nach der Übereinstimmung des Statuts mit dem gemeinen Recht das hauptsächlichste Kriterium zur Bestimmung seines Bereichs.

Hier ist nun zunächst die Bedeutung des römischen Rechts überhaupt darzulegen. Daß es in Italien gemeines Recht war, bedarf keiner Ausführungen; ebenso verhielt es sich in Deutschland und in den Niederlanden [69]; letzteres ist bedeutsam, da Dumoulin seine Vorlesung über die Statuten in Tübingen vorgetragen hat.

Auch in Frankreich hatte das römische Recht bis zu Dumoulin unangefochten die Stellung als gemeines Recht. Dies war für den Süden des Landes außer Zweifel – was nicht ausschloß, daß es auch dort örtliches Gewohnheitsrecht gab –; aber auch für den Norden wird man seine Geltung, sei es direkt, sei es als inhaltlich wohl nicht allzu verschiedene allgemeine Rechtsgrundsätze, annehmen können [70].

DUS Tr. I Nr. 11 (welcher Richter ist zur Erteilung der Mündigkeit zuständig?); PAUL VOET IX. I. Nr. 20 (richterliche Zuständigkeit zur restitutio in integrum).

[67] S. oben S. 80. [68] S. oben S. 34 u. a.

[69] Dies betont PAUL VOET, Sectio VII Kap. II Nr. 8 (einschränkend Nr. 11 ff.).

[70] Zum folgenden MITTEIS, ZSSt. 63 (1943) G. A. 159 ff.; WARNKÖNIG II 31 ff., 112 ff.; CHÉNON-OLIVIER-MARTIN 331 ff.

Das römische Recht als gemeines Recht der königlichen Lande bezeichnen bereits der Verfasser der Etablissements Ludwigs des Heiligen (1272), sowie PETER VON FONTAINES und BEAUMANOIR, die allerdings den Versuch machen, allgemeine Grundsätze des Rechts durch Vergleich der Gewohnheitsrechte und Einbeziehung der königlichen Ver-

Hier bahnt sich nun in der Wissenschaft vom coutumären Recht mit Dumoulin ein grundlegender Wandel an. Dumoulin versteht für Frankreich unter gemeinem Recht etwas anderes; mit Nachdruck vertritt er die Auffassung, daß gemeines Recht in Frankreich die Gesamtheit der in den Coutumes zum Ausdruck gekommenen Rechtsgedanken sei. „Consuetudo est jus commune" liest man an zahlreichen Stellen seiner Kommentare insbesondere zur Pariser Coutume und zu den gallischen Gewohnheitsrechten. Allerdings ist seine Ansicht recht schwankend, nicht immer ist er ihr treu geblieben [71].

---

ordnungen herauszubilden; bei Lücken im Gewohnheitsrecht zieht BEAUMANOIR zuerst die benachbarten Coutumes und erst in letzter Linie römisches Recht zur Ausfüllung heran, das er jedoch als „droit commun à tous au royaume de France" bezeichnet (MITTEIS 164). PIERRE DE BELLEPERCHE anerkennt seine Geltung in Frankreich, weil es von öffentlichem Interesse sei, daß alle Länder dem gleichen Herrn (und gleichem Recht) gehorchen; die Person, die die Autorität des Kaisers ausübe, könne wechseln und vom deutschen Kaiser auf den französischen König übergehen (MEIJERS 630). JOHANNES FABER, ein von Dumoulin hochgeschätzter Autor, der auch auf Dumoulin großen Einfluß ausgeübt zu haben scheint (über ihn LAINÉ I 128, MEIJERS, Beiträge 94 ff., XXXIII f., SAVIGNY VI 37, MEILI, NiemZ 9 [1899] 30), hatte folgende Reihenfolge der Rechtsquellen vorgeschlagen: 1. das Ortsrecht (Coutume), 2. das römische Recht, 3. ähnliches römisches Recht, 4. ähnliches coutumäres Recht, 5. die Pariser Coutume (zitiert nach BOUHIER, Observations Kap. IV Nr. 51, Bd. I S. 392). Zu Lebzeiten Dumoulins wurde die Geltung des römischen Rechts als gemeines Recht von Gelehrten wie Praktikern, etwa dem Präsidenten des Pariser Parlaments LIZET, vertreten; dem folgten auch nach Dumoulin zahlreiche Autoren, wie RICARD (s. unten S. 145), FONTANON, TALON, LE MAITRE (zitiert nach AUBÉPIN 145), BOUHIER (s. unten S. 195); bei DOMAT endlich wird das römische Recht zur „justice" und „équité" und hat als solche Geltung (AUBÉPIN 146), wie denn auch COQUILLE zur Lückenausfüllung „par bienséance et pour la raison, et non par nécessité" gegen seine Heranziehung keine Einwände erhebt (Coustume de Nivernois S. 2).

[71] S. etwa O. o. I 903; I 22. Daß RAAPE, Lehrbuch 110, Dumoulin als „Freund des römischen Rechts" D'ARGENTRÉ als „Freund der Coutumes" gegenüberstellt, scheint nicht sehr glücklich formuliert, wenn auch wahr ist, daß D'ARGENTRÉ das römische Recht bekämpft hat, vgl. LA LANDE DE CALAN 21 ff. (mit Nachweisen).

In den Anmerkungen zur Coutume von Vitry, Art. 54, O. o. II 704 heißt es: „quia haec consuetudo est contra jus commune; tamen quia non est irrationabilis et est vicinorum consuetudinibus conformis hic usus admittendus est"; es handelte sich um eine Ergänzung der Coutume aus dem Geist der benachbarten Rechte, jus commune ist hier also als römisches Recht zu verstehen. Ebenso zu Art. 162 der Coutume von Sens, O. o. II 698: „Cela est exorbitant de toutes les autres Coustumes et aussi du droit commun" (Verweis auf C. 5. 9. 4).

Dumoulin scheut sich auch nicht, das römische Recht zur Auslegung, Ergänzung und Abänderung des coutumären Rechts heranzuziehen, vgl. Kommentar zur Pariser Coutume Titel I § 1 Glosse VII O. o. I 96 f., wo er gegen die Bestimmung des § 1 der Pariser Coutume eine restitutio in integrum gewährt, soweit dadurch weder Vasall noch Lehnsherr Schaden erleiden würden (Nr. 6): „Quantumcumque lex vel statutum generaliter loquatur, non censetur excludere beneficium restitutionis in integrum, quod

Da es ein schriftlich niedergelegtes gemeines fränkisches Recht nicht gab, stellte sich demgemäß für Dumoulin und alle seine Nachfolger, die ebenso wie er das gemeine Recht aus den Grundgedanken der Coutumes ableiteten, die Aufgabe, dieses Recht zu finden und ihm durch Herausarbeitung ihrer wesentlichen Gemeinsamkeiten das nötige Eigengewicht gegenüber dem römischen Recht zu geben. Damit wird Dumoulin zum Verfechter einer angewandten Rechtsvergleichung, der das große Ziel eines einheitlichen französischen Rechts, dem man sich nun während dreier Jahrhunderte Schritt um Schritt näherte, Ziel und Ansporn war; ohne die vergleichende Arbeit der französischen Juristen wäre die Rechtsentwicklung Frankreichs bis zum Code civil überhaupt undenkbar gewesen. Daß Dumoulin hierbei als erster Wissen und Wissenschaft eines umfassend gebildeten Romanisten in den Dienst der Bearbeitung der örtlichen fränkisch-germanischen Rechte und ihrer Vergleichung gestellt hat, sichert ihm für immer einen hervorragenden Platz in der Geschichte des französischen Rechts, aber auch den Ruhm eines großen Wegbereiters einer praktischen und erfolgreichen Rechtsvergleichung [72].

Bei einer Lücke im Gesetz, sagt Dumoulin bei Behandlung einer lehns-

---

competit de jure speciali et judicis officio"; bemerkenswert hierbei ist, daß gewissermaßen die Rollen vertauscht werden: das Statut ist das allgemeine und das römische Recht das spezielle Gesetz (was sicher falsch ist); auch Billigkeitserwägungen, die der Richter von sich aus anzustellen habe, spielen mit, wie man überhaupt annehmen kann, daß Dumoulin überall dort das römische Recht anwenden will, wo es ihm sehr viel gerechter erscheint als die Ortsrechte; oder wo es seiner Partei günstiger ist, wie etwa Cons. 46 Nr. 12, O. o. II 940, wo er sich im Interesse seines Auftraggebers auf das „gemeine Recht" im Gegensatz zum Wortlaut der Coutume stützt. In einem andern, am 20. 2. 1554 in Tübingen gegen den Grafen von Montbéliard (vgl. oben S. 13 f.) erstatteten Gutachten erklärt er, daß sich die Voraussetzungen der Unterbrechung der Verjährung durch litiscontestatio nach gemeinem Recht richten, ungeachtet etwaiger strengerer Vorschriften des örtlichen Rechts oder des örtlichen stilus curiae, Consilium 3, O. o. II 819. Vgl. auch Anm. zum Cons. 685 des DECIUS, O. o. III 829.

[72] Es ist auch für die heutige Zeit tröstlich zu sehen, wie im Laufe von drei Jahrhunderten aus der Vielzahl der Landes- und Ortsrechte, deren es über 150 gab, das einheitliche französische Recht gewachsen ist. Größere Unterschiede als beispielsweise zwischen dem Recht der Normandie und dem römischen Recht im Südteil Frankreichs kann man sich schwer vorstellen; man vergleiche die Bewegungsfreiheit der Frau im Gebiet des geschriebenen Rechts mit ihrer Stellung „wie Mägde, die unter der Furcht vor notorisch habgierigen Männern leben" in der Normandie (vgl. oben S. 40) – und dies im Bereich des Personen- und Familienrechts, Gebieten also, deren Vereinheitlichung man heute entsagend wegen ihres „bodenständigen Charakters" für undurchführbar erklärt! Es zeigt aber der Vergleich mit der Entwicklung in Deutschland, daß hinter dem juristischen Werk der Vereinheitlichung ein politischer Wille stehen muß, der bereit ist, gegebenenfalls auch Altüberkommenes zu opfern, und der stark genug ist, die Widerstände aus dem Geist D'ARGENTRÉS zu überwinden.

rechtlichen Frage, soll man nicht auf das liber feudorum des Obertus[73] zurückgehen, auch nicht auf die Verordnungen der französischen Könige, die das französische gemeine Recht nicht darstellten, sondern auf die Gesamtheit der Landrechte in Gallien, deren innere Einheit trotz äußerer Verschiedenheit das jus commune Francorum darstelle[74]. Dies gelte im Bereich des Gewohnheitsrechts, im Gebiet des geschriebenen Rechts sei dagegen das römische Recht gemeines Recht. An anderer Stelle[75] stellt er folgende Rangfolge auf: für die Frage der Lehnseinsetzung gelte in erster Linie der Vertrag bei der Einsetzung, 2. die örtliche Coutume, 3. die benachbarten Coutumes, und erst an letzter Stelle das Justinianische Recht, soweit es der Billigkeit entspricht und nicht im Gegensatz steht zu (sonstigem) überkommenem örtlichen Recht.

So beginnt mit Dumoulin die Wissenschaft vom französischen Recht zu wachsen. Seine Ansicht vom jus commune Francorum gewinnt, wenn sie auch nicht von allen angenommen wird, doch zahlreiche Anhänger: zu nennen sind COQUILLE, CHALLINE, BRODEAU, RENUSSON und viele andere[76]. Dumoulins Aufruf zur Rechtseinheit, schon 1560 von den Generalständen in Orleans zur eigenen Sache gemacht[77], findet die lebhafte Zustimmung seiner Nachfolger[78]. Die Bearbeiter der Landrechte beschränken ihre Untersuchungen nicht mehr auf das Recht, das sie erläutern, sie lassen ihre Blicke zu den Nachbarrechten schweifen,

---

[73] Dumoulin bekämpft die gemeinrechtliche Ansicht, daß die in den libri feudorum Kaiser Friedrichs I. enthaltenen lehnsrechtlichen Bestimmungen gemeines Recht darstellten. Diese seien vielmehr lediglich durch den Privatmann OBERTUS kompiliert worden und seien Ortsrecht ohne allgemeine Gültigkeit; dies zur Begründung der Selbständigkeit des französischen Lehnsrechts gegenüber den libri feudorum, Coutume de Paris Titel 1, de fiefs, Nr. 102 f., O. o. I 21.

[74] „deficiente consuetudine ... non est recurrendum ad jus Romanum, sed ad vicinas, et generales et promiscuas, consuetudines Galliae; jus autem Romanum nullo modo est commune" a.a.O. Nr. 105–107, O. o. I 22.

Der Gedanke, daß das römische Recht „non ex vinculo praeciso", sondern mehr „boni viri arbitrio" als Billigkeit angewendet wird, findet sich, bei scharfer Ablehnung jeder rechtlichen Verbindlichkeit, im Tractatus de dignitatibus, magistratibus et civibus Romanis, Nr. 143, O. o. III 1062; vgl. auch MEYLAN 526 Anm. 16.

[75] A.a.O. Nr. 111, O. o. I 23.

[76] Ebenso CHARONDAS, Responses et décisions B. 9 resp. 20, S. 430; Pandectes B. 1 Kap. 25 S. 170; MORNAC, BODIN, DE LA THAUMASSIÈRE, LAMOIGNON, DAGUESSEAU, vgl. AUBÉPIN 145, VIOLLET 229 ff., WARNKÖNIG II 113.

[77] VIOLLET 221.

[78] „Ce seroit un grand bien pour tous les peuples qu'il n'y eût qu'une seule coutume dans le Royaume; cette grande variété que nous voyons, fait une étrange confusion dans la Justice et cause une infinité de procès", sagt RENUSSON, Traité des Propres Kap. 2 Abschn. 11 Nr. 7.

sammeln, wie etwa COQUILLE in seinem Kommentar zum Recht von Nevers oder in seinen Institutions au droict françois, einem wahren rechtsvergleichenden Handwörterbuch, bei jedem Artikel die entsprechenden Bestimmungen der andern Coutumes und machen somit die Untersuchung ihrer Gemeinsamkeiten zum hauptsächlichen Gegenstand ihrer Forschungen. Dabei ist es nicht verwunderlich, daß der Einfluß der Pariser Coutume, an deren Neufassung 1580 die Vorarbeiten Dumoulins maßgebenden Anteil hatten, groß ist; ihr gleicht mehr oder minder der Modelltyp der Coutume, zu dessen Errichtung Baustein für Baustein zusammengetragen wird, so daß man zu Coutumes, die dem „gemeinen französischen Recht" entsprechen und solchen, die ihm widersprechen, gelangt, und aus dem man vornehmlich schöpft, wenn es sich um die Schließung von Lücken handelt, die die kleinen Coutumes zahlreich aufwiesen [79]. So sind die bedeutendsten Bearbeiter des französischen Rechts gleichzeitig Rechtsvergleicher, und man kann sagen, daß ihre Bedeutung nicht zum geringsten Teil gerade darin beruht.

Wenn mithin Dumoulin das französische nationale Recht dem Einfluß des römischen Rechts entzogen hat, ist doch andererseits nicht zu übersehen, daß er in seinen conclusiones de statutis, wenn er vom gemeinen Recht spricht, nur das römische Recht im Auge gehabt haben kann. Darauf kommt es aber gar nicht an: entscheidend ist, daß er als Kriterium für die Extraterritorialität eines Statuts den Gedanken verwendet, daß

---

[79] So gilt das Recht von Paris und anderen Orten, wonach die eheliche Gütergemeinschaft mit den Abkömmlingen fortgesetzt wird, auch im Bereich von Rechten, die darüber schweigen. Dies sagt schon Dumoulin in der oben Anm. 71 erwähnten Anmerkung zu Art. 54 der Coutume von Vitry, und so halten es auch die meisten seiner Nachfolger, vgl. RENUSSON, Anhang zum Traité de la Communauté 282, während bei LOUET, Sommaire 30 Buchst. C, Bd. I S. 268, dasselbe Ergebnis noch mit Zitaten aus dem Corpus Juris begründet wird und CHOPPIN die Fortsetzung unter Berufung auf das römische Recht überhaupt verneint (unten S. 126).

Man vergleiche COQUILLE, Coustume de Nivernois S. 3: „Je croy que chacune Province peut et doit s'ayder des Coustumes des autres Provinces par bienséance, quand les coustumes domestiques defaillent, mesme de la Coustume nouvelle de Paris"; CHALLINE: „Quand une Coutume est défectueuse, il faut avoir recours 1. à l'usage de la Province 2. aux ordonnances des rois 3. aux coustumes voisines 4. à l'esprit général des coustumes de France et particulièrement de la Coustume de Paris, et en dernier lieu à la raison du droit romain", Méthode générale 13.

Ansätze zu solcher innerfranzösischen Rechtsvergleichung finden sich schon früh, man vergleiche die alte Coutume von Bordeaux: „Costuma es en Bordales que sy lo cas que s'aben no se put jutgar segont costuma, car no ny a punt d'acquêt cas, hom deu recorre a las costumas semblans; essy no n'i a semblans costumas, deu hom recorre a rason naturau plus promedana de la costuma; e, sy acquestas causas defalhen, hom deu recorre a dreyt escript", lt. VIOLLET 688 Anm. 23.

es mit dem gemeinen Recht übereinstimmt, und dieses Kriterium stammt aus der italienischen Schule. Es findet sich dort wie bei Dumoulin in den verschiedensten Abwandlungen: ob das Statut gegenüber dem gemeinen Recht gewisse persönliche Hindernisse in der Geschäfts- und Verpflichtungsfähigkeit auferlegt oder nimmt, ob es concursum habet juris communis oder ob es novum jus inducit usw. Ebenso entstammen diesem Gedankenkreis die Erwägungen über die Auslegung der Statuten: daß sie eng auszulegen sind, oder umgekehrt: daß sie einer interpretatio extensiva passiva [80] unterliegen.

Auch, ob ein Gesetz als Inhalt eines stillschweigenden Vertrags extraterritoriale Wirkung haben kann, läßt Dumoulin von seiner Vereinbarkeit mit dem gemeinen Recht abhängen [81].

Ein weiterer Prüfstein für den Anwendungsbereich eines Statuts ist seine *Übereinstimmung mit der natürlichen Gerechtigkeit.* Auch hier lebt Dumoulin aus dem Geist der italienischen Schule, sieht doch LAINÉ gerade in diesem Streben nach einer gerechten und billigen Lösung des Einzelfalls das hervorstechendste Merkmal der italienischen Statutisten [82].

Dieses Streben zeigt sich zunächst bei den Italienern in den Erörterungen über die Gültigkeit des Statuts überhaupt – so will etwa BALDUS das Statut über das Erstgeburtsrecht gelten lassen, soweit nur das Unterhaltsrecht der Nachgeborenen gesichert ist, denn nur dieses sei „jure naturae“ [83]. Dumoulin, der zweihundert Jahre später lebt, sind diese Zweifel bereits fremd, für ihn steht die Gültigkeit von Statut und Coutume außer Frage.

Die Suche nach einer gerechten Entscheidung des Kollisionsfalls findet

---

[80] S. oben S. 35 Anm. 56.

[81] S. oben S. 32 und unten S. 120.

[82] „Loco suo statuta gallica clauduntur, sec non aequitas et ratio ipsa, quae ubique viget“, Cons. 9 Nr. 28 O. o. II 837. Vgl. zum folgenden LAINÉ I 111, 267; MEIJERS 627 f., 630.

Allerdings muß hier doch ein Vorbehalt gemacht werden. Nach der Darstellung LAINÉS ist man versucht, die Idee der Gerechtigkeit als für die italienische Schule allein charakteristisch anzusehen, wobei sich in der Darstellung LAINÉS gerecht meist mit der extraterritorialen Anwendung eines Gesetzes deckt. Dies scheint jedoch zu einseitig gesehen. Man müßte annehmen, daß die folgerichtigen Vertreter der andern Schulen in Kauf genommen hätten, ungerecht zu sein; man kann aber sicher sein, daß ein jeder seine eigenen Lösungen für gerecht gehalten hat, auch wenn sie zur Beschränkung des Anwendungsbereichs eines Statuts und damit zur Zersplitterung einheitlicher Lebensvorgänge geführt haben; man vergleiche die leidenschaftliche Verteidigung JOHANNES VOETS gegen den Vorwurf der Ungerechtigkeit, unten S. 180.

[83] S. oben S. 64.

sich weiter in der Einteilung der Statuten in *odiosa und favorabilia.* Der Ausdruck „statutum odiosum“ [84] hatte nicht nur die Bedeutung von „Gesetz, das eine Gruppe von Personen schlechter stellt“, sondern auch von „ungerechtem Gesetz“; obwohl BALDUS noch darauf hingewiesen hatte, daß ein odioses Gesetz deshalb nicht ungerecht zu sein braucht [85], erachtete man jedoch vielfach odios gleich mit ungerecht, woraus man nicht nur die örtliche, sondern auch die sachliche Einschränkung des Statuts ableitete und es nach Möglichkeit eng auszulegen bemüht war [86]. Dumoulin läßt ein odioses Statut Wirksamkeit außerhalb seines Bereiches nur entfalten, wenn es sich auf eine interpretatio passiva extensiva stützen kann – wenn die Stelle nicht überhaupt falsch überliefert ist –, beschränkt aber die exorbitanten Statuten auf ihr Gebiet [87]. Die Nichtanwendung eines als ungerecht empfundenen Statuts kann man als Vorläufer unseres ordre public ansehen [88].

Nicht leicht zu scheiden von obiger Einteilung ist die Einteilung der Statuten in *erlaubende und verbietende*, die ebenfalls in der italienischen Lehre eine große Rolle spielt. Dabei kommt dem verbietenden Statut eine besondere Bedeutung zu: durch die ganze Statutenlehre zieht sich wie ein roter Faden die Neigung, dem verbietenden Statut bei einer Konkurrenz mit einem erlaubenden den Vorzug zu geben; ein verbietendes Statut des Wohnsitzes einer Person hat extraterritoriale Wirkung und hindert die verbotsbelegte Handlung überall, dagegen kann sich ein erlaubendes Statut des Wohnsitzes gegenüber einem verbietenden am Lageort nicht durchsetzen [89].

Als hervorstechendes Beispiel dieses Strebens nach Gerechtigkeit ist Dumoulins Ansicht über das normannische Statut zu nennen (oben S. 40), daß deshalb extraterritoriale Wirkungen entfalten soll, weil es der

---

[84] S. oben S. 36 Anm. 57.

[85] MEIJERS 631 Anm. 1.

[86] Vgl. PECK, De testamentis conjugum Buch IV Kap. 5 Nr. 5 ff.; PAUL VOET Sectio VII Kap. II Nr. 17 f. Vgl. MEIJERS 603, 631.

[87] Vgl. oben S. 36 zu Anm. 58; Anmerkung zu Art. 37, Kap. 4 der Coutume von Lille, O. o. II 718, wonach die ortsrechtliche Vorverlegung des Mündigkeitsalters einer restitutio in integrum nicht entgegenstehe, da „haec consuetudo a jure communi exorbitans non debet intelligi efficacior beneficio Principis“; dagegen D'ARGENTRÉ, zu Art. 457 der Coutume der Bretagne.

[88] MEIJERS 631.

[89] COQUILLE, BOUVOT, BOUHIER sprechen davon, daß dem Untertanen durch das Gesetz der „Wille gebunden werde“, vgl. unten S. 129, S. 139, S. 238; BURGUNDUS, Tractatus I Nr. 42, unten S. 156, auch PAUL VOET, unten S. 175 und MEIJERS 657 Anm. 1.

natürlichen Gerechtigkeit entspreche, also aus einem naturrechtlichen, aus dem Gedanken des bonum universi schöpfenden Grunde.

So einleuchtend und überzeugend solche Gesichtspunkte zur Bestimmung des Geltungsbereichs auf den ersten Blick auch erscheinen mögen, so kann doch nicht übersehen werden, daß sie viel zu unbestimmt und subjektiv sind, um brauchbare und für die Parteien voraussehbare Ergebnisse zu liefern. Ob ein Statut begünstigend oder odios ist, hängt vielfach davon ab, von welcher Seite man es ansieht; damit wird letzten Endes der Willkür des Auslegers und dem Meinungsstreit Tür und Tor geöffnet [90]. Die Nachwelt ist Dumoulin in seinem Bestreben, die Anwendung eines Statuts im Ausland von seiner Übereinstimmung mit der natürlichen Gerechtigkeit abhängen zu lassen, denn auch nicht gefolgt [91].

Auch im *Formalen* zeigt sich die Abhängigkeit Dumoulins – hier allerdings nur des Dumoulin, der oben als „Römischrechtler" bezeichnet wurde – von seinen Vorbildern der italienischen Schule. Wie diese bringt er seine Abhandlung über das Kollisionsrecht an dem hergebrachten Ort, bei der lex cunctos populos, Codex De summa trinitate, während seine unmittelbaren Vorgänger in Frankreich – MASUER, CHASSENEUZ, TIRAQUEAU [92] – ähnlich wie D'ARGENTRÉ einzelne kommentierte Stellen der Landrechte zum Ausgangspunkt ihrer Erörterungen nahmen. Wie BARTOLUS und BALDUS, so fährt auch Dumoulin den ganzen Apparat der Distinktionen, Subdistinktionen, Erweiterungen und Einschränkungen usw. auf, sehr im Gegensatz zu D'ARGENTRÉ und etwa auch COQUILLE, die das als scholastischen Wirrwarr abgelehnt und verdammt haben. Wie jene beruft er sich hauptsächlich auf Stellen aus dem Corpus Juris [93] sowie auf eine Schar von Gelehrten, eine Übung, der übrigens auch D'ARGENTRÉ folgt.

III. *Elemente der französischen Schule bei Dumoulin*

1. *Vorbemerkung: Zur französischen Schule.* – Es wurde bereits versucht, die herrschende Ansicht vom Wesen der französischen Schule in knappen Strichen wiederzugeben [94]. Danach stützt sie sich auf zwei Pfeiler: die Territorialität der Landrechte als Ausfluß ihrer Souveräni-

---

[90] Es fragt sich ganz allgemein, ob es Aufgabe des Verweisungsrechts ist, über die Qualität der Gesetze ein Urteil zu fällen.

[91] MEIJERS 648; vgl. unten S. 193 Anm. 45. [92] Über diese s. LAINÉ I 208, 210, 215.

[93] Die Übung, das römische Recht als Beleg heranzuziehen, hat ihre frühen Vorläufer in Italien, vgl. NEUMEYER I 123 f. Eine Übersicht über die meist zitierten Stellen bei MEILI, Lehrbuch 78 ff. [94] S. oben S. 50.

tät, und die Zweiteilung aller Statuten in die beiden Klassen der statuta realia und personalia. Beide Merkmale sind zweifelhaft und bestritten und bedürfen einer näheren Untersuchung.

Der *Begriff der Territorialität* ist schillernd und unbestimmt; in seiner Allgemeinheit ist er zu einem Schlagwort geworden, mit dem verschiedene Bedeutung verbunden werden kann und verbunden wird [95].

Die Territorialität kann sich von der Souveränität ableiten. Dann besagt sie, daß im Bereich des Staats nur diesem selbst Rechtsetzungsbefugnis zukommt und der Richter nur dem eigenen Recht unterworfen ist und zu gehorchen hat; sie führt zur ausschließlichen Anwendung der lex fori; zur Anwendung fremden Rechts kommt es hingegen nur auf den Umwegen sei es innerstaatlicher Kollisionsnormen, sei es einer vom Staate geübten comitas gegenüber dem ausländischen Recht.

Der Begriff der Territorialität hat aber auch eine zweite Bedeutung; er kann den Grundsatz zum Inhalt haben, daß für eine rechtserhebliche Tatsache das Recht des Ortes gelte, an der sie sich verwirklicht hat, daß also die örtliche Beziehung dem Rechtsverhältnis seinen Stempel aufdrücke und die Anknüpfung zu einer der zur Auswahl stehenden Rechtsordnungen liefere, im Gegensatz zu vielleicht vorhandenen persönlichen oder sachlichen Beziehungen des Rechtsverhältnisses, die zu andern Rechten weisen würden. Dieses örtlich bestimmte Recht ist dann aber von jedem Richter anzuwenden [96].

In der Geschichte der Statutentheorie treffen wir beide Ansichten vom

[95] Vgl. zum folgenden schon Wächter 24 (1841) 271; Aubry, Clunet 27 (1900) 689 ff.; 28 (1901) 253 ff.; insbes. 257; Neumeyer I 14 ff.

[96] So versteht Kahn, Abhandlungen I 225, die „Territorialität" bei den Statutisten; den gleichen Standpunkt vertrat zuletzt auch Niboyet, L'universalité des règles de solutions des conflits est-elle réalisable sur la base de la territorialité? Rev. crit. 39 (1950) 512 ff. Allerdings steht das Lebenswerk Niboyets hierzu im Gegensatz. Es sieht in der Territorialität des Rechts die Rechtfertigung des Anspruchs der lex fori auf ausschließliche Anwendung; solange man die Anwendung ausländischen Rechts als ein „Opfer" ansieht, geht man davon aus, daß grundsätzlich das eigene Recht, nicht das Recht mit der engsten örtlichen Beziehung, zur Anwendung berufen ist.

Der Niboyetschüler Delaume verwahrt sich (S. 10) dagegen, den Begriff Territorialität im ersteren Sinne auszulegen. „La territorialité n'a jamais signifié, comme on l'a cru quelquefois, à tort, que l'on n'appliquerait jamais dans un pays que la loi de ce pays. Elle signifie simplement qu'on applique à un fait qui se passe dans un certain état la loi de cet état". Auf die praktische Inhaltslosigkeit dieses Kriteriums kann hier nicht eingegangen werden. Delaume widerlegt sich aber selbst S. 12: „Seulement, si la territorialité ne saurait être absolue, s'il faut faire une certaine place à l'application en France, par exemple, des lois étrangères ...": eine absolute Territorialität würde also die Anwendung fremden Rechts ausschließen! Das ist aber der

Wesen der Territorialität des Rechts, natürlich ohne daß der Begriff selbst bereits wissenschaftlich herausgearbeitet worden wäre. In der ältesten Zeit wird man wohl davon ausgehen können, daß die sich neu bildenden örtlichen Gewohnheitsrechte ausschließlich angewendet worden sind[97]. Dies braucht nicht ohne weiteres zu verurteilen zu sein; heutige Maßstäbe anzulegen wäre verfehlt, denn gegenüber dem andrängenden römischen Recht war es gerade dieses Festhalten an der lex fori, das den örtlichen Rechten die nötige Schonfrist gewährt hat, die sie zu ihrer Behauptung und Festigung benötigten[98]. Zudem war ja auch etwas anderes als die Anwendung der lex fori gar nicht zu erwarten, sind es doch vielfach die Schöffen aus dem Volk, die das Recht sprechen und damit erst schaffen; wie sollten sie auf den Gedanken kommen, nach fremdem Recht zu forschen. Diese Einstellung spiegelt sich wider in dem Sprichwort „Les Coustumes sont réelles“[99], das natürlich nicht den Sinn hat, daß alle Coutumes Sachen betreffen[100], sondern daß sie territorial sind (die von Loisel überlieferte Form hat bereits den oben geschilderten Bedeutungswandel durchlaufen, lateinisch sagte man dazu auch „consuetudines sunt locales“), also ihre Grenzen nicht überschreiten, so daß weder eigene Coutume im Ausland noch fremde Coutume im Inland zu berücksichtigen sei. Die Anwendung der lex fori bedeutet auch nicht das Fehlen eines Kollisionsrechts überhaupt: denn statt fremdes Recht anzuwenden, sieht man die Gerichte vielfach die Entscheidung ablehnen und den Kläger an das zuständige Gericht verweisen, dessen Urteil überall anerkannt und vollstreckt wurde[101]. Damit ist im Ergebnis erreicht, daß

Territorialitätsbegriff Nr. 1, der, wie Niboyet sagt, in der Zulassung fremder Gesetze vor dem forum immer etwas „abnormales“ sieht.

Über den Begriff s. auch Stödter, Der räumliche Geltungsbereich der Rückerstattungsgesetze, in: Festschrift für Erich Kaufmann 353 ff., unter I., der auf einem ähnlichen Standpunkt steht.

[97] So für Frankreich Lainé I 63 ff.; Neumeyer, ZfVölkerrecht 11 (1920) 198; Meijers 593; Horst Müller 13 ff.; für Italien Neumeyer II 1 ff.; 57 ff.; ZSSt. 39 (1918) G. A. 311, Meijers 593 Anm. 2. Von den Gelehrten der frühen Zeit war Azo ein Vertreter der lex fori, ebenso Accursius, der erst gegen Ende seines Lebens in der berühmten Glosse Quod si Bononiensis diesen Standpunkt aufgegeben hat. Für Deutschland s. Wächtfr 24 (1841) 254; für die Niederlande Meijers, Beiträge 45 u. a.; für England Sack, Conflict of Laws in the history of English Law 344 f.

[98] Meijers, Beiträge 7.

[99] Mitgeteilt von Loisel, Institutes Coustumières Buch II Titel 4 Regel 4.

[100] Dies behauptet Lerebours-Pigeonnière 20. Die Auslegung bei Niederer 73 ist zu sehr von der heutigen Zeit aus gesehen.

[101] Schon bei Jacques de Révigny findet sich eine ausdrückliche Scheidung der Frage des Gerichtsstands von der Frage des anwendbaren Rechts: zu C. 7. 33. 12, abgedruckt

der Fall nach seinem zugehörigen Recht entschieden wird [102].

Von dieser Praxis, ausschließlich die lex fori anzuwenden, berichtet PETRUS JACOBI, ein Schüler des ACCURSIUS und Professor in Montpellier [103], dessen Ausführungen zu entnehmen ist, daß es sich bei ihm nicht um ein dumpfes Anwenden eigenen Rechts mangels besseren Wissens, sondern um eine gegenüber mehreren anderen Anknüpfungsmöglichkeiten bewußt getroffene Wahl der lex fori handelte; inwieweit hierbei allerdings der in Italien geschulte Legist nicht lediglich der Praxis Rechnung trägt – sein Werk hat den Titel „Goldene Praxis" –, ist eine andere Frage. Als Vertreter der lex fori wird auch Dumoulin noch von einigen seiner unmittelbaren Nachfolger, wie etwa von GUY COQUILLE, angesehen, wovon bereits die Rede war [104].

Diese Einstellung, so praktisch sie für den Richter gewesen sein mag, war jedoch mit der fortschreitenden Entwicklung nicht haltbar, und so mußte die Zeit kommen, wo die ausschließliche Anwendung der lex fori, die an sich, vorbehaltlich einer Ergänzung durch ein System der internationalen Zuständigkeit, die Verneinung des internationalen Privatrechts bedeutet, der Anwendung ausländischen Rechts in gewissen Fällen Platz machte [105].

Es scheint nun einer der ersten Einbrüche in die Geltung der lex fori im Bereich des Vertragsrechts erfolgt zu sein [106]. Dem aus dem Gesetz erwachsenen (subjektiven) Recht des Einzelnen, für das lediglich die im Bereich des Gesetzes befindlichen Gegenstände des Verpflichteten hafteten, trat das aus dem Vertrag erwachsene Recht gegenüber; für dieses

---

bei MEIJERS, Beiträge 93 und XX; spätere Zeiten haben weniger gründlich unterschieden.

[102] MEIJERS 567 ff., 573; Beiträge 43 f. Nach dem Recht der Märkte der Champagne galt folgendes: das Marktrecht war anwendbar auf dort abgeschlossene Verträge, auf Verträge auf Lieferung von Waren und auf Beförderungsleistungen dorthin; ausschließlich zuständig war der Marktrichter; seine Urteile wurden in ganz Frankreich, selbst außerhalb, anerkannt, auch die Art und Weise der Vollstreckung hatte sich nach dem Marktrecht zu richten. Wurde die Anerkennung verweigert, so hatte das in letzter Linie den Ausschluß der Angehörigen des Sprengels des verweigernden Gerichts vom weiteren Marktbesuch zur Folge, MEIJERS a.a.O. Für den ursprünglichen Rechtszustand in Deutschland stellt schon WÄCHTER, s. oben Anm. 97, dieselbe Vermutung auf, daß sich das anwendbare Recht nach dem Gerichtsstand richtet.

[103] Vgl. SAVIGNY VI 35 ff.; MEIJERS, Beiträge 97 f. und Beilage VI; unten Anm. 107.

[104] S. oben S. 33 Anm. 43.

[105] Daß die Praxis hierbei nicht allzu beweglich war, bezeugt COQUILLE an der unten S. 129 Anm. 40 genannten Stelle.

[106] Diese Arbeitsannahme bedarf natürlich noch einer eigenen gründlichen Untersuchung.

hafteten alle seine Güter. Solange Vertragsrecht nur das allen gemeinsame römische Recht war, erschien dies wohl als selbstverständlich. Anders mußte es werden, als örtliche Statuten das Vertragsrecht, sei es sachlich, sei es in den Formvorschriften, abzuändern begannen. Ohne zu scheiden, was unmittelbar Vertragsbedingung, was ergänzendes objektives Vertragsrecht ist, sagte man dazu, das Statut des Vertrages – als dieses wurde das Recht des Abschlußorts angesehen – gebe eine actio personalis oder sei personal und daher überall anzuwenden[107]. Der ursprüngliche Sinn von „real-personal" ist damit „Anspruch aus Gesetz" und „Anspruch aus dem vom Vertragsstatut geformten Vertrag"[108]. Der älteste bekannte Ausspruch in diesem Sinne stammt aus den Jahren zwischen 1261 und 1275 vom ABBAS ANTIQUUS, einem Franzosen, der ganz im Geiste der Kanonisten schreibt[109]. PIERRE DE BELLEPERCHE sagt zu der Frage, quae consuetudo realis sit et quae personalis: „differentia enim tanta est quanta inter actionem in rem aut in personam"[110]; ähnlich äußern sich LAMBERT VON SALINS[111] und HENRI BOHIC[112].

Inzwischen setzt sich mit WILHELM VON CUNEO die neue Bedeutung des Begriffes statutum personale als Statut, das sich auf die Person und mittelbar auf Sachen bezieht, durch[113]. Anklänge an die frühere Bedeutung finden sich jedoch, wohl unterstützt durch die gleichklingenden Begriffe des römischen Rechts, noch lange bei den späteren Schriftstellern, als bereits die status und capacitas regelnden Statuten als personale bezeichnet wurden. So verweist Dumoulin auf eine Einteilung der Statuten durch MASUER und JOHANNES ANDREAE in solche directo super bonis et

---

[107] So sagt PETRUS JACOBI: „Est enim generale in omnibus causis sive agatur de actione in rem sive de actione personali, sive tractetur de lite ordinanda, sive per sententiam diffinienda, quia semper locus judicii est spectandus" (Nr. 48); „Sed fallit quia si agatur de aliqua actione personali, quae ex aliquo contractu oriatur, tunc, ubicumque agatur, semper ... observarentur jura seu consuetudo loci ubi contractus fuerit celebratus" (Nr. 51), MEIJERS, Beiträge XXXI f.

[108] MEIJERS 599; Neue Beiträge 66, 86; NEUMEYER, ZfVölkerrecht 1919, 201.

[109] Lt. NEUMEYER, ZfVölkerrecht 11 (1920) 204; MEIJERS, Neue Beiträge 90.

[110] MEIJERS 599; Neue Beiträge 86 f. [111] MEIJERS 599; Neue Beiträge 87 f.

[112] „Voco consuetudinem personalem quando respicit personas et non territorium, et per quam jus nascitur ex contractu, et tunc consuetudo ubi initus est contractus debet inspici", MEIJERS, Neue Beiträge 92; auf die Stelle verweisen D'ARGENTRÉ Nr. 14 und BURGUNDUS, Tractatus I Nr. 5; zu BOHIC oben S. 73 Anm. 6.

[113] MEIJERS 600; vgl. oben S. 59 Anm. 22. Für die Praxis läßt sich allerdings schon früher vereinzelt nachweisen, daß in persönlichen Angelegenheiten nicht unbedingt die lex fori angewandt wurde, so eine Entscheidung des Pariser Parlaments von 1259, das für die Frage der Gültigkeit der Ehe eines elfjährigen Mädchens auf die „consuetudo patriae" abstellt, MEIJERS, Beiträge 85 f.

rebus und statuta super actus et dispositiones hominis [114]; die Haupteinteilung der conclusiones de statutis in nachgiebiges und zwingendes Recht erinnert ebenso daran wie die Vorstellung, daß ein Statut extraterritoriale Wirkung entfaltet, wenn ein factum et ministerium hominis hinzutritt [115]. Diese Wirkung hat für GUY COQUILLE ein Statut, das „den Willen der Verfügenden binden will" [116], und zwar tritt dieser Gedanke vielfach dann auf, wenn das Gesetz etwas verbietet – wie hier Schenkungen zwischen Ehegatten —, wovon oben S. 94 bereits in anderem Zusammenhang die Rede war. Wie COQUILLE drücken sich CHARONDAS und BRODEAU aus [117]. BURGUNDUS nennt zuweilen den Vertrag „personal" [118], und RODENBURG hält das Statut für real, das „citra illum actus a persona peragendi interventum" den Dingen sein Recht aufdrückt [119]; RENUSSON erwägt des längeren, daß es Dinge gebe, die nicht so sehr von den Bestimmungen der Gesetze als vom Willen der Parteien abhingen, so daß die lex situs auszuscheiden habe [120], DENIS LE BRUN endlich unterscheidet bei den personalen Statuten „ceux où la loi dispose de son chef, comme quand elle règle la majorité ... d'avec ceux où elle dispose en conséquence de la volonté présumée de l'homme" [121]. Der letzte Satz ist ein Beispiel dafür, daß die Statutisten den Wirkungen des Vertrages, ebenso wie der actio personalis des römischen Rechts, deren sie sich ebenfalls bedienen, in ihrem System eine anerkannte Heimstätte nicht zu geben vermocht haben.

Hat sich so der Begriff des statutum personale in wechselvollem Schicksal herausgebildet, so bedarf auch der Übergang von der lex fori zur lex situs, mögen beide auch meist zusammengefallen sein, einer Erklärung. Wenn hier auch genauere Untersuchungen nötig wären, so erscheint doch die Annahme von MEIJERS als einleuchtend, daß der Grund dieser Erscheinung in einer Verfestigung der für Lehen und Zinsgüter – der überwiegenden Mehrzahl aller Liegenschaften – ursprünglich vertraglich festgelegten subjektiven Rechte zu objektiven Normen zu suchen ist, die

---

114 S. oben S. 46.

115 S. oben S. 32, 47; ebenso Consilium 31 (oben S. 38 Anm. 64): „potestas dandi vel legandi quia est de actu hominis, ligatur secundum locum domicilii".

116 S. unten S. 129 ff. und oben S. 84 Anm. 46.

117 S. unten S. 133 und S. 137.

118 Tractatus I Nr. 1.

119 De jure quod oritur Titel 2 Kap. 2 Nr. 1; vgl. auch Kap. 5 Nr. 16.

120 S. unten S. 147 ff.

121 Traité de la Communauté Buch I Kap. 2 Nr. 26, s. unten S. 149 f.

alsbald auf alle Grundstücke ausgedehnt wurden und sich vom Recht des Lehnshofs zum Recht des dienenden Lehens verlagerten[122].

Mit dem Fortschreiten der Entwicklung wird die Anwendung anderen Rechts durch die französischen Gerichte immer alltäglicher. Zur Zeit Dumoulins, im 16. Jahrhundert, ging der Streit nicht mehr um das „ob" der Anwendung, sondern um das „wann". Daß die die Person, die beweglichen Sachen und die Form betreffenden Statuten extraterritoriale Anwendung finden, ist für D'ARGENTRÉ keine Frage mehr[123]. Erst mit der niederländischen Schule wird die Erörterung der Grundlagen des Verweisungsrechts, des Geltungsgrunds des fremden Rechts vor dem heimischen Richter, erneut anheben und zum Mittelpunkt aller Untersuchungen werden.

Für D'ARGENTRÉ hat der Begriff der Territorialität seine zweite Bedeutung. Auch er geht davon aus, daß es an sich nichts Ungewöhnliches darstellt, daß der Richter fremdes Recht anwendet. Aber er bestreitet, daß irgendein Gesetzgeber für Grundstücke, die sich nicht in seinem Gesetzgebungsbereich befinden, Recht setzen könne. Die Anwendung eines Rechts, das nicht der örtlich zuständige Gesetzgeber geschaffen hat, lehnt er ab.

Diese beherrschende Stellung des Faktors Grund und Boden bei D'ARGENTRÉ gründet sich darauf, daß der Grundbesitz die Basis der feudalen Gesellschaftsordnung, deren Interessen D'ARGENTRÉ vertritt, darstellt. Nur der Landesherr, der Gesetzgeber kann den Ländereien in seinem Bereich den rechtlichen Stempel aufdrücken. Daß hier alle Veränderungen durch Legitimation, Erbeinsetzung, Erbteilung, Schenkung, eheliche Gütergemeinschaft, lehnsbedingten Adelsstand usw. einheitlich vor sich gehen und sich nur nach dem einheimischen Recht richten sollen, ist ihm oberstes Anliegen in seinem Kampf um die Bewahrung der rechtlichen und politischen Unabhängigkeit der Bretagne. Das ist der Sinn des berühmten Satzes: Finitae potestatis finita est jurisdictio[124]. Er richtet sich nicht an den Richter und sagt nicht: Niemand kann Dich zwingen, ein anderes Recht als das deine anzuwenden, sondern er wendet sich mit einer, für D'ARGENTRÉ sich aus der Natur der Sache ergebenden Kollisionsnorm an den Gesetzgeber und sagt: Niemand kann in fremdem Bereiche über Liegenschaften Recht setzen. Der Satz leitet sich nicht aus

[122] MEIJERS 576 ff.; Beiträge 58 ff.; hierzu NEUMEYER ZfVölkerrecht 193 ff.

[123] „Pour D'ARGENTRÉ c'est un axiome qui n'a pas besoin d'explication" MEIJERS 652.

[124] Vgl. oben S. 69. Eine ähnliche Formulierung gebraucht ANDREAS GAILL, vgl. unten S. 164.

der Souveränität des Gesetzgebers, der Coutume, des Landesherrn ab[125], sondern ist eine völker- und naturrechtliche Kollisionsnorm, die sich darauf stützt, daß die Macht jedes Gesetzgebers an seinen Grenzen endet. Deshalb bedeutet die Zulassung der personalen Statuten in dem System D'ARGENTRÉS keineswegs, wie es LAINÉ gezwungen ist anzunehmen, einen Bruch, eine Regelwidrigkeit[126]; für D'ARGENTRÉ ist, wie für die Schriftsteller der italienischen Schule, das Kollisionsrecht politisch wertfrei[127], seine Regeln sind für alle Fälle und für alle Länder passend, er ist ebenso fern von einer „politischen" Auffassung des internationalen Privatrechts wie BARTOLUS oder Dumoulin; hierin einen Unterschied der beiden Schulen sehen zu wollen, ist abwegig[128]. Lediglich die von D'ARGENTRÉ vertretenen Kriterien zur Auffindung des anwendbaren Rechts und zur Bestimmung des Geltungsbereichs der Statuten sind andere, da er allein auf die örtliche Beziehung des Rechtsverhältnisses abstellt und alle Betrachtungen über eine Übereinstimmung des Statuts mit dem gemeinen Recht, über seinen odiosen oder begünstigenden Charakter usw. verwirft. Wenn bei D'ARGENTRÉ das Realstatut überwiegt und auch die statuta mixta diesem gleichbehandelt werden, so geschieht das nicht, weil D'ARGENTRÉ „an sich" das Verhältnis der statuta perso-

[125] Das Verständnis wird dadurch erschwert, daß die zeitgenössischen Schriftsteller die Anwendung fremden Rechts auf einen inländischen Sachverhalt vielfach mit Begründungen ablehnen, die an sich nur die Verneinung der Anwendung fremden Rechts durch den inländischen Richter zu begründen geeignet sind; so (für BURGUNDUS) KOLLEWIJN 22; aber auch für J. VOET und STORY gilt dies noch zuweilen, vgl. unten S. 181 zu Anm. 55, S. 250 zu Anm. 18.

[126] Sollte D'ARGENTRÉ wirklich „nicht gewagt haben", die Extraterritorialität gewisser Gesetze zu leugnen, wenn es ihm in den Sinn gekommen wäre? Gegen LAINÉ II 175.

[127] Mag er auch an sich dem fremden Recht mißtrauisch gegenüber gestanden sein (so LA LANDE DE CALAN 21 ff.)!

[128] NIBOYET, Traité III 53 ff. sieht einen Gegensatz beider Schulen auch darin, daß die italienische Schule „analytisch-eklektisch", die französische „synthetisch-dogmatisch" gewesen sei. Es hat sich aber nicht einmal D'ARGENTRÉ mit der „synthetischen" Formel der Dreiteilung begnügt; und wenn im folgenden die Forscher sich bemühen festzulegen, welches Statut im einzelnen real und welches personal ist, so treffen sie damit eben jene Analyse, wie sie die Forscher der italienischen Schule vorher schon unter Verwendung anderer mannigfaltiger Kriterien, und wie sie nach ihnen SAVIGNY und die moderne Lehre – einschließlich NIBOYET selbst – vom Rechtsverhältnis her vorgenommen haben bzw. vornehmen. Wenn DELAUME 6 ff. dem „Nachfolger Dumoulins BOUHIER" den „synthetisch vorgehenden" BOULLENOIS gegenüberstellt und dessen synthetische Methode in der Zweiteilung sieht, so fragt man sich vergeblich, warum BOUHIERS Zweiteilung nicht auch synthetisch sein soll; denn daß synthetisch gleichbedeutend mit der Bevorzugung der lex situs ist, wird man doch wohl nicht annehmen können.

Gegen NIBOYET auch MARTIN WOLFF, The Law Quarterly Review 63 (1947) 325 ff.

nalia zu den statuta realia als das Verhältnis von Ausnahme zu Regel ansieht – die Anerkennung der extraterritorialen Wirkung der personalia dabei als ein „Zugeständnis an die italienische Schule" betrachtend [129] –, sondern weil einmal die Regeln weit überwiegen, die in irgendeiner Form mit Grund und Boden zu tun haben, und weil zum andern zu manchen Fragen, wie der Maßgeblichkeit der lex fori für das Prozeßrecht, der lex loci actus für die Formerfordernisse [130], in der 6. Glosse zu Art. 218 der Coutume der Bretagne überhaupt nicht Stellung genommen wird. Daß D'ARGENTRÉ allgemeine und nicht „politische" Regeln aufstellt, zeigt sich am besten darin, daß nach seiner Meinung im Fall Ganey (oben S. 42 ff.) der Pariser Richter nicht, wie Dumoulin behauptet hatte, sein eigenes Recht, sondern das Recht von Lyon als lex situs hätte anwenden müssen [131]; soweit es sich um fremde Grundstücke handelt, ist ihm die Anwendung der fremden lex situs selbstverständlich [132], wie denn überhaupt bei der Zurückweisung des Consilium 53 ein großer Teil seiner Argumente gar keinen Bezug zum Kollisionsrecht hat, sondern sich gegen die Fiktion des stillschweigenden Vertrags richtet, den man bejahen oder verneinen kann. Es mag zwar vielfach die lex fori die lex situs sein, da man meist am forum situs prozessieren wird – selbstverständlich ist das keineswegs, wie sich auch gerade aus der Fragestellung zu Art. 218 zeigt [133], ob bei der Berechnung des freien Drittels ausländische, anderem Recht unterworfene Grundstücke heranzuziehen seien; indem D'ARGENTRÉ dies verneint, verneint er gleichzeitig die Anwendung des eigenen Rechts auf jene.

„Territorialität" ist mithin für D'ARGENTRÉ nicht notwendige Folge der Souveränität des Gesetzgebers – wie könnte er sonst den Pariser Richter für gehalten erklären, Lyoner Recht anzuwenden! –, sondern eine,

---

[129] Vgl. statt aller BARTIN, Principes I 140 f.

[130] Bejaht an anderer Stelle, vgl. MEIJERS 642 Anm. 5; unrichtig daher LAINÉ II 349.

[131] S. unten S. 203 ff.

[132] Und nicht nur D'ARGENTRÉ! Schon die ältesten französischen Gerichtsentscheidungen, die überhaupt fremdes Recht berücksichtigen, stellen ausdrücklich auf die räumliche Beziehung ab und wenden auf Grundstücke ihre lex situs, selbst des geschriebenen Rechts, an: so Entscheidungen des Pariser Parlaments von 1266, 1290, 1312, MEIJERS, Beiträge 56 ff., IV ff. Auf diesen Gerichtsgebrauch verweist D'ARGENTRÉ.

[133] Vgl. oben S. 67 Anm. 46; „Quaerimus igitur, an in ineunda hac bonorum quota, bona quoque ea, quae extra fines Britanniae donator habuit, sub diversis provinciis et statutis, in computationem veniant bonorum, ita, ut donatarius habeat tertiam de toto donatoris patrimonio, ubicumque locorum situm sit" (Nr. 1) „sic nec convenit imputari heredi donatoris, quod donator habeat patrimonialia in alia provincia" (Nr. 44).

wenn man so will, völkerrechtliche Verpflichtung der Staaten, die sich aus dem aprioristischen finitae potestatis finita est jurisdictio ableitet, auf alles, was mit Grund und Boden zusammenhängt, die lex situs und nur diese anzuwenden[134]; hätte D'ARGENTRÉ den Ausschluß fremden Rechts „an sich", wie später die Niederländer, vertreten wollen, so hätte er es bei seiner starken Eigenwilligkeit zweifellos auch in energischen Worten getan. Tatsächlich verliert er hierüber jedoch kein Wort; daß Rechtsverhältnisse, die ohne Beziehung zu Grund und Boden den status der Person betreffen, nach der lex domicilii beurteilt werden, ist für ihn so selbstverständlich, daß er keine Begründung hierfür gibt[135][136].

---

[134] Auch BURGUNDUS geht davon aus, daß der Staat Gesetzgebungsgewalt über Grundstücke und subditi habe, der Richter auf Fremde jedoch ihr Heimatrecht anzuwenden habe, KOLLEWIJN 22 und unten S. 153. „Nihil juris est statuenti in bona contrariis legibus subjecta" sagt RODENBURG (Titel II Kap. 3 Nr. 1). Auch PAUL VOET untersucht noch die Geltung fremden Rechts für Tatsachen, die sich im Inland abspielen, nicht seine Anwendung durch den heimischen Richter, KOLLEWIJN 88 und unten S. 173 ff.

Manchmal vermengen sich beide Auffassungen von der Territorialität, so, wenn STOCKMANS sich gegen das „Schlagwort der Praktiker" wendet, daß „consuetudines non egredi territorium suum" und daß „statuta cujusque loci ubi bona sita sunt, inspicienda esse", vgl. LAINÉ I 406 und unten S. 218.

[135] Die eben dargelegte Auffassung steht im Gegensatz zur überkommenen Lehre. Nach LAINÉ I 317 ff. (ähnlich BARTIN I 137 ff., der die Bedeutung D'ARGENTRÉs völlig verkennt) steht D'ARGENTRÉ auf dem Standpunkt der strengen Territorialität des Rechts; diese beruhe auf der Souveränität der Coutumes; die Zulassung von personalen, extraterritorialen Statuten überhaupt stelle einen unheilbaren Bruch seines Systems dar (S. 320).

Nach GUTZWILLER 322 bedeutet die französische Schule „la renaissance des institutions nationales" ... „Le principe de la territorialité stricte et absolue des coutumes devait ... renverser la doctrine bartoliste et devenir la principale base de la doctrine française". Zuzustimmen ist GUTZWILLER in der Betonung der großen Vereinfachung, die das System des bretonischen Gelehrten bietet, vgl. auch unten S. 107.

NIBOYET, Traité III 69 ff. macht D'ARGENTRÉ vollends zum Vater der eigenen Gedanken. Er meint zunächst (S. 72), daß D'ARGENTRÉ die naturgegebene Zweiteilung der Statuten in territoriale und extraterritoriale vorgeschwebt habe – für D'ARGENTRÉ wohl zu Unrecht, vgl. oben S. 82, obwohl eine reinliche Scheidung der Begriffe auch bei ihm nicht gegeben ist, wie oben erwähnt. Wenn man aber anerkennt, daß D'ARGENTRÉ die Statuten nach ihrem Gegenstand und nicht nach ihrer Wirkung einteilt, dann braucht man in seiner Klasse der statuta mixta nicht einen bloßen „Trick" (S. 73) zu sehen, der dazu bestimmt ist, die Klasse der realia (= territorialen Statuten) zu vermehren. Warum sollte D'ARGENTRÉ hier eines Tricks bedürfen? Sagt er doch von den mixta, daß bei ihnen „statuta locorum de rebus pervincunt" (Nr. 6 a. E.).

Weiter unterstellt NIBOYET D'ARGENTRÉ ein Dogma: die Souveränität (S. 73). Das Gesetz des Souveräns soll für D'ARGENTRÉ grundsätzlich das beste Gesetz sein, das in erster Linie anzuwenden sei. „Il entend réduire l'effacement de la Coutume de Bretagne au minimum" (S. 75). Dieses Dogma werde nun durch das Vorhandensein der statuta personalia verletzt; NIBOYET will diesen Widerspruch so klären, daß auch die

Weiter gilt als Kennzeichen der französischen Schule die *Einteilung aller Statuten in reale und personale,* die bei den Statutisten der italienischen Schule, zu denen wohlgemerkt auch die Meister der südfranzösischen Rechtsschulen zu zählen sind[137], nur eine untergeordnete Rolle gespielt habe.

Das ist m. E. nur bedingt richtig. Die Einteilung ist an sich viel älter[138] und es scheint, als habe sie immer ein gewisses Eigenleben neben den andern scholastischen Distinktionen geführt, als sei sie sozusagen als Argument in der Reserve gehalten worden. Bei BARTOLUS erscheint sie einmal als Untereinteilung der verbietenden Statuten, und zwar in der

---

Unterwerfung der statuta personalia unter das Recht des Wohnorts einen Ausfluß der Territorialität darstelle. „Il ne semble donc pas qu'il y ait une contradiction à affirmer la territorialité des coutumes et à suivre la loi du domicile pour un individu ce qui n'est qu'un ... aspect différent de la territorialité" (S. 77). Das mag sein, wenn man – allerdings im Gegensatz zu NIBOYETS gewöhnlicher Auffassung – Territorialität in dem Sinne versteht, daß in einem Kollisionsfall die örtliche Beziehung zur Anknüpfung führt. Dann ist aber unverständlich, warum NIBOYET in der extraterritorialen Ausbreitung solcher, dem Boden ihre Anknüpfung verdankender Gesetze einen Gegensatz zur Territorialität, eine eng auszulegende Ausnahme sieht. Und vollends ist nicht einzusehen, welchen Unterschied es für das „effacement de la Coutume" machen soll, ob der Fremde sein Heimatrecht als Recht des Wohnsitzes oder einer sonstigen Gemeinschaft mitbringt.

Zu Unrecht bemüht sich NIBOYET, die Rolle des personalen Statuts zu verkleinern (S. 78). Es trifft zwar zu, daß die realia zahlreicher waren und daß zudem die Ehe in vielen – keineswegs allen – Beziehungen durch die Kirche geregelt wurde; dafür gab es jedoch Rechtsgebiete im Bereich der statuta personalia, die wir heute nicht mehr kennen: Statuten über den Stand als Sklave, Kolon, Fremder, Adliger, über Exkommunikation, bürgerlichen Tod, väterliche und eheliche Gewalt u. a.

So muß man die Bemühungen NIBOYETS zurückweisen, der D'ARGENTRÉ den Stempel seiner eigenen politischen Ideen aufdrücken will; aus dessen Abhandlung zum Kollisionsrecht lassen sich solche Schlußfolgerungen, wie sie NIBOYET zieht, auf jeden Fall nicht ableiten.

Gegen die herrschende Auffassung bereits AUBRY, Clunet 28 (1901) 271 und 643 ff.; MEIJERS, Beiträge 2 ff. und RECUEIL 567 ff. (MEIJERS weist neben vielen andern Gesichtspunkten auch darauf hin, daß der Richter in alter Zeit zur Vollstreckung fremder Urteile wegen ihrer Rechtskraft gehalten war, wie es etwa PETRUS JACOBI bezeugt [S. 97], welches Argument sich auch BARTOLUS zu eigen gemacht hat [Nr. 37] – also ein viel stärkerer Eingriff in die Souveränität des Richters und Gesetzgebers, als die Anwendung fremden Rechts bedeuten würde!); KOLLEWIJN 57 ff., der von der „Legende um D'ARGENTRÉ" spricht; MEYLAN 524; BONNICHON, Revue crit. 39 (1949) 615 ff. und *meine* Besprechung hierzu, RabelsZ 17 (1952) 496 ff.

[136] Den besten Beweis gegen die oben bekämpfte Auslegung des Werks D'ARGENTRÉS bildet vielleicht der Angriff, den JOHANNES VOET gegen D'ARGENTRÉ richtet (De statutis Nr. 8, s. unten S. 180): es sei keineswegs absurd und ungerecht, daß eine Person hier habilis und dort inhabilis sei; viel härter und absurder sei es, daß einem Richter das Gesetz eines andern, ihm nicht übergeordneten Gesetzgebers auferlegt werde.

[137] S. oben S. 49 Anm. 1. [138] S. oben S. 80 Anm. 30.

Dreiteilung Form, Sache, Person[139], sodann am Schluß der Abhandlung, soweit sie das Zivilrecht betrifft, und zwar nicht als Untergruppe der statuta permissoria, sondern unorganisch und selbständig, endlich auch bei den Strafurteilen[140]. BALDUS stellt sie an den Anfang seiner Abhandlung und greift sie für die strafenden Statuten wieder auf, um sich dann andern Kriterien zuzuwenden, wie auch in der „repetitio" die den Inhalt des Verfahrens betreffenden Statuten in reale und personale eingeteilt werden[141]. In dem Maße, in dem sich der Einteilung in reale und personale Statuten der Sinn von territorial – extraterritorial unterschiebt, ist sie überhaupt von der Natur vorgegeben und kann gar nicht erfunden, sondern nur gefunden werden; in der Zweiteilung erschöpft sich die Wissenschaft vom Kollisionsrecht überhaupt, nicht eines Zweiges oder einer Schule von ihr – wobei immer vorausgesetzt ist, daß die Fragestellung nach dem Bereich des Gesetzes im Raum und nicht nach der anwendbaren Rechtsordnung lautet[142]. Die Besonderheit der französischen Schule kann also nicht darin bestehen, daß sie alle Statuten in territoriale und extraterritoriale (wenn auch unter der Bezeichnung real – personal) eingeteilt hat, denn das haben die italienischen Statutisten der Sache nach auch getan. Dabei trifft es allerdings zu, daß die Fragen nach der Geltung des Statuts überhaupt und seinem persönlichen Bereich bei den Italienern eine sehr viel größere Bedeutung hatten als bei der französischen und niederländischen Schule[143], und daß deshalb das Bild, das die italienische Schule mit ihren dreifachen Fragen: gültig – ungültig, Fremde erfassend oder ausschließend, örtlich begrenzt oder extraterritorial, bietet, bunter und vielfältiger ist. Das Besondere der französischen Schule liegt vielmehr einmal im Terminologischen: sie hat die (gemeinsame) Fragestellung *nur* mehr mit dem Begriffspaar real – personal ausgedrückt und damit den bereits beschriebenen Bedeutungswandel endgültig vollzogen; sie ist wegen der soeben gestreiften Verringerung des Fragenkreises einheitlicher; das eigentlich neue bei ihr ist aber der Weg, den sie einschlägt, um den Bereich des Statuts zu bestimmen. Die italienische Schule verwendete hierzu eine Vielzahl von Kriterien; D'ARGENTRÉ kennt nur eines: die Beziehung zu Grund und Boden. Ob ein Statut permissivum oder prohibitivum, odiosum oder favorabile ist,

[139] S. oben S. 57 f.
[140] S. oben S. 60 Anm. 26 und S. 62.
[141] S. oben S. 62 und Anm. 30 daselbst, S. 63, 66.
[142] Vgl. oben S. 72 ff. Da beide Ansatzpunkte durcheinandergehen, war eine befriedigende Klassifizierung für die Statutisten nicht möglich.
[143] Hier ausgenommen vielleicht PAUL VOET.

ob es den consensus beeinflußt [144], ein impedimentum personale auferlegt oder nimmt, exorbitant ist oder mit dem gemeinen Recht oder der natürlichen Gerechtigkeit übereinstimmt, ob es correctorium juris communis ist und novum jus inducit: alles das tut D'ARGENTRÉ mit einer Handbewegung ab und begnügt sich mit *einer* Erwägung: wo ein Statut Grund und Boden betrifft, ist es territorial – wo ein Rechtsverhältnis Grund und Boden betrifft, ist es der lex situs unterworfen. Betrifft das Statut dagegen die Person universaliter abstracte ab omni materia reali, dann ist es extraterritorial, ein solches Rechtsverhältnis unterliegt der lex domicilii der Person. Durch diese Beschränkung auf *ein* Kriterium wird es überhaupt erst möglich, die Statuten in die zwei Klassen einzuteilen; wo man sie später verläßt, wird die Einteilung unwahr. Deshalb ist D'ARGENTRÉ der große Vereinfacher. Darin liegt seine Bedeutung für das Kollisionsrecht, die Erklärung seines großen Einflusses, der beweist, wie notwendig seine Lehre war, um aus dem juristischen Impressionismus der bartolinischen Richtung herauszukommen. Zwar ist die Einteilung der Statuten in solche, die Grundstücke, und solche, die Personen betreffen, nicht vollständig, und das ist zweifellos ein Mangel des Systems, aber sie gestattet doch die Entscheidung der eigentlich strittigen Fragen in einer für die richterliche Praxis annehmbaren Weise. Dieser Aspekt ist meines Erachtens in den Auseinandersetzungen um die Grundlagen der Lehre D'ARGENTRÉS viel zu sehr vernachlässigt worden. Man darf ihn nicht immer nur als den letzten Recken der Feudalität und als den eifersüchtigen Wahrer der rechtlichen Unabhängigkeit seines Landes sehen, er ist vor allem der hervorragende Vertreter der „noblesse de robe" [145], der oberste Richter und Gesetzgeber der Bretagne, dessen Anliegen es sein mußte, dem Richter klares und einfaches Recht zu geben; wie sollte er diesen auch dem Gewühl der hin- und herwogenden Meinungen der herzlich verachteten domini doctores überlassen, deren Argumente alles und nichts zu beweisen geeignet waren und denen es vielfach nur darum ging, „der übernommenen, nicht der gerechten Sache zum Sieg zu verhelfen", „ut nemo talibus se Maeandris possit explicare, nemo consensum elicere inter opiniationum cautes, dum suum quisque sensum, distinctiones et auctoritates diversorum diversas ingerit, et anfractuosis ambiviis plane labefactant, unde fit, ut incerti magistri incertiores lectores dimittant" [146]. Demgegenüber stützt D'ARGENTRÉ sich auf die über-

[144] Vgl. BALDUS zum Schenkungsverbot zwischen Ehegatten, oben S. 65.

[145] BARTIN, Principes I 137; vgl. oben S. 68 Anm. 48.

[146] „Chacun d'eux (der Doktoren) s'est essayé d'inventer quelque nouvelle opinion,

lieferte Praxis, die ihrerseits, von der Geltung der lex fori ausgehend, schon früh dem Faktor Grund und Boden eine wichtige Stellung eingeräumt hatte und die von D'ARGENTRÉ nun in der Anwendung der lex situs als solcher bestärkt wurde: „quae cum usu congruunt, receptissima tribunalibus et foro trademus"; nicht die modischen Neuerungen der Ultramontani, nicht das von keiner Verantwortung belastete Hin und Her der Advokaten bildete für ihn den Leitfaden einer gesunden Justiz, sondern Einfachheit, Voraussehbarkeit und Wahrung der Überlieferung.

2. *Elemente der französischen Schule bei Dumoulin.* – Es wurde bereits darauf hingewiesen, daß wir es mit zwei Dumoulins zu tun haben, deren einer als Praktiker, Anwalt und Kommentator des französischen Rechts eine der Praxis stark verhaftete, im übrigen nicht ganz durchsichtige Stellung inne hat. Daß diese Seite im Schaffen Dumoulins ihn der französischen Schule zuweisen würde, kann man unbedenklich bejahen; allerdings würden diese Beiträge ihn nicht über seine französischen Vorgänger MASUER, TIRAQUEAU und CHASSENEUZ hinausheben.

Das Consilium 53 ist für die Frage der Einordnung Dumoulins nicht aufschlußreich. Man kann nicht in dieses Gutachten, in dem Dumoulin als Anwalt im Interesse seiner Partei spricht, hineinlegen, daß hier aus *grundsätzlicher* Einstellung heraus ein Weg gesucht worden wäre, um die Realität der Coutumes zu umgehen; so wichtig dieses Consilium für die spätere Rechtsentwicklung geworden ist, so unergiebig ist es für die vorliegende Frage.

In die Geschichte des internationalen Privatrechts ist Dumoulin vielmehr als Theoretiker, als Professor des römischen Rechts, als Verfasser der conclusiones de statutis eingegangen; mit dessen Einordnung haben wir es zu tun.

Es ist nun nicht zu übersehen, daß Dumoulins Abhandlung sich von denen seiner Vorgänger wenn auch nicht so sehr in der Form[147], so doch in ihrem Inhalt unterscheidet[148]. Völlig neu ist die Haupteintei-

---

de multiplier les décisions, de faire de grands apparats en leurs lectures, comme si ... ils eussent voulu faire un amas de tout ce qu'ils sçavoient de bon" klagt auch COQUILLE, Coustume de Nivernois S. 4.

[147] Hier treffen die Bemerkungen von AUBÉPIN (oben S. 51 Anm. 9) zu.

[148] LAINÉ I 130, 237 spricht die von MEILI, NiemZ 9 (1899) 31 Anm. 71, aufgegriffene Vermutung aus, daß auf die Abhandlung Dumoulins die Skizze des JOHANNES FABER (s. oben S. 89 Anm. 70) von Einfluß gewesen ist. Eine gewisse Ähnlichkeit besonders in dem ebenfalls knapp gehaltenen Mittelteil der Abhandlung ist unverkennbar. FABER beginnt mit einer sehr ausführlichen Exegese der Worte „Cunctos

lung der Statuten in solche, die dispositives, und solche, die zwingendes Recht zum Inhalt haben [149], – wenn auch Fäden in die Vergangenheit reichen [150]. Dumoulin ist damit allein geblieben, seine Nachfolger haben diese Einteilung nicht aufgegriffen; in der Tat ist sie, so wichtig sie für die Frage der (materiellen) Verweisungsfreiheit der Parteien auch ist, für die Bestimmung des Anwendungsbereichs des Statuts unergiebig.

Weiter sind die conclusiones de statutis auch viel knapper und straffer gehalten als ihre italienischen Vorläufer. Dadurch gewinnt der Rahmen, das System, gegenüber den diesen Rahmen ausfüllenden Einzellösungen an Gewicht. Dumoulin wollte wohl weniger strittige Fragen entscheiden als in den Grenzen, die jeder Vorlesung gesetzt sind, seinen Hörern ein Bild, eine Übersicht der möglichen Gesichtspunkte bieten, die für die Lösung der praktischen Schwierigkeiten in Frage kamen – wenn auch nicht immer zum Vorteil des Verständnisses für die Lösungen, die er in diesen Rahmen hineinstopft, was im Verein mit der mangelnden Klarheit der Begriffe zu den angezeigten Widersprüchen geführt hat und dem unbefangenen Leser die Darstellung verleidet [151].

---

populos quos", die allein etwa die Hälfte des Umfangs der Dissertation ausmacht. Darauf erläutert er den Satz „Statutum non ligat non subditos" und unterscheidet 1. Deliktsrecht, 2. Vertragsrecht, 3. anderes.

Unter 1 finden sich die bekannten Erwägungen über Kenntnis oder Unkenntnis des Statuts durch den Fremden. Im Vertragsrecht unter 2 wird unterschieden: a) quoad causae decisionem gilt das Recht des Orts des Vertragsschlusses, b) quoad causae ordinationem die lex fori. In dem Falle, wo eine Klage nicht ex contractu, sondern ex distractu erwachse (z. B. aus der Verschleuderung der Mitgift), gelte die lex loci distractus. Unter 3 wird unterschieden, ob das Statut die Sache oder die Person betreffe: in ersterem Fall gilt die lex situs, im zweiten ist anders zu entscheiden.

In der weiteren Abhandlung untersucht FABER die Zuständigkeit des Richters: für reale Klagen muß man sich an den Richter des Orts der Belegenheit und für personale Klagen an den Richter des Wohnsitzes des Beklagten wenden.

Es folgen erbrechtliche Erörterungen; für die Förmlichkeiten des Testaments gilt das Statut des Errichtungsorts, die Erbfolge und -teilung richtet sich nach der jeweiligen lex situs; in lehnsrechtlichen Erbfragen gilt dagegen das Recht des Lehnsgebers (anders Dumoulin, s. oben S. 18 Anm. 1).

Den Abschluß bilden weitere prozeßrechtliche Erörterungen.

[149] Hierauf weist bereits ROLIN I 65 mit Recht hin.

[150] Vgl. oben S. 100.

[151] Vgl. LAINÉ I 242, 248. Dies bestreitet MEYLAN 511 ff. Diese außerordentlich scharfsinnige Darstellung will beweisen, daß da, „wo ein Dumoulin spricht, eine Doktrin sein" müsse (S. 512). MEYLAN analysiert die einzelnen Elemente der Dumoulinschen Abhandlung von dem Standpunkt aus, den die heutige Zeit mit ihrer Klärung der Begriffe erreicht hat; seine Untersuchung teilt sich in die Frage nach dem Gegenstand der Statuten und nach ihrem örtlichen und persönlichen Geltungsbereich, übersieht aber dabei, daß Dumoulin eben nicht die drei Begriffspaare real - personal, subditi - exteri und territorial - extraterritorial sauber geschieden hat; so ist seine Dar-

Dank dieser Straffung kommt der Einteilung der zwingenden Gesetze in reale und personale in der Tat ein größeres Gewicht zu, als das etwa bei BARTOLUS der Fall ist.

IV. *Die Einordnung Dumoulins: Ergebnis*

Nach dem Vorangegangenen kann es doch nicht als zweifelhaft erscheinen, daß Dumoulin als der letzte Vertreter der BARTOLINIschen Schule anzusehen ist. Das Wesen des Unterschieds der beiden Schulen wurde nicht in ihrer Arbeitsweise schlechthin – hie analytisch, hie synthetisch –, auch nicht in der Betonung der Zweiteilung der Statuten allein, weder in der Rolle der Souveränität noch im wirtschaftlich-sozialen Unterbau des Kollisionsrechts[152] gesehen, sondern in den Kriterien, deren sich ihre Vertreter bedienen, um den Anwendungsbereich eines Statuts festzulegen oder die Anknüpfung eines Rechtsverhältnisses vorzunehmen. Dumoulin hat die seinen der Rüstkammer der italienischen Schule entnommen und unterscheidet sich damit von D'ARGENTRÉ, dem Begründer und eigentlich einzigen wirklich echten Vertreter der französischen Schule in Frankreich, von dessen Nachfolgern BURGUNDUS und RODENBURG und den Fortsetzern seiner Lehre in der niederländischen Schule, VOET Vater und Sohn. Dabei muß man natürlich immer im Auge behalten, daß dem vielfältigen Strom des Lebens eine Einteilung in Phasen, Schulen, Klassen niemals bis ins letzte gerecht werden wird, denn es ist ja *eine* Entwicklung, die sich von BARTOLUS über Dumoulin und D'ARGENTRÉ zu VOET und unserer Zeit hinzieht und in der jeder in größerem oder geringerem Maße vom Erbe eines jeden seiner Vorgänger zehrt.

§ 4

Dumoulin als Schöpfer des Begriffs der Parteiautonomie

Dumoulin gilt als der Begründer der Lehre, daß im Vertragsrecht das anwendbare Recht durch die Wahl der Parteien bestimmt werden kann (Grundsatz der Wahlfreiheit oder Parteiautonomie)[1]. Die Ansicht ist

---

stellung weniger die Doktrin Dumoulins als die Ansicht MEYLANS von dem, was Dumoulin verständigerweise gemeint haben könnte.

[152] S. oben S. 52 Anm. 15.

[1] LAINÉ I 229: „Dumoulin s'élève au principe qui doit dominer la matière: dans le

jedoch nicht unbestritten; schon früh hat es nicht an zweifelnden Stimmen gefehlt[2].

Im folgenden soll durch Textkritik der conclusiones de statutis und des Consilium 53 untersucht werden, ob Dumoulin den Gedanken, die Entscheidung der Frage nach dem auf den Vertrag anwendbaren Recht den Parteien zu überlassen, zum Ausdruck gebracht hat. In einem späteren Abschnitt (unten S. 202 ff.) soll dann geprüft werden, ob etwa seine Nachfolger einen solchen Gedanken bei ihm aufgegriffen und weiter entwickelt haben.

Vorauszuschicken ist zunächst, daß unter „Parteiautonomie", „Wahlfreiheit", die Lehre verstanden wird, daß die Parteien im System des Verweisungsrechts die Freiheit haben, das Recht zu wählen, das auf ihren Vertrag anwendbar sein soll (kollisionsrechtliche Verweisungsfreiheit, autonomie de la volonté). Nicht soll darunter die Befugnis der Parteien verstanden werden, den Vertrag inhaltlich durch Verweisung auf ein fremdes Recht, aber in den Grenzen des an sich anwendbaren Wirkungsstatuts auszugestalten (materiellrechtliche Verweisungsfreiheit, liberté des conventions). Nur die erstere gehört zum Verweisungsrecht und trifft die Wahl zwischen mehreren örtlichen Rechten, während die letztere eine oft der Auslegung verwandte Frage des Inhalts des Vertrages bildet.

Dumoulin fand als Rechtszustand die Herrschaft der lex loci contractus über Verträge[3] vor; locus contractus war bald der Abschluß-, bald

---

domaine des contrats, la volonté des Parties est souveraine; lorsqu'elle n'est pas exprimée, il faut la chercher, car jus est in tacita et verisimiliter mente contrahentium"; Meili, Lehrbuch 93: „Insbesondere betont er (Dumoulin), der Wille der Parteien sei in erster Linie entscheidend; damit stellt er unsere Disziplin auf eine neue Warte"; Weiss, Traité III 24; Niboyet, Traité V 39 spricht von einem „renversement complet"; Lerebours-Pigeonnière, Précis 305, 442 (Zurückführung auf das Cons. 53); Valéry 504 Anm. 2; Pillet 44; Caleb 134 ff., 142, 165 (mit Einschränkungen): „Dumoulin est le premier jurisconsulte qui ait formulé, en termes exprès, l'idée d'autonomie. Il s'est rendu compte, que cette idée avait la valeur d'un principe. Il n'est pas l'auteur d'une véritable théorie de l'autonomie de la volonté en droit international privé"; Laborderie, Clunet 1912, 81; Gutzwiller 321; Nussbaum 22, 215; M. Wolff 14 Anm. 12; Riezler, Internationales Zivilprozeßrecht 75; Niederer 44; Moser 135; (zurückhaltend) Raape, Lehrbuch 109 usw.

[2] Vor allem Dreyfus, L'acte juridique en droit international privé 135 ff.; Batiffol, Contrats 22; Rolin I 65.

[3] Die Lehre von der Geltung der lex loci contractus taucht schon Ende des 12. Jhdts. bei den italienischen Kanonisten auf, Neumeyer II 135; ihr folgen Jacques de Révigny, Meijers, Beiträge XVII, Wilhelm Durantis, Meili, NiemZ 9 (1899) 27, Joh. Faber, oben S. 109 Anm. 148, Pierre de Belleperche, Lainé I 121, Meijers, Beiträge XXII f., Bartolus, Salicet (s. oben S. 29 Anm. 35 und folgende Seite); nach

der Erfüllungsort, was man mit den leges si fundus und contraxisse begründete [4]. Daneben hatte sich für Eheverträge seit früher Zeit die Herrschaft der lex domicilii des Ehemanns erhalten [5]. Auch Dumoulin teilt an manchen Stellen seines Werks jene Ansicht [6].

Unbestritten war weiter, daß sich die Haftung für die Verpflichtung aus einem Vertrag auf alle Güter der Vertragschließenden erstreckte [7]; als Erklärung findet man hierfür zuweilen, daß die Handlung dem Menschen überallhin folge. Ein stillschweigender Vertrag hatte dieselbe Wirkung wie ein ausdrücklich geschlossener.

Da hier der Parteiwille untersucht werden soll, ist weiter darauf hinzuweisen, daß den Statutisten die Begründung der Geltung einer Verweisungsnorm mit der freiwilligen Unterwerfung der Parteien unter das von der Regel bezeichnete Gesetz geläufig war. Zwar ist es gefährlich, auch hier von Parteiautonomie zu sprechen, denn während die freiwillige Unterwerfung hier nur ein Argument, eine nachträgliche Rechtfertigung einer auf anderem Wege gefundenen allgemeinen Verweisungsnorm bildet [8], soll die eigentliche Parteiautonomie gerade an die Stelle dieser

---

Paul de Castro (gest. 1441, Schüler des Baldus, vgl. Savigny, VI 246 ff.) gilt die Regel, weil „talis contractus dicitur ibi nasci ubi nascitur" (das dürfte schlecht überliefert sein, soll wohl heißen paciscitur) „et sicut persona ratione originis ligatur a statutis loci originis, ita et actus" lt. Lainé I 189. Rochus Curtius erklärt sie mit einer Unterwerfung der Parteien, s. folgende Seite und Lainé I 203 ff., 205. Auch die Rechtspraxis folgt seit langem der Geltung der lex loci contractus, Meijers, Beiträge 41 ff.

Zur Dogmengeschichte vgl. Batiffol, Contrats 20 ff., Caleb 129 ff.

Im ältesten flandrischen und nordfranzösischen Recht findet sich eine ausschließliche Zuständigkeit des Richters des Orts, an dem der Vertrag (unter Mitwirkung von Schöffen) geschlossen worden ist, Meijers, Beiträge 47 ff., 49 Anm. 1 und Recueil 583.

[4] S. oben S. 24 Anm. 24 und S. 26 Anm. 31.

[5] S. oben S. 28 Anm. 34.

[6] § 12 Glosse VII Nr. 37, O. o. I 224 (§ VII Nr. 34 der alten Coutume, Ausgabe von 1575 S. 190): „In concernentibus contractum et emergentibus tempore contractus (debet inspici) locus in quo contrahitur"; vgl. Challine, Méthode générale 296, wo Dumoulin auch als Vertreter der lex loci contractus bei zufälligem Abschlußort zitiert wird, soweit nicht fraude oder dol vorliege.

S. auch O. o. III 741, oben S. 21 Anm. 13.

[7] Abwegig daher Niboyet, L'autonomie de la volonté, Recueil 16 (1927 I) 9: (Zu Zeiten Dumoulins) „on était véritablement géné pour assurer aux contrats, et, en particulier, au contrat de mariage, un effet extraterritorial". Man vergleiche statt aller Dumoulin: „in sano intellectu nullum habet dubium quin ... quilibet contractus ... ligat personam et res disponentis ubique" Cons. 53 Nr. 2; auch Anm. zu Art. 1 Kap. 15 der Coutume der Auvergne, O. o. II 748; oder d'Argentré: „Quod conventione aut pacto inter contrahentes convenit nullis metis includitur" Nr. 33, s. unten S. 203; und Bartolus: „... ut condemnat aliquem occasione praecedentis obligationis, quae ligat reum obligatum in omni loco", Nr. 41 a. E. Mißverständlich auch Moser 134 zu Anm. 25.

[8] Vgl. Batiffol, Contrats 22 „Le plus frappant est que lui (Dumoulin) aussi ne

Norm treten und sie entbehrlich machen; aber da beide Erscheinungen meist nicht genügend getrennt werden, soll sie hier mitbehandelt werden. BARTHOLOMÄUS VON SALICET [9] macht die Unterwerfung der Parteien unter das durch die Verweisungsnorm bezeichnete Gesetz zum beherrschenden Grundsatz seines Systems des internationalen Privatrechts; der Bürger ist den Gesetzen seines Landes unterworfen, weil „cives omnes etiamsi in condendo hanc legem non interfuerunt, finguntur tamen huic legi consensisse"; man kann auf eine Person im Ausland die Strafgesetze seines Staates anwenden, die auch am Tatort gelten, „quia jus quod putavit aequum etiam in patria sua, debuit putare fuisse in aliena"; ebenso wendet er das Heimatrecht des Erblassers für die Erbfolge an, weil er „secundum illa vivere et mori voluit" [10]. ROCHUS CURTIUS begründet die Herrschaft der lex loci contractus über den Vertrag damit, daß die Parteien ihr stillschweigend zugestimmt hätten [11]. Es gibt wohl keine Regel des internationalen Privatrechts, die nicht im Laufe der Zeit mit der freiwilligen Unterwerfung der Parteien unter das von ihr bezeichnete Gesetz begründet worden wäre: mit diesem Argument erhärtet Dumoulin die Anwendbarkeit statutarischen Strafrechts auf den Fremden [12] und die Anwendung der lex situs des geschenkten Gegenstandes auf den Umfang einer Schenkung zwischen Ehegatten [13], CHARONDAS die Maßgeblichkeit der lex domicilii für die Person, der lex loci contractus für das Vertragsrecht [14], RENUSSON die Herrschaft der lex situs über den douaire [15], PECK der lex situs über die Erbfolge kraft vermuteten Willens des Erblassers [16], BURGUNDUS die Herrschaft der lex loci contractus über das Vertragsrecht und des Rechts des Lehnshofs über die Erbfolge in Lehen [17], HERT und BACHOV die Herrschaft der lex domicilii über das Erbrecht [18], PAUL VOET die Herrschaft der lex loci contractus über Form

---

l' (das Prinzip der Wahlfreiheit) envisage que comme l'explication à posteriori d'une solution pratiquement utile mais non ... comme un principe évident de soi". Ähnlich KNECHT 123.

[9] S. oben S. 29 Anm. 35.

[10] SALICET Nr. 14, 7, 13, lt. MEIJERS 634 ff. NIBOYET, Traité V 38 Anm. 4 erhebt sich gegen diese Ansichten von MEIJERS, die ihm das geistige Urheberrecht Dumoulins in Fragen der Parteiautonomie zu gefährden scheinen. Der Streit wäre nicht entstanden, wenn unterschieden würde zwischen Begründung einer Verweisungsnorm (so SALICET) und ihrer Ersetzung durch den Parteiwillen (so angeblich Dumoulin).

[11] S. oben Anm. 3. Ebenso MEVIUS, unten S. 226.

[12] S. oben S. 41. [13] S. oben S. 48.

[14] S. unten S. 113 und S. 208 Anm. 23.

[15] S. unten S. 148. [16] S. unten S. 152 zu Anm. 9.

[17] S. unten S. 214 und S. 157. [18] S. unten S. 170.

und Inhalt des Vertrags und der lex loci delicti commissi über das Strafrecht [19], BOULLENOIS die Maßgeblichkeit der lex situs für den Gewinst des Mannes an der Mitgift [20], SAVIGNY endlich die Herrschaft der lex domicilii über die persönlichen Verhältnisse, der lex situs über das Sachenrecht, der lex domicilii des Erblassers über das Erbrecht, wie seinen ganzen Katalog verschiedener Anknüpfungen im Bereich des Obligationenrechts [21].

Nicht identisch mit dieser Beweisführung aus der vermuteten Unterwerfung der Rechtsträger unter das Gesetz ist – wenn die Übergänge auch vielfach flüssig sind – die Berufung auf einen stillschweigenden Vertrag der Parteien. Während obiges Argument eine nachträgliche Rechtfertigung einer (auf anderm Wege gefundenen) Kollisionsnorm bildet, dient der stillschweigende Vertrag dazu, den Inhalt eines Gesetzes zum Vertragsinhalt zu erheben und damit an dessen extraterritorialen Wirkungen teilhaben zu lassen – also im Rahmen der auch dem Vertrag durch das ihn beherrschende Recht gezogenen Grenzen [22].

Untersuchen wir nun, ob zu dem von Dumoulin vorgefundenen Zustand von ihm neue Elemente hinzugefügt worden sind.

1. Im zweiten Abschnitt der conclusiones de statutis „In his quae pendent a voluntate partium" beginnt Dumoulin mit der Frage nach dem auf ein Grundstück anzuwendenden Maß. Wie Dumoulin selbst erkennt – er sagt, daß das Problem hier magis facti quam juris est [23] –, geht es nicht um die eigentlich anwendbare Rechtsordnung, sondern vielmehr um die Auslegung des Vertrags oder Testaments, in dem die zweideutige Maßbezeichnung enthalten ist. Man kann die Verweisung auf ein Maß wohl auch nicht der Verweisung auf ein Gesetz gleichbehandeln. Mit diesem Hinweis hätte Dumoulin hinreichend begründet gehabt, warum er die lex si fundus in einem solchen Falle nicht anwenden wollte; stattdessen begeht er einen schweren Denkfehler: er lehnt sie ab, weil es sich bei der lex si fundus um die Leistung einer persönlichen Gewährschaft handele, während das Maß dem Grundstück anhänge und real sei. Mit diesem Kunstgriff erreicht er zwar, daß auf das Maß die örtliche Rechts-(oder vielmehr Maß-)Ordnung angewendet wird, muß aber der lex si

---

[19] S. unten S. 175 Anm. 16 und S. 218 Anm. 62; De statutis XI. I. Nr. 1.

[20] S. unten S. 231; Dumoulin hatte aus dem Grund eines stillschweigenden Vertrags die erste lex domicilii gelten lassen wollen, vgl. oben S. 29 ff.

[21] S. unten S. 255.

[22] Auch SAVIGNY, System VIII 110 fühlt den Unterschied, ohne ihn allerdings deutlich zu machen.

[23] S. oben S. 24.

fundus als Kollisionsnorm einen Charakter beilegen, der nur einer materiellrechtlichen Norm zukommen kann. Von zweien eins: entweder geht man, wie es Dumoulin in diesem Abschnitt trotz der irreführenden Überschrift tut, vom Rechtsverhältnis, d. h. vom Vertrag, aus: dann verweist die lex si fundus als Kollisionsnorm[24] auf das Recht des Abschlußorts, und erst diese Gesetze können realen oder personalen Charakter haben; oder man fragt nach dem Geltungsbereich der das Maß usw. bestimmenden Statuten: dann ist die lex si fundus heimatlos, da dort, wo sich der Geltungsbereich des Statuts aus seinem jeweiligen Charakter ergibt, für (eigentliche, „allseitige") Verweisungsnormen kein Raum ist. Das Prinzip der Wahlfreiheit der Parteien läßt sich überhaupt nur in ein System einbauen, das nach dem anwendbaren Gesetz fragt; wo man hingegen auf den Willen des Gesetzes, angewendet oder nicht angewendet zu werden, abstellt, ist für den Willen der Parteien kein Raum.

Weiter behandelt Dumoulin die Reise des Tübinger Bürgers, der sein Tübinger Grundstück verkaufen will, durch Italien. Um ihn nicht nach dem Recht des zufälligen Abschlußorts haften lassen zu müssen, wird die lex si fundus wiederum mit dem gleichen Gedankensprung ausgeschaltet: die in Italien geltenden Statuten über die Eviktionshaftung und Bürgengestellung seien personal und bänden den Tübinger Fremdling nicht.

Diese Lösung ist an sich verständig; wenn aber alle Rechtsverhältnisse, in diesem Fall der Grundstücksverkauf, bereits durch den jeweiligen Charakter der örtlichen oder der am Wohnsitz der Parteien geltenden Gesetze geregelt werden, wozu bedarf es dann einer Verweisungsnorm auf ein anwendbares Recht? Und wenn es dieser Norm nicht bedarf, um wieviel weniger kann es dann auf den Willen der Parteien ankommen!

Dumoulin will jedoch die Geltung der lex si fundus als Kollisionsnorm gar nicht ausschalten. Das beweisen seine folgenden Ausführungen. Eine verständige Auslegung dieses Gesetzes, sagt er, zeige, daß unter „Abschlußort" der gemeinsame Wohnsitz der Parteien verstanden werden müsse. Er vertritt also auch hier, wie seine Vorgänger, den Standpunkt, daß das anwendbare Recht durch den Vertragsort bestimmt wird, nur daß er den zufälligen Abschlußort ausschalten und es stetigeren Kriterien überlassen möchte, was unter „Vertragsort" zu verstehen sei.

---

[24] Außer Betracht bleibt natürlich, daß diese lex im römischen Recht nicht den Charakter einer Kollisionsnorm hatte; es kommt nur darauf an, daß Dumoulin sie zunächst in dieser Eigenschaft gebraucht, um sie alsbald wieder als sachlichrechtliche (personale) Norm zu behandeln.

Er gedenkt auch hier nicht des Willens der Parteien – Recht des „Vertragsorts" ist ihm für den „Normalfall bei Grundstücksverkäufen, daß am Wohnsitz der Parteien abgeschlossen wird", das Recht am gemeinsamen Wohnsitz der Parteien.

Nun ist nicht zu leugnen, daß am Anfang des Abschnitts der Satz steht „quinimo jus est in tacita et verisimili mente contrahentium". Man darf jedoch nicht vergessen, worauf bereits ROLIN hingewiesen hat[25], daß der ganze Abschnitt dem dispositiven Recht gewidmet ist; daß aber Verträge materiellrechtlich bindend sind und „Recht setzen zwischen den Parteien"[26], war anerkannt und Gemeingut von Wissenschaft und Praxis. Daß Dumoulin mit diesem Satz gemeint haben soll, der Parteiwille gebe eine kollisionsrechtliche Anknüpfung, ist gänzlich unwahrscheinlich. Er wollte vielmehr einen Hinweis dafür geben, daß im Gebiet des Vertragsrechts die an sich gegebene Strenge des Gesetzes durch eine weitergehende Berücksichtigung des Willens der Parteien aufgelockert werde. Dieser Gedanke ist durchaus fruchtbar und hat in der Folgezeit dazu geführt, daß man von einer blinden Heranziehung der lex loci contractus für die nicht ausdrücklich geregelten Teile des Vertrages abgegangen ist und seine einzelnen Bausteine mit etwas größerer Beweglichkeit auf Auslegungshinweise untersucht hat; insofern ist Dumoulin tatsächlich ein Fortschritt in der Behandlung der Verträge zu verdanken. Aber ein „renversement complet", eine „neue Warte" ist das nicht, und alle die Forscher, die daraus nun schließen, daß Dumoulin die Wissenschaft vom *internationalen* Vertragsrecht um den Gedanken der Autonomie der Parteien bereichert habe, übersehen, daß in diesen Stellen eine kollisionsrechtliche Anknüpfungsregel nicht gesehen werden kann. Auch die Überschrift „in his, quae pendent a voluntate partium" usw. sagt genau genommen nur: für das, was im Einzelfall zwischen den Parteien als vereinbart gilt, was Inhalt ihres Vertrags sein soll, sind zur Auslegung heranzuziehen: das Recht des Abschlußorts, das Recht des Wohnorts oder andere Gesichtspunkte. Irreführend ist die ungenaue Ausdrucksweise Dumoulins, der von dem Gesetz des Abschlußorts usw. als einem Umstand des Parteiwillens spricht; allenfalls könnte man die Tatsache, daß die Parteien an diesem oder jenem Ort wohnen oder abschließen, als einen Umstand ihres Willens ansehen, der das anwendbare Recht bestimmt; aber gerade eine solche Annahme würde bedeuten, daß der Parteiwillen erst über den Umweg

---

[25] S. oben S. 111 Anm. 2 a. E.

[26] Vgl. Art. 1134 Code civil und oben S. 28 Anm. 33.

des Abschlußorts oder Wohnorts Bedeutung erlangt und nicht von sich aus zur Anknüpfung führt[27].

Im folgenden wird die Frage, welches Recht gelten soll, wenn die Vertragschließenden verschiedene Wohnsitze haben, „ex aequo et bono" entschieden, d. h. Dumoulin sucht den Vertrag nach Billigkeit zu lokalisieren. Auch hier knüpft er nicht an den Willen der Parteien an, sondern unterstellt ihn, weil es sich der Betreffende selber zuzuschreiben habe, wenn er einen andern Willen nicht zum Ausdruck bringe.

Als weiteres Argument dient, daß die Parteien das Gesetz zum Inhalt ihres Vertrags erheben wollten – der „deus ex machina" aller Zeiten, wie MEIJERS[28] sagt.

Örtlicher Schwerpunkt für die Dotalverträge ist das erste Domizil der Ehegatten, d. h. des Mannes. Weil die Parteien verabsäumt haben, anderes ausdrücklich zu bestimmen, wie sie es gekonnt hätten, sollen die Bestimmungen des Rechts, unter dem sie zu leben begonnen haben, als stillschweigend vereinbart gelten. Hier handelt es sich, wie bei dem ähnlich gelagerten Problem des Consilium 53 (s. unten S. 119), jedoch um nichts Verweisungsrechtliches, sondern um die Auslegung eines tatsächlichen Verhaltens – des Stillschweigens und praktischen Lebens nach dem Gesetz – als rechtserhebliche, einen stillschweigenden Vertrag begründende Tatsachen. Welchem Recht dieser Vertrag unterliegt, ist damit nicht gesagt. Es versteht sich keineswegs von selbst, daß dies das Recht des Domizils des Mannes ist, wenn der stillschweigende Vertrag auch inhaltlich aus diesem hervorgegangen ist, denn es kann sehr gut sein, daß bei späterem Wechsel des Wohnsitzes der Inhalt dieses Vertrags sich gegenüber zwingenden Vorschriften des neuen Wohnsitzrechts nicht durchsetzen kann. Auch hier bewegt sich alles im Rahmen der materiellen Vertragsfreiheit der Parteien und nicht ihrer kollisionsrechtlichen Verweisungsfreiheit – zumindest ist nichts dergleichen ersichtlich. Der Schluß auf den stillschweigenden Vertrag steht und fällt zudem mit der rechtlichen Möglichkeit, anderes zu vereinbaren. Hier soll aber die stillschweigende Bezugnahme auf das Recht des ersten ehelichen Wohnsitzes schon nicht mehr genügen, um Bestimmungen dieses Rechts von „absolutem, prohibitivem" Charakter mit vertraglicher Kraft auszustatten; hierzu bedürfe es einer ausdrücklichen Vereinbarung dieser gesetzlichen Bestimmungen. Dumoulin will damit offensichtlich sagen, daß von sol-

---

[27] Vgl. zu ähnlich gelagerten Überlegungen der heutigen Zeit HAUDEK 33.

[28] MEIJERS 643.

chen Vorschriften die stillschweigende Übernahme nicht vermutet werden könne; auch dies eine Frage der Auslegung des Vertrags und nicht seiner verweisungsrechtlichen Anknüpfung [28a]. Der Gedanke, die Parteien hätten die Macht, das Recht zu wählen, dem sie ihre Vereinbarungen zu unterstellen wünschen, steht Dumoulin noch gänzlich fern. Eine echte Wahlfreiheit der Parteien müßte sich dort bewähren, wo das gewählte Recht auf prohibitives örtliches Recht stößt. Davon spricht Dumoulin nicht und hat auch keine Veranlassung dazu, da er ja über nachgiebiges Recht berichtet; es kann aber mit Sicherheit angenommen werden, daß Dumoulin niemals die Gültigkeit einer vertraglichen Bestimmung anerkannt hätte, die gegen zwingende örtliche Gesetze verstieße [29]. Sobald er wieder auf den Charakter der Statuten als prohibitive usw. abstellt, verläßt er zudem den Boden, auf dem allein eine Theorie der Parteiautonomie denkbar ist.

Auch der Satz „provisio hominis facit cessare provisionem legis" bezieht sich nur auf die den Menschen eingeräumte Möglichkeit, vom Gesetz Abweichendes zu vereinbaren, setzt jedoch voraus, daß an sich ein Gesetz gegeben ist; ganz dasselbe sagt D'ARGENTRÉ [29a] (s. oben S. 28 Anm. 33), nur daß er durch die Worte „in permissis" deutlich macht, daß die Voraussicht der Menschen das Gesetz nur in den vom Gesetz gezogenen Grenzen abändern kann.

Eine kritische Würdigung des Textes der conclusiones de statutis zeigt demnach, daß aus ihm der Grundsatz der Wahlfreiheit der Parteien im Kollisionsrecht nicht zu entnehmen ist. Dumoulin hat lediglich die Strenge des Satzes von der Anwendung der lex loci contractus in ihrer Ausschließlichkeit gemildert, indem er durch neuartige Auslegung der lex si fundus die Anwendung des Rechts des zufälligen Abschlußorts ausgeschlossen hat [30] – nicht hat er die lex si fundus als Kollisionsnorm durch die Anknüpfung an den Parteiwillen ersetzt. Er hat die durch die

---

[28a] Das verkennt MOSER 134 f.

[29] Im Cons. 53 hat Dumoulin keinen Anlaß, diese Frage zu behandeln, da im Gebiet von Lyon kein die Gütergemeinschaft verbietendes Statut bestand; wohl aber kannte das normannische Recht ein solches ausdrückliches Verbot (vgl. oben S. 43 Anm. 5). Die Autoren, die die Dumoulinsche Theorie der Gütergemeinschaft übernehmen, zögern deshalb fast durchweg, sie auf normannische Errungenschaften anzuwenden, vgl. etwa unten S. 147. Irrig CALEB 140 f., Dumoulin habe den ganzen Bereich des Vertragsrechts dem Parteiwillen unterworfen und die Begriffe des zwingenden und nachgiebigen Rechts seien ihm nicht gegenwärtig gewesen (diese bilden im Gegenteil die Haupteinteilung der conclusiones de statutis!).

[29a] Aber auch nicht mehr: irrig daher MOSER 135 zu Anm. 35.

[30] So auch BATIFFOL, Contrats 23; DELAUME 282.

Ausschaltung der lex si fundus in diesen Fällen entstandene Lücke durch Erwägungen ex aequo et bono ausgefüllt; schließlich hat er in dem Bereich, in welchem ausdrückliche Verträge geschlossen werden können, den Geltungsbereich gewisser Statuten durch ihre „Privatisierung" mit Hilfe der Unterstellung eines stillschweigenden Vertrags erweitert. In diesem Schluß vom Statut auf den Vertrag kann aber eine Regel für das auf den Vertrag anwendbare Statut nicht gesehen werden.

2. Auch dem Consilium 53 ist eine Lehre von der Parteiautonomie nicht zu entnehmen. Wie bereits dargestellt, ist der Gedankengang Dumoulins kurz folgender: die Eheleute de Ganey hätten die Möglichkeit gehabt, durch einen Ehevertrag das an ihrem Pariser Wohnsitz geltende Ortsrecht abzuändern; dies haben sie unterlassen und werden deshalb so angesehen, als hätten sie es zum Inhalt eines stillschweigenden Vertrags erhoben; tatsächlich hätten sie alle ihre Güter gemeinsam gehabt; durch Taten könne aber ebenso wie durch Worte eine (Ehe-)Gesellschaft begründet werden; ebenso nun, wie sich ein ausdrücklich geschlossener Ehevertrag auf alle Güter der Eheleute erstreckt hätte, sei das auch bei dem stillschweigenden, nur auf Taten beruhenden Vertrag der Fall; wenn damit tatsächlich das Pariser Gesetz extraterritoriale Wirkung erhalte, so nur deshalb, weil es als Teil des Vertrags gelte: „consuetudo inest contractui non tanquam lex publica ... nec per modum legis ..., sed tanquam pars contractus, et lex privata et conventionalis a contrahentibus volita, inducta et disposita" (Nr. 4).

Es handelt sich also auch hier nicht um die Frage der Wahlfreiheit, sondern darum, ob aus gewissen tatsächlichen Gegebenheiten das Vorhandensein eines Vertrags zu erschließen ist, der zumindest stillschweigend gewollt ist; damit ist noch nicht entschieden, ob die Parteien, das Vorhandensein des Vertrags vorausgesetzt, auf das darauf anwendbare Recht Einfluß nehmen können. Dumoulin sagt keineswegs, daß es vom Willen der Parteien abhängen soll, welchem Recht dieser stillschweigende Vertrag über das eheliche Güterrecht unterworfen ist, sondern erklärt, daß das Recht des ersten ehelichen Wohnsitzes gilt, ohne zu erwägen, daß die Parteien anderes gewollt haben können. Daß er damit mehr sagt, als durch seine Begründung mit dem stillschweigenden Vertrag gedeckt ist, daß er nämlich nicht nur den Inhalt des Vertrags aus dem Inhalt der Coutume am Wohnort der Ehegatten bestimmt, sondern damit auch das Vertragsstatut festlegt, also eine verweisungsrechtliche Anknüpfung vornimmt, erkennt er nicht.

Dumoulin scheint sich auch Gedanken gemacht zu haben, ob jegliche Norm zum Inhalt einer solchen stillschweigenden Vereinbarung erhoben werden kann. In den conclusiones de statutis sehen wir drei Arten von Statuten: solche, deren Ausdehnung durch tacitum pactum herbeigeführt werden kann, solche, die absolut, prohibitiv sind, aber doch durch ausdrückliche Vereinbarung überall wirksam werden können, und solche endlich, die überhaupt jeder Ausdehnung unzugänglich sind, weil sie mit dem gemeinen Recht in Widerspruch stehen[31]. Im Consilium 53 deuten gewisse Stellen darauf hin, daß Inhalt eines tacitum pactum nur personale Normen werden können: „(statutum) non est directo super bonis, sed est primario et directo super actu et dispositione personarum contrahentium matrimonium... unde non est inconveniens quod in consequentiam et per indirectum habet effectum ubique". Wir sehen also hier Dumoulin zum Hilfsmittel der Personalität greifen, um den extraterritorialen Charakter des zwischen den Gatten begründeten Rechtsverhältnisses zu untermauern. Wenn aber das Statut über das eheliche Güterrecht personal ist, dann ist die Konstruktion eines tacitum pactum entbehrlich; daß die Wirkungen eines Vertrags außerhalb der Einteilung der Statuten stehen, hat Dumoulin offensichtlich gar nicht erkannt; er wird auch hier, wie oben S. 115, zu einem Opfer der herrschenden Begriffsverwirrung. Tatsächlich konnte er aber das Statut über die eheliche Gütergemeinschaft selbst nicht anders als für real ansehen, hatte es doch die Eigentumsverhältnisse an Grundstücken recht eigentlich zum Inhalt; was ihm fehlt, ist das Wort extraterritorial zur Beschreibung der Wirkungen des Vertrags[32].

Vergegenwärtigen wir uns noch einmal (vgl. oben S. 115) folgendes: damit in einem System des Kollisionsrechts der Parteiwille als Anknüpfungspunkt bedeutsam werden kann, muß ihm ein Einfluß auf die Auswahl der kollidierenden Gesetze eingeräumt werden. Das ist überhaupt nur denkbar in einem System, in dem man von der Frage nach dem für das Rechtsverhältnis maßgebenden Recht ausgeht. Bei den Statutisten bleibt diese Fragestellung jedoch nur unter der Oberfläche, während das Schema meist lautete: will das Statut X auf den oder jenen Fall ange-

---

[31] Vgl. oben S. 28 ff.; ähnlich bei Joh. Voet, vgl. unten S. 224.

[32] Boullenois, Traité I 740, 757: „Dumoulin a imaginé le système qui fait connoître qu'il estimoit que la loi toute seule étoit une loi réelle"; vgl. unten S. 233.

Nach verbreiteter Ansicht war die Lehre vom stillschweigenden Vertrag für Dumoulin nur ein Kniff, die Extraterritorialität des Pariser Statuts darzutun und damit seinen Prozeß zu gewinnen, vgl. schon d'Argentré, oben S. 19 Anm. 6; wohl nicht ganz zu Unrecht. Ebenso Niboyet, Recueil des Cours 1927 I, S. 9.

wandt werden? Wie nun auch immer die Antwort ausfallen und der örtliche und persönliche Geltungsbereich dieses Statuts abgegrenzt werden mag, immer kann die Antwort nur ja oder nein sein. Lautet sie ja, so ist die Frage entschieden; sie bleibt aber ungelöst, wenn das Statut seine eigene Anwendbarkeit verneint. Auch in diesem System ist Platz für dispositives Recht, das Statut kann entgegenstehendem Parteiwillen weichen; letzterer kann aber immer nur zur Ausschaltung dieses an sich geltenden Gesetzes führen, nicht kann er selbständig an andere Gesetze anknüpfen.

Zusammenfassend ist also zu sagen: daß Dumoulin im Gebiet des Kollisionsrechts der Begründer einer Theorie der Parteiautonomie im Sinne von Verweisungsfreiheit ist, kann aus den dafür angezogenen Texten ohne Gewaltsamkeit nicht entnommen werden. Dagegen trifft es zu, daß er gegenüber einer allzu starren Anwendung der lex loci contractus auf die Bedeutung des Parteiwillens im Bereich der materiellen Vertragsfreiheit hingewiesen hat, wobei er zur Begründung der von ihm vorgenommenen, ex aequo et bono geschöpften anderweitigen örtlichen Bestimmung des Vertrags auf das Argument der Unterwerfung der Parteien unter dieses Recht oder der Wahl desselben zurückgreift, wie dies schon vor ihm vielfach die italienischen Statutisten getan haben.

ZWEITER TEIL

Der Einfluß Dumoulins auf die Entwicklung des Kollisionsrechts

Eine Untersuchung, wie weit die Ideen Dumoulins auf die Nachwelt eingewirkt und in ihr weitergelebt haben, muß dreierlei Wege beschreiten.

Der erste Weg ist, zu prüfen, wo Dumoulin namentlich aufgeführt wird. Dies ist einfach, aber unverläßlich, da es mit der Zitiertreue der Statutisten ungeachtet ihrer Zitierfreudigkeit nicht immer zum besten bestellt war[1]. Doch zeigt sich dabei, wie die Statutisten Dumoulin eingeschätzt haben: ob sie bereit waren, ihn als einen der großen Meister des Verweisungsrechts anzuerkennen und ihm eine Sonderstellung einzuräumen, oder ob er für sie nur einer von vielen war.

Als zweites sind die Werke der Statutisten daraufhin zu untersuchen, inwieweit sich das System Dumoulins und die von ihm verwendeten Kriterien und Argumente wiederfinden. Rückschlüsse daraus – bzw. aus dem Fehlen solcher Beeinflussung – versprechen das meiste, da gegenüber dem alsbald einsetzenden Erfolg der Lehre D'ARGENTRÉS Dumoulin – neben BARTOLUS – als hauptsächlicher Vertreter der „Alten" erscheint. Dabei wird es notwendig werden, die Werke dieser Gelehrten in großen Umrissen darzustellen, auch wenn von einem Vorbild Dumoulins ganz offensichtlich nicht gesprochen werden kann; hier gilt es, die rechte Mitte zu halten und nicht in eine Darstellung der Geschichte des Kollisionsrechts schlechthin zu verfallen.

Schließlich sind die einzelnen Lösungen mit ihren Begründungen zu vergleichen, wie sie von Dumoulin vorgeschlagen und von seinen Nachfolgern übernommen oder abgelehnt worden sind. Dabei ist naturgemäß eine genaue Verfolgung nur dort möglich, wo Dumoulin Eigenes aufzuweisen hat; wo er selbst hingegen nur Gedankengut der italienischen Schule weitergegeben hat, werden solche Vergleiche nur hypothetischen Wert haben.

---

[1] Vgl. KOLLEWIJN 81 bezüglich PAUL VOET.

Ihrer besonderen Bedeutung für die Beurteilung Dumoulins entsprechend sollen aus diesem dritten Teil der Untersuchung die Fragen nach der Extraterritorialität des Statuts über die eheliche Gütergemeinschaft und nach dem auf Verträge anwendbaren Recht herausgenommen und in einem besonderen Abschnitt im Zusammenhang behandelt werden. Für den Gesamtvergleich sind dagegen die einzelnen Forscher zunächst in zeitlicher und schulmäßiger Reihenfolge zu erörtern.

1. Kapitel

DIE STATUTISTEN DES 16.—18. JAHRHUNDERTS AUF DEM KONTINENT

§ 1

Die französischen Statutisten des 16. und 17. Jahrhunderts

Das System D'ARGENTRÉS wurde bereits dargestellt; seine Ausführungen über das Statut über die eheliche Gütergemeinschaft und die Erwiderung auf das Consilium 53 werden unten S. 202 ff. wiedergegeben werden.

Ein Zeitgenosse D'ARGENTRÉS ist RENÉ CHOPPIN[2] (1537–1606), ein angesehener Autor und Kommentator der Landrechte von Paris und Anjou (1581), der von den Niederländern, insbes. RODENBURG gern und ausgiebig zitiert wird; sein Kommentar zur Pariser Coutume findet sich häufiger angeführt als der, allerdings unvollendet gebliebene, Kommentar Dumoulins.

CHOPPIN ist aber nicht nur Jurist, sondern auch ein weitgereister und weltgewandter Mann – er streift in seinen Werken ebenso den Sachsenspiegel wie das ungarische Gewohnheitsrecht, verweist auf portugiesische Gebräuche, Genueser Stadtrecht und das Nachbarrecht von Konstantinopel – und ein amüsanter Plauderer: so erzählt er seinen Lesern, wie der pont neuf zu Paris ins Wasser gefallen ist, berichtet über die Schafweiden bei Saint-Germain-des-Prés und über den Unterschied der Barbiere in

[2] Vgl. LAINÉ I 342.

Paris und im alten Rom und ergeht sich auf vier Folioseiten darüber, wie angenehm es sei, auf dem Lande zu philosophieren.

Im Bereich des Kollisonsrechts[3] hat er keine selbständige Meinung vertreten, obwohl er in der Einleitung zum Kommentar der Coutume von Anjou über die Statuten an sich ausführlich berichtet. Hier finden sich die bekannten Unterscheidungen der italienischen Schule: das Verfahren richtet sich nach der lex fori; „en décisoire" gelte die lex situs, was der Verfasser dahingehend einschränkt, daß dies nur für die Fragen des Erbrechts zutreffe; handle es sich dagegen um ein „persönliches Recht" „droict personnel", so gelte das Recht des Vertragsorts oder des Wohnsitzes des Schuldners[4]. CHOPPIN verweist auf BARTOLUS und CINUS, wie überhaupt die Autoren der italienischen Schule, darunter so frühe wie CINUS und OLDRADUS, ausgiebig herangezogen werden. Die Wortauslegung des BARTOLUS, den er den „angesehensten Interpreten des römischen Rechts" nennt, wird ohne Spott und Kritik übernommen[5]; seine eigenen Argumente machen zuweilen keinen recht überzeugenden Eindruck, so, wenn er z. B. die Realität des Statuts, das dem Vormund die Nutznießung am Mündelvermögen zuspricht, damit erklärt, daß „die Früchte mit ihren Wurzeln in der Erde hängen"[6]; das Statut über die eheliche Gütergemeinschaft erklärt er für personal, weil die in der Ehe gemachten Erwerbungen eine Frucht der persönlichen Anstrengungen der Ehegatten darstellten[7]. Gewichtiger ist sein Argument, wenn er einen Kollisionsfall zugunsten des englischen Rechts entscheidet, weil der König von England die Vollstreckungsgegenstände in seiner Gewalt habe und die Anwendung anderen Rechts nicht dulden würde – was CHOPPIN allerdings nur behauptet, nicht belegt[8].

[3] Seine Werke: Commentaire sur la Coustume d'Anjou (Band I der Gesamtausgabe Paris 1662); Privilèges des Rustiques (Band II); Commentaire sur la Coustume de la Prévosté et Vicomté de Paris (Band III).

[4] Cout. d'Anjou Einleitung S. 14.

[5] Cout. de Paris Buch II Titel 4 Nr. 6; LAINÉ I 345.

[6] Cout. de Paris Buch II Titel 7 Nr. 5 (III 292); vgl. oben S. 37 Anm. 60. CHOPPIN verweist auf BARTHOLOMÄUS SOCINUS (1436–1507, vgl. SAVIGNY VI 299 ff.).

[7] „Il y a qui distinguent des droits personnels d'avec les réels ou écrit in rem. Car les droits personnels de la communauté conjugale provenans de la peine et gain personnels ne sont point restreints sous certains territoires" Cout. de Paris Buch II Titel 1 Nr. 4 (III 122); s. unten S. 206.

[8] Cout. de Paris Buch I Titel 1 Nr. 10 (III 10). Der Schluß von der Durchsetzbarkeit des Urteils auf das diesem zugrunde zu legende anwendbare Recht findet sich vornehmlich zur Begründung der Herrschaft der lex situs über Grundstücke. Er ist auch heute nicht ohne Bedeutung, vgl. RAAPE, Lehrbuch 60 Anm. 66; HAUDEK 97.

In seinen Einzellösungen sehen wir ihn im allgemeinen in den Bahnen der überlieferten Lehre.

Die Form des Testaments unterliegt dem Recht des Errichtungsorts; CHOPPIN verweist hierzu auf italienische Gelehrte [9].

Extraterritoriale Wirkungen haben auch gewisse, die Person betreffende Statuten: die Frau, die durch Heirat adlig wird, ist es überall, ebenso wie die Verhängung der Infamie an einem Ort den Betreffenden überall infam macht [10]. Für den Satz, daß bewegliche Sachen dem Recht des Eigentümers folgen, beruft CHOPPIN sich auf Dumoulin, jedoch mit der Einschränkung, daß der Fiskus als Erbe nur die in seinem Bereich befindlichen Sachen erhalten soll. Auch der bewegliche Nachlaß eines Bastards fällt dem Inhaber der hohen Gerichtsbarkeit des Landes zu, in dem der Bastard seinen Wohnsitz hatte [11]. Hinterlegtes Geld wird nicht nach dem Recht des Hinterlegungsorts, sondern nach dem Recht des Wohnsitzes des Erblassers vererbt [12].

Wenn bei Verkauf eines Grundstücks nach Maß die Maße am Abschlußort und am Lageort des Grundstücks verschieden sind, so gilt das Maß des Lageorts; CHOPPIN zitiert hierfür ALBERICH DE ROSATE, OLDRADUS, BARTOLUS, TIRAQEAU u. a., erwähnt Dumoulin jedoch nicht. Nun hat er wohl die lectura Tubingensis noch nicht gekannt; er übergeht jedoch auch die von Dumoulin in dem gleichen Sinne geäußerte Ansicht zu § 33 der Pariser Coutume [13].

Als *Realstatuten* sieht CHOPPIN an:

das Statut, das die Tochter von der Erbschaft ausschließt (unter Verweis auf ALEXANDER Cons. 127 Bd. 1) [14];

das Statut, das dem Vormund am Mündelgut ein Fruchtziehungsrecht verleiht, mit der oben erwähnten läppischen Begründung [15];

das Statut, das Schenkungen zwischen Ehegatten verbietet; obwohl CHOPPIN geneigt wäre, es für personal anzusehen, beugt er sich der entgegenstehenden Praxis [16].

---

[9] Cout. d'Anjou Art. 76 Nr. 8 (I 391); Cout. de Paris Buch II Titel 4 Nr. 2 (III 201). Ebenso auch die Rechtsprechung der Parlamente von Paris, Rouen, Dijon, vgl. LAINÉ II 352 f.

[10] Coutume d'Anjou Buch III Titel 2 Nr. 17 (I 215).

[11] Cout. de Paris Buch I Titel 1 Nr. 4 (III 5 f.); Buch I Titel 3 Nr. 22 (III 102). Vgl. weiter Anjou Buch III Kap. 2 Titel 1 Nr. 4 (I 261) und ebenda Titel 2 Nr. 4 (I 276).

[12] Cout. de Paris Buch I Titel 1 Nr. 31 (III 24). [13] Vgl. oben S. 24 Anm. 23.

[14] Cout. de Paris Buch II Titel 1 Nr. 4 (III 122). [15] S. oben zu Anm. 6.

[16] Cout. de Paris Buch II Titel 4 Nr. 15 (III 213) und Buch II Titel 7 Nr. 5 (III 292); schwankend Privilèges des Rustiques Buch II Titel 2 Kap. 2 Nr. 4.

Auch der retrait lignager[17] unterliegt der lex situs; CHOPPIN berichtet von zwei Entscheidungen, deren erste aus dem Jahre 1538 erklärte, nur der Richter des forum situs könne über die Losungsklage entscheiden; die zweite verwarf ausdrücklich die These, das Losungsrecht sei personal und unteilbar, wobei man sich in der Begründung – die Wortunterscheidung des BARTOLUS! – darauf stützte, die einschlägige Bestimmung (der Coutume von Angoulème) „commençoit par les choses"[18].

Real ist weiter das Statut, das die Erbfolge regelt; soviel Coutumes, soviele Erbteilungen, als ob es sich um verschiedene Vermögen handelte[19]. Hierzu bemerkt er am Rande: „Les Coutumes des lieux sont réels et n'exercent leur pouvoir que sur les choses de leur territoire et province"[20]. Ähnlich apodiktisch spricht er an anderer Stelle[21]: „Etant vray que toutes coutumes sont réelles", ohne zu versuchen, dies mit seinen sonstigen Aussagen in Einklang zu bringen; nach welchem Recht sich das Testieralter richtet, wird von ihm nicht beantwortet; er verweist auf Stellen eigener Werke, in denen jedoch, außer allgemeinen Aussagen, nichts hierzu gesagt wird[22].

Real ist das Statut, das die Fortsetzung der Gütergemeinschaft des überlebenden Ehegatten mit den Kindern verfügt; während Dumoulin, wie CHOPPIN berichtet, das Statut für billig hält[23], sieht CHOPPIN es für odios an und will ihm deshalb eine extraterritoriale Wirkung nicht zuerkennen – wobei er sich nicht Rechenschaft darüber ablegt, daß es dieser Begründung ja dann gar nicht bedarf, wenn er die Statuten „alle" für real ansieht. An die Stelle dieses Statuts trete in den Gebieten, die eine entsprechende Bestimmung nicht kennen, das römische Recht und dessen Grundsatz, daß beim Tod eines Gesellschafters die Gesellschaft aufgelöst wird[24].

---

[17] Das Losungs- oder Retraktsrecht ist das Recht gewisser Personen, in ein bestehendes Kaufverhältnis einzutreten. Man unterscheidet den retrait lignager, Eintrittsrecht der Verwandten (Erblosung), retrait seigneurial, Eintrittsrecht des Grundherrn, retrait conventionnel oder réméré, vertragsmäßiges Vorkaufsrecht, und einige andere minder wichtige. Vgl. hierzu WARNKÖNIG II 568 ff., MITTEIS, ZSSt. 63 (1943) G. A. 192.

Auch in der Praxis galt von je die lex situs; Entscheidungen des Pariser Parlaments in diesem Sinne gehen bis 1269 zurück, vgl. MEIJERS, Beiträge 58 Anm. 3.

[18] Cout. d'Anjou Buch I Art. 81 Nr. 2, 3 (I 404). [19] S. oben S. 45 Anm. 8.

[20] Cout. d'Anjou Buch III Kap. 1 Titel 2 Nr. 15 (I 214); Cout. de Paris Buch II Titel 1 Nr. 4. [21] Cout. d'Anjou Buch III Kap. 2 Titel 12 Nr. 4 (I 276).

[22] Cout. de Paris Buch II Titel 4 Nr. 6 (III 205 f.).

[23] In der oben S. 89 Anm. 71 erwähnten Anmerkung zu Art. 54 der Coutume von Vitry, O. o. II 704.

[24] Cout. de Paris Buch II Titel 1 Nr. 31 (III 147). Vgl. hierzu oben S. 92 Anm. 79.

Für den douaire conventionnel[25] scheint CHOPPIN das gemeinsame Wohnsitzrecht der Ehegatten anwenden zu wollen, er zitiert aber eine Entscheidung, nach welcher die lex situs maßgebend sein soll[26].

Wir sehen also CHOPPIN eine Reihe von Lösungen vorschlagen, die sich ganz im Rahmen der herrschenden Gerichtspraxis und Überlieferung halten und eine deutliche Betonung der realen Statuten zeigen. Dumoulin, als Kommentator der Pariser Coutume CHOPPINS unmittelbarer Vorgänger, wird von ihm häufig, insbesondere in seinen Anmerkungen zu den französischen Coutumes, zitiert, meist jedoch im Gefolge umfangreicher Namensnennungen. Ob CHOPPIN die lectura Tubingensis gekannt hat, ist zweifelhaft und wird nicht ersichtlich; aber es fehlt bei ihm überhaupt an einer eigentlichen Auseinandersetzung mit den Problemen des Kollisionsrechts.

Ebenfalls in der zweiten Hälfte des 16. Jahrhunderts lebt GUY COQUILLE[27] (1523–1603), Herr auf Romenay, der nach juristischen Studien in Padua sich in Paris, dann in Nevers als Rechtsanwalt niederließ; hier wurde er 1571 procureur général des Herzogs von Nevers LUDWIG GONZAGA. Neben seinen zivilistischen hat er öffentlichrechtliche und geschichtliche Arbeiten hinterlassen; auf dem Gebiet des Kollisionsrechts bietet er weniger eine feste Doktrin als verstreute Elemente.

Für Dumoulin, dessen Anmerkungen zu den französischen Landrechten sehr oft zur Stützung seiner Ansichten herangezogen werden, äußert er große Hochachtung[28], obwohl er im allgemeinen die Abneigung D'ARGENTRÉS gegen die verschlungenen Beweisführungen der doctores teilt; von diesen anerkennt er nur die wichtigsten: BARTOLUS, PAUL DE CA-

[25] Das Witthum, douaire, dotalitium ist eine Witwenversorgung, ein Vermögensstück, welches der Frau für den Fall ihres Überlebens aus dem Vermögen des Mannes zugesichert wird. Seine Größe kann vorher vereinbart (douaire conventionnel, douaire préfix) oder dem Gesetz überlassen (douaire coutumier) sein, vgl. WARNKÖNIG II 257 ff., OLIVIER-MARTIN, Coutume de Paris II 269 ff.

[26] Cout. de Paris Buch II Titel 2 Nr. 15 (III 165). So schon die frühen Schriftsteller, wie JACQUES DE RÉVIGNY, PIERRE DE BELLEPERCHE, WILHELM VON CUNEO, vgl. MEIJERS, Beiträge XVIII, XXV, XXVIII.

[27] LAINÉ I 297 ff.; VIOLLET 229 ff.; CHÉNON-OLIVIER-MARTIN 368 ff.; DUPIN, Einleitung 1–64 zur Ausgabe von 1864; WEISS, Traité III 30 f.; WARNKÖNIG II 117.

Seine Werke: La Coustume de Nivernois; Les institutions au droict françois; Questions et responses sur les articles des Coustumes – Gesamtausgabe Paris 1646.

[28] Coustume de Nivernois, S. 380: „il me semble qu'il est bon que nous nous aidions de ladite Coustume de Paris, non pas pour l'authorité, mais pour la raison et pour le respect des personnages qui ont été autheurs de la rédaction d'icelle". Dumoulin hatte auf die Neufassung der Pariser Coutume großen Einfluß ausgeübt, vgl. oben S. 92.

STRO, JOHANNES FABER, WILHELM DURANTIS, MASUER, PETRUS JACOBI, Dumoulin[29]. Seine Wertschätzung für Dumoulin hinderte ihn allerdings nicht, einmal anläßlich einer kritischen Bemerkung Dumoulins zur Coutume de Nivernais[30] ärgerlich zu bemerken, „niemand habe ihm das Recht gegeben, sich zum Zensor der Coutume aufzuwerfen"[31].

Zum römischen Recht nimmt COQUILLE die gleiche Stellung ein wie Dumoulin. Die französischen Coutumes unterscheiden sich dadurch von den italienischen Statuten, so sagt er, daß das römische Recht in Frankreich ohne Geltung sei; gemeines Recht für Frankreich seien die Coutumes[32], die er auch inhaltlich als besser und gerechter als das römische Recht ansieht[33]. Seine Institutions au Droict Français, eine rechtsvergleichende Einführung in das coutumäre Recht, dienen der Vorbereitung der französischen Rechtseinheit, zu deren Schaffung er an anderer Stelle[34] den französischen König in ähnlichen Worten, wie sie Dumoulin gebraucht hatte, auffordert.

Die Form der Testamente richtet sich, wie die aller „Instrumente", nach dem Recht des Errichtungsorts[35].

Bewegliche Sachen folgen an sich dem Recht ihres Eigentümers. Doch wird der Satz „Mobilia sequuntur personam" eingeschränkt: er gilt nicht, wenn es sich um den Heimfall erblosen Nachlasses oder um den Bereich einer Konfiskation handelt, und nicht unbedingt bei Sachen, die durch den Hausvater zu ständigem Zubehör eines Landguts – wie etwa auch Feldsklaven – bestimmt sind; solche bewegliche Sachen unterliegen der lex situs[36].

Die Frage, ob das Statut real sei, das ein Schenkungs- und Legatverbot

---

[29] Coust. de Nivernois 5. Die Angewohnheit, die Fragen des Kollisionsrechts im Anschluß an C. 1. 1. 1. zu behandeln, bezeichnet er als „Nachäffung und vorlaute Nachahmung", Quest. et Resp. 110, qu. 131.

[30] Coust. de Niv. 399. Dumoulin hatte eine Bestimmung dieser Coutume „stulta consuetudo" genannt, Ad consuetudines Gallicas, zu Kap. 34 Art. 41 der Coutume de Nivernais, O. o. II 617.

[31] Eine persönliche Verstimmung mag mitgespielt haben, da Dumoulin einen der Verfasser der Coutume, einen Onkel COQUILLES, eigensüchtiger Motive bei der Abfassung einer der Bestimmungen bezichtigt hatte, vgl. DUPIN 432.

[32] Coust. de Niv. 1 ff. und 263 (zu Art. 27); Institutions 98; Quest. et Resp. 2 f., qu. 1 und 2; vgl. oben S. 91; LAINÉ I 298 ff.; GUTZWILLER 322.

[33] Quest. et Resp. 3, qu. 2.

[34] Ebenda S. 4, qu. 2.

[35] Coust. de Niv. 389.

[36] Coust. de Niv. 19, 35 unter (fälschlichem) Verweis auf Dumoulin, zu ALEXANDER I 16, und 407; Parallelstellen: Institutions 99, Quest. et Resp. 136, qu. 159 und 200, qu. 237. Bei der Konfiskation wurde gewöhnlich eine Ausnahme von der Regel über bewegliche Sachen gemacht.

zwischen Ehegatten ausspricht, gibt in der 131. Rechtsfrage[37] Anlaß zu langen Erörterungen, in denen auch systematische Fragen mitbehandelt werden.

Zunächst werden in wenig schmeichelhaften Ausdrücken die doctores verurteilt, die alle die schönen Fragen der Statutenkollision im Anschluß an die lex cunctos populos durcheinander behandeln. Allgemeine Meinung sei, daß die Statuten entweder in personam oder in rem concepta seien und sich daher entweder auf Güter außerhalb ihres Bereiches beziehen oder nicht. Andere Doktoren, wie ALEXANDER oder Dumoulin, seien dagegen der Ansicht, alle Statuten seien ohne Rücksicht auf ihre Abfassung lokal[38].

COQUILLE verteidigt nun die Einteilung der Statuten in reale und personale in durchaus ehrerbietiger Weise – ein Zeichen seiner Hochschätzung – gegen ALEXANDER und Dumoulin, den er als Vertreter einer ausschließlichen Anwendung der lex fori anzusehen scheint. Er scheint dabei die Wortauslegung des BARTOLUS widerlegen zu wollen, wenn er nicht auf die äußerliche Fassung des Statuts, sondern auf den wirklichen oder mutmaßlichen Willen des Gesetzgebers als Kriterium für die Erstreckung eines Statuts abstellt. Der Grund für das Legat- und Schenkungsverbot zwischen Ehegatten sei die Sorge des Gesetzgebers gewesen, daß die eheliche Liebe nicht zur käuflichen werde[39]. Durch das Verbot werde der Wille der Verfügenden gefesselt: „si la volonté est liée, toutes les dispositions prenans fondement sur cette volonté ne peuvent avoir aucun effet en quelque part que soient les biens, car la nature des choses n'y fait rien, la seule volonté y domine et commande". Damit versucht COQUILLE eine Eindämmung des Bereichs der lex situs – oder der lex fori? – und scheint die Gesetze, die hauptsächlich den Willen der Person binden, als personal zu betrachten. „Mais si la raison de la loy ne regarde directement les personnes je croy qu'il faut suivre la loy du lieu où les biens sont assis"[40].

[37] Quest. et Resp. 110, qu. 131. Hierzu BOULLENOIS, Démissions 120, Dissertations 14 ff.

[38] S. oben S. 33 Anm. 43; LAINÉ I 199, 303 ff. und Anm. 1.

[39] Das Argument stammt von BARTOLUS, s. oben S. 58.

[40] In der Einleitung zur Coust. de Niv. 2 meint er, die französischen Coutumes seien „nicht so stark ortsgebunden" wie die italienischen Statuten – „il me semble que nous ne devons reputer nos Coustumes si fort locales, comme lesdits docteurs ultramontains ont iugez leurs statuts". Man beachte die zurückhaltende Formulierung; sie gestattet einen Rückschluß auf die Stärke der in der Praxis wohl noch vorherrschenden Neigung, die lex fori anzuwenden. Darüber, daß COQUILLE sich hier bezüglich der Italiener irrt, s. LAINÉ I 300 f.

Die gleiche Argumentation findet sich bei der Kommentierung von Art. 27 der Coutume von Nivernais, wonach Schenkungen zwischen Ehegatten unter Lebenden verboten sind, wenn Kinder vorhanden sind[41]. „Ich glaube", sagt er, „daß Verfügungen, die ihren Ursprung rein im Willen der verfügenden Personen haben, durch das Recht des Orts geregelt werden sollen, wo die Person ihren ständigen Wohnsitz hat, wo auch immer die Güter gelegen sein mögen. Denn wenn es so ist, daß das Zivilrecht unseren Verträgen Kraft verleiht und diese nur so weit gelten, als das Gesetz sie gelten macht, ... so folgt daraus, daß der Wille der Parteien nicht genügt, um dem Vertrag Kraft zu verleihen, wenn dieser Wille nicht vom Gesetz unterstützt wird ... nun sind aber unsere Personen, und mit ihnen unser Wille, dem Gesetz unseres Wohnorts unterworfen, somit können wir über Güter, wo sie auch belegen sind, nur gemäß diesem Gesetz verfügen, so daß unser Wille ... vom Gesetz unseres Domizils eingeschränkt oder erweitert wird. Wenn ein Recht durch die bloße Bestimmung des Gesetzes, ohne Verfügung der Person, übertragen wird, wie im Erbrecht ab intestato, dann muß man der lex situs folgen. Aber", damit schließt die Betrachtung, „die Meinung mehrerer Doktoren und gens de conseil geht dahin, daß die Coutumes wie die Statuten Italiens zu behandeln seien, woraus die Meinung der Gerichtshöfe entstanden ist, daß die Coutumes gänzlich lokal seien."

In der 135. Rechtsfrage[42] bekräftigt er obige Lösung mit dem Hinweis auf das Naturrecht und auf die extraterritoriale Verwaltungsbefugnis des Vormunds; „en général se doit dire", sagt er an anderer Stelle[43], „que les dispositions et actes qui ont leur vray origine dans la volonté d'aucuns, se doivent régler pour la Coustume du lieu quel il est domicilié."

Die anderen Statuten, „qui ne regardent point les bonnes moeurs, l'utilité et le bonheur des personnes", sind dagegen real, d. h. territorial. So das Statut über die disponible Quote, über die durch Testament verfügt werden darf[44], das Statut über das Lösungsrecht der Seitenverwandten (retrait lignager)[45], die Wirkungen einer Konfiskation[46]; eben-

---

[41] Coust. de Niv. Art. 27 Droits des gens mariez, S. 263 f.

[42] Questions et Responses 114.

[43] Quest. et Resp. 192, qu. 227, wo er ALEXANDER I 17 und die Anmerkung Dumoulins hierzu anführt; gemeint ist wohl die Anm. zu I 16, falsche Verweisungen sind auch sonst nicht selten; vgl. BOULLENOIS, Traité I 106.

[44] Question 227, vorige Anm.

[45] Vgl. oben S. 126 Anm. 17. Auch an anderer Stelle behandelt COQUILLE den retrait lignager; welcher Richter für die Retraktsklage zuständig ist, läßt er unentschieden, Coust. de Niv. 321; Institutions 109.

so erhält jeder Lehnsherr, Inhaber der hohen Gerichtsbarkeit, den erblosen Nachlaß, der sich auf seinem Gebiet befindet[47].

Mit Erwägungen allgemeiner Billigkeit begründet COQUILLE, daß das Statut keine Wirkung jenseits seiner Grenzen hat, das für das Testament der Ehefrau die Zustimmung des Mannes verlangt, denn „eigentlich dürfte das Testament keineswegs vom Willen eines andern abhängen"; wenn die Zustimmung des Mannes also fehlt, ist das Testament trotzdem bezüglich der Güter gültig, die im Bereich von Statuten gelegen sind, die keine solche Beschränkung der Frau kennen[48].

Der Erstreckung der Acht (banissement) widmet COQUILLE die 11. Rechtsfrage[49]; unter Berufung auf den Satz „Extra territorium jus dicenti impune non paretur", den er in bemerkenswerter terminologischer Sorgfalt dahingehend erläutert, daß 1. ein fremder Richter, 2. ein Richter über Sachen im Ausland nicht richten könne, entscheidet er, daß sich die Acht nur auf das Gebiet des Richters erstreckt. Die damit gegebenenfalls verbundene Infamie hält COQUILLE hingegen für eine persönliche Eigenschaft, die den Betroffenen überall infam mache. Er beruft sich hierzu auf PAUL DE CASTRO (Cons. 319 Band I Nr. 111), „qui fait une belle distinction ... Si le juge, de qui la personne est sujette, exerce un acte, qui principalement concerne la personne et en conséquence concerne son bien, son jugement s'étend aux biens quelque part qu'ils soient"[50].

Forderungen schließlich unterliegen dem Recht des Schuldners[51].

Eine einheitliche Doktrin läßt sich demnach bei COQUILLE nicht herausschälen. Bei seiner Einteilung der Statuten in reale und personale schwebt ihm wohl die Einteilung nach der Wirkung vor; er trifft sie einmal nach dem Willen des Gesetzgebers (im Gegensatz zu BARTOLUS, dessen Wortauslegung er ablehnt), zum andern betrachtet er die Gesetze als extraterritorial, die sich auf den Willen der Menschen beziehen, und erinnert damit an jene alten Einteilungsgesichtspunkte, von denen oben S. 100 die Rede war. Wie die Beispiele zeigen, bedient er sich auch der sonstigen Argumente der italienischen Schule, wenn er von odiosen Sta-

---

[46] Hierbei handelt es sich um die extraterritoriale Wirkung einer behördlichen Verfügung, vgl. oben S. 87.

[47] Coust. de Niv. 407; die Einziehung erstreckt sich auch auf den Nachlaß eines Fremden, Verweis auf Dumoulin, Anm. zu Art. 41 der Coutume von Anjou, O. o. II 725.

[48] Institutions, Des droits des mariez S. 76.

[49] Quest. et Resp. 13 f., qu. 11.

[50] Vgl. oben S. 37 Anm. 63 und S. 87 zu Anm. 65.

[51] Quest. et Resp. 201, qu. 237.

tuten spricht oder auf Erwägungen der Billigkeit und natürlichen Gerechtigkeit abstellt[52].

Dumoulins conclusiones de statutis kann er nicht gekannt haben, da er ein Jahr vor dem ersten Erscheinen der Abhandlung gestorben ist; so sieht er in Dumoulin den Vertreter einer ausschließlichen Anwendung der lex fori, wozu ihn eine mißverständliche Auslegung der Anmerkungen zu den Consilien ALEXANDERS geführt hat.

Das Jahr 1602 sieht die Herausgabe einer Sammlung wichtiger Entscheidungen des Pariser Parlaments durch GEORGES LOUET[53], einen Rat an diesem Gericht, die auf die Praxis der folgenden Jahrhunderte großen Einfluß genommen hat und in zahlreichen Neuauflagen, zum Teil besorgt von BRODEAU[54], weitergeführt wurde. Verstreut werden in ihr auch Fragen des Kollisionsrechts behandelt.

LOUET, der die Entscheidungen mit knappen Anmerkungen versehen hat, kennt nur die Einteilung in reale und personale Statuten; neben vielen anderen Meistern werden JOHANNES FABER und Dumoulin[55] ausgiebig herangezogen.

Eine Entscheidung vom 18. 8. 1600[56], die zu einem vielerwähnten Präjudiz geworden ist, bestimmte, daß die Geschäftsfähigkeit zur Veräußerung von Grundstücken dem Wohnsitzrecht des Veräußernden unterliege. Strittig war, ob ein Einwohner von Senlis, wo hierzu 25 Jahre gefordert werden, ein Grundstück in Anjou veräußern könne, wo bereits 20 Jahre genügten (Art. 444 der Coutume von Anjou). Das Gericht verneinte die Rechtsgültigkeit des Geschäfts unter Berufung auf BARTOLUS, PAUL DE CASTRO und D'ARGENTRÉ[57].

---

[52] Gehört er deshalb zur italienischen oder zur französischen Schule (letzterer Ansicht LAINÉ I 302 und alle folgenden)?

[53] LAINÉ I 345. Recueil de plusieurs arrêts notables du Parlement de Paris, von BRODEAU ergänzte Auflage Paris 1742.

[54] S. unten S. 136.

[55] LOUET zitiert das Cons. 5, wo jedoch nichts Einschlägiges steht, weiter Coutume de Paris § 55 Nr. 35 (= O. o. I 722, oben S. 18) und die Anm. 1 zu Cons. 358 des DECIUS, O. o. III 798. Diese auch von MEIJERS 637 erwähnte Stelle hat jedoch, soweit aus der Ausgabe von 1681 ersichtlich, keinen Bezug zur Statutenkollision, sondern enthält nur eine Verweisung auf ein anderes Consilium des DECIUS. Das Cons. 358 selbst enthält Ausführungen über die Abgrenzung von Einwohnern und Fremden.

[56] Richtiges Datum ist der 2. 9. 1600, LAINÉ I 355.

[57] Sommaire 42, Buchst. C (Bd. I 355). Bei der Entscheidung mag mitgespielt haben, daß Art. 444 nur mit der Einschränkung galt, daß eine restitutio in integrum trotzdem verbleibe (nach der Ansicht von Dumoulin hierzu O. o. II 727, ebenso zu Art. 455

Gemäß einer in Lehenssachen ergangenen Entscheidung von 1604 gilt für Treueschwur und Huldigung das Recht des Lehnshofs, für die vermögensrechtlichen Fragen jedoch, in Übereinstimmung mit Dumoulin, das Recht des dienenden Lehens[58].

Erwähnt sei noch eine Entscheidung von 1595, wonach das Statut real ist, das Schenkungen zwischen Ehegatten beschränkt[59].

Louis Charondas, genannt Le Caron (1536–1617)[60], ein höherer Beamter im Bezirk Clermont en Beauvoisis, hat sich, nach einigen erfolglosen Versuchen in der Dichtkunst, in der Rechtswissenschaft einen Namen gemacht, ohne jedoch an die Bedeutung seines großen Landsmanns Beaumanoir heranzureichen. Als Praktiker hauptsächlich auf die Rechtsprechung gestützt, hat er in seinen Werken[61] mehrfach kleinere Abhandlungen der Statutenkollision gewidmet, in denen er einige der nunmehr anerkannten Regeln zusammenfaßt. Seine Abneigung gegen die italienische Rechtsgelehrsamkeit, deren Eindringen er die Schuld dafür zuschreibt, daß die Franzosen ihre „franchise et noblesse d'esprit" verloren hätten, ist womöglich noch größer als bei d'Argentré[62].

Offenbar unter dem Einfluß einer dahingehenden Rechtsprechung findet sich auch bei Charondas die Einteilung nicht der Statuten, sondern der Materien in solche, die auf bloßem Gesetz, und solche, die auf dem Willen der Parteien beruhen[63]. Die Unterscheidung zwischen realen und personalen Statuten scheint ihm „plus de subtilité que de raison" zu haben, wenn auch d'Argentré und Dumoulin sich bemüht hätten, sie zu verankern. „Car la coustume est d'elle-mesme réelle, disposant des biens assis en la province, où elle est introduicte, et du pouvoir qu'en ont les

---

der Coutume von Maine, O. o. II 731 und zu Art. 2 der Coutume von Blois, O. o. II 734): so jedenfalls Renusson, Traité de la Communauté Teil 1 Kap. 15 Nr. 32; vgl. Lainé I 377 Anm. 1; Delaume 172 f.

[58] Sommaire 49 Buchst. C (Bd. I 359); ebenso Sommaire 29 Buchst. F (I 738) unter Verweis auf Dumoulin, vgl. oben S. 17 Anm. 1.

[59] Zitiert von Brodeau, Sommaire 16 Buchst. C (Bd. I 217).

[60] Lainé I 348 ff.

[61] Responses et décisions du droict françois; Résolutions de plusieurs notables célèbres et illustres questions du droict tant romain que françois; Mémorables observations du droict françois; Pandectes ou digestes du droict françois; Coustume de la Ville, Prévosté et Vicomté de Paris, ou Droict civil Parisien. Paris 1637.

[62] Pandectes Buch I Kap. 25, S. 166.

[63] Vgl. Responses et décisions Buch II resp. 64, S. 51; Buch VII resp. 100, S. 287 (Erstreckung der ehelichen Gütergemeinschaft, Berufung auf Masuer); Buch XIII resp. 46, S. 635; Mémorables Observations Stichwort Coustume, S. 35; vgl. oben S. 100.

personnes pour disposer d'iceux; ... mais il ne s'ensuit qu'elles rendent la coutume en partie réelle et en partie personnelle"[64]. „Ich weiß wohl", sagt er an einer Stelle[65], „daß an diesem Orte der Unterschied zwischen der realen und personalen Coutume behandelt zu werden verdiente, wie es DU MOULIN gemacht hat; aber um diese an sich schon genügend schwierige Frage nicht noch stärker zu verdunkeln, und weil ich sonst gegen DU MOULIN streiten müßte, will ich nur das eigentliche Problem erörtern."

„Alle Coutumes sind an sich real", sagt er an anderer Stelle[66], „wie MASUER es schreibt, denn ihre Autorität, der die Sachen und dort lebenden Menschen unterworfen sind, überschreitet nicht ihre Grenzen. Pour juger de la validité de quelque acte (z. B. einer Testamentserrichtung) que de l'acquisition de quelques biens et droicts, il faut suivre la coustume du lieu où l'acte a esté faict et sont lesdicts biens assis"; dies wollten einige Autoren nur bei Grundstücken so halten.

Daß für die Person das Recht ihres Wohnsitzes gelte, begründet CHARONDAS weiter damit, daß die Menschen frei und nur der Coutume unterworfen sind, der sie sich durch ihre Niederlassung verpflichten. Hier wird also das Argument der freiwilligen Unterwerfung unter ein Statut, der Wahl desselben, für die Gültigkeit der lex domicilii in Fragen des personalen Statuts verwendet[67]. „Aussi", fährt CHARONDAS fort, „tous les exemples que proposent ceux qui ont forgé cette distinction entre la coutume réelle et personnelle refutent leur opinion"; es folgt eine Zurückweisung der Wortauslegung des BARTOLUS. CHARONDAS leugnet nicht, daß es Statuten gibt, die die Person zum Gegenstand haben, „mais cette raison ne peut confirmer ladicte distinction et empescher que la coustume ne soit bien appelée réelle." Es ist bedauerlich, daß CHARONDAS die Vokabel territorial fehlt, um das auszudrücken, was er sagen will[68].

Es könne sehr gut sein, fährt er fort, daß eine Person in dem einen Land capable und in dem andern incapable sei; die Tochter könne hier von der Erbfolge ausgeschlossen und dort zugelassen sein (Verweis auf BALDUS, ALEXANDER, D'ARGENTRÉ); anders sei es natürlich dort, wo ein Vertrag abgeschlossen sei; auch ein stillschweigender Vertrag entfalte seine Rechtswirkungen auf alle Güter.

CHARONDAS schließt die Erörterungen mit der wohl auf die Anregung

---

[64] Mémorables Observations Stichwort Coustume, S. 34; LAINÉ I 351.

[65] Responses et décisions, Buch V resp. 38, S. 166.

[66] Pandectes Buch I Kap. 25, S. 170 f. Ähnlich a. vorige Anm. a.O.

[67] Vgl. oben S. 113.

[68] Vgl. oben S. 80 ff.

Dumoulins zurückgehenden Bemerkung: „Pour conclusion serait grand heur à la France, si toutes les loix, ordonnances et coustumes ... estoyent recueillies et réduites en un certain droit commun“ [69].

Ob eine Person zum Abschluß eines bestimmten Vertrags fähig ist, läßt CHARONDAS von der lex loci contractus abhängen [70] – sehr im Gegensatz zur allgemeinen Meinung, die hier nur entweder die lex domicilii oder (häufiger) die lex situs entscheiden ließ. Er meint aber wohl nur die besonderen Geschäftsfähigkeiten für den Abschluß gewisser Verträge, die allgemeine Volljährigkeit unterwirft er der gemeinen Meinung entsprechend dem Recht des Wohnorts; er verweist auf die Entscheidung des Pariser Parlaments vom 28. 8. 1600 [71]. Unter Berufung auf Dumoulin und in gleichem Sinne [72] entscheidet er die Frage, ob ein Statut, das die Volljährigkeit vorverlegt, einer restitutio in integrum entgegensteht [73].

Als eine eigens formulierte Regel findet sich bei ihm die später bei den Niederländern eine beherrschende Stellung einnehmende Einteilung nach beweglichen und unbeweglichen Sachen; unbewegliche Sachen unterliegen der lex situs in allen Beziehungen, bewegliche dem Recht des Eigentümers, „wie es gemeine Meinung der Interpreten ist“ [74].

Der douaire [75] beruht für CHARONDAS auf realen Statuten. Er berichtet von einem 1563 in Paris entschiedenen Fall: eine Pariserin hatte sich in ihrem Ehevertrag einen bestimmten douaire ausbedungen, ohne sich das Recht ausdrücklich vorzubehalten, statt dessen den durch die Coutume vorgesehenen douaire zu wählen; dennoch wurde ihr dieses Wahlrecht für die in Meaux gelegenen Güter zugestanden, eine extraterritoriale Wirkung der durch den Ehevertrag begründeten Bindung der Frau also nicht anerkannt [76]. An anderer Stelle vertritt er eine abweichende Ansicht [77]: wenn im Ehevertrag ein douaire vereinbart wird, der über dem gesetzlichen liegt, so ist dieser in voller Höhe von allen Gütern zu erheben, unbeschadet des Umstands, daß die lex situs einen geringeren vorsehe. „Sans entrer dans la dispute, quand la Coustume peut estre réputée

[69] Vgl. oben S. 91 Anm. 78.

[70] Mémorables Observations Stichwort Coustume, S. 35; nicht recht klar ebda S. 2 Stichwort Aage.

[71] S. oben S. 132; LAINÉ I 348 f.

[72] O. o. I 96 f., s. oben S. 89 Anm. 71 und S. 132 Anm. 57.

[73] Mém. Obs. Stichwort majeurs, mineurs, S. 153; Responses et décisions Buch VII resp. 219, S. 341.

[74] Ebda Stichwort Biens, S. 13.

[75] Vgl. oben S. 127 Anm. 25.

[76] Résolutions des questions, Teil 3 Titel 9 S. 44.

[77] Responses et décisions B. 13 Resp. 46, S. 635.

réelle, personnelle ou mixte, il est sans doute que les contrats de mariage se règlent suivant la coutume du lieu où ils sont faicts." Nach der lex situs würde sich der douaire richten, „quand on demeure ès simples termes de la coustume; mais quand y a disposition expresse de l'homme,... le contract doit sortir effect dans tous les lieux où se trouvent des biens" (Verweis auf BARTOLUS und das Consilium 53)[78].

Daß die Form eines Testaments, wie anderer „Akte", der lex loci actus unterliegt, begründet CHARONDAS mit einem Hinweis auf den griechischen Redner ISOKRATES und „mehrere Doktoren"[79] und damit, daß dieser Ort für den Testator „tamquam patria" sei[80].

Wie die Beispiele zeigen, ist von CHARONDAS eine Förderung der Entwicklung nicht ausgegangen, seine oftmals widerspruchsvollen und unklaren Ausführungen bedeuten eher einen Rückschritt. Der Dreiteilung D'ARGENTRÉS steht CHARONDAS skeptisch gegenüber und zieht ihr die Einteilung in Gesetz und Vertrag vor, auch er wieder beweisend, wie tief anscheinend diese ursprüngliche Vorstellung noch in den Geistern verwurzelt ist. Soweit er die Autoren des Kollisionsrechts zitiert, nennt er auch Dumoulin, ohne ihm jedoch hier den hervorragenden Platz zuzuweisen, den er ihm als Kommentator der französischen Gewohnheitsrechte einräumt.

Als nächster Forscher ist J u l i e n B r o d e a u (gest. 1653)[81] zu behandeln, der uns bereits als Biograph Dumoulins bekannt ist. BRODEAU war, wie Dumoulin, Rechtsanwalt am Parlament von Paris und verfaßte u. a. einen Kommentar zur Pariser Coutume und einen Kommentar zur

---

[78] Ähnlich Responses et déc. Buch VII resp. 100, S. 287 a. E. Weiter *folgen der lex situs:*

die Verbindlichkeiten des dienenden Lehens, ebda. Buch II resp. 29, S. 39; Treueschwur und Huldigung folgen jedoch dem Recht des herrschenden Lehens, Mémorables Observations, Stichwort Coustume, S. 35, was CHARONDAS damit begründet, daß „la foy et hommage est un droict réel, qui regarde le fief dominant" (!);

testamentarische Schenkungen zwischen Ehegatten, Resp. et déc. Buch XIII resp. 86, S. 653;

die Fragen des Erbrechts: Wieviel Coutumes, soviel Nachlässe, ebda Buch II resp. 57, S. 48 und an zahlreichen andern Orten;

das Maß bei Verträgen über Grundstücke; Dumoulin wird nicht erwähnt, Mém. Observ. Stichwort Coustume, S. 35.

[79] Mém. Observ. Stichwort Coustume, S. 34.

[80] Ebda. Stichwort Testament S. 181. Will er damit das Argument der zeitweiligen Untertanschaft vorbringen?

[81] LAINÉ I 354 ff.

Coutume von Maine[82]. Zwischen 1614 und 1650 besorgte er fünf Ausgaben der Entscheidungssammlung des Pariser Parlaments von LOUET, die es gestatten, die Entwicklung der Rechtsprechung in diesem Zeitraum zu verfolgen.

Seine Hochachtung vor Dumoulin kennt keine Grenzen. Daß die Pariser Coutume im Zweifel Vorbild der anderen Landesrechte sein soll, begründet er damit, daß sie auf den Entscheidungen des Parlaments und Dumoulins beruhe[83].

Zur Maxime „Statuta suo loco clauduntur" lesen wir[84]: „Cette maxime se doit entendre selon les distinctions rapportées en l'article précédent. Les coutumes sont réputées réelles en ce qui dépend de la simple disposition de la Coutume, adeo ut nec passivam extensionem recipiant[85], secus, quand il s'y rencontre de la disposition de l'homme des choses situées hors le ressort de la Coutume, auquel cas la disposition de l'homme empêche la réalité, faisant prévaloir sa disposition pardessus celle de la Coutume, comme il est traité par Dumoulin" (Verweis auf das Consilium 53, den Kommentar zum Codex, Anm. zu DECIUS Cons. 358[86]).

Der Gang des Prozesses richtet sich nach dem Recht des Gerichtsorts, die Form des Testaments nach dem Errichtungsort[87], bewegliche Sachen folgen der lex domicilii des Eigentümers[88].

Real ist dagegen das Statut, das die Erbfolge in Grundstücke regelt; ebenso wurde mehrfach entschieden, so berichtet BRODEAU, daß sich die inhaltliche Zulässigkeit eines Testaments nach der lex situs richte (Entscheidung von 1615), der Wille des Testators mithin im Bereich entgegenstehender zwingender Ortsrechte unbeachtlich sei[89].

---

[82] Commentaire sur la Coustume de la Prévosté et Vicomté de Paris; Illustrations et remarques sur les Coustumes de Maine. Paris 1658.

Die folgenden Belegstellen sind, wo nicht anders vermerkt, der von BRODEAU herausgegebenen und kommentierten Entscheidungssammlung des Pariser Parlaments von LOUET entnommen.

[83] „Ce grand Jurisconsulte, Docteur des Docteurs, qui a été le puissant génie et scavant interprète du droict françois, que l'on peut appeler de bon droict l'exemplaire et le prototype de la Coutume de Paris, chacun article de laquelle est véritablement un oracle" Coutume de Paris Einleitung S. 3.

[84] Sommaire 42 Buchstabe C, Bd. I 339.

[85] Vgl. oben S. 35 Anm. 56. [86] Vgl. oben S. 132 Anm. 55.

[87] Sommaire 42 Buchst. C, S. 336, 338; in einer später eingefügten Entscheidung von 1674 wird jedoch für die Formen, unter denen sich das Retraktsrecht der Seitenverwandten zu vollziehen hatte, unter Verweis auf Dumoulin und TIRAQUEAU die lex situs für anwendbar erklärt, Sommaire 51 Buchst. R, Bd. II 605.

[88] Sommaire 31, Buchstabe R (Bd. II 542) mit Hinweisen auf Dumoulin; über Ersitzung und Rentenforderungen ebda, vgl. LAINÉ II 223, 269.

[89] Sommaire 42 Buchstabe C (Bd. I 338); LAINÉ I 355 ff.

Ein interessanter Qualifikationsfall sei noch erwähnt: Es hatte sich um den Prozeß zweier Engländer um ein Darlehen gehandelt; nach englischem Recht war der Beweis durch Zeugen zugelassen, nach französischem (Art. 54 der Ordonnance von Moulins) nicht; das Parlament war der Ansicht, daß der Beweis zu den litis decisoria gehöre und daher gemäß englischem Recht zuzulassen sei[90].

JOB BOUVOT (1558–1636)[91] war Rechtsanwalt am Parlament von Dijon und hat eine Sammlung der Entscheidungen dieses Gerichts herausgegeben[92], in der sich Äußerungen zur Statutenlehre finden. Sein Landsmann BOUHIER nennt ihn „plus laborieux qu'instruit et exact“[93]. BOUVOT zitiert durcheinander BARTOLUS, BALDUS, WILHELM DURANTIS, PECK, CHARONDAS, TIRAQUEAU; er verweist auf Dumoulins Consilium 53 als Beleg dafür, daß die Bestimmung der Pariser Coutume betreffend Schenkungen zwischen Ehegatten ebenso wie die Statuten über Konfiskation und den douaire real seien; wie LAINÉ hervorhebt, findet sich jedoch der Name D'ARGENTRÉS in seinen Ausführungen nicht[94].

Eine längere Abhandlung im Bereich der realen Statuten widmet BOUVOT der Frage, ob der Testator über Güter wirksam verfügen könne, wenn die lex situs Beschränkungen in Gestalt von Bestimmungen über disponible Quoten enthalte[95]. Die Form des Testaments, wie das gerichtliche Verfahren, unterliegen der lex loci actus. Dann berichtet BOUVOT ohne Spott und in extenso über die Ansicht des BARTOLUS, man müsse nach der Wortfassung unterscheiden, je nachdem ob es heißt „le Testateur peut faire ... la condition de l'un de ses héritiers meilleure que de l'autre“ oder „que les biens du défunct ... parviennent à ses plus proches héritiers“. BOUVOT zitiert dann weiter ALEXANDER, CORNEUS[96] und die Anmerkung Dumoulins zu ALEXANDER VII 44, die sich dahingehend ausgesprochen hätten, daß es auf die Worte des Statuts nicht ankomme, denn statuta non extenduntur ad bona extra territorium. Ohne selbst Stellung zu nehmen, führt er sodann zwei weitere Entscheidungen in gleichem Sinne an.

---

[90] Ebda; LAINÉ I 81 f. Bereits eine der ältesten Entscheidungen des Pariser Parlaments (von 1265) hat im gleichen Sinn qualifiziert, s. MEIJERS, Beiträge 11 f. und Beilagen S. IV Nr. 1.

[91] LAINÉ I 353 ff.

[92] Nouveau Recueil des Arrests de Bourgogne, 2 Bände Genf 1628.

[93] LAINÉ I 353.

[94] Nouveau Recueil, Band II S. 1136; LAINÉ I 353.

[95] Nouveau Recueil, Band I Teil 1 S. 324.

[96] 1420–1492, vgl. SAVIGNY VI 417.

In festen Worten spricht sich BOUVOT für die Herrschaft der lex domicilii aus[97]. Es handelte sich um die Frage, ob eine Frau ohne Zustimmung ihres Mannes durch Testament über Güter verfügen kann, wenn eine solche Zustimmung durch ihr Wohnsitzrecht, nicht aber durch die lex situs der Grundstücke, über die testamentarisch verfügt werden soll, verlangt wird. BOUVOT verneint die Frage: die Frau bedürfe der Zustimmung, da für die Geschäftsfähigkeit das Wohnsitzrecht anwendbar sei „La Coustume du domicile a telle puissance sur la personne, qu'elle règle l'habilité, la légitimité d'icelle; et ce qui affecte la personne s'estend partout pour la rendre habile ou inhabile... en toutes dispositions, ores qu'elles soyent faites de biens sis ailleurs". Der Grund liege darin, daß das Heimatrecht am besten die Sitten und Gebräuche der Person kenne und regle. Man könne auch nicht sagen, daß das Statut damit seinen Bereich überschreite; denn es verfüge nicht in erster Linie über etwas, was außerhalb seines Machtbereichs sei, sondern nur über das, was die ihm unterworfene Person betreffe. Als Beispiel bringt er, daß sich die Entmündigung wegen Geisteskrankheit auf alle Güter des Entmündigten erstrecke; „ce sont les raisons, que Dumoulin allègue en son Conseil 53, où il traite amplement cette question" [98].

An anderer Stelle[99] nimmt BOUVOT zur Frage des Testieralters Stellung. Kann ein sechzehnjähriger Student aus Burgund, wo man mit 14 Jahren testierfähig wird, über Güter in Burgund testamentarisch verfügen, wenn er sich zufällig in Genf aufhält, wo 18 Jahre gefordert werden? BOUVOT bejaht die Frage, „spectandus locus bonorum ubi sita sunt" und nicht der Ort, wo das Testament errichtet wurde, da jener Jüngling in Genf nicht beheimatet gewesen sei, sondern sich nur zu Studienzwecken dort aufgehalten habe. Damit ist natürlich die eigentlich strittige Frage, ob das Heimatrecht oder die lex situs anwendbar sein soll, nicht beantwortet, da beide Rechte in diesem Fall zusammengefallen sind; ob BOUVOT sich darüber klar war, hier eine doppelte Begründung gegeben zu haben, von denen eine entbehrlich war, scheint zweifelhaft.

Wie aus dieser kurzen Übersicht ersichtlich, hat sich BOUVOT nur einige strittige Fragen herausgegriffen, wie sie gerade vom Parlament von Dijon entschieden worden sind, ohne den Anspruch zu erheben, die Sta-

---

[97] Nouveau Recueil Bd. I Teil 1 S. 329.

[98] Zur Geschäftsfähigkeit und Form der Schenkung s. Nouveau Recueil Bd. I Teil 2 S. 55; über Form des Testaments Bd. I Teil 3 S. 296.

[99] Nouveau Recueil Bd. I Teil 2 S. 256.

tutenkollision in ein eigenes System zu bringen und die Wissenschaft des Kollisionsrechts damit zu fördern; wenn er Dumoulin kennt und nennt, so im Gefolge einer Reihe oft willkürlich zusammengestellter Namen von Autoritäten und ohne ihm einen besonderen Platz zuzuweisen.

Claude Henrys (1615–1662) bewegt sich in den gleichen Bahnen wie seine Vorgänger. Anläßlich der Frage, ob die Coutume, die die ausgestattete Tochter von der Erbfolge ausschließt, überall ihre Wirkung entfalte, gibt er eine Reihe von bekannten Regeln: die Erbfolge richtet sich nach der lex situs, mobilia folgen dem Wohnsitzrecht des Eigentümers; „si la costume regarde la personne son pouvoir n'a point de borne; si... elle regarde la chose, son empire ne passe pas ses limites, et c'est une distinction que Dumoulin a remarquée sur le conseil 358 de Decius“ [100].

Paul Challine[101], Anwalt am Pariser Parlament, veröffentlichte 1666 ein kleines Werk[102], dessen vierzehnte Regel mit der Überschrift „Les dispositions des coutumes sont personnelles, réelles ou mixtes“ eine Abhandlung über die Statutenkollision enthält.

Sie steht möglicherweise[103] unter dem Einfluß von Burgundus, dessen auch in Frankreich vielbeachteter Tractatus controversiarum ad consuetudines Flandriae 1621 erschienen war; der Einfluß d'Argentrés ist unverkennbar und drückt sich bereits in der Überschrift aus. Der Verfasser verspricht am Anfang eine Klärung der strittigen Fragen; gelungen ist sie ihm wohl indessen trotz einiger Ansätze nicht[104]. Auch er klagt in seinem Vorwort über die Vielzahl der Ortsrechte in Frankreich und ruft Ludwig XIV. auf, die Rechtseinheit, die schon Ludwig XI. und Dumoulin gefordert hätten, zu verwirklichen.

Zum ersten Mal findet sich das System d'Argentrés als Grundlage und Ausgangspunkt einer Untersuchung der Statuten[105]; als dessen gei-

---

[100] Oeuvres de M. Claude Henrys, Bd. 2 Buch 4 Kap. 6 Frage 105 (Paris 1771), zitiert nach Lainé I 357 ff., dort auch weitere Entscheidungen.

[101] Lainé I 359 ff.; Boullenois, Traité I 177 ff.

[102] Méthode générale pour l'intelligence des Coustumes de France, Paris 1666.

[103] S. Lainé I 401 f.

[104] S. Lainé I 363.

[105] Wenn man, wie oben darzutun versucht wurde (S. 102), der Lehre d'Argentrés ihre angebliche „politische“ Tendenz nimmt, so ist es auch nicht mehr verwunderlich, daß sie von einem Verfechter der königlichen Zentralgewalt und Rechtseinheit zum Ausgangspunkt genommen wird: gegen Lainé I 360.

stiger Vater wird jedoch, unberechtigterweise, Dumoulin[106] neben BALDUS, CUJAZ und „hauptsächlich" D'ARGENTRÉ genannt[107]; wohl, wie auch die Anführung von CUJAZ zeigt, mehr, um durch die Nennung gewichtiger Namen der Abhandlung mehr Ansehen zu verleihen.

Des längeren widmet CHALLINE sich der Behandlung der personalen Statuten. Das Statut, das die Mündigkeit auf 20 Jahre festsetzt, habilitiere die von ihm betroffenen Personen überall, da das Statut direkt über die Person bestimme; CHALLINE verweist auf das Consilium 53, die Entscheidung von 1600 (s. oben S. 132) und auf BARTOLUS.

Der Gültigkeit dieses Grundsatzes steht nicht entgegen, sagt CHALLINE, daß eine restitutio in integrum gemäß dem gemeinen Recht bis zum Alter von 25 Jahren gewährt werden kann; er verweist hierzu auf Dumoulin[108].

Zur Gruppe der statuta personalia zählt CHALLINE das Pariser Statut, wonach die Eltern als Folge der garde bourgeoise[109] ein Fruchtziehungsrecht am Kindervermögen haben[110]; er hält es jedoch für ein „statut purement personnel", was bedeuten soll, daß ein Bürger von Chartres, wo dieses Fruchtziehungsrecht unbekannt ist, ein solches auch an den Pariser Gütern nicht haben soll, die Wirkung des Statuts mithin auf subditi beschränkt ist. Das Statut ist andererseits aber auch territorial, was zur Folge hat, daß der Pariser Vater wiederum an den in Chartres gelegenen Gütern seiner Kinder kein Nießbrauchsrecht hat; dies wird mit dem bekannten Satz „Les Coustumes sont réelles" begründet. CHALLINE kämpft hier also mit den unzulänglichen Mitteln der Statutenlehre um den Begriff des sowohl territorialen als Fremde ausschließenden Statuts[111].

---

[106] Er nennt ihn an einer Stelle (Méthode générale S. 356) „ce célèbre Docteur ès Loix de Rome, de France et de toute l'Europe", an anderer „cet illustre Docteur" (S. 372) und zitiert hauptsächlich die Anmerkungen zu den fränkischen Gewohnheitsrechten.

[107] Méthode générale 213.

[108] Ebda 217; vgl. oben S. 132 Anm. 57.

[109] Die Ausdrücke garde oder bail bezeichnen die gesetzlichen Vormundschaften, die auch das Elternrecht umfassen und meist mit Nutznießung am Kindesvermögen verbunden sind; sie kommen vor bald bei Bürgerlichen (garde bourgeoise) und Adligen (garde noble), bald bei diesen allein, vgl. WARNKÖNIG II 280 ff; OLIVIER-MARTIN, Coutume de Paris I 159 ff.; vgl. oben S. 35 Anm. 55.

Im ältesten Recht unterlagen diese Rechte der lex situs, vgl. Entscheidung des Pariser Parlaments von 1268, lt. MEIJERS Beiträge 58 Anm. 4.

[110] Méthode générale 233; S. 290 erklärt er dasselbe Statut allerdings als „mixtum" und daher nur von der lex situs abhängig.

[111] Vgl. oben S. 86.

Wenig sinnvoll erscheint, was er an anderer Stelle[112] über das ähnlich zu behandelnde Statut betreffend das droit de bail et garde, eine Art Vormundschaft der Seitenverwandten, ausführt: es sei „une qualité personnelle et singulière, laquelle n'a point d'effects sur les héritages situées en toutes les autres coutumes ... parce que c'est une maxime que statuta non disponunt super capacitate aut habilitate eorum qui non sunt in potestate statuti"; die örtliche Begrenzung des Statuts mit dem Satz statutum non ligat nisi subditos zu begründen, geht allerdings nun wirklich nicht![113]

An anderer Stelle[114] teilt CHALLINE die personalen Statuten in solche ein, die Sonderrecht schaffen und nur innerhalb ihres Bereichs wirksam sind („dispositions personnelles particulières") und solche, die dem gemeinen Recht entsprechen und überall gelten („dispositions personnelles universelles") – wobei wohl D'ARGENTRÉS Unterscheidung zwischen afficientiae universales und particulares[115] mit der Unterscheidung der italienischen Schule, ob das Statut dem gemeinen Recht entspricht oder neues Recht einführt, im Geiste vermählt worden ist[116].

Reale Statuten binden nicht nur die Franzosen, sondern auch Ausländer, insoweit sie Erbrechte auf französische Liegenschaften geltend machen, „quoyque régulièrement les estrangers ne soyent obligez qu' aux loix des lieux de leur domicile"[117]. Bemerkenswert ist, daß CHALLINE als „Regelfall" die Geltung der lex domicilii der Person anzusehen scheint; als einen frühen Vertreter des Grundsatzes der Personalität wird man ihn deshalb wohl nicht ansehen können. CHALLINE verweist darauf, daß „schon der bloße Besitz (von Liegenschaften in Frankreich) zum Untertan des Königs mache".

Im Bereich der realen Statuten begegnet ein Zitat Dumoulins im er-

---

[112] Méhode générale 240.

[113] Ähnlich behandelt CHALLINE die Pariser Vorschrift, wonach das Witthum Erbgut der gemeinschaftlichen Kinder ist; sie ist „personal, weil sie die Kinder bevorzugt", „eine Gnade, die auf Auswärtige nicht auszudehnen ist", gilt aber auch nicht zugunsten der Pariser hinsichtlich auswärts belegener Grundstücke, weil „la Coustume de Paris ne peut habiliter que les personnes demeurantes dans son destroit et pour les choses y situées" (S. 244 ff.).

[114] Ebda. 250.

[115] S. oben S. 68.

[116] Weitere *personale Statuten sind:*
die Bestimmung, daß die Frau nur mit Zustimmung des Mannes verfügen kann (S. 224); das Statut über das Testieralter (S. 231); das Statut über den Vorrang zur Berufung als Vormund (S. 242), die als Beispiel genannte Bestimmung der Auvergne gelte aber nur, wenn sowohl Vormund wie Eltern dort beheimatet seien.

[117] Méthode générale 257; ein Beweis dafür, daß die Statutisten keineswegs nur intercoutumäre Kollisionen behandelt haben.

sten Beispiel, wonach das Lehen seinem Ortsrecht und nicht dem Recht des Lehnsgebers unterworfen ist[118] und im fünften Beispiel für die Realität des Statuts über die Verjährung[119]. Zum Bereich der realen Statuten gehört auch bei CHALLINE das Erbrecht. Einschränkungen der Verfügungsfreiheit von Todes wegen sind real[120]; ebenso ist real die gewohnheitsrechtliche Beschränkung frommer Stiftungen auf einen Bruchteil des Nachlasses: Grundstücke im Bereich von Coutumes, die solche Beschränkung nicht kennen, können auch zu größerem Bruchteil geschenkt werden (Beispiel 5)[121]. CHALLINE verweist hierzu auf die Anmerkung Dumoulins, „ce grand maitre des maximes de notre droit coutumier", zu § 41 Kap. 12 der Coutume der Auvergne[122], „par laquelle apostille cet excellent autheur marque parfaitement et nettement la réalité des coustumes".

Ein doppelt beschränktes Statut findet sich in dem Kapitel über die realen Statuten im letzten, 8. Beispiel der statuts réels: die Bestimmung des Rechts von Anjou, wonach die Retraktsklage an jedem Forum geltend gemacht werden muß, wo Grundstücke liegen, die von ihr erfaßt werden sollen, erscheint CHALLINE so exorbitant, daß er ihre Anwendbarkeit auf die Einwohner von Anjou begrenzen möchte; deshalb nennt er die Retraktsklage „mixta seu personalis in rem scripta, c'est-à-dire personnelle et réelle tout ensemble" [123].

Die Schenkungen zwischen Ehegatten von Todes wegen behandelt CHALLINE beiläufig im 5. Beispiel der personalen Statuten[124]. Ein Statut, das diese verbietet, ist territorial, weil das gemeine Recht in Frankreich, d. h. „ce qui est reçu par la pluspart des coustumes de France" [125] solche Schenkung gestattet und nicht durch „la disposition singulière et prohibitive d'une coustume" außer Kraft gesetzt werden könne „... sinon à l'esgard des biens qui sont dans son destroit". CHALLINE bewegt sich also in den gleichen Bahnen wie die Vertreter der italienischen Schule, wonach Statuten, die prohibitiv sind und dem gemeinen Recht widersprechen, eng auszulegen und gebietsbegrenzt sind; Dumoulin wird jedoch nicht genannt. CHALLINE ist aber nicht folgerichtig und liefert im weiteren einen neuen Beweis, wie verwirrend die Gleichbezeichnung von territorial und real sich auswirkte: da er das Statut wegen seines außer-

[118] Ebenda 255.
[119] Ebenda 291.
[120] Ebenda 218, s. auch 298.
[121] Ebenda 270.
[122] Vgl. oben S. 42 Anm. 74.
[123] Méthode générale 272; vgl. oben S. 75. Das Statut über den retrait lignager wird auch S. 289 als mixtum bezeichnet und der lex situs unterworfen.
[124] Méthode générale 238.
[125] Vgl. oben S. 89 ff.

gewöhnlichen Charakters nicht über seine Grenzen hinaus wirken lassen will und es deshalb real nennen muß, und weil nach dem herrschenden Sprachgebrauch real auch im Sinne von „auf Sachen bezüglich" gebraucht wird – die Herkunft des Wortes macht sich immer wieder bemerkbar –, fährt er nun fort: „le statut est réel parce que l'effet de la disposition regarde principalement les choses". Daß es aber auf eine der beiden Begründungen nicht ankommt, wurde bereits mehrfach gesagt.

Im Bereich der statuts mixtes (2. Beispiel) zitiert CHALLINE ausführlich die Auseinandersetzung zwischen Dumoulin und D'ARGENTRÉ über das Consilium 53; bezüglich der Frage nach der Natur des Schenkungsverbots zwischen Ehegatten unter Lebenden folgt er D'ARGENTRÉ [126].

Hier behandelt CHALLINE auch die Frage, welchem Recht die Form von Verträgen, Testamenten, Schenkungen und andern Akten unterliegt, wohl unter dem Einfluß der niederländischen Statutisten, die erstmals das Formstatut als tertium genus statutorum erklärt haben (s. unten S. 158); CHALLINE folgt der herrschenden Lehre von der Maßgeblichkeit der lex loci actus, unter Verweis auf die Anm. Dumoulins zu Art. 68 der Coutume von Sens [127] und die lectura Tubingensis.

Das Verfahren endlich unterliegt der lex fori, bewegliche Sachen folgen dem Recht ihres Eigentümers, Verweis auf Dumoulin, mit Ausnahme der Konfiskation, wozu CHOPPIN herangezogen wird [128].

CHALLINE erhebt sich also doch recht weit über das Niveau der vorgehend beschriebenen Schriftsteller hinaus [129]; er unternimmt zumindest den Versuch, die strittigen Fragen der Statutenlehre von einer höheren Warte aus zu betrachten; sein System entnimmt er D'ARGENTRÉS und (wahrscheinlich) BURGUNDUS' Abhandlungen, seine Kriterien dagegen vielfach den italienischen Statutisten und Dumoulin; letzteren zitiert er hauptsächlich mit dem Consilium 53 sowie in seinen Anmerkungen zu den französischen Gewohnheitsrechten.

JEAN-MARIE RICARD (1622–1678) [130], Anwalt am Pariser Parlament, war ein geachteter Gelehrter seiner Zeit. In einem nachgelassenen

[126] Méthode générale 283 f.

[127] Die genannte Stelle ist in der Gesamtausgabe 1681 (O. o. II 698) nicht auffindbar.

[128] Méthode générale 299.

[129] „Il y a du bon" in seinem Werk, sagt anerkennend BOULLENOIS, Traité I 177, um ihn dann kritisch zu zerpflücken.

[130] LAINÉ I 363 ff.

Seine Werke: Traité des donations entre vifs et testamentaires, contenant traité du don mutuel; Coutume du bailliage de Senlis. Paris 1754.

7. Kapitel seines Lehrbuchs über die gegenseitige Schenkung behandelt er Fragen des anwendbaren Rechts. Als Schriftsteller, die den Gegenstand „ausführlich" behandelt hätten, nennt er „D'ARGENTRÉ, Dumoulin, Consilium 53, BOUVOT".

Die Form der Schenkung richtet sich, nach überkommener Lehre, nach dem Recht des Vornahmeorts (Nr. 305). Die auch heute noch strittige Frage, ob die Fähigkeit zur Errichtung eines privatschriftlichen Testaments zur Form oder zur Testierfähigkeit gehört, beantwortet RICARD dahingehend, daß sie einen Teil der allgemeinen capacité bilde und daher dem Recht des Wohnsitzes der Person unterliege (Nr. 307). Ebenso unterliegt nach der von der gemeinen Meinung abweichenden Ansicht RICARDS die besondere Geschäftsfähigkeit zur Schenkung, insbesondere das Verbot für Ehegatten, sich gegenseitig zu bedenken, dem jeweiligen Wohnsitzrecht des Schenkenden [131], ungeachtet der lex situs des geschenkten Gegenstands; hierzu beruft er sich auf die Anmerkung Dumoulins zu § 155 Nr. 5 der Pariser Coutume [132] und zu § 156 Nr. 9 ebenda [133]. In dieser Auffassung stimmt RICARD überein mit BARTOLUS, COQUILLE und der oben zitierten Stelle bei Dumoulin, steht aber im Gegensatz zu der herrschenden Meinung, der sich auch der Herausgeber der Ausgabe von 1754 DU CHEMIN anschließt [134].

Wenn hingegen durch das Statut nicht die Fähigkeit zur Schenkung an sich bestimmt, sondern nur die disponible Quote festgesetzt wird, sei es real und „attachée à la chose", es gelte hierfür die lex situs. Schwierigkeiten mache in der Praxis weiter die Frage, ob der Gegenstand des Statuts zur Form oder zur Substanz gehört. RICARD hat also das Problem der Qualifikation bereits gesehen.

Für unsere Betrachtung ist bemerkenswert, daß RICARD auf die in den Conclusiones de statutis enthaltenen Äußerungen Dumoulins zu seinem Thema nicht eingeht.

DENIS SIMON [135] hat eine kurze Dissertation über die Statuten hinterlassen [136], der LAINÉ jeglichen Wert abspricht, die aber angezeigt sei, da sie ganz unter dem Einfluß von D'ARGENTRÉ und BURGUNDUS steht.

---

[131] Mit der Folge, daß ein Wechsel des Wohnsitzes gegebenenfalls die Schenkfähigkeit verändert (Nr. 312); ebenso SAVIGNY, unten S. 256.

[132] Vgl. oben S. 39 Anm. 68 und MEIJERS 647 Anm. 4, 648 f.

[133] O. o. I 908.

[134] Nr. 342; Coutume de Senlis, § 145 S. 49; § 207 S. 96 f.

[135] LAINÉ I 369 f.

[136] Bibliothèque historique des principaux autheurs du Droit civil, Paris 1692, „En quels cas les coustumes sont réelles, personnelles ou mixtes", nach LAINÉ a.a.O.

PHILIPPE DE RENUSSON (1631–1699)[137] ist hingegen einer der bedeutendsten französischen Juristen des ausgehenden 17. Jahrhunderts. Er verfaßte mehrere Abhandlungen, die zusammen einen stattlichen Band füllen und durch ihr diszipliniertes Denken von den bisher besprochenen Arbeiten angenehm abstechen[138].

Im ersten Teil, Kap. 15 seines Traité de la Communauté finden wir seine Theorie der Statuten niedergelegt. Er geht zunächst aus von der strengen Territorialität der Coutumes; am Beispiel des Statuts betreffend Schenkungen zwischen Ehegatten erläutert er ihre Realität und daß „chaque coutume a son territoire limité et n'a pouvoir et autorité que sur les biens situez dans l'étendue de son territoire“ (Nr. 8). Er begründet das damit, daß sich die Völker eines Landstrichs zusammengetan und Grenzen zur Unterscheidung von ihren Nachbarn gegeben hätten; die Gewohnheitsrechte erklärt er naturrechtlich als „un contrat et une convention faite entre les peuples de cette même province“; für die Ansicht von der Maßgeblichkeit der lex situs zitiert er: den französischen Juristen DE L'HOMMEAU[139], CUJAZ, Dumoulin Anm. zu ALEXANDER I 16, D'ARGENTRÉ (ausführlich) und BURGUNDUS (Nr. 9, 10).

Dem Grundsatz der bedingungslosen Herrschaft der Coutume stehen aber zwei Einschränkungen gegenüber: einmal steht das Naturrecht über dem Zivilrecht „Le droit naturel et le droit des gens n'a point de bornes“ „c'est un droit commun que la nature a inspiré aux hommes“ (Nr. 9).

Als zweites entwickelt RENUSSON eine eigene Theorie der Statuten. Die Unterscheidung in realia und personalia ist, nach RENUSSON, nichtssagend; jedes Statut betreffe die Sache wie die Person. Aber es gibt in den Gesetzen und Coutumes „des dispositions individues“, unteilbare Bestimmungen; diese sollen überall Wirkung haben. Auf die Theorie RENUSSONS kann nicht im einzelnen eingegangen werden; ohne sich von der verfehlten Ausdrucksweise, die immer vom Statut ausgeht, lösen zu können, scheint er folgendes sagen zu wollen: *gewisse Rechte* des einzelnen *sind unteilbar* und daher im Geltungsgebiet auch anderer Gesetze als derer, unter denen sie begründet wurden, anzuerkennen. Hierher ge-

---

[137] LAINÉ I 370 ff.

[138] Oeuvres Paris 1760: 1. Traité de la communauté des biens entre l'homme et la femme conjoints par mariage; 2. Traité du Douaire; 3. Traité de la garde noble et bourgeoise; 4. Traité des propres réels, réputés réels et conventionnels; 5. Traité de la subrogation.

[139] Über ihn LAINÉ I 351 ff.

hören der einmal verliehene status und die angeborene capacitas, für die das Heimatrecht der Person zuständig sei (Nr. 31); das Statut, das einem gutgläubigen Erbschaftsbesitzer nach 20 Jahren Eigentum verleiht (Nr. 33); das Recht der ehelichen Gütergemeinschaft, das nach dem ersten gemeinsamen Wohnsitz der Ehegatten zu beurteilen sei (Nr. 36); die Formgültigkeit von Testamenten, die dem Recht des Errichtungsorts unterliegen (Nr. 38 f.), da es „unbequem sei, wenn der Testator soviel Testamente errichten müßte, als er Güter in verschiedenen Gegenden habe" [140]; schließlich das Statut, das der Frau ohne Genehmigung des Mannes zu testieren gestattet (Nr. 41). Soweit die Beispiele von dispositions individues, die die Territorialität der Coutumes durchbrechen [141].

Auch andere, auf Billigkeitserwägungen beruhende Entscheidungen sind RENUSSON nicht fremd. So bezeichnet er das Verbot der ehelichen Gütergemeinschaft durch das normannische Recht als exorbitant [142] und meint, mit Rücksicht auf die „liberté publique", die öffentliche Freiheit der Eheschließung, die sonst für Mädchen aus der Normandie sehr erschwert würde, müsse eine Vereinbarung der ehelichen Gütergemeinschaft auch dann gültig sein, wenn ein Teil in der Normandie beheimatet sei [143]. Das Bedenken, daß die Coutumes an sich real sind und daß Grundstücke der lex situs unterliegen, wird damit beseitigt, daß es Dinge gebe, die nicht absolut vom Willen der Coutumes, sondern eher vom Willen der Vertragschließenden abhängen; die Möglichkeit, güterrechtliche Eheverträge mit Wirkung auf alle Güter zu schließen, sei durch das öffentliche Interesse an der Freiheit der Eheschließung geboten.

---

[140] Vgl. LAINÉ II 357. Daß die Förmlichkeiten der lex loci actus folgen, sagt RENUSSON auch im 3. Teil Kap. 2 Nr. 30 ff. Hier berichtet er allerdings von einer Entscheidung von 1655, die die Form der Inventarerrichtung – um die Fortsetzung der ehelichen Gütergemeinschaft mit den Abkömmlingen auszuschließen, bedurfte es nach Pariser wie nach normannischem Recht einer, verschieden ausgestalteten, Inventarerrichtung – nicht der normannischen lex loci actus, sondern dem Pariser Sachstatut (der Ehevertrag war in Paris geschlossen worden) unterwirft. RENUSSON billigt die Entscheidung mit wenig Überzeugung.

Das Argument der Unbequemlichkeit, mehrere Testamente errichten zu müssen, findet sich auch bei PECK (s. unten S. 152) und anderen Niederländern, vgl. KOLLEWIJN 9, 42.

[141] Vgl. zur Theorie RENUSSONS Garde noble Kap. 6, Nr. 25 ff.; ablehnend LAINÉ I 373 ff., II 28 ff.

[142] Art. 328 der Coutume der Normandie spricht der Frau nach dem Tode die Hälfte der Errungenschaft am städtischen Grundeigentum, von der übrigen Errungenschaft örtlich verschieden weitere Teile zu, vgl. WARNKÖNIG II 253; Art. 329 besagte, daß Vereinbarungen, nach denen die Frau mehr als ihren gesetzlichen Teil haben soll, nichtig sind, RENUSSON, Communauté Teil I Kap. 4 Nr. 17, und oben S. 43 Anm. 5.

[143] Traité de la communauté Teil I Kap. 4 Nr. 29.

Renusson greift also ebenfalls auf das alte Argument zurück, einem Recht, das durch Parteivereinbarung ausgeschaltet werden kann, – über den Verbotscharakter des normannischen Statuts setzt er sich dabei etwas selbstherrlich hinweg – als auf dem Willen der Parteien beruhend extraterritoriale Wirkungen zu verleihen[144].

Obwohl es naheläge, auch beim douaire[145] dort, wo eine Vereinbarung fehlt, den am ehelichen Wohnsitz geltenden gesetzlichen douaire als stillschweigend vereinbart mit Wirkung auf alle Güter anzusehen, tut er dies nicht. Das Statut über den douaire ist auch für Renusson real; wenn nichts anderes stipuliert sei, richte sich das Recht der Witwe nach der jeweiligen lex situs der Güter, die den Gegenstand des douaire bilden; diese Regelung entspräche auch dem vermuteten Parteiwillen (!)[146].

Das Fruchtziehungsrecht des Inhabers der garde[147] wird von Renusson, unter Heranziehung von Dumoulin, als reales Statut erklärt[148]: „custodia extenditur ad omnia infra tamen territorium"; hierzu zitiert der Herausgeber J. A. Serieux Dumoulins Ansicht, daß das Nutznießungsrecht des Vormunds exorbitant sei. Dennoch lassen die Ausführungen Renussons erkennen, daß er sich hier nur der allgemeinen Meinung beugt, während er wohl der Ansicht den Vorzug geben möchte, daß der Inhaber der Personen- und Vermögensfürsorge die Nutznießung aller Grundstücke, auch der praedia alibi sita, haben sollte, selbst wenn die lex situs, wie das römische Recht, die Einrichtung der garde nicht kennen würde. In anderer Hinsicht bekennt er sich offen als Vertreter einer extraterritorialen Wirkung der Gesetze: um gardien zu werden,

---

144 Vgl. oben S. 99 f.

145 S. oben S. 127 Anm. 25.

146 Traité du douaire Kap. 5 Nr. 47 (Verweisung auf eine Entscheidung von 1567); s. auch Kap. 4 Nr. 6, 9, 17–23.

Bemerkenswert ist, daß Renusson Ausländer (aubains) vom Recht des douaire ausschließt, „ils ne peuvent participer au droit particulier et municipal de nos Coutumes", ebenda Kap. 2 Nr. 10.

147 S. oben S. 141 Anm. 109.

148 Traité de la garde noble, Kap. 6 Nr. 18–36; vgl. oben S. 37.

Real ist weiter das Pariser Statut, das gewisse Verfügungsbeschränkungen zugunsten der Kinder erster Ehe bei Wiederverheiratung vorsieht: Traité de la Communauté Teil 4 Kap. 6 Nr. 5;

real sind die Bestimmungen über die disponible Quote: wenn Nachlaßstücke jedoch im Bereich verschiedener Coutumes liegen und ein Vermächtnis im Bereich der einen Coutume das hier freie Vermögen überschreiten würde, so kann zwar hier nicht über das Freiteil hinausgegangen werden, der Erbe jedoch im Bereich der andern Coutume (bis zur Höhe der jeweiligen disponiblen Quote) Ergänzung verlangen: Traité des Propres Kap. 3 Abschn. 4 Nr. 29 unter Berufung auf eine Entscheidung von 1575.

soll nach RENUSSON – entgegen der überwiegenden Meinung – die Beobachtung der Förmlichkeiten des Wohnsitzes genügen; dies müsse sogar dann gelten, wenn nach diesem Recht die garde von Gesetzes wegen eintritt, wie etwa nach dem Recht der Touraine, so daß sich eine nach diesem Recht automatisch angefallene garde ungeachtet des Pariser Rechts, das gewisse Förmlichkeiten vorsah, auch auf Pariser Liegenschaften erstrecken sollte. Andererseits ist das Recht der garde im personalen Bereich beschränkt: wer nach seinem Heimatrecht von der garde ausgeschlossen sei, könne auch im Bereich von Rechten, nach denen er berufen wäre, nicht gardien werden.

Wir sehen also, daß RENUSSON sich weit über die Schriftsteller seiner Zeit erhebt. Er bemüht sich, die Fragen nach der Extraterritorialität der Statuten auf eine neue, weitgehend aus dem Naturrecht schöpfende Basis zu stellen und neue Gesichtspunkte einzuführen. So bemerkenswert jedoch sein Bestreben ist, die Probleme selbständig neu zu durchdenken und sich von der Abhängigkeit von den Autoritäten freizumachen, so gelingt es ihm doch nicht, sich aus den Fesseln der überkommenen Betrachtungsweise und Terminologie zu lösen; und so ist auch seine Theorie der dispositions individues nur eine Vereinfachung, die letzten Endes dem historisch Gewordenen einen neuen Namen gibt, die aber überall dort versagen muß, wo ein Problem noch wirklich strittig ist. Dumoulins Einfluß auf das Werk RENUSSONS scheint nicht sehr groß gewesen zu sein; wenn er ihn auch öfters anführt, so geht er doch bei seinem System seine eigenen Wege; seine Lösungen zeigen ihn als einen maßvollen Vertreter der Extraterritorialität.

DENIS LE BRUN (gest. 1708)[149] ist der letzte französische Schriftsteller des 17. Jhdts., der hier zu untersuchen ist. Auch er bietet in seinen Schriften[150] das gleiche Bild wie seine Zeitgenossen: aufbauend auf dem System D'ARGENTRÉS, versieht er es mit manchen eigenen Änderungen, greift auf BARTOLUS und Dumoulin zurück, schöpft aber meistens aus den Entscheidungen der Parlamente und bezieht sich mithin auf die Sammlungen dieser Entscheidungen, wie sie für das Pariser Parlament von LOUET vorlagen.

Das Statut, das die Tochter von der Erbschaft ausschließt, hält LE BRUN für real, er zitiert hierzu das Consilium 55 Dumoulins und

[149] LAINÉ I 384 ff.

[150] Traité de la Communauté entre mari et femme, Paris 1709; Traité des successions, Paris 1692.

d'Argentré. Er berichtet davon, daß Dumoulin sich für die Extraterritorialität eines ausdrücklich erklärten Verzichts ausgesprochen hat, hält aber selbst dafür, daß selbst ein solcher keine Wirkung außerhalb des Bereichs des Statuts entfalten solle[151].

Das Interzessionsverbot für Frauen nach normannischem Recht nimmt er zum Anlaß einer etwas zusammenhanglosen Betrachtung über die Statuten, wobei er sich hauptsächlich und ausführlich mit d'Argentré auseinandersetzt, aber auch, neben anderen, Bartolus und Dumoulin anzieht und als Grund für die Realität des Interzessionsverbots auch dessen odiosen Charakter nennt[152].

Personal ist dagegen das Statut, das der Frau ohne Genehmigung ihres Mannes zu testieren oder einen Vertrag zu schließen gestattet; le Brun sieht das Statut mithin nicht als zur Form gehörig an[153].

In dem Teil der Untersuchung, der dem auf Verträge anwendbaren Recht und dem Recht der ehelichen Gütergemeinschaft gewidmet ist, wird auf le Brun noch ausführlicher zurückzukommen sein.

§ 2

Die niederländischen Statutisten bis Paul Voet

Alsbald nach dem Erscheinen von d'Argentrés Kommentar zur Coutume der Bretagne verlagert sich das Hauptgewicht der Entwicklung des Kollisionsrechts nach Flandern und in die Niederlande, die ein der Entfaltung interlokalen Rechts ähnlich günstiges wirtschaftliches und politisches Gefüge aufweisen wie die oberitalienischen Stadtstaaten. Während, wie wir gesehen haben, die französischen Äußerungen zur Statutenlehre im ausgehenden 16. und im 17. Jahrhundert nur einen schwachen Abglanz der einstigen Höhe bieten, die mit Dumoulin und d'Argentré erreicht worden war, sehen wir nunmehr im niederländischen Sprachraum eine Reihe kraftvoller Gestalten unsere Wissenschaft vorantreiben und weiterentwickeln. Mit Burgundus wird der Einfluß d'Argentrés übermächtig; ihm und seinen Nachfolgern in den Niederlanden verdankt es d'Argentré, daß ihm für alle Zeiten ein Platz in

[151] Traité des successions B. I Kap. 4 sect. 5 Nr. 31; ebenso Traité de la Communauté Buch II Kap. 3 Abschn. 5 Nr. 31. Hier auch die Ansicht, daß das Schenkungsverbot zwischen Ehegatten real ist.

[152] Traité de la Communauté Buch II Kap. 3 Abschn. 5 Nr. 21 ff.

[153] Ebenda Nr. 18; Lainé I 386.

der Geschichte des internationalen Privatrechts geblieben ist, der gleichwertig ist mit der Stellung, die BARTOLUS, ULRICH HUBER, STORY oder SAVIGNY einnehmen [1]. Anders ist es mit Dumoulin. Zwar hat sich seine Lehre von der stillschweigenden Vereinbarung im ehelichen Güterrecht auch in den Niederlanden durchgesetzt – mit einigen, wie zu zeigen ist, wesentlichen Änderungen –, aber sonst haben sein System, seine Lösungen, sein Name so gut wie keine Spuren hinterlassen. TIRAQUEAU, GAILL, CHOPPIN, MEVIUS, CARPZOV finden sich häufiger zitiert als er, allenfalls ist das Consilium 53 bekannt.

Als erster der niederländischen Statutisten, die nach Dumoulin gelebt haben, ist PETER PECK (1529–1589) [2] zu nennen. Professor in Löwen, aber auch mit der Praxis in Verbindung, hat er in seinen Werken [3] verschiedentlich zu Fragen des Kollisionsrechts Stellung genommen. Dumoulin wird ab und zu im Verein mit andern Gelehrten zitiert, ein besonderer Einfluß ist nicht festzustellen.

PECK bedient sich der Kriterien der italienischen Schule. Das Statut, wonach eine Frau zur Errichtung eines Testaments die Zustimmung des Mannes benötigt, ist nach seiner Ansicht „propter imbecillitatem muliebris“ [4] favorabile und hindert daher auch die Frau, die außer Landes testiert, daran, dies ohne ihren Gatten zu tun [5]; dies allerdings nur bezüglich der Grundstücke in seinem Bereich [6]. Daß die Einsetzung eines Vormunds auch Güter erfaßt, die außerhalb des Bereichs des ermächtigenden Statuts liegen, begründet PECK damit, daß gemeines (Natur)-Recht mächtiger sei als das Ortsrecht [7]; das Statut, das Vermächtnisse zwischen Ehegatten verbietet, wird von ihm nach drei Richtungen auf

[1] Man hat über den Einfluß D'ARGENTRÉS auf die niederländischen Statutisten viel herumgerätselt und sich nicht erklären können, warum die Entwicklung bei ihnen nicht wie bei der *bartolinischen* Schule verlaufen ist. Aber warum braucht der Eindruck einer kraftvollen Persönlichkeit, die eine einfache und klare Lehre mit Überzeugung vorträgt und alle Behauptungen und Begründungen ins Blaue hinein verschmäht, eine besondere Erklärung?

[2] KOLLEWIJN 5 ff.; LAINÉ I 396. Das Geburtsjahr wurde der Biographie nationale de Belgique Bd. 16 (1901) entnommen.

[3] De testamentis conjugum; De jure sistendi, u. a. in Opera omnia Antwerpen 1647.

[4] Eine gewisse Geringschätzung gegenüber dem andern Geschlecht zeigt PECK auch Buch IV Kap. 43 Nr. 2: „sunt enim mulieres avarae... immo avarissimae“.

[5] Anders RENUSSON, vgl. oben S. 147.

[6] De test. conjugum Buch III Kap. 17 Nr. 1–3.

[7] Ebenda Buch IV Kap. 28 Nr. 7; KOLLEWIJN 12 Anm. 2; zur einschränkenden Auslegung odioser und exorbitanter Statuten s. auch B. IV Kap. 5 Nr. 5 ff.; Kap. 11 Nr. 5, 7; anders Kap. 18 Nr. 3.

seinen örtlichen Bereich untersucht: ob es sich auf bona alibi sita erstrecke (Kap. 28); ob es gelte, wenn das Testament auswärts errichtet wurde (Kap. 29: entscheidend sei allein die lex situs des geschenkten Gegenstands); und ob es sich auf Fremde erstrecke (Kap. 30). Bei der Behandlung der ersten Frage nennt PECK das Statut odios und zitiert neben einigen Entscheidungen des Hohen Rats von Mecheln in diesem Sinne auch Dumoulins Ansicht für die Begrenzung odioser Statuten[8]; dort findet sich auch die bekannte Anmerkung zu ALEXANDER I 16 (Nr. 7).

Daß die Erbfolge der lex situs unterliegt, begründet PECK mit einem dahingehenden vermuteten Willen des Erblassers[9]. Zur Form des Testaments ist seine Stellungnahme nicht einheitlich: im Kap. 28 des 4. Buchs erklärt er die Wahrung der Ortsform für genügend, weil es „absurd sei, die Beachtung mehrerer Rechte zu verlangen, und die Errichtung eines Testaments unteilbar sei", in Kap. 36 verlangt er hingegen Beobachtung der durch die lex situs vorgeschriebenen Förmlichkeiten[10]. Bewegliche Sachen endlich folgen dem Recht ihres Besitzers[11].

NIKOLAUS BURGUNDUS (1586–1649)[12], Rechtsanwalt in Gent, ist der erste Große in der Reihe der niederländischen Statutisten. In einer 1621 erschienenen, auch im Ausland vielbeachteten Schrift[13] hat er die ersten sieben Kapitel der Statutenkollision gewidmet. Sein Werk, das auch in Frankreich weithin bekannt war, steht unter dem beherrschenden Einfluß von D'ARGENTRÉ, doch ist BURGUNDUS kein Nachschreiber, dafür liegt in Form und Inhalt seines Werkes zuviel Ursprüngliches und Eigenes beschlossen[14].

Dumoulin hat hingegen kaum Spuren hinterlassen. In den 121 Sei-

---

[8] Ebenda Buch IV Kap. 28 Nr. 5; Verweis auf Consilium 31 Nr. 25, oben S. 38 Anm. 64; vgl. dagegen De jure sistendi Kap. 8 Nr. 3.

[9] De test. conjugum Buch IV Kap. 36 Nr. 4, KOLLEWIJN 5 Anm. 3; vgl. oben S. 65 Anm. 35 und S. 113. Die Maßgeblichkeit der lex situs im Erbrecht betont auch der von Dumoulin zuweilen zitierte NIKOLAUS EVERARD (1554), KOLLEWIJN 5.

[10] Ebda. B. IV Kap. 28 Nr. 9; Kap. 36 Nr. 2 unter Verweis auf JACQUES DE RÉVIGNY und PIERRE DE BELLEPERCHE; KOLLEWIJN 9.

[11] Ebenda Buch IV Kap. 35 Nr. 7.

[12] KOLLEWIJN 16 ff.; LAINÉ I 401 ff.; JANSSEN, Pasicrisie Belge 1906 – I, S. 1 ff. (unergiebig). Seine Abhandlung erschien unter dem Namen *Burgundius*, seine Zeitgenossen nannten ihn *Burgundus;* franz. Form *Bourgoigne*, KOLLEWIJN 16 Anm. 1.

[13] Tractatus controversiarum ad consuetudines Flandriae, Antwerpen 1621.

[14] KOLLEWIJN 16; vgl. Tractatus I 1, wo er eine Ansicht D'ARGENTRÉS für „lächerlich" erklärt. „BURGUNDUS behandelte D'ARGENTRÉ, der sich nicht mehr wehren konnte, fast genau so wie dieser seinerzeit Dumoulin" sagt FROLAND (Buch 1 Teil 1 Kap. 6 Nr. 4) bei Besprechung von BURGUNDUS' Ansicht vom statutum mixtum.

ten jener Ausgabe zitiert BURGUNDUS ihn insgesamt achtmal[15], in der Häufigkeit steht er hinter TIRAQUEAU zurück, der verhältnismäßig oft angeführt wird, von den italienischen Statutisten wie BARTOLUS, BALDUS u. a. ganz zu schweigen.

BURGUNDUS beginnt mit der Einteilung der Statuten in realia und personalia; sie durchzieht das ganze Werk und ist eindeutig eine solche nach dem Wirkungsbereich[16] und real damit zu territorial, personal zu extraterritorial geworden[17]; mixta sind ihm solche Statuten, die beides sind[18]; er versteht darunter Sachverhalte, die sich auf bewegliche wie auf unbewegliche Sachen beziehen, wobei Grundstücke der lex situs, bewegliche Sachen dem Wohnsitzrecht des Eigentümers folgen sollen[19]. Weiter zeichnet sich bei ihm die Einteilung nach Liegenschaften und beweglichen Sachen ab, die bei JOHANNES VOET zum beherrschenden Gesichtspunkt wird und mithin als für die niederländischen Statutisten kennzeichnend angesehen werden kann. Endlich unterscheidet er bei Grundstücken oft – hierin allerdings wird ihm von seinen Nachfolgern die Gefolgschaft versagt – nach Verpflichtungs- und Verfügungsgeschäften, deren erstere der lex domicilii, letztere der lex situs unterliegen sollen.

Auch BURGUNDUS geht, gleich D'ARGENTRÉ, davon aus, daß Grund und Boden ihr Recht vom Gesetzgeber des Landes empfangen, daß dieses Recht aber von jedem Richter anzuwenden ist[20]. Kennzeichnend ist seine Auffassung, daß der Boden „den Menschen an sich ziehe“[21].

---

[15] Unter anderem auch die Anm. zu ALEXANDER I 16 (Tr. I 41) für die Territorialität der Coutumes.

[16] Vgl. Tr. I 1: „Nec verba (dies gegen BARTOLUS), sed effectum in statutis considerare oportet“.

[17] Dagegen ist seine Einteilung der Urteile in in rem, in personam und in utramque ergangene Urteile noch vom Gegenstand her bestimmt (Tr. III 1). In diesem Abschnitt erörtert BURGUNDUS Fragen der internationalen Zuständigkeit und der Vollstreckbarkeit ausländischer Entscheidungen.

[18] „In quantum personale est, non cohibetur intra terminos, in quantum vero reale, territorii finibus circumscribitur“; diese Auffassung der gemischten Statuten ist schon bei D'ARGENTRÉ (Nr. 8, s. oben S. 69 Anm. 50) im Keim vorhanden, KOLLEWIJN 21.
Vorher hatte BURGUNDUS die Ansicht D'ARGENTRÉS von der Natur der statuta mixta zurückgewiesen; insbesondere das Statut „minor ne alienet bona immobilia“ ist nach BURGUNDUS nicht gemischt, sondern real, da die Eigenschaft als Minderjähriger „non est in dispositione, sed tantum in enunciatione“. Damit hat BURGUNDUS das Problem der Vorfrage erkannt, in eine knappe Formel gebracht und – nach der Weise der Statutisten – richtig gelöst.

[19] So nennt er das Erbstatut mixtim, da der Nachlaß bewegliche und unbewegliche Sachen umfassen: Tr. I 36, s. unten S. 156, KOLLEWIJN 20 f., LAINÉ II 41 f.

[20] Vgl. oben S. 102 Anm. 125, S. 104 Anm. 134.

[21] „Bona immobilia personam non sequuntur, sed personas ipsas ad se trahunt“

Im Bereich der personalen Statuten vertritt BURGUNDUS die Herrschaft der lex situs, sobald Grundstücke im Spiel sind und es sich um die besondere habilitas oder inhabilitas zu ihrer Veräußerung handelt (Tr. I 8). So ist die Ehefrau, die von ihrem Heimatrecht der ehemännlichen Gewalt unterstellt wird, an sich überall gewaltunterworfen und entsprechend in ihrer Geschäftsfähigkeit beschränkt (Tr. I 33, II 7); doch trennt BURGUNDUS – zum ersten Mal – obligatorische und dingliche Wirkungen des dennoch vorgenommenen Veräußerungsgeschäfts; nur soweit das Statut die Verpflichtungsfähigkeit betrifft, ist es personal, Einschränkungen der Verfügungsfähigkeit sind dagegen (soweit sie Grundstücke betreffen) real. Das heißt, die Frau, die ohne die erforderliche Zustimmung des Ehemanns ein Grundstück verschenkt hat, kann nicht zur Erfüllung angehalten werden; hat sie jedoch in Erfüllung ihres Schenkungsversprechens ein Grundstück manzipiert, das im Bereich von Statuten gelegen ist, die ihrerseits die Frau nicht in ihrer Verfügungsfähigkeit beschränken, so ist die Eigentumsübertragung gültig[22]. Diese Anwendung der lex situs ist für BURGUNDUS Teil des Verkehrsschutzes, des öffentlichen Glaubens; deshalb ist die Auflassung bei bösem Glauben des Erwerbers nichtig[23].

Ausländische Frauen, deren Heimatrecht keine Geschäftsbeschränkungen kennt, sind jedoch hinsichtlich der Grundstücke, die im Bereich beschränkender Statuten liegen, diesen dennoch unterworfen[24]. Bezüglich mobilia richtet sich dagegen die Geschäftsfähigkeit der Frau wiederum nach ihrem Heimatrecht[25], wie bewegliche Sachen überhaupt dem Recht

---

Tr. I 14, KOLLEWIJN 23. Wer ihn deshalb allzusehr verurteilt, übersieht, daß BURGUNDUS nicht seine Entscheidungen aus solchen Beweggründen ableitet, sondern umgekehrt mit diesem Bild nur eine überkommene Ansicht schildert.

[22] „Nec enim necesse est ut donationem, ita et mancipationem esse irritam, quarum altera a persona, altera a rebus ipsis proficiscitur" Tr. I 23 ff.; ähnlich Tr. I 7, 9, Tr. IV 22; vgl. auch LAINÉ II 135, der die Trennung obligatorischer und dinglicher Wirkungen für absurd erklärt (wie schon manche Nachfolger BURGUNDUS'). Dieser scheint die Kritik vorausgeahnt zu haben, denn er schreibt: „Erunt enim qui reprehendent, quod arbitremus personam mancipare quidem posse, contrahere vero non posse" und verweist auf das Statut von Alost, nach dem die minderjährige Witwe (umgekehrt) zwar sich verpflichten, nicht aber verfügen kann.

Die gleiche Unterscheidung dient für die Frage als Kriterium, welcher Richter zur Volljährigkeitserklärung zuständig ist: handelt es sich um Grundstücksgeschäfte, wie Übereignung, Belastung, so muß der judex situs, handelt es sich um „persönliche" Geschäfte, wie Verwaltung und Verpflichtungen, so muß der judex domicilii die venia aetatis erteilen: Tr. I 12–14.

[23] Tr. I Nr. 31 unter Berufung auf BALDUS, ALEXANDER Cons. 41 Bd. I u. a.

[24] Tr. I Nr. 24; KOLLEWIJN 23.

[25] „Habilitas tamen personae, quando solutio fit in rebus mobilibus (im Text steht

des Wohnsitzes ihres Eigentümers folgen (Tr. II 20 ff. mit der bekannten Einschränkung hinsichtlich des Zubehörs von Gütern und Häusern; IV. 21, 26 u. a.)[26].

Der Vormund hat nach Ansicht von BURGUNDUS zwar an sich die Verwaltung des gesamten Mündelvermögens inne. Verfügungen kann jedoch nur der Vormund vornehmen, der in Übereinstimmung mit der lex situs ernannt worden ist[27].

In der Frage, nach welchem Recht sich die Form eines Rechtsgeschäfts richtet, stellt BURGUNDUS sich in Gegensatz zur überkommenen Lehre. Während er für die Form eines Vertrags noch die lex loci contractus gelten lassen will[28], soll sich die Form des Testaments nach dem Recht des Lageorts der Grundstücke richten, über die testamentarisch verfügt werden soll. BURGUNDUS folgt damit, unter Verweisung auf JAQUES DE RÉVIGNY, PIERRE DE BELLEPERCHE und PECK dem Grundsatz des Ewigen Edikts von 1611 Art. 13[29], wonach die Förmlichkeiten „quaedam qualitas bonis impressa, ad quam tenetur respicere quisquis in bonis aliquis alterat"[30]. BURGUNDUS beruft sich auch auf MASUER und „auf die,

irrtümlich immobilibus) a lege domicilii maxime regitur. Aliter quam si res immobiles in solutionem veniant. Ratio diversitatis reddi potest, quia rebus mobilibus statutum non imprimitur, sed a conditione personae legem accipiunt" Tr. I Nr. 26.

[26] BURGUNDUS begründet das damit, daß sie als am Wohnsitz des Eigentümers befindlich angesehen würden und befindet sich damit in einem, allerdings mehr akademischen Streit mit D'ARGENTRÉ, der der Ansicht war, sie folgten deshalb dem Recht des Eigentümers, weil sie keinen festen Platz hätten. BURGUNDUS bleibt dieser Begründung jedoch nicht immer treu, vgl. Tr. I 2 und Tr. IV 26, KOLLEWIJN 18 Anm. 2.

[27] Die Verwaltungsbefugnis sei ein munus personale, eine persönliche Last, mit dem Satz Mobilia sequi personam habe das nichts zu tun, permultum interest inter administrationem et ipsis bonis, sagt BURGUNDUS hierzu, Tr. I 26, II 18.

[28] S. unten S. 214.

[29] „Si ès lieux de résidence des Testateurs et de la situation de leurs Biens y a diversité de Coutumes pour le regard de ces dispositions de dernière volonté; Nous ordonnons qu'en tant que touche la qualité desdits Biens, si on en peut disposer, en quel âge et avec quelle forme et solennité, on suivra les Coutumes et usances de ladite situation", lt. LAINÉ II 359 f.

Die Ansicht des Ewigen Edikts findet sich schon in frühen Zeugnissen in den Niederlanden, vgl. MEIJERS 655 Anm. 4; bald nach BURGUNDUS erheben sich Stimmen dagegen, 1634 setzte sich die Ansicht von der Maßgeblichkeit der lex loci actus endgültig durch, KOLLEWIJN 17 Anm. 1, MEIJERS 656 Anm. 1, LAINÉ II 362 f. Ein sehr interessanter Fall hat sich 1617 ereignet: ein in Brüssel errichtetes Testament, gültig nach den Formerfordernissen von Brüssel, ungültig nach dem in Mailand geltenden gemeinen Recht, hatte über Mailänder Grundstücke verfügt; das Gericht in Mailand entschied, das Testament sei ungültig, weil das Ewige Edikt die Beobachtung der Form des Lageorts vorschreibe: *der erste bekannte Fall einer Rückverweisung!* Vgl. LAINÉ a.a.O., DELAUME 94 ff.

[30] Tr. VI Nr. 1; LAINÉ II 360, KOLLEWIJN 17.

die sich unter den Kommentatoren der gallischen Gewohnheitsrechte hervorgetan haben", darunter, zu Unrecht, auf die oben S. 18 Anm. 1 erwähnte Stelle des Kommentars zur Pariser Coutume von Dumoulin, Titel I § 33 gl. 1 Nr. 86, die mit der Form der Testamente nichts zu tun hat[31].

Das Statut, das Schenkungen zwischen Ehegatten verbietet, ist mixtim nach der von BURGUNDUS gegebenen Definition; es beruhe auf den Interessen der Erben und sei daher in bezug auf Grundstücke real, auf bewegliche Sachen personal[32]. Das Argument des BARTOLUS, das Statut sei favorabile und daher extraterritorial, weist er damit zurück, daß es dennoch „bonis alterius territorii jura ponere nequit ut... dubitavit nemo". Daß dadurch ein Fremder im Bereich des Statuts inhabilis wird – er kann ja seiner Frau nichts mehr schenken – und damit der Grundsatz verletzt wird, daß statutum non ligat nisi subditos, erklärt BURGUNDUS durch eine Einteilung der habilitas in eine habilitas activa, die nur das Domizilrecht verleihen könne, – hierher gehört die Volljährigkeit usw. – und eine habilitas passiva, die den Grundstücken anhafte, „inidoneas personas a rerum mutatione removet" (Tr. I 42 a. E.).

Im Recht der Erbfolge ist die lex situs maßgebend; BURGUNDUS folgt damit der gewohnten Lehre[33], was nicht hindert, daß er das Statut als mixtum bezeichnet, da es Liegenschaften wie bewegliche Sachen umfasse.

Das Statut, das die ausgestattete Tochter von der Erbfolge ausschließt, ist ebenfalls territorial. Lediglich ein ausdrücklicher Verzichtsvertrag entfalte seine Wirkung überall. BURGUNDUS folgt und zitiert hierzu Du-

---

[31] Vgl. BOULLENOIS, Traité I 424.

[32] Tr. I Nr. 41, unter Berufung auf Entscheidungen des Pariser Parlaments und des Hohen Rats von Mecheln, auf PECK, EVERARD, PETRUS ANCHARANUS, ALEXANDER I 16 und Dumoulins Anmerkung hierzu.

[33] Tr. I Nr. 35 ff.; I, Nr. 45 (disponible Quote); wenn das Statut sich ausdrücklich auf bona ubicumque bezieht, hat der Erbe, der mehr als die zulässige Quote bekommen hat, eine persönliche Verpflichtung zum Ausgleich des Mehrwerts, ist aber bezüglich des überschießenden Teils zu Recht Erbe der Grundstücke geworden, deren lex situs solche Quote nicht kennt, Tr. I 46, 48, 52; Tr. II Nr. 16 f. (Antritt und Ausschlagung der Erbschaft.) Vgl. KOLLEWIJN 26.

Wenn von „gewohnter Lehre" gesprochen wird, so gilt das allerdings nicht für die flandrische Gerichtspraxis. Diese hat, im Gegensatz zu der Praxis in den andern niederländischen Provinzen und im französischen Rechtsgebiet, seit alters her im Erbrecht das Recht des Ortes, wo der Erblasser Bürgerrecht besaß, auf alle Güter angewandt; so der Rat von Flandern während der ganzen Zeit seines Bestehens, MEIJERS, Beiträge 73 ff., ebenso JAKOB DE KORTE (CURTIUS), KOLLEWIJN 4, MEIJERS 662; gleichen Inhalt hatte ein Privileg der Stadt Ypern, MEIJERS 581, BOULLENOIS, Traité I Vorwort XIV, DELAUME 316 Anm. 1.

moulin Consilium 55. Ebenso ist real das Statut betreffend das Witthum (Dotalitium[33a], Tr. I Nr. 50 ff.).

Im zweiten Traktat (Nr. 11 ff.) behandelt BURGUNDUS die Frage, nach welchem Recht sich der Erwerb der Mitgift durch den Mann nach dem Tode der Frau richte. Für Grundstücke vertritt er in starken Worten die Geltung der lex situs[34]. Für bewegliche Sachen gelte das Recht des Orts, an dem die Ehe geschlossen worden ist, quippe conjuges in contrahendo matrimonio id voluisse videntur quod volunt territorii leges, in quo negotium gerebatur; die Parteien hätten anderes vereinbart, wenn sie nicht gewollt hätten, daß das Gesetz für sie spreche. „Consuetudo influit in contractus, quos et format et diriget, non aliter, quam si subjecta elementa luna temperet." Als Abschlußort sei der Ort des späteren gemeinschaftlichen ehelichen Wohnsitzes zu verstehen, also gewöhnlich der des Mannes, zuweilen auch der Wohnsitz der Frau. BURGUNDUS beruft sich u. a. auf BALDUS und auf das auch von Dumoulin in gleichem Sinne kommentierte Cons. 100 Bd. III des ALEXANDER. Daher ändere auch ein späterer Wohnsitzwechsel nichts an dem Weitergelten dieser Bestimmungen.

In einer längeren Auseinandersetzung mit Dumoulin, den er hier zum ersten Mal als „vir praestantissimus" bezeichnet, weist BURGUNDUS dessen Ansicht zurück, daß für Lehnsrechte und -lasten das Recht des dienenden Grundstücks gelten solle[35]; Dumoulin berufe sich zu Unrecht auf Baldus, vielmehr gelte das Recht des Lehnsherrn (Tr. VII 6 ff.)[36].

Nur zu erwähnen ist PAUL CHRISTIJNEN (CHRISTINÄUS, 1543 bis 1631). Er steht ganz unter dem Einfluß von BURGUNDUS, von dem er

---

[33a] S. oben S. 127 Anm. 25.

[34] „... quae usque ad nostra tempora, apud omnes qui moribus reguntur, inviolabilis duret."

[35] S. oben S. 17 f. Anm. 1.

[36] Wie BURGUNDUS die herrschende Lehre in den Niederlanden, CHRISTIJNEN, NIEUSTAD, FRIEDRICH V. SANDE und auch die älteste französische Praxis, vgl. oben S. 18 Anm. 1. Seit dem 14. Jahrhundert hat sich die Ansicht, der dann auch Dumoulin folgt, in Frankreich durchgesetzt; ihr folgen COQUILLE (Coustume de Nivernois 48 und Questions et Responses 226 f., qu. 267 unter Verweis auf die lex si fundus und ohne Dumoulin zu erwähnen), CHOPPIN (Coutume d'Anjou Buch III Kap. 1 Tit. 2 Nr. 8, Bd. I 210, Privilèges des Rustiques Buch II Kap. 2 Nr. 4, Bd. III 51), RODENBURG, s. unten S. 160 Anm. 52, PAUL VOET, unten S. 176, JOHANNES VOET, unten S. 183 Anm. 73, der Hohe Rat von Mecheln in Entscheidungen von 1583, 1584, 1599, 1612; die Auffassung von BURGUNDUS vertritt dieses Gericht hingegen in einer Entscheidung von 1686; mit ihr stimmte auch eine Befragung (turba) von 1586 überein, lt. MEIJERS, Beiträge 4 Anm. 2.

zuweilen einfach abschreibt, wird aber viel gelesen und trägt daher zur Verbreitung von dessen Gedanken bei[37].

HUGO GROTIUS[38] hat auf die Entwicklung des internationalen Privatrechts keinen besonderen Einfluß genommen. Versuche, aus einigen Stellen seines Werks De jure belli ac pacis eine eigene kollisionsrechtliche Theorie entwickeln zu wollen, beruhen auf einem Mißverständnis[39]; bemerkenswert ist allenfalls, daß er als erster Niederländer unter dem tertium genus statutorum die Formvorschriften versteht[40].

Hinsichtlich des auf bewegliche Sachen anzuwendenden Rechts liegen zwei widersprechende Äußerungen vor: ein Gutachten von 1613, wo er unter Berufung auf GAILL (s. unten S. 165) und BALDUS das Wohnsitzrecht des Eigentümers, ein anderes undatiertes Gutachten, wo er unter Hinweis auf die Konfiskationslehre des BALDUS die tatsächliche lex situs gelten lassen will[41].

Das Statut, das die Testierfreiheit der Ehegatten beschränkt, erklärt GROTIUS für real, unter Berufung auf PECK und GAILL[42].

Bei CHRISTIAN RODENBURG (1618–1668)[43] tritt der sichtbare Einfluß Dumoulins noch mehr in den Hintergrund. RODENBURG ist Praktiker, Richter am Hof von Utrecht, und steht stark unter dem Eindruck der Werke D'ARGENTRÉS und BURGUNDUS'. So nennt er am Anfang seiner Abhandlung[44] diese beiden die „duo praestantissima Jurisconsultorum ingenia". Dumoulin steht in der Häufigkeit der Zitierung weit hinter CHOPPIN, dem Kommentator der Pariser Coutume, CHARONDAS, MEVIUS, GAILL, PECK, LOUET und andern französischen, niederländischen und deutschen Schriftstellern zurück; RODENBURG hat aber das Consilium 53 wie die lectura Tubingensis gekannt.

RODENBURG beginnt seine Abhandlung mit der üblichen Zurückweisung der bartolinischen Wortauslegung und der Einteilung der Statuten in drei Klassen. Die Gruppe der statuta mixta weist er zurück (Ti-

---

[37] KOLLEWIJN 28 ff., LAINÉ I 403.

[38] KOLLEWIJN 31 ff.

[39] KOLLEWIJN 32.

[40] KOLLEWIJN 32, MEIJERS 658 Anm. 2; ebenso der niederländische Jurist VINNIUS.

[41] Hollandsche Consultatien, III 196 und III 151, lt. KOLLEWIJN 36 Anm. 2 und 3.

[42] Ebda. III 185, lt. KOLLEWIJN 37 Anm. 3.

[43] KOLLEWIJN 52 ff.; LAINÉ I 404 f., II 141 ff.; MÜLLER 67 ff. Abdruck und Übersetzung bei BOULLENOIS, Traité I und II, s. unten 187.

[44] Tractatus de jure conjugum, cum tractatione praeliminari de jure quod oritur ex statutorum vel consuetudinum discrepantium conflictu; Trajecti ad Rhenum, 1653. Zum erstenmal taucht hier der Begriff „Konflikt" der Statuten auf.

tel 1 Kap. 2), anerkennt aber ein tertium genus statutorum, durch die der Handlung der Person das Gesetz aufgedrückt werde; unter dieser Gruppe versteht er die Formvorschriften (Titel 2 Kap. 3).

Daß die statuta realia in ihrer Wirkung territorial sind, ergibt sich für ihn aus dem, D'ARGENTRÉ entlehnten, Satz, daß niemand außerhalb seines Machtbereichs Recht setzen könne. Im Bereich der statuta personalia stellt er als erster die Frage nach dem „warum" der Anwendung fremden Rechts in Sachen des status und der capacitas; er erklärt die extraterritoriale Wirkung dieser Statuten aus der „Natur der Sache", da es absurd sei, daß jemand gleichzeitig hier geschäftsfähig und dort geschäftsunfähig sei[45]; indirekt, sagt RODENBURG, können auch personale Statuten Wirkungen auf ausländische Grundstücke haben[46]. Er ist hier für eine großzügigere Anwendung fremden Rechts als BURGUNDUS und wendet sich insbesondere entschieden gegen dessen Ansicht, die speziellen Beschränkungen der Geschäftsfähigkeit hingen von der lex situs ab; für RODENBURG ist die Frau, deren Heimatrecht sie zur Veräußerung von Liegenschaften für unfähig erklärt, überall an einer solchen gehindert. Auch die Mündigkeit unterliegt der lex domicilii; lediglich die Formvorschriften der Veräußerung seien nach der lex situs zu beurteilen[47].

Das Statut, das erbrechtliche Fragen regelt, ist für RODENBURG real[48]. Real ist auch das Statut, das über bewegliche Sachen verfügt, da er diese als am Wohnort des Eigentümers belegen ansieht; er verwahrt sich dagegen, es als personales Statut anzusehen, wenn sich auch der Sache nach seine Ansicht von der überkommenen nicht unterscheidet[49].

Real ist das Statut, das Schenkungen zwischen Ehegatten verbietet. RODENBURG nennt die Gründe für und wider diese Entscheidung; zum erstenmal finden wir hier Dumoulins Namen erwähnt, der in der Reihe der „longe plurimorum et nobilissimorum scriptorum" hinter D'ARGENTRÉ und BURGUNDUS und vor weiteren sechs Gelehrten und dem Rat von Flandern für die Realität des Statuts angeführt wird[50]; RODENBURG setzt sich aber mit den Einzelheiten der Ansicht Dumoulins nicht auseinander, nur das Ergebnis zählt. Real ist weiter das Statut, das dem

---

[45] Titel 1 Kap. 3 Nr. 4; KOLLEWIJN 61 ff.; vgl. hiergegen JOH. VOET, oben S. 105 Anm. 136.

[46] Titel 1 Kap. 3 Nr. 5, vgl. oben S. 37 Anm. 63.

[47] Titel 2 Kap. 1 Nr. 2–4.

[48] Titel 2 Kap. 5; KOLLEWIJN 69.

[49] Titel 2 Kap. 1 Nr. 2; vgl. oben S. 155 Anm. 26.

[50] Titel 2 Kap. 5 Nr. 1; ähnlich Titel 2 Kap. 4 Nr. 2.

Ehemann Verfügungen über Grundstücke ohne Zustimmung der Frau verbietet[51]. Daß umgekehrt das Statut, das für Verfügungen der Frau die Zustimmung des Mannes für notwendig erklärt, als personal anzusehen sei, erklärt RODENBURG damit, daß nur bei der Frau der status durch die Vorschrift beeinflußt werde.

Im Lehnsrecht gilt für Fragen des Erbrechts, Heimfalls usw. das Recht des dienenden, nicht des herrschenden Grundstücks; RODENBURG folgt damit nicht der in den Niederlanden vorherrschenden[52], sondern der französischen Praxis, erwähnt aber Dumoulin nicht[53].

In der Frage des Formstatuts kehrt RODENBURG zur überlieferten Ansicht von der Maßgeblichkeit der lex loci actus zurück; die entgegengesetzte Ansicht von BURGUNDUS wird verworfen[54]. Da er das die Form regelnde Statut als real ansieht – umfaßt es doch auch die Fremden und beschränkt es sich doch auf Rechtshandlungen, die in seinem Bereich vorgenommen werden –, muß er Nützlichkeitserwägungen heranziehen, um die andere Seite der Extraterritorialität des Statuts, daß das formgültig vorgenommene Geschäft überall wirksam ist, zu erklären[55]. Es ist aber auch das Testament gültig, das in Übereinstimmung mit der lex situs errichtet wurde, denn „die Doktoren wollten nur eine zusätzliche Art des Testierens eröffnen und nicht die ursprüngliche nehmen" (Verweis auf MEVIUS).

Alle die andern Lösungen, die von RODENBURG noch vorgeschlagen werden, hier darzustellen fehlt der Raum – ein ganzer Teil des Werks ist der systematischen Untersuchung der Fragen gewidmet, die durch einen Wechsel des Wohnsitzes aufgeworfen werden. Der Einfluß Dumoulins, wenn man in seiner gelegentlichen Heranziehung überhaupt noch von einer spürbaren Beeinflussung sprechen will, ist auf jeden Fall denkbar gering. RODENBURG steht ganz im Banne von BURGUNDUS und dessen Vorbild D'ARGENTRÉ und ist selbst Wegbereiter für die niederländische Schule, deren Fragestellung nach der Berechtigung der Anwendung fremden Rechts überhaupt bei ihm erstmalig anklingt.

PETER STOCKMANS (1608–1671)[56] hat sich als Praktiker und Herausgeber der Entscheidungen des Brabanter Obergerichts, ähnlich

---

[51] Titel 2 Kap. 5 Nr. 9.
[52] Vgl. oben S. 157 Anm. 36.
[53] Titel 2 Kap. 5 Nr. 17; KOLLEWIJN 69.
[54] Titel 2 Kap. 3 Nr. 1; LAINÉ II 367 f.
[55] KOLLEWIJN 66.
[56] LAINÉ I 405. Opera omnia (Decisiones curiae Brabantinae 1686).

LOUET, einen Namen gemacht. Wenn es auch seinen Ausführungen an eigenen Gedanken fehlt[57], so zeichnen sie sich doch durch wohltuende Kürze und Klarheit des Ausdrucks aus.

In der 125. Entscheidung[58] behandelt STOCKMANS die Frage, ob ein minor unter 25 Jahren, der gemäß seinem Heimatrecht zur Veräußerung von Grundstücken der Genehmigung des Richters bedarf, ein Grundstück wirksam veräußern kann, dessen lex situs diese Beschränkung nicht auferlegt. STOCKMANS bringt zunächst allgemeine Beispiele für personale Statuten und erwähnt dabei die Ansicht des BARTOLUS, daß statuta prohibitiva favorabilia auch extraterritorial wirken[59], berichtet von den ähnlich gelagerten Entscheidungen des Pariser Parlaments[60], entscheidet sich dann aber doch entsprechend einer „festen Rechtsprechung“ für die „Realität“ des Statuts; ein (personales) Statut entfalte seine Wirkung jenseits der Grenzen nur bezüglich der personalen Wirkungen, etwa der eingegangenen Verpflichtung, und bezüglich beweglicher Sachen, nicht aber hinsichtlich von Grundstücken, „wie es D'ARGENTRÉ und BURGUNDUS lehren“. STOCKMANS will also sagen, das Statut ist „personal“, weil es sich auf den minor bezieht, es ist aber extraterritorial nur hinsichtlich der persönlichen Verpflichtung und der beweglichen Sachen; er beruft sich auf Dumoulin zu ALEXANDER I 16, GAILL, D'ARGENTRÉ, CUJAZ[61].

Als Beispiele realer Statuten nennt STOCKMANS das Statut, das die Erstgeburt festlegt (die „englische Erbschaft“)[62], das Schenkungen zwischen Ehegatten verbietet, u. a.

In der 54. Entscheidung[63] behandelt STOCKMANS Fragen des persönlichen Anwendungsbereichs der Statuten; es handelte sich um das Brüsseler Statut, wonach die Witwe nach dem Tod des Gatten das Recht hat, zu wählen, ob die Bestimmungen des Ehevertrags oder die gesetzlichen Bestimmungen gelten sollten. STOCKMANS nennt dieses Recht personal, doch ist es für ihn jus singulare und exorbitant, und er will es auf solche Frauen beschränken, die in Brüssel die Ehe eingegangen sind, schließt

---

[57] So KOLLEWIJN 104 Anm. 3.

[58] Decisio CXXV, S. 218 (Entscheidung von 1658); vgl. LAINÉ I 407; BOULLENOIS, Traité I 131.

[59] S. oben S. 58.

[60] S. oben S. 132.

[61] „Ubicumque agitur de rerum soli alienatione, mancipatione, successione, ... inspiciantur leges loci ubi res sitae sunt, sive quaestio sit de aetate vel alia qualitate, de habilitate vel inhabilitate personae ...“.

[62] Für die Realität des Erbstatuts auch die niederländischen Schriftsteller A. MATTHÄUS, VAN LEEUWEN, VAN SOMEREN, vgl. KOLLEWIJN 71 ff. (74 ff.).

[63] Decisio LIV, S. 105.

also Frauen aus, die erst nachträglich dorthin verzogen sind. Ob das Statut extraterritoriale Wirkung hat, wird nicht gesagt. STOCKMANS führt diese Entscheidung auf die Wirkung eines tacitum pactum zurück.

Im Bereich der Form unterscheidet STOCKMANS zwischen substantiellen, inneren und äußeren Formen; er vertritt, mit RODENBURG gegen BURGUNDUS, die Herrschaft der lex loci actus[64].

§ 3

Einige deutsche Statutisten des 16. und 17. Jahrhunderts[1]

JOACHIM MYNSINGER VON FRUNDECK (1514–1588)[2] hat eine Sammlung von Entscheidungen des Reichskammergerichts in Speyer

[64] Decisio IX, S. 17. Gleicher Ansicht wie STOCKMANS die niederländischen Schriftsteller VAN WASSENAAR und VAN LEEUWEN, lt. KOLLEWIJN 75.

[1] Eine Geschichte der Statutenlehre in Deutschland, die sich den Werken LAINÉS und KOLLEWIJNS zur Seite stellen könnte, ist noch nicht geschrieben. So werden die deutschen Statutisten auch heute noch aus der Perspektive WÄCHTERS gesehen, dessen Arbeit jedoch nicht historisch, sondern dogmatisch verstanden sein will; zudem sagt WÄCHTER selbst (AcP 24 [1841] 235): „Ich fand über das, was bis jetzt bei uns in Deutschland in dieser Lehre geleistet worden ist, nirgends eine gründliche und genügende Übersicht." Eine historische Untersuchung wird zweifellos ergeben, daß in den Arbeiten der deutschen Statutisten mehr steckt als nur der „Schutt, den WÄCHTER hinweggräumte." Daß sie heute weithin unbekannt sind, heißt nicht, daß sie es auch zu ihrer Zeit waren und daß ihnen jeder Wert abzusprechen ist; die zahlreichen Zitate von GAILL, MYNSINGER, MEVIUS, HERT, CARPZOV in den Werken der Niederländer und bei BOULLENOIS beweisen das Gegenteil. Aber den Einfluß Dumoulins auf die deutschen Statutisten untersuchen zu wollen, bevor eine Geschichte der Statutenlehre in Deutschland überhaupt geschrieben ist, hieße einen Erker bauen, bevor das Haus steht. Die folgenden Einzeluntersuchungen werden daher notwendigerweise bruchstückhaft bleiben.

Zum allgemeinen System der deutschen Statutisten sagt WÄCHTER, 24 (1841) 278: „[Die Theorie von den realen, personalen und gemischten Statuten] finde ich ... den Worten nach nicht. Es waren zunächst ausländische Juristen (D'ARGENTRÉ, BURGUNDUS, PAUL VOET), welche sie aufstellten, und von diesen ging sie allmählich in die deutsche Doktrin über. Aber selbst die deutschen Juristen des 17. Jhdts. ließen meist diese technische Bezeichnung unbeachtet. Weder ZIEGLER, noch STRYCK, noch MEVIUS, noch COCCEJI, noch HILDEBRANDT sprechen von statuta personalia, realia und mixta; meist berühren sie diese Einteilung gar nicht, zum Teil verwerfen sie sie geradezu, wie COCCEJI, und auch HERT scheint auf sie etwas hoch herabsehen zu wollen. Freilich war dies wunderlich, denn der Sache nach legten doch die meisten jene Einteilung ihren Erörterungen zugrunde, und im allgemeinen bekannten sie sich zu gleichen Prinzipien, wie die, welche von jener Einteilung ausgingen."

[2] STINTZING I 485 ff.; WIEACKER, Privatrechtsgeschichte der Neuzeit 91; LAINÉ I 408.

herausgegeben[3]. Als Zeitgenosse Dumoulins und im Südwesten Deutschlands lebend, mag er ihn gekannt haben; eine Beeinflussung läßt sich jedoch aus dem wenigen, was auf unser Thema Bezug hat, nicht entnehmen.

In der 19. Observatio der V. Centuria fragt MYNSINGER: „Consuetudo vel statutum de rebus vel personis disponens an extra territorium extendatur." Es handelte sich um ein Statut, das die Erbfolge abweichend vom gemeinen Recht regelte. MYNSINGER verneint die Frage nach Anführung der Meinung des BARTOLUS, „die Herren Assessoren sind anderer Ansicht (als dieser), jenes Statut erstreckt sich in keinem Fall auf außerhalb gelegene Güter, ob es in rem oder in personam verfaßt ist, was ALEXANDER, Cons. 128 Bd. I Nr. 16 als überwiegende Meinung bestätigt"[4].

In der 20. Observatio bestätigt MYNSINGER die Regel, daß für die Gültigkeit des Testaments die Wahrung der Ortsform genügt[5].

Auch ANDREAS GAILL (1526–1587)[6], der seine wissenschaftliche Ausbildung an den Universitäten Köln, Löwen und Orleans erhalten und auf seine Nachfolger, namentlich in den Niederlanden, großen Einfluß genommen hat, bewegt sich in dem wenigen, was er zur Statutenkollision hinterlassen hat, in den gewohnten Bahnen. Die Zurückdrängung des Statutarrechts ist bei ihm womöglich noch stärker ausgeprägt als bei MYNSINGER; diese Betonung der Territorialität der Ortsrechte beruht jedoch auf anderem Grund als etwa bei D'ARGENTRÉ: nicht eifersüchtige Bewahrung örtlicher Einrichtungen, sondern im Gegenteil möglichste Zurückdrängung derselben zugunsten des gemeinen römischen Rechts ist Kennzeichen dieser deutschen Statutisten, wodurch sie den italienischen Statutisten viel ähnlicher werden als etwa den französischen oder niederländischen.

GAILL widmet eine Observatio seines Werks[7] der Frage nach dem Geltungsbereich der realen und personalen Statuten. Zunächst bejaht er im allgemeinen die Geltung des Statuts gegenüber dem abweichenden gemei-

[3] Singularium Observationum imperialis camerae centuriae VI, Lyon 1608.

[4] So herrschende Meinung in Deutschland, ebenso JOH. THILMANN DE BENIGNIS, SCHÜRFF, JAC. SCHULTES; zweifelnd FICHARD, lt. WÄCHTER 24 (1841) 275 Anm. 81. Zu ALEXANDER Cons. 128 Bd. I s. LAINÉ I 200.

[5] So auch die Praxis des Reichskammergerichts, JOH. SICHARDT (vgl. oben S. 8), THILMANN u. a., lt. WÄCHTER, 24 (1841) 277 Anm. 87.

[6] STINTZING I 495 ff.; WIEACKER 91; LAINÉ I 409 ff.

[7] Practicarum Observationum libri duo, Köln 1580. 2. Buch, Obs. 124.

nen Recht; danach erörtert er, ob das Statut, wonach der überlebende Ehegatte den Nachlaß erbt, auch bona alibi sita erfasse; nein, sagt GAILL, seine Begründung ist jedoch ungewohnt: „ratio ... quia consuetudines vel statuta ... sunt locales ... et sic non obligant nisi subditos"; wieso GAILL hier aus der örtlichen auf die persönliche Begrenzung schließt, ist nicht ersichtlich.

„Ubi igitur cessat jurisdictio statuentium, ibi statuti dispositio non obtinet (Verweis auf C. 3. 13 und 5. 43) quo pertinet, quod causa finita non possit producere effectum infinitum, sed sicut limitatur potentia causae, sic etiam debet limitari effectus (folgen Verweisungen) ... sed potentia et authoritas consuetudinis non extendit se extra proprias limites, ergo nec ejus effectum extendere potest" (Verweis auf JASON, Cons. 163 Bd. 2). Dies wurde 1578 geschrieben, 6 Jahre, bevor D'ARGENTRÉS Kommentar zur Coutume der Bretagne erschien; man vermeint, D'ARGENTRÉ sprechen zu hören.

Dies gelte besonders für Statuten, die das gemeine Recht abändern; solche seien strictissime auszulegen.

Folge: die res extra territorium sitae unterliegen obigem Statut nicht und können von den nach gemeinem Recht berufenen Erben, die durch das Statut ausgeschlossen werden, beansprucht werden. GAILL verweist auf PETRUS ANCHARANUS, CINUS, J. FABER, ALBERICUS BRUNUS, ALEXANDER Cons. 16 Bd. I „ubi MOLINAEUS attestatur ita practicari, quod videlicet statuta vel consuetudines indistincte non extendantur extra sua territoria"[8].

Etwas weiter fährt er fort: „Dies gilt für alle Statuten, die über Sachen verfügen. Ebenso ist noch allgemein anerkannt, daß eine consuetudo oder ein Statut, das irgendetwas über die Person bestimmt, indem es sie z. B. befähigt oder ihr etwas untersagt, in keinem Fall außerhalb seines Bereichs Anwendung findet per rationem praedictam quod statutum non possit extendere effectum suum ultra quam extendatur potestas statuentis".

So hat das Testament eines filius familias, der nach seinem Wohnsitzrecht testierfähig ist, keine Wirkung auf Grundstücke, die im Bereich anderen Rechts liegen; hinsichtlich dieser stirbt er intestatus. Er kann aber auch außerhalb des Bereichs des ihn für testierfähig erklärenden Statuts über innerhalb gelegene Güter testieren.

Anders der filius familias forensis: dieser kann an sich nicht testieren,

---

[8] Vgl. oben S. 33 Anm. 43.

auch nicht innerhalb des Bereichs des erlaubenden Statuts, quia statutum non potest habilitare personam non subditam, cum sit locale et stricti juris. Dies gilt aber nicht bezüglich intra territorium belegener Grundstücke: hierüber könne auch der fremde filius familias testieren, quia statutum afficit res ipsas sive possideantur a cive sive ab advena. Das Statut ist mithin real in allen Wirkungen.

Territorial ist auch das Statut, das die Töchter bei Vorhandensein männlicher Nachkommen von der Erbfolge ausschließt; das Statut sei exorbitant und contra jus commune.

Bewegliche Sachen folgen dem Recht des Orts, an dem sich der Testator zur Zeit der Errichtung des Testaments befand. Ob GAILL hierbei den Normalfall im Auge hat, daß der Erblasser an seinem Wohnort testiert, wird nicht ersichtlich.

In der 123. Observatio desselben Buchs[9] wird dargelegt, daß die Form eines Testaments oder Vertrags sich nach dem Recht des Errichtungs- bzw. Abschlußorts richte. Der formgültig errichtete Vertrag hat überall Wirkung; auch die Fremden unterliegen dem Formstatut.

DAVID MEVIUS (1609–1670)[10], Professor in Greifswald wie sein Vater und Großvater, verdanken wir einen Kommentar zum Lübecker Stadtrecht[11], dem er 10 quaestiones praeliminariae vorausschickt, deren 4., 5. und 6. auf den Statutenkonflikt Bezug haben.

MEVIUS fragt zunächst[12] „an et quatenus forenses ligantur et utuntur iis, quae jure Lubecensi scripta est", sodann[13] „quando in urbe aliqua juris Lubecensis observantia viget" und schließlich[14] „an juris Lubecensis recepta observantia se extendat ... extra territoria"; in diesem, an die Gliederung des BARTOLUS erinnernden Rahmen bespricht er die einzelnen Fälle.

Die Behandlung der Beziehungen des Fremden zum Lübecker Recht, der die 4. quaestio gewidmet ist, beginnt MEVIUS mit der Feststellung, daß Ausländer den Statuten der Stadt nicht unterworfen seien, was er mit einer eigenwilligen Weiterbildung von D. 2. 1. 20 begründet, wonach extra territorium *et homines isti subjectos* jus dicenti impune non pareatur (Nr. 4). Dies gilt aber nicht im Prozeß- (Nr. 6 f.), Vertrags- (s. unten

[9] Observatio 123, S. 459, unter Verweis auf die lex si fundus.

[10] STINTZING-LANDSBERG II 112 ff.; WIEACKER 103 Anm. 7; LAINÉ I 410. RODENBURG zitiert MEVIUS oft.

[11] Commentarii in Jus Lubecense libri quinque, 3. Aufl. Frankfurt 1679.

[12] Quaestio 4. [13] Quaestio 5. [14] Quaestio 6.

S. 226) und Deliktsrecht (Nr. 11), auch nicht im Bereich der Formvorschriften (Nr. 14 f.)[15], und wo Sachen den Gegenstand des Statuts bilden. Hierbei unterscheidet MEVIUS die Statuten in reale und personale, „quam distinctionem ego utilem et sequendam esse existimo", wobei er nicht auf den Wortlaut des Statuts, sondern auf die Absicht des Gesetzgebers abstellen will (Nr. 22 ff.).

Bewegliche Sachen unterwirft MEVIUS bemerkenswerterweise auch der lex situs, weil sie durch Pfändung „quasi immobilia fiant" (Nr. 27), jedoch nur, wenn am gleichen Ort der Prozeß schwebt.

Schließlich sind auch die Erbgesetze für die Fremden verbindlich (Nr. 29). Im folgenden spricht MEVIUS von den Vorrechten der Bürger und davon, ob Fremde ihrer teilhaftig werden, was er teils bejaht, teils verneint (Nr. 39 ff.).

In der 5. Quaestio stellt MEVIUS am Anfang den Satz auf, daß ein Lübecker Bürger seinem Recht überall unterworfen bleibe, wo er sich auch befinden möge (Nr. 2); es fehlt aber an der klaren Unterscheidung, wie er seinen Grundsatz im einzelnen verstanden wissen will; in der weiteren Abhandlung sagt er dann, daß Grundstücke der lex situs unterworfen sind, „cessante jurisdictione cessat statuti obligatio" (Nr. 23 ff.).

Die 6. Quaestio beginnt wieder mit der Feststellung, nach gemeiner Meinung bänden die Statuten die Bürger auch extra territorium; er verweist auf MENOCHIUS, ROCHUS CURTIUS, MARSILIUS. MEVIUS trifft sodann, eingedenk der Maxime bene docet qui bene distinguit (Nr. 3), weitere Unterscheidungen:

1. Muß der Bürger, der sich außerhalb des Bereichs des Statuts befindet, bei seinen Rechtshandlungen das Statut beachten? (Nr. 3)

Hier muß man weiter unterscheiden: spricht das Statut von Sachen, so erfaßt es auch den außerhalb verhandelnden Bürger, ebenso, wenn es ihm zur Wahrung der Form die Geschäftsfähigkeit entzieht (z. B. kann die Frau auch außerhalb nicht ohne Zustimmung des Vormunds Geschäfte abschließen). Als Zeugen dieser absonderlichen Art, die Dinge zu qualifizieren, nennt MEVIUS CACCIALUPO, TIRAQEAU, RUINUS, CORNEUS, ALDERANUS MASCARDUS, et multi sequentes (Nr. 4 f.).

Spricht das Statut jedoch von Personen, so ist es dem Bürger freigestellt, ob er es im Ausland befolgen will oder nicht (Nr. 6). Ausnah-

---

[15] Das Lübecker Statut, wonach die Frau zum Abschluß eines Vertrages der Mitwirkung eines Pflegers bedarf, qualifiziert MEVIUS als Formvorschrift, die auch ausländische Frauen binden soll: Nr. 17. Anders Dumoulin beim Minderjährigen; vgl. oben S. 34 zu Anm. 52. – Zur Form s. auch Buch II Titel 1 Art. 15 Nr. 5 ff.

men von diesem Grundsatz gelten dann, wenn das Verbot im Interesse des Staates erlassen wurde, ebenso bei Handeln in fraudem legis, weiter, wenn das Statut etwas ex justa et favorabili causa vorschreibe, schließlich könne der Fremde das Statut auch freiwillig beachten. Wie man sieht, versteht MEVIUS, seine Grundsätze durch so allgemein gehaltene Ausnahmen auszuhöhlen, daß von ihnen nichts übrig zu bleiben scheint.

2. Umfaßt das Statut auch außerhalb seines Bereichs gelegene Sachen? Hierbei trifft MEVIUS eine weitere Unterteilung in einen Abschnitt, der der Art der Sachen (conditio bonorum), und einen Abschnitt, der dem Gegenstand des Statuts (materia statuti) gewidmet ist. Im Bereich des ersteren wird die Ausgangsfrage, soweit es sich um Liegenschaften handele, verneint: „jurisdictio extra territorium non extenditur" (Nr. 11). Das wird insbesondere für das Erbrecht näher ausgeführt.

Den Grundstücken werden angeglichen die beweglichen Sachen mit festem Lageort (Nr. 20); die anderen mobilia folgen dem Wohnsitzrecht des Eigentümers (Nr. 23). Des weiteren behandelt MEVIUS noch Forderungen und Klagen, wo sich die einzigen Verweisungen auf Dumoulin, die die Abhandlung enthält, befinden (Nr. 23 ff.). Nr. 35 ff. schließlich kommt er quoad materiam statuti, und hier sehen wir ihn das überkommene System der Statutenlehre mit den üblichen Unterscheidungen darstellen mit zahlreichen Hinweisen auf BARTOLUS, BALDUS, GAILL und JOHANNES FABER; eine gewisse Ähnlichkeit dieser Skizze mit der Abhandlung des letzteren ist hierbei nicht zu verkennen.

Im 2. Buch befinden sich noch einige Hinweise zur Statutenkollision, die stark territorial gedacht sind: wie das Statut auch abgefaßt sei, bleibe es in seinem Bereich beschlossen, wenn es sich auf Grundstücke beziehe[16].

Als nächster ist J O H A N N N I K O L A U S H E R T (1652–1710)[17] zu besprechen, einer der Hauptvertreter der Statutenlehre in Deutschland[18],

[16] „Ex his profluunt theses, quae in foro maximum usum habent; nempe si statutum aut consuetudo circa personas aliquid disponat vel introducat eos ad successionem habilitando vel inhabilitando, aut prohibendo, ultra quam statuentium potestas et territorium se extendit, id vim non habere." – „In divisione bonorum spectari consuetudines loci, ubi sunt res" – Buch 2 Titel 2 Art. 10, insb. Nr. 18 ff. Der bewegliche Nachlaß im allgemeinen wie das lucrum dotis des Mannes an beweglichen Sachen unterliegt der lex domicilii des Erblassers bzw. dem Recht des ehelichen Wohnsitzes; der unbewegliche Nachlaß unterliegt der lex situs, ohne Rücksicht darauf, ob das Statut personal gefaßt ist.

[17] STINTZING-LANDSBERG III 1 S. 62 f., Noten S. 38; GUTZWILLER 330; LAINÉ I 412; WÄCHTER 24 (1841) 284 ff.

[18] WÄCHTER a.a.O.; HERT steht unter dem Einfluß von SAMUEL VON COCCEJI.

der in seinem Werk[19] eine umfangreiche Abhandlung dem Problem „de collisione legum" gewidmet hat.

Nach einigen einleitenden Betrachtungen über die Bedeutung des Wortes collisio behandelt HERT die Kollision erst der leges naturales untereinander (sectio II), darauf der leges positivae mit den leges naturales (sectio III) und endlich der leges positivae untereinander (sectio IV); im 4. Abschnitt liegt der Hauptteil seiner Erörterungen. HERT beginnt sie mit einem kurzen Überblick über die Wissenschaftsgeschichte. Nach Erwähnung der lex cunctos populos nennt er als „die vier, die hier bewandert sind", D'ARGENTRÉ, BURGUNDUS, RODENBURG und KASPAR ZIEGLER[20], denen er noch PAUL VOET und COCCEJI hinzufügt. „Die meisten Jüngeren", so sagt er, hätten sich für die Unterscheidung der Statuten in personalia und realia ausgesprochen. Der Ansicht HUBERS von der Unverbindlichkeit des Kollisionsrechts könne er nicht folgen; erstens seien Kollisionsfälle innerhalb eines Staates, eines Herrschaftsgebietes, sehr häufig, und außerdem, findet er, „si sola conniventia populorum id niti dicamus, quae juris erit efficacia?" [21]

Wenn HERT auch von den Arbeiten seiner Vorgänger nicht übermäßig viel zu halten scheint, so bewegt er sich doch ganz in ihren Bahnen. Die Gesetze, so sagt er, beziehen sich entweder auf die Person – und zwar „primario", dann mache es nichts aus, daß sie „per consequentiam" auch Sachen beeinflußten – oder auf die Sache oder sie geben einer Handlung eine bestimmte Form. Auch die Regel mobilia personam sequuntur findet in diesen einleitenden Bemerkungen ihre erste Erwähnung.

Danach bildet HERT drei Hauptregeln und erprobt sie in 63 Anwendungsfällen, die zwar nicht bestimmte Entscheidungen darstellen, aber doch aus der alltäglichen Praxis genommen sind, so daß es wohl nicht angeht, sie als „erdachte Fälle" zu bezeichnen.

Die erste Regel lautet: „Quando lex in personam dirigitur, inspiciendum est ad leges illius civitatis, quae personam habet subjectam" [22]. Beispiel: der Infame, der Verschwender, der Vormund behalten diese Eigen-

[19] Commentationum atque opusculorum de selectis et rarioribus ex jurisprudentia universali publica feudala et romana ... argumentis tomi tres. Frankfurt 1700.

[20] (1621–1690), Professor in Wittenberg, vgl. STINTZING-LANDSBERG III 1 Anmerkungen S. 28 f.

[21] Sectio IV Nr. 3. Auch an anderer Stelle (Nr. 8) wendet er sich gegen die Comitaslehre: wer zum Verschwender erklärt ist, sei es überall, „saltem ex humanitate ... quamquam et de necessitate juris id fieri"; dies ergebe sich auch aus der Rechtskraft der Entscheidung, die die Entmündigung ausgesprochen habe.

[22] S. IV Nr. 8, S. 175; vgl. hierzu oben S. 75.

schaft überall; ist das Statut personal, so verliere es diese Eigenschaft auch nicht, wenn es „per consequentiam in bona, licet immobilia, alterius civitatis pertinet“ [23].

Die zweite Regel lautet: „Si lex directo rei imponitur, ea locum habet, ubicumque etiam locorum et a quocumque actus celebratur“ [24] Beispiel: die Erbgesetze [25]. Diese Regel wird dort eingeschränkt, wo ein Abweichen von den Gesetzen zulässig sei; so würden die Lehen häufig nach vereinbartem anderem Recht behandelt.

Die dritte Regel lautet: „Si lex actui formam dat, inspiciendus est locus actus, non domicilii, non rei sitae“ [26]. Diese Regel, so sagt HERT, sei allgemein anerkannt; Beispiel: die nach der Ortsform formgerecht geschlossene Ehe gelte überall. Die Förmlichkeiten des Vornahmeorts erfassen auch den Fremden, und zwar aus dem etwas dunklen Grunde, daß der Fremde zwar hinsichtlich des actum primum seinem Heimatrecht unterworfen bleibe, hinsichtlich des actum secundum jedoch zum zeitweiligen Untertan werde. Aus der dritten Regel leitet HERT auch die Geltung der lex loci contractus für Verträge ab, wobei er auf die leges si fundus und contraxisse verweist, Dumoulin dabei nicht erwähnt. Die Formvorschrift des Vornahmeorts gelte, so wird weiter ausgeführt, auch für fremde Grundstücke, d. h. ein hier formrichtig errichtetes Testament sei auch hinsichtlich anderswo belegener Liegenschaften anzuerkennen; sie gelte auch für geistliche Herren, nicht aber für Gesandte, nicht, „si illa forma alterius civitatis publico juri adversetur, v. g. si privilegium tribuat“, nicht für sachenrechtliche Formen, die der lex situs unterlägen, nicht (sonderbarerweise), wenn der Fremde das Statut nicht kennt, schließlich auch nicht, wenn es ein Vorrecht des Bürgers bilde; zur Form des Vertrages macht HERT endlich die bedeutungsvolle Einschränkung, er halte es für zweifellos, daß ein Vertrag, den zwei Inländer im Ausland schließen, gültig sei, wenn zwar nicht die Formvorschriften des Abschlußorts, wohl aber die des gemeinsamen Heimatrechts beobachtet worden sind.

Nach diesen drei Hauptregeln [27] folgen die Anwendungsfälle, von denen nur die wichtigsten besprochen werden können.

---

[23] S. IV Nr. 17, S. 185. [24] S. IV Nr. 9, S. 177.

[25] In Nr. 13, S. 183 erklärt HERT allerdings, eine Frau, die nach ihrem Heimatrecht von der Erbfolge ausgeschlossen sei, könne auch den Nachlaß nicht erben, der im Bereich von Rechten liege, nach denen sie erben könnte, weil sie „quasi pro mortua habetur“. [26] S. IV Nr. 10 S. 179.

[27] Schwerlich wird man in ihnen „eine ganz neue Theorie“ (so GUTZWILLER 313) sehen können.

Die Volljährigkeit, auch wenn sie auf venia aetatis beruht, unterliegt der lex domicilii [28] (Nr. 11 ff.), ebenso die Legitimation durch nachfolgende Eheschließung (Nr. 15), dagegen habe die Erhebung in den Adelsstand nur örtliche Wirkung (Nr. 16). Das Statut über die Testierfähigkeit der verheirateten Tochter erstreckt sich auf bona alibi sita (Nr. 17); anders ist es beim filius familias, hier betreffe das Statut die Sache, die Eigenschaft als Haussohn sei nicht „in conditione", wie HERT in Anlehnung an BURGUNDUS sagt [29] (Nr. 22).

Die Frage, was gelten soll, wenn der Erblasser seine „gesetzlichen Erben" eingesetzt hat und die gesetzliche Erbfolge nach den Rechten am Wohnort des Erblassers und am Lageort der Liegenschaften verschieden ist, scheint HERT „magis voluntatis quam juris" zu sein; der Wille des Erblassers sei gemäß dem Recht seines Wohnsitzes auszulegen (Nr. 24).

Zur Form des Testaments zitiert HERT eine Fülle von Autoren, an der Spitze HUGO GROTIUS, die ein nach den Förmlichkeiten des Errichtungsortes verfaßtes Testament überall wirksam sein lassen; Dumoulin wird jedoch nicht erwähnt. Der von HERT hochgeschätzte KASPAR ZIEGLER habe allerdings eine andere Lösung vorgeschlagen: es müsse dem Testator überlassen bleiben, ob er diese Form oder die in seinem Heimatort geltende wählen wolle. HERT schließt sich dieser Ansicht an. Sie setzte sich Ende des 17. Jhdts. in Deutschland durch [30].

In der Frage der Intestaterbfolge ist HERT, in Abweichung von der herrschenden Meinung und in Anlehnung an BACHOV, der sich seinerseits wieder an SALICET anschließt [31], der Ansicht, es gelte das Wohnsitzrecht des Erblassers, da der Erblasser so angesehen werde, als habe er nach seinem Heimatrecht beerbt sein wollen und da dieses Verhalten somit als Errichtung eines stillschweigenden Testaments zu werten sei, soweit nicht zwingende Gesetze des Lageorts der Nachlaßgegenstände dem entgegenstehen würden [32]. Diese Ansicht setzte sich ebenfalls im Verlauf der nächsten Jahrzehnte in Deutschland durch und wurde mit verschiedenen Begründungen übernommen von BÖHMER, PUFENDORF, BÖSCHEN, GLÜCK, THIBAUT, EICHHORN, MITTERMAIER, SEUFFERT u. a. [33].

---

[28] Vgl. oben S. 87 Anm. 65.

[29] S. oben S. 153 Anm. 18; LAINÉ II 149 f.; WÄCHTER 25 (1842) 165 Anm. 283.

[30] S. IV Nr. 23, S. 189; SAMUEL COCCEJI verlangte hingegen, wie BURGUNDUS, Wahrung der Form des Lageorts, WÄCHTER 25 (1842) 193, 369, 378 ff.

[31] S. oben S. 65 Anm. 35 und S. 113 Anm. 10.

[32] S. IV Nr. 26, 27, 30, 38, 40, 44; WÄCHTER 25 (1842) 193.

[33] WÄCHTER 25 (1842) 194 f.

In den andern erbrechtlichen Fragen wie Größe des Pflichtteils usw. soll hingegen die lex situs maßgebend sein (Nr. 26, 37).

Die dos wird zurückgefordert – welches Recht ist anwendbar? Einige meinen, das Recht des mit dem Vater bei Vereinbarung der Mitgift verabredeten Rückgabeorts; andere, mit ihnen HERT, sind für das Recht des Wohnorts des Mannes (Nr. 39).

Das Statut, das die ausgestattete Tochter von der Erbfolge ausschließt, ist real; den außerhalb belegenen Nachlaß kann die Tochter erben. Anders ist es nach Meinung von HERT dann, wenn das Statut lediglich der Tochter gestattet, auf die Erbschaft zu verzichten; in diesem Fall „voluntas ubique locorum vim suam exerit", soweit nicht zwingendes Ortsrecht dem entgegensteht (Nr. 41).

Real ist auch das Legatverbot zwischen Ehegatten [34]. Dafür, daß ein Fremder vom (realen) Getreideausfuhrverbot ebenfalls erfaßt wird, gibt HERT die originelle Begründung, die Früchte hätten, solange sie auf dem Halm waren, einen Teil des Bodens gebildet und daher die Natur der unbeweglichen Sachen geteilt, das damit entstandene Recht des Gesetzgebers könne ohne sein Zutun durch die Trennung vom Erdboden nicht entzogen werden [35].

Vorzugsrechte des Gläubigers im Konkurs richten sich bei Grundstücken nach der lex situs, bei beweglichen Sachen nicht nach der lex loci contractus, sondern nach der lex domicilii des Schuldners, wo der Konkurs abgewickelt werde. Bei dieser Gelegenheit berichtet HERT, nach dem Recht von Biberach würden die Einheimischen den Ausländern im Konkurs vorgezogen; so hätten in einem Fall von 1591 die Gläubiger aus Ulm als Ausländer das Nachsehen gehabt (Nr. 64).

Die Verjährung richtet sich nicht nach dem Recht des Gerichts („incertissima forent praescriptionis tempora, quoniam unus homo diversis locis non raro potest conveniri"), sondern (für die Ersitzung) nach der lex situs (Nr. 65).

Die auch von Dumoulin behandelte Frage, ob eine Urkunde, die an ihrem Errichtungsort ohne „strepitus" vollstreckt werden kann, diese Kraft auch außerhalb hat, wird von HERT unter Berufung auf den

[34] S. IV Nr. 42, S. 201; ebenso COCCEJI, WÄCHTER 25 (1842) 363 Anm. 316.

[35] S. IV. Nr. 52. Eine ebenso sonderbare Anwendung des Begriffes des jus quaesitum findet sich in Nr. 71, wo HERT sich bei Verschiedenheit des Rechts erster und zweiter Instanz im Bereich der Berufungseinlegung für das Recht erster Instanz entscheidet, weil „ante introductionem jus secundae instantiae nondum est quaesitum". Über die Doppeldeutigkeit von „jus" bei HUBER s. unten S. 177. Daß HERT ein früher Verfechter der Lehre vom Rechtsschutzanspruch war, ist wohl nicht anzunehmen.

niederländischen Gelehrten JOHANNES VON SANDE und andere ebenfalls verneint (Nr. 69).

In dem 63. und letzten Beispielsfall handelt es sich um den Konflikt zwischen den Rechten des Urteils- und des Vollstreckungsorts. „Im allgemeinen antworten die domini doctores, bei der Vollstreckung gelte das Recht des Orts, wo vollstreckt wird. Man könnte dem entgegenhalten, es müsse das Recht des Urteilsorts gelten, da die Vollstreckung eine Folge des Urteils sei; dagegen ist aber zu sagen: das besondere dieses Falls liegt darin, daß die Exekution Teil des öffentlichen Rechts ist, das sich aus den eignen Gesetzen jedes Landes zusammensetzt. Außerdem werde nicht selten in Grundstücke vollstreckt: hierbei sei aber die lex situs [an sich schon] anzuwenden. Doch müsse man noch den Grund der Vollstreckung von deren Art und Weise unterscheiden: für ersteren sei das Recht des Orts, wo das Urteil gefällt worden ist, anzuwenden“ [36].

Soweit die Ansichten HERTS zum Statutenkonflikt. Er schließt mit einem Hinweis auf die Nützlichkeit einer Vereinheitlichung der Ortsrechte. Der Sache nach liegt seinem System die Dreiteilung der Statuten zugrunde, wobei die Formvorschriften die Stelle des statutum mixtum eingenommen haben. Ein Einfluß Dumoulins läßt sich nicht nachweisen.

§ 4

Die niederländische Schule

Als niederländische Schule bezeichnet man die Gruppe von Forschern in den Niederlanden, die als erste die Frage nach dem Geltungsgrund des fremden Rechts, nach dem „ob“ seiner Anwendung, zum Mittelpunkt ihrer theoretischen Betrachtungen gemacht hat; es sind das VOET Vater und Sohn und ULRICH HUBER. Mit der Leugnung einer rechtsverbindlichen Ausdehnung des Geltungsbereichs fremder Gesetze und ihrer Zulassung „ex comitate“ haben sie eine neue Schule des internationalen Privatrechts begründet. Die Comitaslehre, ihre Anfeindungen und Verteidigungen darzustellen, muß den allgemeinen Lehrbüchern der Geschichte des Kollisionsrechts vorbehalten bleiben [1]; das geistige Erbe Dumoulins hat an ihr jedenfalls keinen Teil gehabt. Für die vorliegende

---

[36] Vgl. GUTZWILLER 330.

[1] Ausführlich KOLLEWIJN 83 ff.; MEIJERS 664 ff., der RODENBURG als ersten Vertreter der comitas-Lehre ansieht.

Untersuchung erübrigt sich aber ein Eingehen auf die Vertreter dieser Schule keineswegs, denn, wenn sie sich auch in ihrem theoretischen Ausgangspunkt zu neuen Gesichtspunkten erheben, so bleiben sie doch in den praktischen Lösungen – auch sie sind hauptsächlich Praktiker – in den gewohnten Bahnen und unterscheiden sich nicht allzusehr von ihren Vorgängern in den Niederlanden, Frankreich und Deutschland. Dumoulin wird von ihnen selten erwähnt.

PAUL VOET (1619–1667)[2] hat in seinen Werken[3] längere Abhandlungen dem Verweisungsrecht gewidmet. Er beginnt mit den Unterscheidungen der Statuten, wie sie im Laufe der Zeit alle vorgeschlagen worden sind: in „Lantrecht, Stadtrecht, Dorprecht", in Statuten, die dem gemeinen Recht widersprechen, entsprechen oder neben ihm einhergehen; in odiosa, favorabilia und gemischte; in strafende und nicht strafende, verbietende und erlaubende; welche aber alle bei Gericht weniger in Gebrauch seien als die Haupteinteilung in realia, personalia und mixta[4]. Die Gruppe der mixta will VOET nicht anerkennen – er läßt sie allenfalls, wie GROTIUS und RODENBURG, für die Formvorschriften gelten – und rechnet sie sonst der Gruppe zu, zu der sie stärker hinneigen[5]. Sodann unterscheidet er diese drei Gruppen einmal nach ihrem Gegenstand (objectus) und dann nach ihrem Wirkungsbereich (effectus)[6]. Die statuta realia machen hinsichtlich Gegenstand und Wirkung keine Schwierigkeiten[7]; mixta quantum ad effectum sind solche Statuten, die intra territorium alle, also auch die Fremden, binden, aber auch außerhalb gelten – so die Formvorschriften[8].

Personal nach dem Gegenstand ist das Statut, wenn es „primario et per se afficit personam"; VOET gibt aber auch eine Übersicht über die anderen Merkmale zur Bestimmung der statuta personalia, wie sie von der italienischen Schule herausgearbeitet worden sind[9].

Nicht ganz eindeutig ist seine Stellungnahme zur Wirkung der sta-

---

[2] KOLLEWIJN 78 ff.; LAINÉ II 97 f.; MÜLLER 96 ff.; nach einigen sei das Todesjahr PAUL VOETS 1677, KOLLEWIJN 78 Anm. 1.

[3] De statutis eorumque concursu, Brüssel 1715. Erste Ausgabe 1661.
Mobilium et immobilium natura, Utrecht 1666.

[4] Die Zweiteilung real-personal findet sich wieder bei den Forderungen, Klagen und Renten: Sectio IX Kap. I Nr. 11–13.

[5] IV. II. Nr. 3; KOLLEWIJN 80.

[6] Vgl. oben S. 85 Anm. 53; WÄCHTER 24 (1841) 279 Anm. 92.

[7] Vgl. auch IX. I. Nr. 2.

[8] Vgl. auch IX. II. Nr. 3. Ebenso die Prozeßvorschriften: X. Nr. 6.

[9] IV. II. Nr. 5.

tuta personalia. Er sagt einerseits, „personalia quae etiam sese extendunt extra territorium, adeoque secundum DD comitari dicuntur personam ubique locorum“ [10]; an anderer Stelle gibt er hingegen vier allgemeine Regeln, deren zweite lautet: „statutum personale non afficit personam extra territorium“, wem hier eine Eigenschaft beigelegt sei, der habe sie nicht außerhalb der Grenzen dieses Statuts [11], wogegen es in der vierten Regel heißt: „statutum personale ubique locorum personam comitatur in ordine ad bona intra territorium statuentis sita, ubi persona affecta domicilium habet“ [12], so daß anscheinend die extraterritoriale Wirkung der statuta personalia auf Verfügungen über bona intra territorium sita beschränkt werden soll, die außerhalb vorgenommen werden. „Non tamen statutum personale regulariter sese extendet ad bona immobilia alibi sita“; eine mittelbare Wirkung der statuta personalia auf fremde Grundstücke lehnt VOET ab, die Unterscheidung der Statuten in favorabilia und odiosa wird, ohne darauf einzugehen, vermerkt. „Nullum statutum sive in rem sive in personam ... sese extendit extra statuentis territorium“ [13], soweit nicht, wie VOET am Schluß der Abhandlung [14] hinzufügt, die comitas eine solche Erstreckung als geboten erscheinen lasse.

Zur Auslegung der Statuten sagt VOET: „Sic interpretemur statuta, ut quam minimum a jure civili devient“ [15].

Die Form eines Rechtsgeschäfts richtet sich, nach überkommener Lehre, nach der lex loci actus [16]; auch Fremde können sich ihrer bedienen [17].

---

[10] IV. II. Nr. 4. KOLLEWIJN sagt, daß VOET hiermit nur „eine kurze Darstellung der Meinung der Doctores“ gegeben habe, so daß er sich zu seinen eigenen späteren Aussagen nicht in Widerspruch gesetzt hätte. Wohl zu Unrecht: „Meo sensu“ sagt VOET „alia erunt realia, alia personalia, alia mixta ...“ und dann folgt der oben zitierte Satz, wo die Domini Doctores nur für die *Erklärung* der extraterritorialen Wirkung herangezogen werden. Allerdings sagt er gleich darauf, daß diese Regel unsicher sei.

Uber den persönlichen Wirkungsbereich das Statuts sagt VOET: „Statutum personale afficit subditos ... non forenses“ (IV. II. Nr. 6).

[11] Dagegen hat die Entmündigung überall Wirkung ex comitate, soweit es sich um die Verwaltung des Vermögens des Entmündigten handelt: IV. III. Nr. 17.

[12] IV. II. Nr. 6; vgl. IV. III. Nr. 12 „potestas (statuti) aliquid disponendi circa suum civem non praecise arctetur territorio“.

[13] IV. II. Nr. 7. VOET verweist auf ALEXANDER I 16, I 128 und V 41, vgl. hierzu oben S. 33 Anm. 43, S. 39 Anm. 68, LAINÉ I 193, 200.

[14] Ebenda Nr. 17; s. unten Anm. 20.

[15] IV. III. Nr. 6 f. Vgl. oben S. 88 Anm. 69; KOLLEWIJN 94.

[16] IX. II. Nr. 1; und zwar ist das Testament nichtig, dessen Form den Vorschriften des Errichtungsorts nicht genügt, auch wenn die Förmlichkeiten beobachtet worden sind, die die lex situs der den Gegenstand des Testaments bildenden Liegenschaften verlangt; anders RODENBURG, s. oben S. 160.

Das Statut, das Schenkungen zwischen Ehegatten verbietet, ist real[18]; auch Legitimation, Erhebung in den Adelsstand, Infamie, Berufs- und Aufenthaltsverbote haben nur im Gebiet des Legitimierenden usw. Wirkung[19]; anderenfalls „alteri per alterum fieret praejudicium", eine Begründung, die schon BARTOLUS gegeben hatte[20].

Das Statut, das die Volljährigkeit gegenüber dem gemeinen Recht vorverlegt, ist personal, in seiner Wirkung jedoch territorial[21].

Das Statut, das dem filius familias zu testieren gestattet, nennt VOET personal[22]; der filius familias, der sich außerhalb des Bereichs des Statuts befindet, kann über Grundstücke im Bereich testieren; nicht kann er das jedoch hinsichtlich anderer Grundstücke, deren lex situs eine Befreiung des filius familias vom Testierverbot nicht kennt. Dagegen folgt das Statut, das jemand vor Erreichung eines bestimmten Alters zu testieren verbietet, der davon betroffenen Person überall und betrifft alle Grundstücke[23], denn, so sagt er, diese inhabilitas zum Testieren könne ihm durch das ausländische Statut, für welches er ein Fremder sei, nicht genommen werden. VOET hat damit die Bartolinische Unterscheidung von verbietenden und erlaubenden Statuten der Sache nach wiederzubeleben

---

Eine Ausnahme hiervon läßt VOET aus Billigkeitsgründen gelten, IX. II. Nr. 9 Ausn. 4; die Stelle lautet: „Excipe. 4. Nisi etiam extra locum domicilii velit uti statuto favorabili, quoad solemnia; tum forte contractus alibi ita gestus, ubi alia solemnia erant adhibenda, ex aequo et bono in patria sustineretur ... atque haec eadem ... etiam testamentorum solemnibus applicari poterunt". KOLLEWIJN 95 sieht hierin eine erste Äußerung eines staatlichen, von Land zu Land verschiedenen Kollisionsrechts; wohl zu Unrecht, denn das „ex aequo et bono" beweist, daß es sich hier lediglich um eine Billigkeitserwägung handelt.

Die lex loci actus gilt auch für die Form von Verträgen, weil die Parteien „sich dieser Form unterwerfen wollten oder so angesehen werden": IX. II. Nr. 9. Sie gilt für das Verfahrensrecht: X. Nr. 6 ff. (einschließlich des Beweisrechts, Nr. 9).

[17] IX. II. Nr. 3; Verweis u. a. auf ALEXANDER V 44 (vgl. LAINÉ I 194).

[18] IV. II. Nr. 5; IV. III. Nr. 2 mit ausführlicher Darstellung der Lehrmeinungen; KOLLEWIJN 94, MEIJERS 658 Anm. 3.

[19] IV. III. Nr. 15, 16, 18, 19.

[20] S. oben S. 60 zu Anm. 24. Dagegen soll eine Entmündigung überall ihre Wirkungen haben, „non tam de jure quam de humanitate, dum populus vicini decreta populi comiter observat, ut multorum evitetur confusio" IV. III. 17 (oben Anm. 11).

[21] IV. III. Nr. 3 ff. Trotzdem bleibe bei Veräußerung von Grundstücken die restitutio in integrum erhalten (vgl. oben S. 132 Anm. 57). Dumoulin wird nicht erwähnt.

[22] Als Grund sagt VOET, das Statut erkläre jemand für habilis ad testandum, qui erat de jure communi inhabilis, eique quid permittitur, de jure communi prohibitum. IV. III. Nr. 12; ebenso Mobilium et immobilium natura Kap. 13, Nr. 4 f., lt. MEIJERS 657 Anm. 1; vgl. hierzu auch LAINÉ II 109.

[23] IV. III. Nr. 13 f.; Mobilium et immobilium natura Kap. 13 Nr. 7, lt. MEIJERS 657 Anm. 1.

versucht. Vermerkt sei auch, daß VOET die Zustimmungsbedürftigkeit des Minderjährigen oder der Frau zum Abschluß von Verträgen als „habilitierende Formvorschrift“ bezeichnet[24].

Im Erbrecht gilt die überkommene Regel von der Realität des Erbstatuts[25]; bewegliche Sachen werden nach dem Recht des Erblassers vererbt, wie überhaupt die Regel befolgt wird, daß sich mobilia nach dem Recht des Eigentümers richten[26]. Das Statut, das Getreide auszuführen verbietet, erfaßt dagegen auch den fremden Eigentümer, wenn das Getreide sich im Inland befindet, denn insoweit sei es als real anzusehen[27].

In Lehnssachen endlich gilt nach VOET das Recht am Ort des Lehnsnehmers, nicht das Recht des Lehnsherrn[28]; VOET steht damit in Widerspruch zu BURGUNDUS und in Übereinstimmung mit der französischen Praxis und Dumoulin[29]; letzteren zitiert er nicht, wohl aber eine lange Reihe anderer Gelehrter, darunter CHASSENEUZ und TIRAQUEAU.

In dem Exkurs ULRICH HUBERS (1636–1694)[30] „De conflictu legum diversarum in diversis Imperiis“[31] (1684) wird Dumoulin nicht mehr erwähnt[32].

HUBERS System weicht grundlegend von dem üblichen Schema ab. Für ihn, den KOLLEWIJN[33] eine „isoliert stehende Figur“ nennt, ist das internationale Privatrecht ein Teil des jus gentium, eine Art sekundäres Völkerrecht[34]; es beruht auf drei Leitsätzen, von denen der erste und dritte den Grundstock des Systems darstellen, während der zweite eine Ergänzung des ersten bildet. Sie lauten:

---

[24] IV. II. Nr. 5.

[25] IV. III. Nr. 10 f.; IX. I. Nr. 3 f.; Mob. et immob. Kap. 23 Nr. 1, 9, 13; MEIJERS 660 Anm. 4, KOLLEWIJN 96.

[26] IX. I. Nr. 8 mit Verweis u. a. auf Dumoulin, zur Pariser Coutume § 33 gl. 1 Nr. 86, s. oben S. 18 Anm. 1; IV. II. Nr. 8.

[27] IV. II. Nr. 12; zum Getreideausfuhrverbot s. oben S. 56 Anm. 7.

[28] IX. I. Nr. 5.

[29] S. oben S. 18 Anm. 1 und 157 Anm. 36.

[30] KOLLEWIJN 131 ff.; LAINÉ II 107 ff., 183 ff.; MÜLLER 102 ff.; MEILI. Ein Specimen aus der holländischen Schule des internationalen Privatrechts (ULRICUS HUBER 1636–1694), in NiemZ 8 (1898) 189 ff.: biographische Angaben S. 192; vgl. auch AUBRY, Clunet 28 (1901) 239 f.

[31] In: Praelectionum juris civilis tomi III, 2. deutsche Ausgabe Leipzig 1725; der Text der Abhandlung ist abgedruckt bei MEILI, s. vorige Anm.

[32] HUBER ist überhaupt sparsam mit Verweisungen. Er zitiert nur JOH. v. SANDE (über diesen KOLLEWIJN 38 ff.) und RODENBURG; in einem andern Werk, wo er Fragen des Kollisionsrechts behandelt, der Heedensdaegse Rechtsgeleerdheid (1688), zitiert er noch BURGUNDUS und D'ARGENTRÉ, KOLLEWIJN 132.

[33] A.a.O. 132.

[34] KOLLEWIJN 134 f.

1. Die Gesetze eines jeden Reiches haben Kraft innerhalb der Grenzen des Staats und binden alle Untertanen[35].

2. Als Untertanen gelten alle, die innerhalb der Grenzen des Reichs angetroffen werden, gleich, ob sie sich dort ständig oder nur auf Zeit aufhalten[36].

3. Die Lenker der Reiche halten es aus comitas so, daß die Rechte eines jeden Volkes[37], die innerhalb ihrer Grenzen ausgeübt (angewandt, exercita) wurden, überall ihre Kraft behalten, soweit dadurch nicht der Macht oder dem Recht eines andern Herrschers oder seiner Bürger Nachteil erwächst[38].

HUBER stellt damit die Lehre vom Verweisungsrecht entschlossen auf eine neue Grundlage. Ging man bisher davon aus, daß unter Umständen fremdes Recht anwendbar sein sollte – der Streit ging darum, wann dies der Fall war –, so legt HUBER nunmehr das Hauptgewicht auf die Frage, ob überhaupt fremdes Recht an sich anzuwenden sei. Er verneint eine Rechtspflicht und bejaht eine Verpflichtung aus comitas hierzu, er gibt eine „genetische Erklärung des geltenden Kollisionsrechts"[39], die in praktischen Fragen jedoch nicht weiter führt, da eine Theorie über den *Geltungsgrund* fremden Rechts noch nichts über die *Fälle seiner Anwendung* besagt. In den Einzellösungen bewegt HUBER sich daher in gewohnten Bahnen. Diese Lösungen beruhen – das wird man ohne weiteres sagen können – auf der richterlichen und wissenschaftlichen Überlieferung, wenn HUBER sie auch als Ableitungen seiner drei Leitsätze dar-

[35] Verweis auf Dig. 2. 1. 20 („Extra territorium jus dicenti impune non paretur").

[36] Verweis auf Dig. 48. 22. 7. 10. Die Theorie von der zeitweiligen Untertanschaft fand auch in Deutschland Eingang, vgl. WÄCHTER 24 (1841) 389.

[37] „Jura cujusque populi", wohl im Sinne von „Gesetze", vgl. KOLLEWIJN 143. Man kann sie aber auch im Sinn von „subjektivem Recht" verstehen, dann bildet dieser dritte Leitsatz einen Vorläufer der Lehre von den „wohlerworbenen Rechten" im IPR, vgl. MEIJERS 670; allerdings nicht den ersten: schon WILHELM VON CUNEO (MEIJERS, Beiträge XXVIII, MÜLLER 32) beruft sich darauf, daß die Ehefrau ein jus quaesitum ex consuetudine an den in Gallien gelegenen Gütern ihres vorverstorbenen Mannes habe, auch wenn der Mann in Italien verstorben sei; BALDUS verweist in der oben S. 62 Anm. 30 genannten repetitio auf das „jus quaesitum", vgl. Nr. 63, 85, der Sache nach auch Nr. 67.

HUBER meint mit dem Ausdruck wohl einmal das eine und einmal das andere. In Nr. 12 sagt er bezüglich der statuta personalia „quia legibus rebusque judicatis – also (personalen) Gesetzen und Gerichtsentscheidungen (über persönliche Verhältnisse) – aliarum civitatum in suos subjectos quaelibet aliae potestas comiter effectum tribuunt; quatenus suo suorumque juri quaesito non praejudicatur". Suo juri = dem (staatlichen) Recht, suorumque juri = dem (subjektiven) Recht der Staatsbürger.

[38] Vgl. die ähnliche Ausdrucksweise bei BARTOLUS, oben S. 60 zu Anm. 24.

[39] KOLLEWIJN 141.

zustellen versucht; tatsächlich sind diese jedoch zu allgemein und verschwommen, um Ausgangspunkt für brauchbare Unterscheidungen zu sein. Wenn Leitsatz 2 auch die nur zeitweilig im Staatsgebiet befindlichen Personen den Gesetzen des Staats unterwirft, dann ist damit im Erfolg die alleinige Herrschaft der lex fori verkündet, gemäßigt allerdings durch den am Ende der Abhandlung (Nr. 15) feierlich verkündeten Grundsatz von der Geltung der lex situs für Grundstücke und durch die Anerkennung von jura quaesita, die ordnungsgemäß im Bereich anderer Gesetze zustandegekommen sind. Wann aber ein solches Recht entstanden ist, das entscheidet er nach den alten Regeln der Statutenlehre[40].

So gilt für die Form des Testaments die lex loci actus zwingend: ein Testament, das dieser Form nicht genügt, ist nichtig, auch wenn die Formvorschriften des Orts, an dem die Grundstücke liegen, über die im Testament verfügt werden soll, gewahrt sind[41].

Im Erbrecht gilt für unbewegliche Sachen die lex situs, für bewegliche die lex domicilii des Erblassers (Nr. 15 a. E.); das Prozeßrecht unterliegt der lex fori; hierher zählt HUBER auch die Verjährung. Die Vollstreckung fremder, ordnungsgemäß zustande gekommener Urteile wird von ihm grundsätzlich bejaht[42].

Auch die extraterritoriale Wirkung der personalen Statuten wird von HUBER aus seinen drei Leitsätzen abgeleitet, wobei er sich der gewohnten Audrucksweise bedient, daß die statuta personalia die Person überall hin begleiten[43]. Hier finden sich alle die personalen Statuten, d. h. die Gesetze mit extraterritorialer Wirkung und die persönlichen Rechtsstellungen, die durch Urteil oder Verfügung der Heimatbehörde geschaffen oder entzogen werden, wie sie sich geschichtlich herausgebildet hatten:

---

[40] Vgl. auch MEIJERS 654: „On ne peut parler d'une doctrine hollandaise qu'avec une certaine réserve ... parce que dans l'Ecole hollandaise on a discuté les mêmes questions et proposé les mêmes solutions qu'en France". Mit der Unterscheidung von jus und comitas ist HUBER nicht immer folgerichtig: so entscheidet er, daß der friesische Richter ein nach holländischem Recht gültig errichtetes Testament anerkennen müsse „per axioma tertium", also aus comitas, fährt dann aber fort: „ut juris est ac observatur" (Nr. 4). Sollte er hier das Völkerrecht im Auge gehabt haben, oder bedeutet „jus" hier soviel wie Gerichtsgebrauch, ebenso wie in Nr. 3: „per axioma tertium valor ejus (d. h. testamenti) sustinetur et secundum illud *jus dicitur*"?

[41] Praelectiones Nr. 3 f.; weitere Nachweise bei KOLLEWIJN 147 Anm. 1. Ebenso PAUL VOET, s. oben S. 174 Anm. 16.

[42] Nr. 6 f.; KOLLEWIJN 160 f. mit Nachweisen.

[43] „Qualitates personales ubique circumferri et personam comitari, cum hoc effectu, ut ubivis locorum eo iure, quo tales personae alibi gaudent ... fruantur et subjiciantur" Nr. 12; KOLLEWIJN 151 mit Nachweisen in Anm. 1; vgl. auch WÄCHTER 25 (1841) 178 Anm. 299 und S. 13 Anm. 192.

Vormundschaft, Entmündigung wegen Verschwendung, väterliche Gewalt über den Haussohn, ehemännliche Gewalt, Volljährigkeitsalter und -erklärung. Ausgenommen wird dagegen von HUBER die Testierfähigkeit, die sich nach dem Testierort richten soll, die aber wiederum hinsichtlich von Gütern, die im Bereich des (die Testierfähigkeit einschränkenden) Wohnsitzrechts des Testierenden liegen, nicht anzuerkennen sei; HUBER begründet das damit, es entstehe sonst eine zu große Verwirrung aus den verschiedenen Rechten: „nec civile sit, ut Batavi de negotio apud se gesto suis legibus neglectis secundum alienas judicent“ [44], ein Einwand, der zu allen Zeiten gegen die Anwendung fremden Rechtes erhoben worden ist.

JOHANNES VOET (1647–1714) [45], der Sohn PAUL VOETS, ist einer der großen Meister der Statutenlehre. Folgerichtig und mit umfassendem Wissen hat er in seiner, in blendendem Stil geschriebenen Abhandlung [46] die Lehre seines Vaters und HUBERS von der comitas gentium als Geltungsgrund des Kollisionsrechts entwickelt und befestigt. Auch bei ihm tritt Dumoulin, im Gegensatz zu D'ARGENTRÉ und den niederländischen Schriftstellern, wenig hervor [47].

VOET beginnt seine Darstellung mit der Dreiteilung der Statuten, die er „nobilissima“ nennt; unter den statuta mixta versteht er die Statuten, die die Form der Rechtshandlungen betreffen, nach dem Vorbild von HUGO GROTIUS, PAUL VOET und des Juristen VINNIUS [48] (Nr. 4). Dies ist für VOET aber nur eine Einteilung nach dem Gegenstand von mehr akademischem Charakter; was die „vis“ und „efficacia“ der Statuten betrifft, so leugnet er eine extraterritoriale Wirkung auch der personalen und gemischten Statuten, denn die „Macht des Gesetzgebers sei durch sein Gebiet begrenzt, und aus der Macht des Gesetzgebers ziehe das Gesetz seine Geltung“ [49], wie VOET unter fast wörtlicher Anführung von D'ARGENTRÉ sagt [50]. Wie könnte ein Gesetzgeber einen gleichgeordneten

[44] Nr. 12; KOLLEWIJN 151 ff.

[45] KOLLEWIJN 109 ff.; LAINÉ II 99 ff.; MÜLLER 64 ff.

[46] Commentarius ad Pandectas, Halle 1776 (erste Ausgabe 1698), Buch 1 Titel 4 Teil II De statutis; zahlreiche Einzelfragen werden im ganzen Werk verstreut behandelt.

[47] In der Hauptabhandlung de statutis findet sich sein Name nicht; er wird beispielsweise erwähnt am Ende des 28. Buchs „De feudis“ als einer von vielen Autoren hinter Schriftstellern wie VULTERIUS, RITTERSHUS, ZOESIUS, GUDELINUS u. a.

[48] MEIJERS 668 Anm. 2; KOLLEWIJN 40, 43.

[49] „Non plus virium statuta habere possunt quam a legislatore statuente acceperunt, et ipsius legislatoris potestas terminis sui territorii coarctata est“ 1. 4. II Nr. 5.

[50] Vgl. oben S. 69, S. 101 ff. D'ARGENTRÉ hatte mit diesen Worten eine Norm für

andern zwingen, seinen Untertan in Statussachen nach diesem und nicht nach jenem Gesetz zu behandeln?! Wenn allgemein gesagt werde, es sei unbillig und absurd, daß ein Mensch hier mündig und dort unmündig, hier unehelich und dort legitimiert sei, so sei dem zu erwidern, daß das Gesetz, wenn es manchmal hart ist, deshalb noch nicht ungerecht ist: viel härter und absurder sei es anzunehmen, daß Ebenbürtige einander durch Gesetze binden könnten; habe man doch auch bei der Erbfolge die Verschiedenheiten der Gesetze anerkannt, obwohl es bequemer gewesen wäre, die Erbmasse einheitlich weiterzugeben; sei es doch auch hart und unbequem, daß ein Ehemann in der einen Provinz seiner Frau etwas schenken könne, in der andern Provinz dagegen nicht[51]. Dem stehe nicht entgegen, daß eine persönliche Eigenschaft ihren Träger auch außerhalb des Landes begleite, sofern es sich nur um innerhalb gelegene Sachen handle und der heimische Magistrat zu urteilen berufen sei; ein in Holland als Verschwender Entmündigter könne sich daselbst nicht auf einen in Friesland geschlossenen Vertrag berufen oder aus ihm beklagt werden, auch wenn er in Friesland nicht als entmündigt gelte (Nr. 9)[52].

Wie HUBER, so leugnet auch JOHANNES VOET die rechtliche Verpflichtung der Staaten, fremdes Recht anzuwenden, soweit eine solche Anwendung auf dem Begriff des dem Recht wesensgemäßen Zwangs beruht; er will jedoch ihr nichts in den Weg legen, wenn sie durch internationale freiwillige Übereinstimmung geboten ist. Dies kann sogar so weit gehen, daß die Anwendung fremden Rechts zur zwingenden Gewohnheit wird.

In seinen Einzellösungen zeigt VOET sich als Praktiker, der im Geiste D'ARGENTRÉS die lex situs vornehmlich auf alles anwendet, was irgendwie mit Grundstücken zu tun hat. Die Teilung der Rechtsverhältnisse in solche, die Liegenschaften, und solche, die die beweglichen Sachen betreffen, wird bei ihm zu einem seiner hauptsächlichsten Einteilungsgesichtspunkte[53], dergegenüber die Dreiteilung der Statuten, auch wenn an ihr äußerlich festgehalten wird, nur mehr ein Schattendasein führt.

die Gesetzgebungszuständigkeit hinsichtlich von Liegenschaften geben wollen, VOET macht daraus den aus der Souveränität der Staaten abgeleiteten Grundsatz von der rechtlichen Bindungsfreiheit des Gesetzgebers im internationalen Privatrecht.

[51] Vgl. oben S. 105 Anm. 136.

[52] Damit wird auch, soweit ersichtlich zum ersten Mal, von einem Statutisten angedeutet, daß es mit der abstrakten Entscheidung eines kollisionsrechtlichen Falls nicht getan zu sein braucht, sondern daß der Richter eines jeden Landes verschieden urteilen kann. Doch liegt in der Begrenzung auf bona intra territorium eine Einschränkung dieses Standpunkts.

[53] So auch in der angloamerikanischen Lehre, vgl. STORY, unten S. 246 ff.; GUTZWILLER 350.

Die mobilia folgen dem Recht des Wohnorts ihres Eigentümers; dies jedoch nur aus comitas, nicht aus strengem Recht, denn an sich könnte auch über bewegliche Sachen nur der Souverän des Gebietes, in dem sie sich befinden, Gesetze erlassen, was etwa im Fall des Weizenausfuhrverbots[54] oder der Beschlagnahme auch tatsächlich so gehandhabt werde[55].

Die meist allein zitierte Abhandlung De statutis im 4. Buch enthält nur einen Bruchteil der Äußerungen, die VOET zur Statutenkollision gemacht hat, und zwar nur das Grundsätzliche, sozusagen den allgemeinen Teil, die völkerrechtliche Einleitung und Begründung des Verweisungsrechts[56]; die praktischen Einzellösungen finden sich verstreut in dem ganzen Kommentar bei den Rechtsgebieten, zu denen sie gehören.

Eine kurze allgemeine Betrachtung findet sich auch im 5. Buch[57]. Hier wird zunächst die Unterscheidung der Richter in höhere, die dem Gesetz nicht unterworfen seien, und niedere, die ihm streng zu folgen hätten, verworfen: alle Richter haben das Gesetz zu beachten. Was nun die örtliche Verschiedenheit der Gesetze betreffe, so urteile der Richter bezüglich ordo und forma judicii nach der lex fori, in solemnibus contracti, testamenti vel negotii nach dem Recht des Vornahmeorts, und in Fragen der Erbfolge nach der lex situs. Dies ist, wie man sieht, die überkommene Lehre, auf seine Vorbehalte gegenüber der Anwendung fremden Rechts geht VOET nicht ein.

Das Statut über die Mündigkeit (durch Erreichung des Mündigkeitsalters, durch Heirat oder kraft Verleihung) ist dank der comitas extraterritorial[58]. Für die Form der Rechtsgeschäfte gilt die lex loci actus, auch dies nur aus comitas, denn einen strengrechtlichen Charakter dieser Regel leugnet VOET, das RODENBURGsche Argument einer „necessitas" wird ebenso wie die Beweisführung PECKS ab absurdo von ihm zurückgewiesen; wenn in Friesland zur Errichtung des Testaments sieben Zeugen gefordert werden, in Holland zwei Zeugen und der Ratsschreiber hierfür genügen, sei es da nicht auch absurd, daß der friesische Richter einem letzten Willen trauen soll, der von drei ihm unbekannten Fremden in fremdem Land bezeugt wird, während er es für ungültig halten müßte, wäre es in seinem eigenen Land mit Hilfe dreier ihm bestens bekannter und vertrauenswürdiger Männer errichtet? Daß sich dieses Ar-

[54] Vgl. oben S. 56 Anm. 7.

[55] 1. 4. II. Nr. 11 ff.; vgl. auch 24. 1. 19 a. E.; 38. 17. 34 u. a. Vgl. oben S. 102 Anm. 125.

[56] Vgl. oben S. 67 Anm. 47.

[57] 5. 1. 51.

[58] 4. 4. 8; ebenso ist die Verwaltungsbefugnis des Vormunds kraft comitas extraterritorial 26. 5. 5. (mit Einschränkungen bei Grundstücken).

gument gegen die Anerkennung jeglicher im Ausland errichteter Urkunde benützen ließe, spricht VOET allerdings nicht aus, wie er denn überhaupt die letzte Folgerung seines Standpunkts nicht zieht: die Anerkennung eines im Ausland erfolgten Rechtsgeschäfts wird nicht an sich, sondern nur dann – im Grundsatz – abgelehnt, wenn es nicht den eigenen Formvorschriften entspricht. VOET geht nicht soweit, auch die örtliche Zuständigkeit der einheimischen Behörde als ausschließliche zu verlangen, zumal er ja dank der comitas selbst in die allgemeine Anerkennung der Geltung des Satzes locus regit actum einschwenkt.

Entgegen der Meinung seines Vaters läßt VOET auch ein Rechtsgeschäft gültig sein, das zwar den Formvorschriften des Errichtungsorts nicht genügt, jedoch nach der lex situs des betroffenen Grundstücks oder nach dem Wohnsitzrecht der das Rechtsgeschäft vornehmenden Person formwirksam wäre[59].

Nach dem Abschlußort richtet sich auch die Form des Mitgiftvertrags, selbst wenn die davon betroffenen Liegenschaften im Bereich abweichender Formstatuten liegen[60]. Die Form der Inventarerrichtung beurteilt sich nach dem Recht des Orts, wo das Inventar bestätigt und die Aufstellung der Nachlaßgüter vorgenommen wird[61]; die Eröffnung des Testaments richtet sich nach dem Recht des Orts, an dem sie erfolgt[62].

Das Statut, das Schenkungen zwischen Ehegatten verbietet, ist real, „da hier nichts über die habilitas oder qualitas einer Person bestimmt wird, sondern hauptsächlich darüber verfügt wird, ob Ehegatten sich gegenseitig Sachen schenken können, welcher aetas, conditio aut qualitas sie auch seien“[63].

Für das Witthum (doarium[64]) verweist VOET auf RODENBURG, der ins einzelne gehende, grundsätzlich auf die lex situs abstellende Lösungen vorgeschlagen hatte[65].

Wenn die ehemännliche Gewalt an verschiedenen Orten verschiedenen Umfang hat, welches Recht ist anzuwenden? Nach RODENBURG und A. MATTHÄUS[66], so berichtet VOET, stets das Recht des Wohnorts der Ehegatten, da es sich um ein personales Statut handle, das den Ehegatten von ihrem Wohnsitz aufgedrückt werde, und zwar auch hinsichtlich der Liegenschaften. „Diese Ansicht habe ich bereits früher widerlegt“, fährt

---

[59] 1. 4. II. Nr. 12 ff.; LAINÉ II 388 ff.
[60] 23. 4. 4.
[61] 28. 8. 11.
[62] 29. 3. 1.
[63] 24. 1. 19.
[64] S. oben S. 127 Anm. 25.
[65] 24. 3. 27; RODENBURG Titel 2 pars altera Kap. 4 Nr. 5.
[66] Über ihn KOLLEWIJN 71 ff.

er dann fort; allenfalls könne man bei mobilia das Recht des Wohnsitzes bestimmend sein lassen, nicht aber für Grundstücke, für welche nur die lex situs in Frage komme – soweit nicht an Hand eines ausdrücklichen Abkommens zwischen benachbarten Völkern oder an Hand eines althergebrachten, eine stillschweigende Vereinbarung enthaltenden Brauchs bewiesen werde, daß die lex domicilii der Ehegatten auch auf Grundstücke ex comitate anwendbar sein solle[67].

Ob auf den Gütern eines Schuldners eine Legalhypothek entsteht, entscheidet bei beweglichen Sachen die lex domicilii des Schuldners, bei Grundstücken die lex situs, „denn es sei sicher, daß nicht durch das Gesetz des einen Ortes ein Sachenrecht auf dem Grundstück, das an einem andern Ort belegen ist, geschaffen werden könne"[68]; das gleiche gilt für das Statut, das die Reihenfolge bestimmt, in der die Gläubiger eines Schuldners zu befriedigen sind[69].

Das Erbrecht wird von der Teilung mobilia – immobilia beherrscht. Der Grundsatz, daß Liegenschaften der lex situs, der bewegliche Nachlaß dem Wohnsitzrecht des Erblassers unterliegen, gilt für die Intestaterbfolge[70], das jus repraesentationis[71], die Größe des Pflichtteils (legitima)[72], den Grundsatz der Erstgeburt im Lehnsrecht[73], für Alter und

---

[67] 23. 2. 60. [68] 20. 2. 34. [69] 20. 4. 38.

[70] 38. 17. 34; „Bona defuncti immobilia, et quae juris interpretatione pro talibus habentur, deferri secundum leges loci, in quo sita sunt; adeo ut tot censeri debeant diversa patrimonia ac tot hereditates, quot locis diverso jure utentibus immobilia existunt (vgl. oben S. 45 Anm. 8); mobilia vero ex legibus ipsius defuncti, vel quia semper domino praesentia esse finguntur, vel ex comitate"; Verweis auf Hugo Grotius, Nieustad (über diesen Kollewijn 5 f.), Joh. von Sande (vgl. Kollewijn 39), d'Argentré, Carpzov, Rodenburg, A. Matthäus (vorige Seite Anm. 182), P. Voet, nicht auf Dumoulin.

Der Wohnsitz ist nicht ein zufälliger Aufenthaltsort des Menschen, sondern der „Sitz seiner Reichtümer", wohin zurückzukehren er den animus revertendi hat. Eine Ausnahme bilden Professoren, die an andere Universitäten berufen werden.

[71] 38. 17. 35. [72] 5. 2. 47; Verweis auf Hugo Grotius.

[73] 38. de feudis 80. Voet geht zunächst davon aus, daß der Lehnsgeber bestimmte Erbfolgeregeln, sozusagen Hausgesetze, aufstellen kann, die auch spätere Geschlechter der Lehnsnehmer noch zu beachten hätten. Fehlt es aber an solchen Bestimmungen, so gelten die Gesetze der Orte, an dem die Lehnsgüter belegen sind, nicht das Recht des Lehnsherren; denn es sei kein Grund vorhanden, bei Lehen von der allgemeinen Regel abzugehen. Man könne auch nicht, wie Burgundus (s. oben S. 157 zu Anm. 36) und Friedrich v. Sande (über diesen Kollewijn 38), sagen, der Lehnsherr, der sich nicht äußere, wolle stillschweigend die Erbfolge seinem Recht unterwerfen; denn eine Bestimmung betreffs Liegenschaften eines Landes gelte solange als aufrechterhalten, als sie nicht ausdrücklich aufgehoben sei.

Ebenso bezüglich des lehnsrechtlichen jus retractus (vgl. oben S. 126 Anm. 17) und des lehnsrechtlichen Pflichtteilsrechts.

Fähigkeit zu testieren[74]. Nach dem Recht des Erblassers richtet sich die Frage, ob die Erben für das Ganze oder nur pro parte haften[75].

Die Verjährung richtet sich bei Grundstücken nach der lex situs, bei beweglichen Sachen nach dem Wohnsitzrecht des Schuldners[76].

Die Vollstreckung richtet sich nach dem Recht des Orts, an dem die Vollstreckungshandlung vorgenommen werden soll[77]; ebenso, ob eine Urkunde vollstreckbar ist[78]. Ein Arrest vollzieht sich nach dem Recht des Orts, an dem die Haft der Person oder die Sicherstellung der Sachen stattfinden[79], die Freilassung gegen Kaution richtet sich nach dem Recht des Orts, an dem sie erfolgen soll[80].

§ 5

Die französischen Statutisten des 18. Jahrhunderts[1]

Wenn wir zu den französischen Statutisten des 18. Jahrhunderts zurückkehren, so werden wir Zeugen einer wahren Wiedergeburt des Ansehens Dumoulins und seiner Heranziehung zu den Fragen des Verwei-

---

[74] 28. 1. 44, ebenso die Praxis und h. M., Kollewijn 120 f., Meijers 658 Anm. 1. Wohl zu Unrecht sieht Meijers 658 Anm. 2 darin einen Widerspruch zu 1. 4. II. Nr. 3, wo Voet die Testierfähigkeit als zum statutum personale gehörig bezeichnet hatte; hier will Voet nur eine allgemeine, grundsätzliche und unverbindliche Beschreibung der Dreiteilung der Statuten geben, wobei er „personal" im Sinne von „die Person betreffend" versteht. Daß auch die statuta personalia grundsätzlich territorial sind, sagt er ja in Nr. 8 ebda, und die durch die comitas gebotenen Ausnahmen werden nur zögernd, unbestimmt, eingeräumt, für Grundstücke überhaupt abgelehnt (Nr. 16; vgl. etwa 4. 4. 8); zudem behält die Bezeichnung als personal ihre Bedeutung für die Frage, ob der Minderjährige im Ausland über bewegliche Sachen testieren kann. Daher ist auch der Angriff auf Abraham von Wesel in Nr. 8 a. E. nicht unberechtigt, da dieser die Extraterritorialität des die Testierfähigkeit regelnden Statuts mit Wirkung auch auf Grundstücke vertreten hatte. Wenn ein Widerspruch bleibt, so rührt er daher, daß Voet in 28. 1. 44 nach dem anwendbaren Recht, in Nr. 8 dagegen nach dem Bereich des Statuts fragt.

[75] 29. 2. 31. [76] 44. 3. 12; Verweis auf Paul Voet. [77] 42. 1. 39.

[78] 42. 1. 48; vgl. hierzu Dumoulin, oben S. 20. Voet verweist lediglich auf J. von Sande.

[79] 2. 4. 27.

[80] 2. 8. 10. Über die weitere Entwicklung der niederländischen Lehre, insb. Bynckershoek, vgl. Kollewijn 162 ff.

[1] Im folgenden sollen von den französischen Statutisten des 18. Jhdts. Boullenois, Bouhier und Pothier behandelt werden. Von einer Erörterung der Werke von Froland, der gewöhnlich als Dritter neben Boullenois und Bouhier genannt wird,

sungsrechts. d'Argentré und Dumoulin werden zum Ausgangspunkt der geschichtlichen Betrachtungen, wobei von den Älteren allenfalls Bartolus sich behauptet. Kennzeichnend ist der Ausspruch Bouhiers, vor Dumoulin hätten alle Gelehrten, die die Fragen der Statutenkollision behandelt hätten, nur gestottert[2]; aus dieser irrigen ungeschichtlichen Anschauung, die den Leistungen der Italiener keineswegs gerecht wird, erklärt es sich wohl, daß Dumoulin neben d'Argentré auch als Begründer der französischen Schule angesehen wird.

Louis Boullenois (1680–1762)[3] ist der erste Forscher, der seine schriftstellerische Tätigkeit fast ausschließlich dem Kollisionsrecht gewidmet hat. Sein Bemühen ging dahin, Licht in das Dunkel der sich widersprechenden Meinungen zu bringen und, wenn er sich schon nicht mit Papinian vergleichen zu dürfen glaubte, so doch immerhin ein Descartes des Kollisionsrechts zu werden[4], – hatte doch dieses Rechtsgebiet den Ruf ganz besonderer Schwierigkeit[5]. Wenn ihm das auch nicht gelungen ist, so verdient er doch auch nicht den schlechten Ruf, der ihm zuweilen anhängt[6]. In seinen Werken[7], die sich durch umfassende

habe ich geglaubt absehen zu können; es findet sich in seinem Werk: Mémoires concernans la nature et la qualité des Statuts, in dem er, Story gleichend, einen Überblick über die strittigen Fragen gibt und sich dabei hauptsächlich auf Dumoulin, d'Argentré und die Niederländer (Burgundus, Rodenburg, Stockmans, Paul Voet) stützt, nichts Typisches, was sich nicht auch bei diesen beiden fände. Das gleiche gilt von Merlin und seinem Répertoire de jurisprudence (erste Ausgabe 1777). Über die beiden vgl. daher Lainé I 417, 421 und im 2. Band in extenso; Caleb 142.

[2] Dieser Ausspruch, der allgemein als ungerecht erkannt ist, wird trotzdem in den französischen Abrissen der Geschichte der Statutenlehre getreulich wiedergegeben; s. auch unten S. 196 f. Der Meinung von Laurent I 485, Bouhier sei der einzige Statutist gewesen, „qui ait le sens historique", darf man zweifelnd gegenüberstehen.

[3] Lainé I 418; II 6 ff.

[4] Dissertations, Discours préliminaire S. XIV; Lainé II 12.

[5] Lainé II 8.

[6] Vgl. Caleb 148, 152: (Boullenois und Froland) waren „avant tout des praticiens, dont les oeuvres ne présentent guère le caractère d'ouvrage de doctrine et de science". Für Boullenois trifft das nicht zu; auch Savigny verweist auf ihn. Allerdings ist Boullenois oft der Gefahr des Schönredens erlegen; hören wir ihn: „Dans les coutumes, qui donnent peu aux filles, écoutez parler les législateurs. Nos filles, nous diront-ils, sont sages et économes, nous leur donnons toute l'éducation qui convient, nous leur apprenons à faire la félicité et le bonheur de leurs maris, et voilà la véritable dot des filles", Démissions 109. Wie weit ist solche leichte Plauderei doch entfernt von der männlichen Kraft eines d'Argentré, dem universellen Geist eines Dumoulin, dem juristischen Scharfsinn eines Johannes Voet!

[7] Questions sur les démissions des biens, avec 2 dissertations, l'une en la qu. 6 sur les statuts réels, personnels et mixtes ... (zitiert: Démissions), Paris 1727; Dissertations sur des questions, qui naissent de la contrariété des loix et des coutumes (zitiert

Kenntnis des einschlägigen Schrifttums auszeichnen, bemüht er sich, durch ins einzelne gehende Analysen der Vielfalt der Erscheinungen des Lebens nach Möglichkeit gerecht zu werden; von Widersprüchen sich freizuhalten vermag er allerdings nicht immer. Dumoulin wird ein breiter Raum in seinen Erörterungen zugewiesen, seine Meinung stets verzeichnet, und wo BOULLENOIS im Einzelfall von ihr abweicht, begründet er seine Entscheidung stets mit Sorgfalt. In seinen allgemeinen systematischen Darlegungen bildet jedoch, wie nicht anders zu erwarten war, die Einteilung der Statuten in realia und personalia den Ausgangspunkt. Neben D'ARGENTRÉ ist es vor allem RODENBURG, der einen beherrschenden Einfluß auf BOULLENOIS ausübt[8].

In den 1727 erschienenen Questions sur les démissions des biens enthält die 6. Frage eine ausgedehnte Untersuchung der Statutenkollisionen, die an allgemeinen systematischen Gesichtspunkten allerdings wenig ergiebig ist. Im Zweifel spreche die Vermutung für die Realität des Statuts[9]. Bei den Rechtshandlungen des bürgerlichen Rechtslebens unterscheidet BOULLENOIS hier vier Elemente: capacité, Form, Sache und Vollstreckungsverfahren. Zur capacité ergeht BOULLENOIS sich des längeren, ohne Neues zu bringen, über die Fragen des Wohnsitzes und Wohnsitzwechsels (S. 133 ff.). Zur Form verweist er auf Dumoulin und die allgemeine Meinung der Doktoren, bringt aber selbst weitere Unterscheidungen (S. 140 f.). Daß sich Statuten, die Sachen betreffen, nicht über ihren Bereich hinaus erstrecken, erhärtet er an der bekannten Anmerkung Dumoulins zu ALEXANDER Bd. I Cons. 16[10] (S. 146). Für die Vollstreckung endlich sei maßgebend das Recht des Orts, an dem sie vorgenommen wird. BOULLENOIS verweist hierzu auf die lectura Tubingensis[11].

Dissertations), Paris 1732; Traité de la personnalité et de la réalité des loix, coutumes ou statuts, 2 Bände (zitiert: Traité), Paris 1766.

[8] Vgl. folgende Seite.

[9] Démissions 164; s. auch Dissertations, Discours préliminaire S. XXI, Regel 15; Traité I, Principes généraux S. 7 Nr. 25, Obs. 5, S. 107; LAINÉ II 70.

[10] Vgl. oben S. 33 Anm. 43.

[11] S. oben S. 20. Dissertations 17 ff. enthalten folgende allgemeine Regeln: „Le statut personnel est la loi, qui régit l'état de la personne sans parler des biens ou qui ne règle les biens que par la conséquence de cet état (vgl. hierzu oben S. 37 Anm. 63). Le statut réel ... est la loi qui règle les biens sans parler de la personne, ou qui par rapport aux biens donne à l'homme une capacité ou incapacité qui n'est pas celle de son état général", und weiter: wo ein Statut nur über die Person (Volljährigkeit, Freiheit, Dienstuntertänigkeit, Interdiktion usw.) oder nur über die Sache (Heimfall, Sondergut im Erbrecht, Erstgeburt, Ausschluß von der Lehnsnachfolge usw.) bestimmt, sei es einfach. Schwierig sei die dritte Kategorie der Statuten zu defi-

Allgemeine Lehren[12] finden sich in dem zweibändigen Traité de la personnalité et de la réalité des Loix; dieser ist eine Art Lehrkommentar zu RODENBURGS Abhandlung[13], von der er eine französische Übersetzung gibt und die er im Anhang im lateinischen Urtext abdruckt. Auch hier hat Dumoulin, den BOULLENOIS den „prince de la jurisprudence coutumière" nennt, einen hervorragenden Platz inne, wenn auch seine Ansichten von BOULLENOIS nicht kritiklos übernommen werden[14].

In dem Vorwort, in dem erstmalig auf die Verschiedenheit intercoutumären und internationalen Privatrechts hingewiesen wird, verlangt er zur Erreichung der Rechtseinheit Frankreichs[15] einheitliche Rechtsanwendungsgrundsätze und das gegenseitige Nachgeben der einzelnen Ortsrechte in ihrer Eigenschaft als leges situs zugunsten des Wohnsitzrechts; was die Coutume in dem einen Fall opfere, erhalte sie im andern Fall wieder zurück. Ganz würden die Probleme der Statutenkollision jedoch niemals verschwinden, denn der internationale Verkehr werde den reisenden und Handel treibenden Menschen immer vor eine Verschiedenheit

---

nieren, die gleichzeitig von Personen und Sachen handelt. BOULLENOIS schlägt vor: „Le statut qui dispose de l'état universel de la personne, est incontestablement un statut personnel; celui qui permet ou défend en conséquence de l'état général de la personne, ou par une capacité ou par une incapacité, qui n'est pas celle de son état général, sera un statut réel." Er folgt damit D'ARGENTRÉ, wobei nicht ganz ersichtlich wird, ob er die Gruppe der statuta mixta anerkennt und nur, wie dieser, in ihrer Wirkung den statuta realia gleichstellt, oder ob er alles, was nicht den status der person universaliter betrifft, als real ansieht.

[12] In den Dissertations 16 hatte er sich allerdings, aus dem Mißtrauen des Praktikers heraus, gegen Regeln verwahrt, die in abstracto überall passen wollen; dazu seien die Gesetze der Nationen zu sehr verschieden, und es sei immer gefährlich, in der Rechtswissenschaft Definitionen aufzustellen; man müsse sich mit Lösungen begnügen, die den eigenen Gebräuchen am besten genügen. Hat er damit schon die Möglichkeit eines von Staat zu Staat verschiedenen Kollisionsrechts im Auge gehabt?

[13] S. oben S. 158 Anm. 43.

[14] Obwohl im Traité die Literatur Italiens, Frankreichs, der Niederlande und Deutschlands ausführlich zu Worte kommt, führt er doch als „tout ce que nos Auteurs avoient écrit sur la matière" folgende Verfasser in dieser Reihenfolge an: Dumoulin, D'ARGENTRÉ, BURGUNDUS, HERT, ALDERANUS MASCARDUS, MAEVIUS, PAUL VOET, RODENBURG, CHALLINE, FROLAND (vgl. oben S. 184 Anm. 1), VAN DER MUELEN (vgl. unten S. 220), GAILL, STOCKMANS, CHRISTIJNEN, EVERARD (über diesen LAINÉ I 396), PECK.

Dissertations, Discours préliminaire S. XXVIII findet sich folgende erstaunliche Aufstellung: „Ich nenne die Autoren nicht, die den Stoff nur sozusagen en passant behandelt haben: BARTOLUS (!), BALDUS, PAUL DE CASTRO, CHRISTIJNEN, EVERARD, TIRAQUEAU, Dumoulin (!); auch nicht die, die darüber eigene Abhandlungen verfaßt haben, wie D'ARGENTRÉ, BURGUNDUS, RODENBURG, VOET".

[15] Ein Aufruf zur Rechtseinheit ist auch in dem discours préliminaire der Dissertations enthalten.

der Gesetze stellen, „ein Übel, das niemals ganz heilbar ist"[16] und das auf der Verschiedenheit der Völker selbst beruht, gibt es doch solche, „die ihre Geschäfte im Laufschritt erledigen, ... und andere, die bedächtiger sind; solche, die nüchtern, und solche, die dem Wein ergeben sind" usw.[17]. Sein Mißtrauen gegenüber theoretischen Dogmen[18] wie gegenüber einer zu großen Zahl von Gesetzen[19] ist erheblich. Die Schwierigkeiten allgemeiner Regeln zeigen sich immer dann, wenn es gilt, sie in die Wirklichkeit zu übertragen. Hierbei dient BOULLENOIS als Kriterium auch der Wille und die Absicht des Gesetzgebers. RODENBURG habe allerdings gesagt, man müsse sich an das Stoffliche des Gesetzes halten; doch sei das Motiv des Gesetzgebers dann zu beachten, wenn es unmißverständlich und unzweifelhaft zum Ausdruck gekommen sei; allerdings müsse die Heranziehung der Absicht des Gesetzgebers die Ausnahme bleiben[20].

Nach diesen allgemeinen Betrachtungen folgt die Zweiteilung der Statuten in: erstens Gesetze, die Stand und Fähigkeit der Person regeln; diese sind personal, auf Einheimische beschränkt und extraterritorial kraft comitas, „non pas de droit, mais par une nécessité du bien public"; zweitens Gesetze, die die Sache betreffen, diese sind real und territorial. Sodann gibt BOULLENOIS eine Übersicht über die Verschiedenheit der Ansichten der Schriftsteller, sobald es sich um die Anwendung dieser Grundsätze handle.

Dieser Einleitung schließen sich, als Kerngehalt des ganzen Lehrbuches, 49 „principes" an, in denen auf die dann folgenden 46 „observations" verwiesen wird.

Während die ersten fünf principes von der Gesetzgebungsgewalt des Staatsoberhauptes über Untertanen und Fremde und über Rechtshandlungen auf seinem Gebiete handeln, lautet das 6. principe: „Alle Gesetze haben nur im Bereich des Herrschers, der sie erlassen hat, Kraft; aber die Notwendigkeit des öffentlichen und allgemeinen Wohls hat im bürgerlichen Rechtsverkehr einige Ausnahmen bedingt; so richtet sich die

[16] Traité I Vorwort S. XVII f.

[17] Ebda. S. IX.

[18] „Comment espérer, que les nations conviennent jamais entr'elles de principes ... qui décideroient généralement de nos questions mixtes ... entr'un assez grand nombre de différentes loix!". „Il ne faut pas se flatter de jamais asseoir des principes, dont on puisse toujours tirer les mêmes conséquences ... parce qu'il est contre toute prudence de croire, qu'on aura prévu les différentes combinaisons de Coutumes." „Faut-il être si Logicien?" fragt er an anderer Stelle (Traité II 332).

[19] „Les Nations où il y a beaucoup de Loix sont celles où il y a beaucoup de vices; comme celles où il y a beaucoup de Médécins sont celles où il y a beaucoup de maladies", Vorwort S. VII.

[20] Traité I 6, principe 24; I 95, observation 5.

Minderjährigkeit nach dem Recht des Wohnsitzes auch im Verhältnis zu anderswo belegenen Grundstücken"[21]. „Eigentlich dürfte sich kein Statut ultra territorium ausdehnen", heißt es an anderer Stelle[22], aber wenn dies doch der Fall sei, so infolge einer Art „droit de parcours et entrecours" der Rechtsordnungen untereinander.

Der Sache nach hat BOULLENOIS damit die comitas-Lehre übernommen; der Begriff der comitas selbst, „le bien commun des Nations", auch „bloße Brüderlichkeit" genannt (Traité I 50), dient zuweilen zur Erklärung von Einzellösungen[23], wie BOULLENOIS sich überhaupt aus dem Vorrat der Argumente recht wahllos bedient.

Der Zurückweisung der Bartolinischen Wortauslegung widmet BOULLENOIS die zweite observation[24], was ihn allerdings nicht hindert, bei eigenen Auslegungen immer wieder auch zu den allerfindigsten sprachlichen Feinheiten Zuflucht zu nehmen[25].

Darauf schreitet BOULLENOIS zu den üblichen Einteilungen der Statuten, die er um zahlreiche Spielarten erweitert.

Reiche Unterscheidungen werden im Bereich der statuta personalia[26] getroffen. Der Status der Person, so sagt er im achten principe[27], hat eine rechtsgeschäftliche und eine politische Seite; zur ersteren gehören Volljährigkeit, Entmündigung, zu letzterer Adel, Ehelichkeit, Eigenschaft als Ausländer usw. – zweifellos eine wohldurchdachte Unterscheidung, die die schon von BARTOLUS gefühlte[28] politische Bedeutung mancher Statusveränderungen und -verhältnisse auf eine knappe Formel bringt.

Die persönlichen Gesetze können allgemeiner[29] und besonderer[30] Natur, letztere wiederum „rein persönliche"[31] und „persönlich-reale"[32]

---

[21] Traité I 4. [22] Traité I 152, obs. 9.

[23] Z. B. Traité I 48, obs. 4. [24] Hier zahlreiche Verweise auf Dumoulin.

[25] Z. B. obs. 3, 4, Traité I 37 f., 45.

[26] Auf die zahlreichen kunstvollen, aber unübersichtlichen Bestimmungen des Begriffs der statuta personalia kann nur verwiesen werden, obs. 5, Traité I 78, 101 ff.

[27] Traité I 4.

[28] Vgl. oben S. 60 Anm. 24.

[29] Principes 9, 10, 12; obs. 13 Traité I 181 ff.; Beispiel: Volljährigkeit, Emanzipation. Sie können „unbegrenzt allgemein" und „speziell-allgemein" sein: I 46, obs. 4.

[30] Pr. 11, 13: Statuten, die eine besondere Rechtshandlung betreffen; obs. 4, 13, Traité I 47 f., 182 ff.

[31] Pr. 14; Beispiel: das (in der Normandie anwendbare) Senatusconsultum Velleianum.

[32] Pr. 15. Hierher gehören die Statuten, die sich an Geschäftsbeschränkte wenden und ihnen, ohne den allgemeinen status zu verändern, im Hinblick auf gewisse Güter eine Sonderfähigkeit verleihen: so z. B. das Statut, das der minderjährigen Ehefrau gestattet, eine gegenseitige Schenkung zu machen. S. auch Traité I 477, obs. 23.

Statuten sein. Nur diese möchte BOULLENOIS als „mixta" bezeichnen; es handelt sich bei ihnen ihrem Geltungsbereich nach um ein auf subditi beschränktes und örtlich begrenztes Statut[33]. Nur in diese Gruppe kann BOULLENOIS nach langen Erörterungen das Statut unterbringen, das nach Ansicht Dumoulins dem Minderjährigen verbietet, Grundstücke zu vermieten, es sei denn, er und das Grundstück befänden sich außerhalb des Bereichs des Statuts[34]. Da jedoch das Beispiel Dumoulins die von BOULLENOIS für diese Gruppe aufgestellten Erfordernisse nicht erfüllt, verwirft er die Ansicht Dumoulins, nachdem er aus seinen Ausführungen die beiden folgenden, allerdings schlechthin eine Binsenwahrheit darstellenden Sätze abgeleitet hat: quando statutum agit in personam, non includit exteros, in quantum agit in rem, restringitur ad res sitas intra territorium[35].

---

[33] Pr. 20; Ausnahme pr. 21; vgl. oben S. 86 zu Anm. 58; LAINÉ II 161 ff.

[34] S. oben S. 34 f.

[35] Traité I 90 ff., obs. 5.

Die *einzelnen Lösungen im Bereich der statuta personalia* bewegen sich in den überlieferten Bahnen:

Die Geschäftsfähigkeit richtet sich nach dem Recht des Wohnsitzes, ist es doch dort, daß „l'homme ambulant vient se reposer de ses fatigues et où il goûte les douceurs de la vie", Dissertations, Discours préliminaire S. XVI und S. 2; somit ist personal das Statut, das status und Geschäftsfähigkeit regelt, Traité I 52 und öfters, Démissions 83, 122, 162; ein späterer Wechsel des Wohnsitzes nimmt die einmal erlangte Geschäftsfähigkeit nicht wieder, Traité II 20, obs. 32.

Personal wirkt die Entmündigung, mit und ohne Folge der Infamie, Traité I 59, obs. 4, ebenso die Ehelichkeit und Legitimation; allerdings stellt BOULLENOIS hierbei nicht allein auf den Wohnsitz, sondern auch auf den Erwerb des Bürgerrechts ab, näher Traité I 62, obs. 4.

Nach dem Recht des Eigentümers richten sich die beweglichen Sachen (Traité I 338 ff., obs. 19), welcher Grundsatz bei der Konfiskation die gewohnte Einschränkung erfährt; „real" nennt BOULLENOIS allerdings das auf bewegliche Sachen bezügliche Statut in der 23. observation, S. 497.

Gleiches gilt für Forderungen (Traité I 348 ff., obs. 20); hier werden, unter Verweis u. a. auf die conclusiones de statutis, zahlreiche Einzelfälle erörtert, insb. wann das Recht des Schuldners und wann das des Gläubigers anzuwenden ist;

Personal ist

das Statut, wonach die Frau nicht ohne Zustimmung des Mannes über ihre Güter verfügen (Démissions 93) oder testieren (Démissions 97) kann;

das die Frau der ehemännlichen Gewalt unterstellt, auch wenn dadurch der status nicht universaliter berührt wird (Démissions 84, Traité I 61, obs. 4);

dagegen ist das Statut, das ganz allgemein das Testieralter abweichend vom römischen Recht festsetzt, sowohl real, insoweit es nicht über seine Grenzen hinauswirkt, als auch personal, insoweit es Fremde nicht erfaßt (Traité I 713, obs. 28; Verweis auf die conclusiones de statutis).

Personal ist das Statut,

welches inhaltlich dem Senatusconsultum Velleianum entspricht (Démissions 96

Als bemerkenswert ist die Ansicht BOULLENOIS festzuhalten, daß das über die eheliche Gütergemeinschaft befindende Statut personal, ein Ausfluß des status des Verheiratetseins ist[36].

Der Gruppe der statuta mixta widmet BOULLENOIS eingehende Untersuchungen, die jedoch, weitschweifig und widerspruchsvoll, den Leser über seine eigentliche Einstellung im unklaren lassen. Zwar weist BOULLENOIS die Ansichten von BURGUNDUS und D'ARGENTRÉ zurück, ob er aber die Klasse der mixta überhaupt verwirft oder nur eine eigene Meinung von ihren Kennzeichen hat, wird nicht recht ersichtlich[37].

Die Erörterungen im Bereich der statuta realia bieten im allgemeinen bewährtes Altes[38] und eigene Schöpfungen, in den Einzellösungen findet sich meist nur die Überlieferung, zuweilen in neuem Gewande. Wie bei den personalen Statuten von ihm die „statuts purement personnels" und die „statuts personnels réels" unterschieden worden waren, so schreitet er hier zur Schaffung der Gruppen der „statuts purement réels" und der „statuts réels personnels"[39]. Vermerkt sei noch, daß sich auch die Unterscheidung der statuta realia in negative und negativ-prohibitive findet[40]. Bei allen seinen Ausführungen setzt BOULLENOIS sich stets eingehend mit

und ausführlich Traité I 185, obs. 13). Die Praxis des Parlaments von Rouen ging dahin, dem Statut extraterritoriale und Fremde einschließende Wirkung zu verleihen, so daß alle Güter in der Normandie sowie alle von normannischen Frauen besessenen Liegenschaften von ihm betroffen wurden: DELAUME 57 ff.;

das dem minor verbietet, seine Güter zu verkaufen; dieses Statut beziehe sich zwar auf Sachen, aber nur als Folge des statut personnel, wofür Dumoulin, Consilium 53, angerufen wird, dessen Äußerung (oben S. 46 zu Anm. 11) zitiert wird. BOULLENOIS übersieht nicht, daß Dumoulin in den conclusiones de statutis entschieden hatte, daß der minor nicht ohne Zustimmung seiner Verwandten Grundstücke vermieten konnte, wenn sein Wohnsitzrecht dies verbot (s. oben S. 34 f.), mit Ausnahme von Mietverträgen, die der minor anderswo über auswärts gelegene Grundstücke schloß; BOULLENOIS meint, Dumoulin habe deshalb dieses Statut gleichzeitig als reales Statut und als Formvorschrift angesehen (Démissions 95 f.; Dissertations 18; anders Traité I 90 und 464);

das Statut, das jemand die Personenfürsorge als Vormund überträgt; Verweis auf Dumoulin (oben S. 35 f.) „cura bene extenditur, secus de jure faciendi fructus suas", aber auch „quia cura habet concursum juris communis" (Démissions 108, 132 ff.). Soweit das Statut jedoch dem curator das Nutznießungsrecht am Mündelvermögen zuspreche, sei es real; auch hier wörtliche Zitierung von Dumoulin.

[36] S. unten S. 229 ff. BOULLENOIS folgt dem Vorbild von LE BRUN, unten S. 212 f.

[37] Démissions 132 ff.; Traité I 27 f., obs. 2, 122 ff., obs. 6; LAINÉ II 47 f.

[38] Die statuta realia sind territorial: principe 27; sie erfassen den Fremden: princ. 28, Traité I 7.

[39] Traité I 80 ff., obs. 5. Alle Verästelungen der Gedankengänge, die BOULLENOIS vor dem Leser entwickelt, können nicht nachgezeichnet werden.

[40] Dissertations, question 13 S. 241 ff. (Verweis auf Dumoulin); ähnlich Traité II 198 ff., obs. 37.

den Meinungen in Schrifttum und Rechtsprechung auseinander, wobei er allerdings zuweilen des Guten etwas zu viel tut[41].

Das Statut, das die verheiratete und ausgestattete Tochter von der Erbfolge ausschließt, ist für BOULLENOIS „rein real" [42]; er verweist auf ALEXANDER I 128 [43].

---

[41] *Real sind*

die Statuten, die das Erbrecht betreffen: Erstgeburtsrecht, Quote des Erstgeborenen, Erbrecht des Lehnsmanns, Vereinbarkeit der Stellung als Erbe und als Vermächtnisnehmer: „tout est réel en cette matière" (Démissions 89, 101, u. a., Traité I 230 ff., 331, obs. 17, 18);

das Statut, das verbietet, über mehr als ein Fünftel seines Erbgutes (propres) durch Testament zu verfügen (Démissions 101);

das Statut, das bestimmt, daß die Erbportion der verheirateten Tochter den männlichen Miterben anwächst (Démissions 102); das Statut, das die Tochter von der Nachfolge in Lehen ausschließt (ebda.);

die Statuten über die garde-noble und garde-bourgeoise (vgl. oben S. 141 Anm. 109) Traité II 314 ff., obs. 39. BOULLENOIS verweist auf die Äußerung Dumoulins zum Fruchtziehungsrecht des curators (oben S. 36 f.) „tale jus est exorbitans", erklärt seinerseits die Realität dieses Statuts damit, daß sie „primario et per se disposent des biens" (Démissions 102, Traité II 318); das Pariser Statut über die garde-noble und garde-bourgeoise der Einwohner von Paris ist real und gleichzeitig auf subditi begrenzt (in gleichem Sinne CHALLINE, oben S. 141 f.), es hat keine Wirkung auf Güter außerhalb von Paris, aber gilt auch nicht für Fremde hinsichtlich von Pariser Grundstücken. Die Formerfordernisse zur Bestallung mit der garde-noble richten sich nach dem Recht des Orts, an welchem die garde eröffnet wird, Traité II 333, anders noch Démissions 107, wo BOULLENOIS die Wahrung der Form verlangt hatte, die durch die lex situs der betroffenen Liegenschaften vorgeschrieben werde;

das Statut über den retrait lignager (vgl. oben S. 126 Anm. 17), Démissions 163; in der Provence ist er, wie BOULLENOIS, Traité I 23, berichtet, sowohl territorial als auch auf Einheimische beschränkt, ähnlich wie die garde-noble;

das Statut, das festlegt, wieviel dem Mann nach dem Tod der Frau von der Mitgift verbleibt (Dissertations 361, qu. 19 unter Zurückweisung Dumoulins und Heranziehung D'ARGENTRÉS; Traité II 258 ff., obs. 38; vgl. hierzu oben S. 29 ff. und unten S. 231).

der jeweiligen lex situs unterliegt auch der douaire (vgl. oben S. 127 Anm. 25); eingehend Traité II 258 ff., obs. 38. Man kann hier nicht sagen, führt BOULLENOIS aus, die Parteien hätten stillschweigend den am Wohnsitz der Ehegatten gesetzlich geltenden douaire vereinbart – dies gegen BOUHIER, s. unten S. 199 Anm. 74; ist jedoch ein douaire préfix vereinbart worden, ohne nähere Festlegung seiner Ausgestaltung (z. B. ob er nur auf Lebenszeit bestellt werde oder ob er als Erbgut übergehen solle), so gelte hierfür das Recht am Wohnsitz der Ehegatten (des Ehemannes) für alle Güter (Dissertations 355 ff., question 19).

[42] Traité I 294 f., obs. 18.

[43] Démissions 102. ALEXANDER hatte das Statut für territorial, weil odios angesehen. Auf den odiosen Charakter des Statuts kommt BOULLENOIS noch einmal (Démissions 109) zurück: trotz des Anscheins der Ungerechtigkeit sei das Statut nicht odios; wahre Mitgift der Töchter bedeute vielmehr, ihren Männern Glück und Freude zu sein, vgl. oben S. 185 Anm. 6. Wohl aber ist nach Ansicht BOULLENOIS' das Statut „singulier et exorbitant du droit commun" und deshalb territorial. BOULLENOIS verweist in diesem Zusammenhang auch auf die Ansicht Dumoulins, daß ein nur still-

Das Statut, das Schenkungen zwischen Ehegatten verbietet, wird auch von BOULLENOIS zur Gruppe der realia gezählt. Man könne es allerdings verschieden auffassen: bei den Römern habe dieses Verbot zur Reinerhaltung der ehelichen Liebe dienen sollen, welchen Grund auch COQUILLE ausführlich heranziehe[44]; dann sei es personal und entfalte seine Wirkungen überall (ähnlich dem Statut des normannischen Rechts, das der Witwe die Rückgängigmachung gewisser Verträge gestatte und das Dumoulin als personal bezeichnet habe)[45]; doch hätten schon BURGUNDUS und D'ARGENTRÉ festgestellt, daß das Statut im Hinblick auf die Erhaltung der Familiengüter erlassen worden und daher real sei, und so hält es auch BOULLENOIS, wobei er noch einzelne Abstufungen vorschlägt, die darzustellen hier nicht der Raum ist[46].

Im Bereich der Formvorschriften verteidigt BOULLENOIS die Herrschaft der lex loci actus von Rechts wegen gegen CUJAZ, der den Wohnsitz des Testators gelten lassen wollte, gegen BURGUNDUS, der die Maßgeblichkeit der jeweiligen lex situs behauptet hatte, und gegen RODENBURG, der die Anwendbarkeit der lex loci actus bei grundsätzlicher Ablehnung nur aus Zweckmäßigkeitsgründen zugestehen wollte.

RODENBURG und BURGUNDUS verwechseln, so sagt BOULLENOIS, die Errichtung eines Testaments mit seinen Wirkungen; wenn jemand testiere, so müsse man zuerst prüfen, ob überhaupt ein Testament vorliege, sodann, ob die Verfügungen des Testaments über Grundstücke mit dem

---

schweigender, vermuteter Verzicht der Tochter keine Wirkung außerhalb der Grenzen des Statuts entfalte; vgl. oben S. 31 f., 47 f.

Ähnlich argumentiert BOULLENOIS, Traité I 325. Grund für die Realität des Statuts sei sein Bezug auf das Erbrecht, doch wird auch auf die Ansicht Dumoulins verwiesen, daß das Statut gegen das gemeine Recht verstoße, und BARTOLUS muß sich eine Zurückweisung gefallen lassen, weil er das Statut als odios angesehen hatte. Nach längeren Ausführungen kann BOULLENOIS sich die Bemerkung nicht versagen, daß man „bei gewissen Gelegenheiten ein bißchen zu viel philosophiere".

[44] Démissions 117 ff. (120); vgl. oben S. 129 f.

[45] S. oben S. 40; Dumoulin hatte dieses Statut zwar in der Gruppe der personalia behandelt, aber nicht als „personal" bezeichnet, sondern gesagt, es „habet locum ... ubique"; ein Unterschied, den BOULLENOIS nicht mehr kennt. Ob dieser die Ansicht Dumoulins teilt, wird nicht ersichtlich. Im Traité I 222, obs. 16 hält er das Statut für real, und wir erfahren wie von FROLAND (s. oben S. 184 Anm. 1), so auch von BOULLENOIS, daß Dumoulins Ansicht in diesem Punkt von niemand gebilligt worden sei; auch die größten Freunde der Personalität (BOULLENOIS nennt BOUHIER und FROLAND) hätten das Statut für real angesehen.

[46] Démissions 120 ff.; Dissertations 21 question 1; hier gibt er als Grund für die Realität des Statuts an, das Statut verbiete etwas entgegen dem allgemeinen Status, der Schenkungen erlaube; weiter S. 362 qu. 19 und ausführlich Traité I 205 ff., II 93 ff., obs. 16, 35.

vereinbar sind, was am Lageort des Grundstücks Rechtens ist; „so muß man unterscheiden, um jeder Coutume ihren Platz zuzuweisen“[47]. Die Ansicht RODENBURGS, es genüge auch die Wahrung der von der lex situs oder vom römischen Recht vorgeschriebenen Form, wird von ihm nicht geteilt. Wenn man sich über die großen Leitgrundsätze auch einig sei, so treten doch bei deren Durchführung Schwierigkeiten auf, wobei sich die Doktoren vielfach untereinander nicht einig seien, wie es das Beispiel Dumoulin-D'ARGENTRÉ hinsichtlich der ehelichen Gütergemeinschaft und das Beispiel D'ARGENTRÉ-COQUILLE hinsichtlich des Schenkungsverbots zwischen Ehegatten zeige; schwierig sei, zu bestimmen, was denn Formerfordernisse seien; auch die von STOCKMANS vorgeschlagene Unterscheidung zwischen inneren und äußeren Formerfordernissen[48] löse diese Frage nicht, „denn woran erkennt man, zu welcher Gruppe eine Formvorschrift gehört?“[49] BOULLENOIS hat also den Angelpunkt der Statutenlehre, das Problem der Qualifikation, erkannt.

Im Traité sind die 21. und 23. obs. der Behandlung des Formstatuts gewidmet[50]. Die vielfachen Gliederungen der Formvorschriften, die BOULLENOIS hier, seiner Neigung entsprechend, vornimmt, können im einzelnen nicht dargestellt werden. Bemerkenswert ist bei diesen Auslassungen jedoch, daß, so einfach die Begründung der Regel locus regit formam actus, also einer Kollisionsnorm, ist, BOULLENOIS in die größten Schwierigkeiten gerät, sobald er das Statut selbst untersucht und es in die Einteilung personal-real pressen muß. Mit der Begründung, die Rechtsgeschäfte seien „Kinder der (örtlich geltenden) Gesetze“, entscheidet er sich schließlich für die Realität des Statuts.

Auch die Förmlichkeiten des gerichtlichen Verfahrens werden hier behandelt. Wie BURGUNDUS unterscheidet BOULLENOIS die Urteile in solche, die die Person, die Sache oder beides betreffen[51].

JEAN BOUHIER (1673–1746)[52], Präsident des Parlaments von Dijon, Mitglied der französischen Akademie, hat einen Kommentar zur Coutume von Burgund[53] hinterlassen, in dem er der Frage der Statutenkollision lange Ausführungen widmet. Er räumt Dumoulin in seinen Be-

[47] Dissertations 6 ff., qu. 1.
[48] S. oben S. 162.
[49] Dissertations 15, qu. 1; ähnlich Traité I 456.
[50] Vgl. LAINÉ II 347 ff.
[51] Traité I 601 ff., obs. 25.
[52] LAINÉ I 419; II 53 ff.; vgl. auch KAHN, Abhandlungen zum internationalen Privatrecht I 242 ff.
[53] Observations sur la Coutume du Duché de Bourgogne, in: Oeuvres de jurisprudence, 1. Bd. Dijon 1787, Kap. 21–36.

trachtungen ebenfalls einen hervorragenden Platz ein, nennt ihn „le savant homme", „l'homme, qui possédait le mieux notre droit coutumier", steht ihm aber nicht unkritisch gegenüber und scheut sich nicht, gegebenenfalls seine Ansichten zu kritisieren: „Dumoulin, savant homme, à la vérité, mais qui avoit quelquefois de la singularité dans ses opinions" [54]. Einen Ausspruch, wonach Dumoulin, „der Patriarch der Lehre des Gewohnheitsrechts", „n'avoit pour règle de sa décision que son entêtement et sa fantaisie", findet BOUHIER allerdings „ein bißchen übertrieben" [55]. BOUHIER zitiert sonst fast ausschließlich Niederländer und Franzosen, geht dabei im allgemeinen nicht weiter als auf TIRAQUEAU zurück; selten beruft er sich auf die italienischen Gelehrten, BARTOLUS, BALDUS, ACCURSIUS, dabei meist ohne Quellenangabe, so daß der Schluß erlaubt ist, daß er diese Zitate nur aus zweiter Hand hat; von den deutschen Statutisten sind ihm die wenigsten bekannt [55a].

BOUHIER vertritt leidenschaftlich die Geltung des römischen Rechts in Frankreich [56], wobei er den größten Teil des fränkischen Gewohnheitsrechts unbekümmert auf römischrechtliche Wurzeln zurückführt. Dumoulin ist er in diesem Punkt sehr ungnädig gesonnen, da er ihn dafür verantwortlich macht, daß das römische Recht seine Stellung als subsidiäres Recht in Frankreich zum Teil verloren hat. Gleich im ersten Kapitel seines Lehrkommentars zur Coutume von Burgund kanzelt er ihn deshalb ab, verwirft seine Ansicht, gemeines Recht für Frankreich seien die Coutumes, bezichtigt ihn des Widerspruchs mit seinen eigenen Werken und warnt zum Schluß seine Leser „combien il faut être en garde contre les opinions singulières de cet autheur" [57]. BOUHIER hat nur Verachtung für die überstürzte Art und Weise, in der die Coutumes abgefaßt worden sind, „zum Teil von Leuten, die die größte Freiheit hatten, ihre Meinung über Dinge zum Ausdruck zu bringen, die sie nicht verstehen" [58]; demgegenüber erscheint ihm das römische Recht unendlich ausgereifter, wertvoller und gerechter.

Im Kapitel 23 betrachtet BOUHIER die Zweiteilung der Statuten in reale und personale [59]. Die Schwierigkeit der Materie ist sehr groß, sagt er hierzu; bis zu Dumoulin haben die Doktoren nur herumgestottert, erst dieser habe etwas besser verarbeitete Regeln gegeben. Dann sei D'ARGENTRÉ gekommen, aber er sei zu sehr darauf bedacht gewesen, Dumoulin

[54] Observations Kap. 4 Nr. 60, S. 394.
[55] Ebda. Kap. 2 S. 367.
[55a] GAILL wird gelegentlich genannt.
[56] S. oben S. 89 Anm. 70.
[57] Observations S. 355 f.
[58] Ebenda Kap. 2 S. 366.
[59] Observations Kap. 23 S. 654 ff.

zu widersprechen, deshalb habe er nicht alle Erkenntnisse gegeben, zu denen er fähig gewesen wäre[60]. Grund für die Schwierigkeiten dieser Materie seien einmal das Vorurteil, wonach die Coutumes real seien, weiter die große Abhängigkeit von den vielfach zweideutigen und widerspruchsvollen Entscheidungen der Gerichte, endlich die Vielzahl und Subtilität der vorgebrachten Lösungen. Als Heilmittel schlägt BOUHIER vor, sich von der blinden Gläubigkeit an die Entscheidungen der Parlamente freizumachen und lieber „Entscheidungen nach den Prinzipien zu fällen, als Prinzipien aus den Entscheidungen abzuleiten". BOUHIER scheint auch zu erkennen, wie sehr die Mehrdeutigkeit der Ausdrücke real und personal zur Verwirrung beigetragen hat; er anerkennt zwar die Möglichkeit eines statutum mixtum nach der „essence", d. h. wenn es teilhat an Personen und Sachen, lehnt den Begriff aber ab, weil es neben territorial und extraterritorial kein Drittes geben könne: „comme le statut mixte tient de la nature des uns et des autres, il faudroit qu'il pût en même temps passer les bornes de son territoire et être restreint dans ces mêmes bornes", das sei aber unmöglich[61].

An sich könne kein Statut außerhalb seines Geltungsbereichs Geltung beanspruchen, fährt BOUHIER fort; dieser richte sich nach dem Machtbereich des Gesetzgebers, besonders deshalb, weil die Gesetze auf Verträgen der Stände mit dem Herrscher beruhen; hierüber seien alle einer Meinung (Verweis auf D'ARGENTRÉ, RODENBURG, RENUSSON). Dazu komme noch, daß früher die einzelnen Provinzen sehr wenig Berührung untereinander gehabt hätten, und häufig gegeneinander abgeschlossen gewesen seien; daher komme das übliche Sprichwort „Les coutumes sont réelles". Auch Dumoulin habe in seiner Anmerkung zu ALEXANDER Bd. I Cons. 16 diese Meinung vertreten: „teneas indistincte" usw.[62]. Später sei er aber durch Erwägungen der Gerechtigkeit und Billigkeit dazu gekommen, die Personalität einiger Statuten (betreffend Volljährigkeit usw.) anzuerkennen; darin sei ihm auch D'ARGENTRÉ gefolgt. Auch Schriftsteller wie COQUILLE und STOCKMANS hätten sich darüber beklagt, daß die Regel, alle Coutumes seien real, in den Gehirnen der Praktiker spuke. Doch habe die Ansicht Dumoulins endlich auch bei den Gerichten den Sieg davon getragen, so daß heute die Einteilung in reale und personale Statuten allgemein anerkannt sei[63]. Die Ausweitung des Be-

[60] Vgl. oben S. 185 zu Anm. 2.
[61] Observations Kap. 23 Nr. 31, S. 658; Nr. 60, S. 662.
[62] S. oben S. 33 Anm. 43.
[63] Observations Kap. 23 Nr. 36 ff., S. 658 ff.

reichs der personalen Statuten beruhe auf einer Art Völkerrecht, auf Regeln der Billigkeit und des gemeinen Nutzens [64].

Auf diesen geschichtlichen Überblick, den BOUHIER unter Mißachtung der vor Dumoulin erzielten Ergebnisse der italienischen Schule gibt, ist wohl die große Überschätzung Dumoulins in der Geschichte der Statutenlehre zurückzuführen.

BOUHIER ist, im Gegensatz zu den Strömungen seiner Zeit, vielleicht der erste Vertreter einer personalistischen Richtung, die dem statutum personale – hier dem Wohnsitzrecht – den Vorzug vor den einzelnen örtlichen Rechten der Belegenheit zu geben geneigt ist. BOUHIER erörtert zum Abschluß seiner Untersuchungen über die Statuten [65], ob ein Statut im Zweifel als real oder personal anzusehen sei. Die Meinung der Praktiker – gemeint sind BOULLENOIS und FROLAND –, so führt er aus, gehe dahin, im Zweifel ein Statut als real anzusehen. BOUHIER neigt jedoch nach Ausscheidung der exorbitanten Statuten, die territorial bleiben müßten, dazu, einem Statut im Zweifel extraterritoriale Wirkung zu geben. „Dumoulin a établi un excellent principe, c'est que tout statut qui se trouve dans ces circonstances est personnel & s'étend sur tous les biens quoique situés hors de l'étendue de son empire: si fundatur in ratione boni universi et in causa habente concursum justitiae naturalis, vel juris communis". Diese Regel – die der Sache nach nichts anderes ist als die Lehre von der extraterritorialen Wirkung der statuta favorabilia – sei solide, man dürfe niemals aus den Augen verlieren, was ratio et aequitas erforderten. Wenn ein dem gemeinen Recht widersprechendes Statut, so argumentiert BOUHIER weiter, nur begrenzte Anwendung finden soll, so muß umgekehrt ein dem gemeinen Recht und der natürlichen Gerechtigkeit entsprechendes Statut überall hin ausgedehnt werden; wo sich Person und Sache den Rang streitig machen, müsse die Person den Sieg davon tragen, denn „suivant ... Dumoulin les loix sont principalement faites pour les personnes"; auch das öffentliche Wohl verlange eine möglichst weitgehende Ausdehnung dieser Statuten [66].

---

[64] Ebda. S. 662; der Sache nach folgt BOUHIER damit der comitas-Lehre.

[65] Observations Kap. 36 S. 819 ff.

[66] LAINÉ II 72 ff. kritisiert mit Recht diese Beweisführung, die in willkürlicher Weise Unvereinbares verkoppelt. Aber er übersieht das m. E. Wesentliche, daß BOUHIER damit gar nicht sagen will, daß im Zweifel irgendein Statut extraterritorial sein soll, sondern daß im Zweifel für ein Rechtsverhältnis nicht die jeweilige lex situs, sondern das Wohnsitzrecht der Person, des Rechtsträgers gelten soll; nur so versteht man das Argument BOUHIERS, daß die Person edler ist als die Sache und daß die Gesetze für die Personen gemacht sind. Diese zur einheitlichen Regelung berufene lex domicilii

Nachdem BOUHIER im 21. Kapitel als allgemeine Regeln angeführt hatte, daß bewegliche Sachen dem Wohnsitzrecht des Eigentümers, Grundstücke der lex situs folgen [67], setzt er sich im 23. Kap. mit den verschiedenen Definitionen der statuta realia und personalia auseinander, findet sie unbefriedigend und bringt darauf seine eigenen Regeln der Personalität: alle andern Statuten, die danach nicht personal sind, seien real [68].

Personal ist hiernach [69]

1. das Statut, das unkörperliche und untrennbare Rechte betrifft: hierher zählt BOUHIER das Statut über status und Geschäftsfähigkeit u. a. [70];

2. jedes Statut, das auf einer stillschweigenden oder vermuteten Übereinkunft der Parteien beruht. Wenn schon allgemein anerkannt sei, daß ein ausdrücklich geschlossener Vertrag eine persönliche Verpflichtung begründe, die sich auf alle Güter des Verpflichteten erstrecke, so gelte das genau so für einen stillschweigenden Vertrag. „Dumoulin verdanken wir es, daß dieser Gedanke das erstemal auf die eheliche Gütergemeinschaft angewandt wurde, und trotz allen Widerspruchs von seiten D'ARGENTRÉS hat seine Ansicht bei den Gerichten und bei den besten Autoren überwogen". Auch BOUHIER erkennt also nicht den Unterschied zwischen der extraterritorialen Wirkung eines durch Vertrag begründeten subjektiven Rechts mit der daraus entspringenden Haftung des Schuldners mit allen seinen Gütern und der extraterritorialen Wirkung objektiven Rechts, nämlich des personalen Statuts, das als solches im Ausland angewandt werden soll [71];

3. das Statut, das aus Gründen des öffentlichen Wohls dem subditus etwas verbietet. Auch diesen Grundsatz führt BOUHIER auf Dumoulin und COQUILLE zurück. Hierher zählt er das Statut, das z. B. die Ver-

---

hat natürlich dann extraterritoriale Wirkung und ist „personal"; daß dies der eigentliche Gedanke BOUHIERS ist, erweist sich auch daran, daß er (allerdings im Gegensatz zu sonstigen Ausführungen) auch die Erbfolge einheitlich gemäß der lex domicilii des Erblassers geregelt haben will. Mit Recht bezeichnet dagegen LAINÉ das Argument als schwach – es ist sogar völlig sinnlos –, daß die Statuten deshalb im Zweifel personal seien, weil „gute", der aequitas entsprechende Gesetze eine Belohnung verdienten.

[67] Observations Kap. 21 Nr. 172 ff., S. 608, S. 612.

[68] Observations Kap. 23 Nr. 89, S. 666; was allerdings mit der Ansicht unvereinbar ist, daß im Zweifel ein Statut personal sein soll, vgl. LAINÉ II 71.

[69] Observations Kap. 23 S. 663 ff.

[70] Über das folgende ausführlich LAINÉ II 56 ff. Über die untrennbaren Rechte vgl. die Theorie von RENUSSON, oben S. 146 f.

[71] Vgl. oben S. 112 f.

äußerung von Mitgiftsstücken verbietet [72], das das Interzessionsverbot für Frauen einführt, u. a.;

4. das Statut, das eine Formvorschrift enthält, in dem Sinne, daß eine unter Wahrung dieser Form vorgenommene Rechtshandlung überall wirksam ist [73].

In den folgenden Kapiteln schreitet BOUHIER zur Anwendung dieser Regeln im einzelnen [74].

---

[72] Observations Kap. 27 Nr. 14 ff., S. 752.

[73] Kap. 28 S. 765 ff.; vgl. LAINÉ II 380 ff.

[74] *Personale Statuten* sind nach BOUHIER die Statuten betreffend:

Vormundschaft; Dumoulins Ansicht wird zurückgewiesen, wonach der Minderjährige ohne Zustimmung seiner Verwandten und des Richters über praedia alibi sita verfügen könne: Kap. 24 Nr. 2 ff., S. 668;

das Volljährigkeitsalter (Nr. 12 ff., S. 669); Verweis auf den Streit zwischen Dumoulin und D'ARGENTRÉ, ob eine restitutio in integrum trotz Volljährigkeitserklärung zu gewähren sei;

ehemännliche Gewalt (Nr. 31 ff., S. 673);

väterliche Gewalt (Nr. 37 ff., S. 674);

garde und bail des Vaters und Großvaters (Nr. 62 ff., S. 678, gegen Dumoulin, CHOPPIN, RENUSSON u. a.);

Emanzipation (Nr. 87 ff., S. 683);

das Testieralter (Nr. 91 ff., S. 683);

Freiheit oder Servilität (Nr. 131 ff., S. 690);

bewegliche Sachen, entgegen RODENBURG, VOET und BOULLENOIS, die dieses Statut als real angesehen hätten (Kap. 25 Nr. 2 ff., S. 700).

Personal ist weiter entgegen Dumoulin das Statut, das dem Vater ein Nutznießungsrecht am Kindesvermögen einräumt (Kap. 24 Nr. 71, S. 680).

Im 26. Kap. vereinigt BOUHIER die auf einer *tacita conventio* beruhenden und daher personalen Statuten; hierher zählt er:

das Statut über die eheliche Gütergemeinschaft (lange Zurückweisung der gegenteiligen Ansicht), aber auch das normannische Statut, das die Gütergemeinschaft verbietet (Nr. 3 ff., 24 ff., S. 714, 716);

das Statut, das zwischen volljährigen Verwandten nach Jahr und Tag Gütergemeinschaft herstellt (Nr. 70 ff., S. 722);

das Statut, nach welchem die Frau das Recht hat, auf die Gütergemeinschaft zu verzichten (Nr. 77 ff., S. 723);

das Statut, das dem Mann bei Vorversterben der Frau ohne Hinterlassung von Nachkommen das Eigentum an der Mitgift ganz oder teilweise zuspricht, welche Meinung schon Dumoulin vertreten habe (Nr. 112 ff., S. 728);

das Statut betreffs den douaire (Nr. 136, S. 732); da BOUHIER mit dieser Ansicht jedoch allein steht, kommen ihm doch gewisse Bedenken;

das Statut, das die ausgestattete Tochter von der Erbfolge ausschließt. BOUHIER wundert sich, warum Dumoulin sein für die Gütergemeinschaft entwickeltes Prinzip des stillschweigenden Vertrags nicht auch bei dem hier vorliegenden stillschweigenden Verzichtsvertrag der Tochter anwende, da doch allgemein anerkannt sei, daß ein ausdrücklicher Verzichtsvertrag überall seine Wirkungen entfalte; Dumoulin habe diesen Widerspruch gefühlt und ihn damit erklären wollen, der Ausschluß der Tochter widerspreche dem gemeinen Recht und sei daher zu begrenzen. BOUHIER will das nicht

Die andern Statuten sind real. BOUHIER preist Dumoulin als Begründer ihrer Definition: „Dumoulin hat als erster das große Prinzip aufgestellt, wonach in his quae concernunt rem vel onus rei debet inspici consuetudo loci, ubi res sita est", was zweifellos ebenfalls eine Verkennung der geschichtlichen Wahrheit ist. Real sind nach BOUHIER die Statuten, die sich im Interesse der Erhaltung des Vermögens auf Grundstücke beziehen [75], die Statuten, die zugunsten von Dritten Sicherungen einführen [76], die Vorschriften, die die Vollstreckung von Verträgen und Entscheidungen betreffen [77], und die Statuten, die die „police" zum Gegenstand haben; in Art. 3 Code civil ist der Ausdruck „Lois de police" Gesetz geworden. Wenn also das Maß eines verkauften Grundstücks unklar geblieben sei, so richte es sich nach der lex situs, „wobei allerdings mit Dumoulin die Einschränkung zu machen ist, daß anderes gelten soll, wenn die Parteien etwas Abweichendes vereinbart haben"; zu den lois de police gehört auch das Weizenausfuhrverbot [78]. Real sind endlich die Statuten, die gegenüber dem gemeinen Recht exorbitant oder die offensichtlich ungerecht sind, „wie es von Dumoulin und den andern Autoren immer betont worden ist" [79], und die strafrechtlichen Vorschriften [80].

---

anerkennen: der Ausschluß der Tochter von der Erbfolge entspreche einer allgemeinen Übung im französischen Königreich und sei daher gemeines Recht – wobei BOUHIER sich allerdings mit seiner entschiedenen Weigerung, etwas anderes als das römische Recht als gemeines Recht anzuerkennen, in Widerspruch setzt (Nr. 175 ff., S. 739 ff.); vgl. zum ganzen MEIJERS 645.

Personal ist weiter, im Gegensatz zur Ansicht Dumoulins und in Übereinstimmung mit BARTOLUS, COQUILLE und JEAN-MARIE RICARD (s. oben S. 129 und S. 145) das Statut, das Schenkungen zwischen Ehegatten untersagt: Kap. 27 Nr. 37 ff., S. 756 ff.

Mit dieser weitgehenden Ausdehnung des statutum personale ist BOUHIER allerdings allein geblieben; Rechtsprechung und Lehre sind ihm nicht gefolgt, sondern der territorialistischen Auffassung treu geblieben, vgl. MEIJERS 649 und die dort Anm. 5 angeführte Rechtsprechung des Parlaments von Paris.

[75] Hierher gehören die Statuten über Grundstücke schlechthin (Kap. 29 Nr. 4 ff., S. 780), darunter auch das normannische Statut, das Dumoulin für extraterritorial erklärt hatte, vgl. oben S. 40, S. 193 Anm. 45 (Nr. 48 ff., S. 787), ferner die erbrechtlichen Statuten (Kap. 21 Nr. 83, 84, Kap. 30), vgl. auch LAINÉ II 305 f.

[76] Observations Kap. 31 S. 801 ff.; LAINÉ II 222 f.

[77] Observations Kap. 32. Hierher zählt BOUHIER die Statuten betreffend den retrait lignager (Nr. 2, S. 804), vgl. auch LAINÉ II 65.

[78] Ebda. Kap. 33 Nr. 2, S. 806 ff., vgl. oben S. 56 Anm. 7. Zu dieser Gruppe gehört weiter das Statut, das eine Gefährdungshaftung der Eltern für Schaden vorsieht, den ihre Kinder angerichtet haben (Nr. 17, S. 808) u. a.

[79] Ebda. Kap. 35 S. 816 ff. Hierher zählen das Statut, das die Testierfähigkeit beschränkt (Nr. 6, S. 817); das über die Ersitzung befindet (Nr. 3, S. 816); das die Nutznießung am Kindervermögen andern Personen als den Eltern zuweist (Nr. 5, S. 817) usw.

[80] Ebda. Kap. 34 S. 809 ff.

Robert-Joseph Pothier (1699–1772)[81] gilt als der bedeutendste französische Jurist des 18. Jhdts. und als der „Vater des Code civil“, so wie Dumoulin als dessen Ahne angesehen wird. Mit der Statutenlehre hat er sich nur vereinzelt befaßt und ihr nichts Neues hinzugefügt[82].

Dumoulin steht bei ihm in höchster Achtung: „C'est l'avis de tous nos commentateurs et celui de Dumoulin, dont l'autorité vaut seule celle de tous les autres“[83] schreibt er an einer, „ces raisons et l'autorité de Dumoulin ont fait changer la jurisprudence“ an anderer[84] Stelle.

In der Einleitung zur Coutume von Orléans bringt Pothier folgende Einteilung der Statuten: reale, personale und die äußere Form der Rechtshandlungen betreffende Statuten[85]. Das personale Statut bindet nur die Einwohner von Orléans, diese aber hinsichtlich aller ihrer Güter; das reale Statut hat die Sachen zum Gegenstand (Beispiele: Statuten betreffend Lehen, Abgaben, Dienstbarkeiten, Erbrecht, douaire coutumier, Sachen, über die man durch Testament verfügen kann, Verjährung[86], retrait lignager usw.) und wirkt innerhalb des Bereichs der coutume ohne Ausnahme, wo auch der Eigentümer der Sachen beheimatet sein möge. Die dritte Gruppe der Statuten, die mixta zu nennen Pothier vermeidet, betrifft die Form der Rechtshandlungen[87].

Das Statut, das Schenkungen zwischen Ehegatten verbietet, hält Pothier unter Verweis auf Dumoulin für real[88]; bewegliche Sachen folgen dem Heimatrecht ihres Eigentümers.

---

[81] Lainé I 421.

[82] Seine Werke werden nach der Gesamtausgabe, herausgegeben von Bugnet, Paris 1845, angeführt.

[83] Traité du préciput des nobles, Art. 1, Nr. 7.

[84] Traité de la communauté Teil II Nr. 474.

[85] Commentaire sur la Coutume d'Orléans, Introduction générale Kap. 1; vgl. auch Traité des successions, Kap. 4 Art. III.

[86] Vgl. auch Traité des prescriptions, Teil II Art. 5 Nr. 247 ff.

[87] Das holographische Testament entfaltet überall seine Wirkung: Traité des donations testamentaires, Art. II Nr. 9.

[88] Traité des donations entre mari et femme, Einleitung Nr. 18. Weitere Angaben über reale Statuten: das Statut über den retrait lignager: Traité des Retraits Kap. 1 § 1 Nr. 7; das Statut, das der Frau als douaire den Nießbrauch an der Hälfte oder an einem Drittel der Grundstücke des Mannes zuspricht, ist real; die Frau erhält von jedem Grundstück soviel, als die lex situs bestimmt, also von einem in Issodun gelegenen Grundstück, dessen Recht einen douaire überhaupt nicht kennt, gar nichts. Anders die Statuten, die der Frau (als douaire) eine Forderung auf eine Summe Geldes geben: dieses Statut ist personal, auf subditi beschränkt und von allen Gütern des Mannes einklagbar. Darüberhinaus kann sie noch den Nießbrauch beanspruchen, den die jeweilige lex situs (die eine solche Forderung nicht kennt) gewährt. Hierzu schrieb

2. Kapitel

INSBESONDERE: DIE LEHRE VON DER EHELICHEN GÜTERGEMEINSCHAFT – DAS AUF VERTRÄGE ANWENDBARE RECHT

Im folgenden soll im Zusammenhang untersucht werden, in welchem Umfang sich die Lehre Dumoulins, wie sie im Consilium 53 erstmalig vertreten wurde, bei den Statutisten, die oben im einzelnen dargestellt wurden, durchgesetzt hat und welche Ansichten von ihnen über das auf Verträge anwendbare Recht geäußert worden sind. Beide Fragen sind nicht identisch, wenn sie auch nicht stets geschieden werden, da ein notwendiger innerer Zusammenhang, wie oben S. 110 ff. dargetan wurde, zwischen der Ansicht Dumoulins vom stillschweigenden Vertrag und dem ganz allgemein auf Verträge anwendbaren Recht nicht besteht.

Bis zum Consilium 53 und der dadurch beeinflußten Rechtsprechung des Pariser Parlaments galt für das gesetzliche eheliche Güterrecht, soweit kein Vertrag abweichenden Inhalts geschlossen war, die jeweilige lex situs der den Gatten gehörigen Liegenschaften; Entscheidungen des Pariser Parlaments von 1261, 1264 und 1276 sind wohl die ältesten Zeugnisse in diesem Sinne, die bekannt geworden sind [1]. Das war der Rechtszustand, den Dumoulin vorfand [2].

1. D'ARGENTRÉ kreuzt mit Dumoulin wegen des Consilium 53 in einer über sieben Spalten gehenden Auseinandersetzung [3] die Klingen – man geht in der Annahme wohl nicht fehl, daß es gerade diese heftige Befehdung war, die Dumoulins Ansicht in erster Linie bekannt machte und ihr damit einen ungewollten Dienst erwiesen hat.

Es handelt sich um die Frage, schreibt D'ARGENTRÉ, ob eine einfache

der Herausgeber der Ausgabe von 1846: Gottlob sind wir heute dieser Fragen ledig!: Traité du douaire, 1. Teil Kap. 2 Nr. 18–20.

[1] MEIJERS, Beiträge 58 Anm. 2; ENAULT 96. Man vergleiche die Bestimmung der alten Coutume von Dijon (erste Hälfte des 14. Jhdts.): „Item il est de costume à Diion, que nulle famme le mariage durant, ne prant conquise à Diion ... et si li hon qui est mariez es leux ou l'on prant conquise, acquiert aucunes choses à Diion, sa femme ne pranray point de conquise es choses, qui seront acquises à Diion", laut MEIJERS, Neue Beiträge 69 Anm. 2.

[2] So z. B. HENRI BOHIC; CHASSENEUZ, Ad cons. Burg. rubrica Des droits à gens mariez § 2 Nr. 12; NIKOLAUS EVERARD, KOLLEWIJN 12; von italienischen Gelehrten CRAVETTA, CINUS, OLDRADUS, JOH. ANDREÄ, PETRUS ANCHARANUS, vgl. ihre Zurückweisung durch Dumoulin im Consilium 53, oben S. 46, und MEIJERS 623.

[3] Commentarius in patrias Britonum leges, Art. 218 gl. 6, Nr. 33; eine Inhaltsangabe bei ENAULT 98 ff.

Schenkung der Errungenschaft, die sich Ehegatten in der Bretagne gegenseitig machen, auch Errungenschaft erfaßt, die in Lyon oder in andern Bereichen des römischen Rechts belegen ist. „In hac controversia Molinaeus praestanti vir ingenio et eruditione incomparabili, anno 1525 consultus, magna jam tum nominis fama, nobili inter heredes cancellarii du Gannay lite et conjugem ejus superstitem [4] multa miscuit, ut causam susceptam, sed non meliorem tueretur" [5]. Nach Darstellung der Gedanken Dumoulins macht D'ARGENTRÉ sich an ihre Zurückweisung. „Ich kann dem nicht folgen. Erstens weil Dumoulin aus einer einfachen Vorschrift der Coutume einen Vertrag der Parteien hervorzaubert und ein pactum, das ohne jede Äußerung der Parteien der Coutume anhängen soll, keinen Sinn hat. Vis und ratio einer vom Gesetz auferlegten Verpflichtung sind etwas anderes als die aus Vertrag herrührenden Verpflichtungen; erstere setzt keine Vereinbarung der Parteien über das, was das Gesetz bestimmt, voraus, sondern wird durch das Gesetz eingeführt. Sed quae ejusmodi sunt, non amplius virium habent quam quantum a lege accipiunt, lex non amplius quam a legislatore, legislator non plus quam quantum territorii habet". Daraus folge, fährt D'ARGENTRÉ fort, daß eine Bestimmung des Statuts über realia nicht über dessen Grenzen hinausreiche; was aber durch Vertrag vereinbart ist, das sei in keinen Grenzen beschlossen, sondern folge der Person überallhin; „sunt igitur ista tam diversa quam res differunt a personis" [6]; was vom Gesetz über Sachen verfügt werde, enthalte keinerlei persönliche Verpflichtung und stütze sich nicht auf einen Vertrag, wenn nicht, was vorkommen kann, aber nicht muß, zu der gesetzlichen [Verpflichtung] eine persönliche Vereinbarung hinzutrete. Bei der communio acquaestuum et mobilium sei keinerlei vertragliche Verpflichtung gegeben; die gesetzliche sei ja genügend. Vielfach dächten die Eheschließenden ja an gar nichts anderes als an Vereinigung, machten keinerlei Abreden über ihr Güterrecht und den douaire, „sola corporum conjunctio in conventione est"; vielfach gingen ja auch Menschen die Ehe ein, die gar nicht zur Schließung solcher Verträge geschäftsfähig seien; „minor cum matrimonium contrahit dotem non quam vult potest constituere, sed ... eam quam lex inducit". „Totum habent a lege nec a conventione", wiederholt er immer wieder, es sei eine falsissima illatio, in die Bestimmung eines einfachen Gesetzes oder Statuts einen personalen Vertrag hineintragen zu wollen, denn die Folge wäre, daß in allen Statuten stillschweigende Verträge enthalten

[4] Das ist unrichtig; der Streit ging zwischen den Erben der beiden Ehegatten.

[5] Vgl. oben S. 19 Anm. 6, S. 120 Anm. 32.

[6] Vgl. oben S. 112 Anm. 7.

wären, es sei aber ein großer Unterschied zwischen der Vorsorge des Gesetzes und der des Menschen – wenn Molinaeus auch anderer Ansicht sei. Sogar noch mehr: wenn die Parteien auf die Coutumes verweisen, etwa mit der Formel selon les us et coutumes du pays, wie es das Ehepaar Ganey getan habe, so könne diese Abmachung auch nicht mehr enthalten, als was im Statut enthalten sei, finem et effectum accipiat referens a relato, was nicht einmal Molinaeus leugne. Auch daß der Erblasser, der ohne Hinterlassung eines Testaments gestorben sei, so angesehen werden solle, als habe er stillschweigend im Sinne des örtlichen Rechts testieren wollen [7], wird von D'ARGENTRÉ heftig zurückgewiesen. Gegen die Ansicht Dumoulins spreche auch folgende Konsequenz seiner Theorie: wenn in dem Statut, das die verheiratete Tochter von der Erbfolge ausschließt, ein stillschweigender Verzichtsvertrag enthalten sein soll, so müsse man der minderjährigen Tochter auch gegen diesen Vertrag die restitutio gewähren, was auch Molinaeus nicht behaupte. Dann greift D'ARGENTRÉ das Argument an, die consuetudo wohne dem Vertrag nicht als lex publica, sondern als lex privata, als von den Parteien eingeführtes und gewolltes Recht inne. „Hac grandiloquentia etsi Molinaeus personat, tamen aperte non verum est quod dicit, immo illud verissimum statuti aut consuetudinis vim aut naturam non mutari adjectione privatae conventionis ... nec lex transit in conventionem, sed in sua natura perstat. Degeneraret consuetudo firmissima in conventiones infirmissimas, lex alteraretur a privato consensu". „Wenn ich auch nicht verkenne", fährt er fort, „daß manchmal eine consuetudo von einem Vertrag abgeändert werden kann, so doch nicht immer, und keineswegs kann eine bloße Zustimmung (assensus) als Abänderung verstanden werden. Wäre dies anders" – wieder greift D'ARGENTRÉ auf dieses Argument zurück – „wie kann dann Molinaeus behaupten, daß ein großer Unterschied bestehe zwischen dem Statut, das die Tochter von der Erbfolge ausschließt, und einem ausdrücklichen Verzichtsvertrag der Tochter – wobei das Statut die Tochter nur innerhalb seines Bereichs, der Vertrag aber von allen Nachlaßgütern ausschließe? Hac ipsissima Molinaei ratio sententiam ejus de alteratione statuti per adjectionem assensus privatorum sic proterit, sic expugnat, ut nihil possit dici magis expressum diversum esse vim statuti et conventionis, nec statuto inesse conventionem, aut si insit non aliam nec aliter inesse quam quae et quomodo statuto exprimitur; sic igitur statuentium finibus claudi." D'ARGENTRÉ

[7] Vgl. oben S. 65 Anm. 35.

faßt diesen Abschnitt zusammen: „Ergo non a conventione obligatio; si non a conventione, ergo a statuto; si a statuto, ergo territorio clauditur, hoc posito quod statutum reale sit, quod omnino necesse est judicare si de rebus agitur." Lediglich in dem Fall, wo die Vertragschließenden ausdrücklich die Erstreckung auf alle Errungenschaft, wo auch immer sie gelegen sei, vereinbaren, werde dem Statut eine Vereinbarung hinzugefügt und habe diese extraterritoriale Wirkung.

„Nun fragen wir, ob das Statut, das die Gütergemeinschaft zwischen den Ehegatten einführt, personal oder real ist. Molinaeus will, um seiner Sache zu nützen, daß es personal sei, und da er durch die Aussprüche der Alten widerlegt wird, verwirft er diese und will nicht zulassen, daß er durch sie gebunden werde." Der Erfolg wäre, daß auch die in Lyon belegenen Grundstücke dann gemeinschaftliche Errungenschaft würde; das Statut sei aber real und daher territorial, wie es schon aus der Überschrift Des communautez und aus den Aussagen der alten Meister – D'ARGENTRÉ zitiert HENRI BOHIC[8] – hervorgehe.

Noch weniger könne uns MOLINAEUS mit seiner blumenreichen Rede zum besten haben, geht es weiter, daß hier eine societas zwischen den Ehegatten eingeführt werde. Wenn ein anderer als Dumoulin, vir eruditissimus et probus, so etwas gesagt hätte, müßte man glauben, daß er entweder sich getäuscht oder selbst zu täuschen versucht hat; Dumoulin falle oft in der Hitze des Streitgesprächs bei der Verfolgung des Feindes in den Hinterhalt. Daß es sich bei der ehelichen Gütergemeinschaft nach dem Gewohnheitsrecht nicht um eine römischrechtliche Gesellschaft handelt, wird dann weiter ausgeführt.

D'ARGENTRÉ kommt zu dem Ergebnis, daß in dem Fall de Ganey Pariser Recht zu Unrecht auf die in Lyon belegenen Güter angewandt wurde; es habe keinerlei Vertrag vorgelegen, die Coutume selbst könne aber nicht über ihren Bereich hinaus wirken; nur wenn ausdrücklich vereinbart worden wäre, daß alle Errungenschaft ubicumque sita gemeinschaftlich werden solle, wäre daraus eine persönliche actio entstanden, soweit nicht verbietende und hindernde Statuten am Ort, an dem die Güter belegen sind, entgegenstehen.

2. *Die französischen Statutisten des 16. u. 17. Jahrhunderts* ebenso wie die Rechtsprechung der Parlamente folgten dagegen auf dem Gebiete des ehelichen Güterrechts[9] in der überwiegenden

[8] Vgl. oben S. 68 Anm. 49.

[9] Die Bedeutung Dumoulins für diesen Wandel unterstreicht LE BRUN, Traité de la Communauté Buch I Kap. 2 Nr. 16.

Mehrzahl der Ansicht Dumoulins vom stillschweigenden Vertrag.

CHOPPIN scheint in seinen Äußerungen zu diesem Thema unentschieden. Gegen die Entscheidung im Fall de Ganey wendet er sich an einer Stelle[10]; dagegen bejaht er in einem andern Fall die Frage, ob sich die in Paris geltende eheliche Gütergemeinschaft auch auf in der Normandie belegene Grundstücke erstrecke[11]; ohne das Consilium 53 zu zitieren – die Abhandlung D'ARGENTRÉS ist erst später erschienen, D'ARGENTRÉ selbst verweist in Nr. 41 a. E. auf die „Privilèges des Rustiques" von CHOPPIN –, nimmt CHOPPIN zunächst im Sinne einer Territorialität des Pariser Statuts Stellung, „car bienque le mariage ait été contracté selon les Us et Coustumes de Paris ... toutesfois la Coutume de Paris ne s'étend point en Normandie, où il y a une coutume contraire". Es hatte aber ein Ehevertrag vorgelegen; ohne einen solchen hätte CHOPPIN eine Erstreckung für zweifelhaft gehalten, da man sich dann nicht auf einen Vertrag, sondern nur auf die Coutume stützen könne und weil „les coutumes sont enfermées dans les bornes de leur territoire". Nach Zitierung dreier Gerichtsentscheidungen, die sich für die Anwendung des am Wohnsitz der Ehegatten geltenden Statuts ausgesprochen hatten, schließt er sich dann doch dieser Meinung an[12].

Im allgemeinen Vertragsrecht vertritt CHOPPIN die Maßgeblichkeit der lex loci contractus: „en matière de stipulations et d'autres conventions, s'il n'appert de ce qui a esté fait, il s'ensuit que l'on doit observer ce qui a accoustumé au pays où il a esté fait"[13]. Schlecht hiermit zu vereinbaren ist allerdings eine andere Stelle[14], wo CHOPPIN unterstellt, die Vertragschließenden wollten gewöhnlich „dem öffentlichen Recht des Landes, welches regelmäßig ihre Absichten auslegt", folgen, und welches Land hier gemeint ist, besagt die Randbemerkung: „En doute les contractans sont réputez disposer selon les statuts des lieux." Es handelte sich darum, ob durch Vertrag der gesetzliche Ausschluß der Tochter von der Erbfolge umgangen werden könne; CHOPPIN hat das Bedenken, daß „les conventions particulières ne dérogent point aux constitutions publi-

---

[10] Commentaire sur la Coustume d'Anjou Buch III Kap. II Titel 2 Nr. 4 (Bd. I 276).

[11] S. oben S. 43 Anm. 5 und S. 147 Anm. 142.

[12] Coutume de Paris Buch II Titel 1 Nr. 3 f. (III 121 ff.); in den von D'ARGENTRÉ erwähnten Privilèges des Rustiques hatte er die Extraterritorialität des Statuts bei Vorliegen eines (gleichlautenden) Vertrags anerkannt. Buch II Kap. II Titel 2 Nr. 5 (III 52), zitiert auch bei BOULLENOIS, Démissions 156.

[13] Coutume d'Anjou, Einl. S. 14.

[14] Coutume d'Anjou, Buch II Teil III Kap. 1 Titel 3 Nr. 20 (I 149 f.).

ques", es sich mithin um zwingendes Recht handle, das durch Verträge nicht ausgeschaltet werden könne. An dritter Stelle endlich[15] betrachtet CHOPPIN die Schuld eines Parisers aus einem in Mittelfrankreich geschlossenen Darlehensvertrag als in Paris belegen und daher nach Pariser Recht unter die Erben des Gläubigers zu verteilen, was allerdings wieder anders zu behandeln sei, wenn der Gläubiger ein Engländer und der Vertrag in England geschlossen worden sei.

L o u e t berichtet von einer Entscheidung des Pariser Parlaments von 1595, wonach „les acquêts faits pendant la communauté quoique situez en diverses Coutumes devaient être partagéz selon la Coutume de Paris (das war das Wohnsitzrecht der Ehegatten) à laquelle les parties s'étaient soumises en contractant" [16]. Dies entsprach bereits einer festen Rechtsprechung dieses Gerichts, das die Theorie Dumoulins von Anfang an übernommen hat. Entscheidungen in diesem Sinne ergingen 1529, 1. 2. 1549, 1. 3. 1549, 1572, später dann 1633, 1640, 1718, 1723 und 1745 [17]. Eine sachnotwendige Folgerung des Systems der stillschweigenden Vereinbarung zieht eine von LOUET ebenfalls berichtete Entscheidung von 1588 [18]: hier hatte der Ehemann nach der Eheschließung das Domizil gewechselt; es blieb bei der Anwendung des Rechts des ersten ehelichen Wohnsitzes, da vertragliche Verpflichtungen durch einen späteren Wechsel nicht berührt würden.

Auch der französische Jurist B a c q u e t schließt sich völlig an das Consilium 53 an; er entscheidet den umgekehrten Fall, daß nämlich ein Bürger von Lyon eine Pariserin heiratet und der eheliche Wohnsitz in Lyon begründet wird, dahingehend, daß auch die in Paris gelegenen Grundstücke nicht gemeinschaftlich werden sollten[19].

Von C h a r o n d a s erfahren wir, daß diese Ansicht bereits als droit commun in Frankreich gelte. Er selbst ist dagegen anderer Meinung. Wenn der Ehevertrag sich ausdrücklich auf alle, überall gelegenen

---

[15] Coutume de Paris Buch I Titel 1 Nr. 10 (III 10).

[16] Recueil Sommaire 16 Buchst. C, S. 216; wie aus der Entscheidung hervorgeht, hatte der Ehemann seinen Wohnsitz in der Normandie und einen weiteren (gesetzlichen) Wohnsitz am königlichen Hof in Paris gehabt.

[17] Zitiert nach DELAUME 261: vgl. bei LE BRUN, Traité de la Communauté Buch I Kap. 2 Nr. 9–15; eine Entscheidung in entgegengesetztem Sinn in Nr. 16.

[18] Recueil Sommaire 15 Buchst. C. Verweis auf Dumoulin, Cons. 31.

[19] BACQUET, Droits de Justice, Kap. 21 Nr. 74, lt. ENAULT 117.

acquêts erstrecke, so würden diese dem Überlebenden zufallen – das hatte auch D'ARGENTRÉ eingeräumt –; ist der Ehevertrag hingegen nicht allgemein gehalten, etwa nur vereinbart, daß die acquêts dem Überlebenden gehören sollten, ohne den Zusatz ubicumque sita, so bleibe es bei der Realität des Statuts, das heißt nur die in den Gebieten gemachten acquêts, deren Recht ein solches Übergehen auf den Überlebenden vorsehe, würden ihm zufallen. „Mais je ne puis passer ce qu'on tient en France pour droit commun, que si par contract faict en pais où la communauté a lieu est convenu simplement qu'icelle aura lieu entre les futurs conjoints, elle s'estendra ès autres pais, par le droict ou coutumes desquels elle n'est receue"[20]. Bei Besprechung des auf Sachen anwendbaren Rechts[21] bemerkt er, entgegen der allgemeinen Regel, daß auf Grund und Boden die lex situs anwendbar sei, sei mehrfach entschieden worden, daß sich die eheliche Gütergemeinschaft, wie sie in Paris gelte, auf Grundstücke in Lyon erstrecke, obwohl D'ARGENTRÉ das ausführlich gegen Dumoulin bestritten habe. CHARONDAS schließt sich ersterem an, „encore qu'il y ait diversité d'opinions ... comme si taisiblement les contractans s'y seroient submis"[22].

CHARONDAS äußert sich auch über das Recht, das den Vertrag beherrscht. Er erklärt die Gültigkeit der lex loci contractus mit einer vermuteten Unterwerfung der Parteien unter dieses Gesetz[23].

---

[20] Responses et décisions du droict françois, Bd. 5 Resp. 38, S. 166 f. JOHANNES VOET zitiert ihn als Anhänger Dumoulins in dieser Frage: Commentarius ad Pandectas, 23. 2. 85 a. A.

[21] Mémorables Observations du droict françois. Stichwort Biens, S. 13.

[22] Ebda. Stichwort Communauté, S. 24. Pandectes B. 1 Kap. 25 S. 171; offengelassen Coutume de Paris Tit. 10 Art. 220, S. 163.

[23] „La coutume du lieu où le contrat ... a été passé doit être suivi; et la convention portée par iceluy s'étend aux biens assis en pays de contraire coutume ... Car les contractans sont présumez dresser leurs volontés et conventions à la loy et coustume du pays où ils contractent ... pour avoir lieu partout où ils ont des biens. Et ne fait rien au contraire l. Cunctos populos et ce que les docteurs traitent sur icelle parcequ'il faut l'entendre du droict déféré par la seule disposition de la loy, sans celle de la personne, comme celui qui procède des successions et héréditez ab intestat: auquel cas faut suivre les coustumes des lieux où les biens sont"; Pandectes Buch 4 Regel 6 S. 664 f.; vgl. auch oben S. 113 Anm 14.

Ähnlich Responses et décisions 51, oben S. 133 Anm. 63, wo er auf das Consilium 53 verweist. Das am Eheschließungsort geltende Statut, das der Frau eine Legalhypothek an allen Gütern des Mannes gibt, erstreckt sich auch auf bona alibi sita: Résolutions Teil 3 Titel 13 S. 58 f.

Daß die extraterritoriale Wirkung einer vertraglichen Verpflichtung mit der Personalität eines Statuts nichts zu tun hat, spricht CHARONDAS in seinen Pandekten, S. 171 aus.

Im Jahe 1640 wurde ein weiterer Fall, der Fall Vanelli, entschieden, der an Berühmtheit dem Fall Ganey nicht nachsteht[24]. Hier wurde das System Dumoulins auf einen international- und nicht nur intercoutumärprivatrechtlichen Fall angewandt. Vanelli, ein Bürger aus Lucca, hatte Lucca verlassen, um in Paris eine Niederlassung seines Geschäfts zu gründen; danach fuhr er in seine Heimatstadt zurück, um sich dort zu verheiraten; ein Vertrag wurde nicht gemacht. Nach der Hochzeit kehrte das Ehepaar nach Paris zurück, wo Vanelli bis zu seinem Tode verblieb. Das Pariser Parlament entschied, daß das in Lucca geltende römischrechtliche Dotalsystem und nicht das System der ehelichen Gütergemeinschaft nach Pariser Recht auf die ehegüterrechtlichen Beziehungen der beiden anwendbar sein sollte, wo auch immer sich ihr Vermögen befinde.

BRODEAU heißt diese Entscheidung gut[25]. „La raison est que les pactions et conventions apposées au contrat se doivent exécuter suivant la loy ou le statut du lieu où les actes sont passez. Car la coutume des lieux sur laquelle est fondée la volonté des conjoints est plûtost personnelle que réelle, et partant elle produit son effet ... où ... les biens sont situez, et la translation du domicile ne peut changer les conventions matrimoniales." Wie CHOPPIN, so fügt auch BRODEAU die Einschränkung hinzu, daß das Statut am Wohnsitz der Ehegatten dort nicht gilt, wo ausdrückliche örtliche Gesetze entgegenstehen: „semper attenditur prohibitiva et non permissiva" [26].

LAMOIGNON, Präsident des Pariser Parlaments[27], der Jurist DUPLESSIS[28] und CHALLINE[29] folgen ebenfalls der Lehre Dumoulins. CHALLINE äußert sich auch zu der Frage, welchem Recht der Vertrag an sich unterliegt[30]. Verträge sind juris gentium und werden, auch wenn sie im Ausland geschlossen wurden, in Frankreich vollstreckt[31]. Für Form und Verfahren gilt die lex loci actus, „quantum ad decisoria, s'il est question d'une action personnelle, il faut se régler suivant la loy du lieu où la convention a esté faite"; hierfür beruft sich CHALLINE auf

---

[24] Vgl. ENAULT 119, LAINÉ I 89.

[25] Coustumes du Maine, 16. Teil zu Art. 508 „par an et iour", S. 1035.

[26] Vgl. oben S. 94.

[27] Arretés, titre de la communauté Nr. 2–25, lt. ENAULT 119 Anm. 1.

[28] Commentaire sur l'article 220 de la coutume de Paris, lt. ENAULT 118 Anm. 7.

[29] Méthode générale S. 248, als neuntes Beispiel der personalen Statuten, unter Verweis auf das Consilium 53.

[30] Ebenda 274, 294.

[31] Ebenda 258.

die oben S. 112 Anm. 6 zitierte Äußerung Dumoulins und auf die Entscheidung, in der englisches Recht zwischen Engländern angewendet worden war [32]. Selbst der zufällige Abschlußort soll nach Ansicht von CHALLINE dem Vertrag sein Recht aufdrücken, wenn nicht fraude oder dol vorliege [33]. Erwähnt sei noch die 15. Regel „Quand la provision de l'homme fait cesser la disposition de la loy", wo er in etwas krauser Systematik nachgiebiges und zwingendes, privates und öffentliches Recht, mögliche, unmögliche und verbotene Parteivereinbarungen u. a. behandelt.

RENUSSON [34] untersucht vor allem den Konflikt des Pariser mit dem normannischen ehelichen Güterrecht. Wenn ein Vertrag zwischen den Ehegatten die eheliche Gütergemeinschaft, wie sie das Pariser Recht kenne, festlege, so stehe der Wirksamkeit dieser Vereinbarung im Bereich des geschriebenen Rechts nichts im Wege. Wie ist aber zu entscheiden, wenn eine Coutume, wie die normannische, die Gütergemeinschaft ausdrücklich verbiete? Hier ist die Schwierigkeit groß, sagt RENUSSON. Man könnte sagen, diese Bestimmung sei real und prohibitiv; beides würde zu ihrer Anwendung auf die daselbst gelegenen Güter führen; aber RENUSSON schränkt ihre Anwendung in dem persönlichen Bereich ein, das Verbot könne sich nur auf die subditi beziehen, so daß es zweifellos zwei Einwohner der Normandie erfasse, auch wenn sie in Paris die Ehe schließen; sobald aber auch nur einer der Ehegatten aus andern Landen stammt, müsse ihnen mit Rücksicht auf die Freiheit der Eheschließung gestattet sein, ihr Güterrecht zu wählen (und damit das normannische Verbot auszuschalten); denn dieses sei gegenüber dem gemeinen Recht außerordentlich, exorbitant, und könne daher nur Geltung beanspruchen, wenn beide Ehegatten in der Normandie beheimatet sind. Damit kommt RENUSSON also zu einer Einschränkung eines odiosen, exorbitanten Statuts auch im persönlichen Bereich – entgegen der sonst herrschenden Ansicht soll sich im örtlichen Bereich die von Nicht-Normannen ausdrücklich oder stillschweigend vereinbarte Gütergemeinschaft auch auf normannische Grundstücke erstrecken dürfen; daß andererseits das normannische Statut keine örtliche Erstreckung außerhalb der Normandie habe, stehe ganz außer Frage –, kann diese Entscheidung allerdings nur mit einem vagen Billigkeitsargument, der Freiheit der Eheschließung, begründen.

[32] S. oben S. 138. [33] Ebda. 296.
[34] Traité de la communauté Teil 1 Kap. 4 Nr. 15–62, Oeuvres S. 18 ff.

Wenn nun kein Vertrag geschlossen worden ist, so müsse man im Zweifel annehmen, daß sich die Frau stillschweigend dem Recht unterwerfen wollte, das am Wohnsitz des Mannes gilt (Nr. 31 f.). Man muß sich nach der „intention expresse ou tacite des personnes qui contractent mariage" richten, „c'est à dire qu'on doit présumer qu'ils ont bien voulu se soumettre à la loi du lieu où ils ont volonté de faire leur demeure", woran auch ein späterer Wohnsitzwechsel nichts ändere. Soweit gibt RENUSSON den Rechtszustand seiner Zeit wieder; aber, fährt er fort und erhebt sich damit weit über Dumoulin, oft gebe es in den Eheverträgen zwar keine ausdrückliche Bestimmung über die eheliche Gütergemeinschaft, aber doch andere Bestimmungen, aus denen mit einiger Sicherheit die Absicht der Parteien hervorgehe, keine Gütergemeinschaft zu begründen; „il est en ce cas raisonnable de suivre leur volonté quand elle paroît, quoiqu'elle ne soit expresse". „Nicht die lex loci contractus ist für den Ehevertrag maßgeblich, sondern entweder das Heimatrecht des Mannes oder die Absicht der Parteien" (Nr. 43, 49). Für RENUSSON ist also in erster Linie der erkennbare Wille der Ehegatten maßgebend; von ihm hängt ab, ob ein die Gütergemeinschaft einführender Wille zu vermuten ist; nur wo keine Hinweise auf den Willen der Parteien gegeben sind, könne man annehmen, daß sie sich dem ersten gemeinsamen Wohnsitzrecht unterwerfen wollten. Dies bedeutet gegenüber Dumoulin, der immer an dieses Recht angeknüpft hatte, keinen geringen Fortschritt.

Aber auch RENUSSON ist sich der Verschiedenheit der beiden Ausgangspunkte zur Auffindung des anwendbaren Rechts, deren sich die Statutisten bedienen, nicht bewußt. Er erörtert nunmehr, nachdem er Grundregeln zur Bestimmung des das Rechtsverhältnis beherrschenden Rechts gegeben hat, wieweit sich die gesetzlichen Bestimmungen erstrekken, die die eheliche Gütergemeinschaft zum Inhalt haben. Zunächst weist er, unter Berufung auf CHALLINE, die Argumente von D'ARGENTRÉ zurück, daß ein Unterschied bestehe, ob die Ehegatten ausdrückliche Bestimmungen zur Einführung der Gütergemeinschaft getroffen haben, oder ob sich diese nur aus ihrem stillschweigenden Verhalten ableiten lasse; die (Pariser) Vorschrift über die eheliche Gütergemeinschaft habe, so fährt er fort, aber auch noch deshalb extraterritoriale Wirkung, weil es sich hierbei um ein „unteilbares Recht" handele[35], es wäre höchst unbillig, wenn der in Gütergemeinschaft lebende Ehemann alle seine Erwerbungen im Gebiet des Geschriebenen Rechts machen könnte, um damit

[35] Vgl. oben S. 146 f.

die Rechte der Frau zu vereiteln. Wenn ohnehin verboten sei, daß sich die Ehegatten gegenseitig beschenkten, dann dürfe der Mann sich um so weniger einseitig auf Kosten der Frau bereichern. Allgemeine Billigkeitserwägungen sind für RENUSSON auch bestimmend, daß die Rechte der Frau auch nicht durch nachträgliche Wohnsitzänderung vereitelt werden dürfen (Nr. 52 ff.).

Dumoulin wird bemerkenswerterweise in diesen Ausführungen nicht erwähnt.

Verträge über den douaire (douaire préfix) endlich unterliegen, wenn nichts anderes ausdrücklich vereinbart ist, dem Recht des Wohnsitzes des Mannes und werden durch einen Wohnsitzwechsel nach Eingehung der Ehe nicht berührt – ist doch das Recht auf das Witthum der Frau „acquis"; aber auch sie können sich nicht gegenüber prohibitiven Statuten am Lageort der den douaire bildenden Liegenschaften durchsetzen[36].

Auch DENIS LE BRUN hält sich an die herrschende Ansicht. Er widmet einen stattlichen Band der ehelichen Gütergemeinschaft und kommt natürlich auch auf die Fragen zu sprechen, ob sich das Pariser Statut auf Liegenschaften erstreckt, die im Bereich des geschriebenen Rechts liegen, wo die Gütergemeinschaft unbekannt, und Güter in der Normandie erfaßt, wo sie verboten ist[37]. LE BRUN, der die Personalität einer einmal eingegangenen ausdrücklichen oder stillschweigenden Gütergemeinschaft im Sinn von „den status betreffend" annimmt, setzt sich doch eingehend mit der abweichenden Ansicht D'ARGENTRÉS auseinander und versucht, dessen Meinung mit seinem System in Einklang zu bringen. Er folgt Dumoulin in der Annahme eines stillschweigenden Vertrags dort, wo die Parteien von ihrer Dispositionsfreiheit keinen Gebrauch gemacht haben, und zitiert neben anderem den Fall Ganey[38].

Im gleichen Zusammenhang prüft LE BRUN die Frage, welchem Recht der Ehevertrag an sich unterliegt. Zwei Pariser halten sich vorübergehend in Rotterdam auf und schließen dort die Ehe: holländisches Recht gilt für die Förmlichkeiten, Pariser (Wohnsitz-)Recht für den Inhalt des Ehevertrags; „ce n'est point le cas où les docteurs disent locus contractus regit in contractibus; car quand le contrat se passe dans un lieu absolument étranger au contractans, cette maxime n'a lieu que pour la forme du contrat" (Nr. 32). Vorher hatte LE BRUN gesagt, die beiden hätten sich

[36] Traité du douaire Kap. 5 Nr. 47 ff.; vgl. auch Kap. 4 Nr. 9, 17–19.
[37] Traité de la Communauté Buch I Kap. 2 Nr. 2 ff.
[38] Vgl. auch ebda. Buch II Kap. 3 Abschn. 5 Nr. 34.

keinesfalls dem Recht des zufälligen Abschlußorts unterwerfen wollen; er legt sich also keine Rechenschaft darüber ab, daß er hier zwei unvereinbare Grundsätze verquickt: entweder kommt es auf die Unterwerfung der Parteien unter ein Recht an, dann kann der Abschlußort außer Betracht bleiben, oder es entscheidet dieser und man muß bemüht sein, die (ebenfalls zitierte) lex si fundus so auszulegen, daß ein rein zufälliger Abschlußort nicht erfaßt werden soll, dann erübrigt sich ein Eingehen auf den Willen der Parteien[39].

3. Auch bei den *niederländischen Schriftstellern* wird die Frage der ehelichen Gütergemeinschaft vielfach erörtert und fast einhellig im Sinn Dumoulins entschieden[40].

PECK folgt allerdings noch der Ansicht, die bis zum Consilium 53 gegolten hat, wonach das Güterrechtsstatut nicht über seine Grenzen hinauswirkt[41]; er ist zwar mit der Ansicht Dumoulins wohl vertraut, doch scheint es, daß erst die Polemik D'ARGENTRÉS (PECKS Buch erschien 1564, der Teil des Kommentars von D'ARGENTRÉ, der die Besprechung des Art. 218 enthält, erst 1584) die Aufmerksamkeit der Schriftsteller auf die Frage gelenkt hat[42].

Für Verträge bekräftigt PECK die Maßgeblichkeit der lex loci contractus[43].

BURGUNDUS hält die Bestimmungen über die eheliche Gütergemeinschaft für personal, weil er die aus der gegebenenfalls auch stillschweigend eingegangenen Ehegesellschaft entspringende actio als personal ansieht. „Molinaeus autem tradit esse personale, et recte" [44]. Dies

[39] Den Standpunkt D'ARGENTRÉS in der Frage des ehelichen Güterrechts vertritt hingegen der Kommentator der Coutume der Normandie BASNAGE, in Übereinstimmung mit dem Parlament von Rouen, lt. LAINÉ I 367 f., ENAULT 103.

[40] Die Gerichtspraxis weist schon in früher Zeit Beispiele für die Unterwerfung aller Güter unter ein einheitliches Recht auf, und hier finden sich auch Fälle echter Rechtswahl durch die Parteien: so wenn in einem Ehevertrag in Dortrecht Anfang des 15. Jhdts. „Gemeinschaft aller beweglicher und unbeweglicher Güter nach südholländischem Recht, wo sie auch gelegen seien, außerhalb Südhollands oder innerhalb", vereinbart wird, Oudste rechten Dordrecht II S. 136 Nr. 174 lt. MEIJERS, Beiträge 81 Anm. 1.

[41] De testamentis conjugum B. 4 Kap. 28 Nr. 5; KOLLEWIJN 12.

[42] KOLLEWIJN 12; vgl. oben S. 202.

[43] De testamentis conjugum B. 4 Kap. 30 Nr. 1.

[44] Tractatus controversiarum ad consuetudines Flandriae, Tr. I Nr. 15; KOLLEWIJN 24 ff.

ist um so beachtlicher, als BURGUNDUS sonst ganz unter dem Einfluß D'ARGENTRÉS steht. BURGUNDUS entwickelt die Gedanken Dumoulins in interessanter Weise fort. Dieser war davon ausgegangen, daß bloße Willenseinigung zur Übertragung der in Lyon befindlichen Grundstücke genüge, wie es nach römischem Recht der Fall war. BURGUNDUS untersucht nun, wie weit die societas tacite inita, die die Ehegatten bilden und die die stillschweigenden Willenserklärungen zur Übertragung des Grundeigentums enthalte, Wirkungen im Bereich von Statuten entfalte, die eine förmliche mancipatio verlangen. Hier müsse das personale Statut der Gütergemeinschaft gegenüber dem örtlichen Statut zurücktreten: „consuetudines nostrae, quoties omnium quaestuum communionem inducunt, intelligendae erunt nisi res immobiles ex statuto situs ad alium, quam cui mancipatae fuerint, venire prohibeantur“ [45].

Den vierten Traktat widmet BURGUNDUS dem allgemeinen Vertragsrecht. Er hat den Titel Quis locus spectandus sit in contractibus. Dumoulin wird nur einmal erwähnt, es wird gesagt, daß der Hohe Rat von Mecheln ein Urteil entgegen seiner Ansicht erlassen habe.

Die Form des Vertrags richtet sich nach dem Recht des Abschlußorts (Nr. 7); die Gründe sind für BURGUNDUS dieselben wie für „die Doktoren“: die consuetudo fließt in den Vertrag ein und die Parteien scheinen ihren Willen dem Gesetz anpassen zu wollen. BURGUNDUS stimmt dem zu, gibt aber darauf eine hiermit schwer zu vereinbarende weitere Erklärung: so lange die Personen sich im Gebiet des Statuts aufhalten, seien sie ihm unterworfen und könnten keine entgegenstehende actus personales unternehmen. BURGUNDUS bedient sich also im gleichen Atemzug des Arguments der zeitweiligen Untertanschaft.

Zu der solemnitas rechnet BURGUNDUS aber auch, nicht ohne Widersprüche, das vinculum obligationis. Soweit es sich um dieses oder um seine Auslegung handele, sei zuerst der ausdrückliche Wille der Parteien zu erforschen, wenn dies nichts ergebe, sei dem zu folgen, was am Ort des Vertragsschlusses üblich sei [46]. Wie Dumoulin, so sagt auch BURGUNDUS, daß es den Vertragschließenden freigestellt gewesen sei, einen andern Willen zum Ausdruck zu bringen, wer dies unterlasse, habe die Fol-

---

[45] Tr. I Nr. 18.

[46] „Quoties de vinculo obligationis vel de ejus interpretatione quaeritur, veluti quos et in quantum obliget, quid sententiae stipulationis inesse, quid abesse credi oporteat, item in omnibus actionibus et ambiguitatibus quae inde oriuntur; primum quidem id sequemur, quod inter partes actum erit; ... aut si non patet quod actum est ... id sequamur quod in regione in quo actum est frequentatur“. Vgl. zum Ganzen die kurze Darstellung bei ROLIN I 447 f.

gen selbst zu tragen. Wer in einem fremden Land kontrahiere, sei nicht als gesetzesunkundig anzusehen, sondern so, als habe er sich zur Ergänzung seines Willens auf die lex loci contractus beziehen wollen. Hierbei ist jedoch als Einschränkung zu beachten, daß sich Forderungen und Lasten (nomina et munera) nach dem Wohnsitzrecht des Gläubigers richten, wenn sie diesen, und nach dem Wohnsitzrecht des Schuldners, wenn sie den Schuldner begünstigen wollen[47]. Die sachlichen Voraussetzungen für die Gültigkeit des Vertrages will BURGUNDUS dagegen der lex situs unterwerfen. „Ich kann mich nicht genug wundern", sagt er, „was den Schriftstellern da eingefallen ist, daß sie alle Gedanken an die Sachen bei Verträgen ausschließen und nur auf den Vertragsort abstellen!"[48] Die Auflassung richtet sich nach dem Recht der belegenen Sache (Nr. 20). Als Begründung bringt BURGUNDUS nicht, wie zu erwarten gewesen wäre, daß für Grundstücke nur die lex situs maßgebend sei, sondern, daß die Parteien so angesehen würden, als ob sie am Ort der Auflassung den Vertrag geschlossen hätten, unter Verweis auf die lex contraxisse[49]. Nach der lex situs richte sich auch die persönliche Fähigkeit zur Auflassung, ungeachtet des Wohnsitzrechts des Auflassenden. Bei beweglichen Sachen sei die Fähigkeit zum Abschluß des Vertrags dem Wohnsitzrecht unterworfen (Nr. 26). Den vierten Traktat beschließt BURGUNDUS mit der von BARTOLUS stammenden Teilung des Vertrags in Elemente, die der lex loci contractus unterliegen, wie Form und Natur, und solche, die wie die Folgen des Vertrags, Verzug usw., durch das Recht des Erfüllungsorts bestimmt werden.

Einen eigenen Paragraphen widmet BURGUNDUS der Erläuterung der lex si fundus, ohne dabei Dumoulin zu erwähnen[50].

Auch RODENBURG folgt im Bereich der ehelichen Gütergemeinschaft der Ansicht Dumoulins[51].

Das Problem liegt für ihn um ein geringes anders als bei den Erörterungen der französischen Statutisten. Das holländische Recht besagt,

[47] So könne der in Alost beheimatete Schuldner sich auf die Bestimmung von Alost, wonach der Schuldner dem Zessionar nur den Betrag leisten muß, den dieser dem Zedenten für die Forderung bezahlt hat, auch berufen, wenn der Vertrag anderswo geschlossen wurde. Tr. II Nr. 23 ff.; vgl. C. 4. 35. 22 (lex Anastasiana).

[48] Wenn ein in Alost gelegenes Grundstück verkauft wird, so könne, wie das Recht von Alost gestatte, der Verkäufer vor der Auflassung von dem Vertrag zurücktreten. Die Parteien würden so angesehen, als hätten sie nichts vereinbart, wenn die Natur des Gegenstands dem vinculum juris entgegenstehe, Tr. IV Nr. 9.

[49] Vgl. oben S. 26 Anm. 31.

[50] Tr. V Nr. 13.

[51] Titel 2 Kap. 5 Nr. 12 ff.; KOLLEWIJN 67 ff.

daß alle Güter der Ehegatten gemeinsam werden, nach friesischem Recht werden gemeinsam nur die Erwerbungen nach Eingang der Ehe. Wenn Eheleute in Holland die Ehe schließen und dort ihr Domizil haben: werden dann auch die in Friesland belegenen schon vorhandenen Güter gemeinschaftlich? RODENBURG untersucht zunächst die Natur des Statuts über die eheliche Gütergemeinschaft. Eifrig vertrat, so führt er aus, Molinaeus im Cons. 53 die Personalität des Statuts, aber ARGENTRAEUS, ein hervorragender Mann, hingerissen, wie es zu geschehen pflegt, von der Hitze des Streits, hat sich in der Zurückweisung dieser Ansicht abgemüht und Molinaeus vorgeworfen, die übernommene, nicht aber die bessere Sache zu verteidigen. Nach einem Hinweis auf die Mittelmeinung des BURGUNDUS zählt RODENBURG dann die drei Fälle auf, die D'ARGENTRÉ im Auge gehabt habe: entweder sei überhaupt kein güterrechtlicher Vertrag geschlossen worden und die Gütergemeinschaft als bloße Folge der Coutume eingetreten, oder es sei im Vertrag die Gütergemeinschaft allgemeinhin verabredet worden oder noch zusätzlich die Erstrekkung derselben auf alle Güter einschließlich der ausländischen ausgesprochen worden; die beiden letzten Fälle zieht RODENBURG zusammen und läßt einen Ehevertrag extraterritoriale Wirkung entfalten, macht aber dabei nähere Unterscheidungen zwischen dem im Zeitpunkt der Eheschließung bereits vorhandenen und dem erst im Laufe der Ehe erworbenen Vermögen, die hier im einzelnen nicht dargestellt werden können.

Danach kommt RODENBURG zur Frage, wie es ist, wenn kein Ehevertrag geschlossen worden ist (Nr. 14). Für die Realität des Statuts über die eheliche Gütergemeinschaft spreche eine stattliche Anzahl von Gelehrten, CHASSENEUZ, EVERARD, PECK, „omnium autem subtilissime et copiosissime ARGENTRAEUS", für die andere Meinung Molinaeus „eleganti illo consilio 53", CHRISTIJNEN, LOUET. Nach einer mehr im Terminologischen als im Sachlichen liegenden Auseinandersetzung mit BURGUNDUS[52] nimmt er gleich diesem an, daß die durch den Eingang der Ehe begründete eheliche societas den Eigentumsübergang der zum Gesamtgut gehörenden Liegenschaften nur in den Gegenden bewerkstelligen könne, wo eine mancipatio nicht gefordert wird, wo dies jedoch kraft örtlichen Rechts der Fall ist, werde lediglich eine Forderung auf Übertragung begründet. Nicht ob das Statut real oder personal ist, sei wichtig, sondern ob durch die ausdrückliche oder stillschweigende Ver-

---

[52] KOLLEWIJN 67.

gemeinschaftung auch die im Bereich von Statuten belegenen Grundstücke gemeinschaftlich werden, wo ohne mancipatio keine Eigentumsübertragung stattfinde. Dies wird im einzelnen ausgeführt; erwähnt sei noch, daß umgekehrt nirgends die Liegenschaften gemeinschaftlich würden, wenn die Ehe an einem Ort, der eine Gütergemeinschaft nicht kennt, geschlossen wurde [53], und daß ein späterer Wohnsitzwechsel keine Änderung der güterrechtlichen Verhältnisse zur Folge haben soll (Nr. 15).

Im allgemeinen Vertragsrecht folgt RODENBURG der herrschenden Meinung von der Maßgeblichkeit der lex loci contractus: „Hoc namque constat, utilis an inutilis sit stipulatio, metiendum esse a legibus loci contractus (Verweis auf BURGUNDUS) ... in vinculo obligationis ... spectamus leges loci ubi illa celebratur." [54] Allerdings ist bei Grundstücken auch in diesem Punkt die lex situs zu allererst zu beachten, lediglich die Form des Vertrags sei von ihr unabhängig (Nr. 7).

HUGO GROTIUS unterwirft die eheliche Gütergemeinschaft dem Recht des Orts, an dem die Ehe vollzogen wird, „tamquam ex contractu", auch in bezug auf bona alibi sita, unter Berufung auf EVERARD, der allerdings tatsächlich den entgegengesetzten Standpunkt eingenommen hatte [55].

ABRAHAM VON WESEL (1635–1680) folgt in seinem Tractatus de connubiali bonorum societate et pactis dotalibus (1674) der herrschenden Meinung und läßt keinen Zweifel, daß das Wohnsitzrecht des Mannes zu gelten hat, wenn dieses, das Wohnsitzrecht der Frau und die lex loci contractus zur Auswahl stehen; über die Auseinandersetzung D'ARGENTRÉS mit Dumoulin wird ausführlich berichtet [56].

Daß jedoch die Gegenmeinung unter den Richtern noch Anhänger hatte, beweist eine von STOCKMANS mitgeteilte Entscheidung des Brabanter Obergerichts [57]. Die Gläubiger des Fürsten von Hoghensolve

---

[53] „Es wäre anders, wenn die Gütergemeinschaft ausdrücklich verabredet worden ist; dann würde sie an allen Orten gelten, die sie von Rechts wegen zulassen ... oder nicht verbieten." Im Bereich verbietender Statuten wäre sie mithin ausgeschlossen. Ebenso werden Eheverträge, die etwa die Rückforderung der Mitgift zum Inhalt haben, nur erfüllt, wenn am Ort der belegenen Sache kein verbietendes Statut entgegensteht: „quod nemini liceat privata cautione refragari legi publicae aut prohibitivae" Titel III Kap. 4 Nr. 2, ebenso Titel IV Kap. 2 Nr. 7. Vgl. unten S. 243.

[54] Titel 4 Teil 2 Kap. 2 Nr. 4 ff.; KOLLEWIJN 70.

[55] Hollandsche Consultatien IV 22, lt. KOLLEWIJN 37, MEIJERS 659 Anm. 2.

[56] KOLLEWIJN 102. Eine Übersicht über die sonstigen Schriftsteller bei MEIJERS 659 Anm. 2 und 3.

[57] Decisio 50, S. 100.

klagten gegen dessen Witwe; die Ehe war in Deutschland an einem Ort, wo die eheliche Gütergemeinschaft unbekannt war, geschlossen worden, die Witwe hatte aber Güter in Brabant, wo sie gilt. Die Gläubiger legten nun Hand an die Brabanter Grundstücke, weil sie, wie sie sagten, nach Brabanter Recht gemeinschaftlich geworden und dem Mann das Nutzungsrecht und Eigentum an den Früchten zugefallen waren; „nequidquam opponente se conjuge et se tuente Molinaei aliorumque doctrina, quae habet attendi generalim debere domicilium mariti, et secundum ejus loci consuetudinem jura matrimonialia omnia aestimanda esse"; denn bei den meisten Richtern habe jenes Schlagwort überwogen – STOCKMANS ist anderer Ansicht –, daß alle Statuten real, d. h. territorial seien. So wurde jener Fall entgegen der Ansicht Dumoulins, die von STOCKMANS geteilt wurde, entschieden. Auf die Theorie der tacita conventio geht STOCKMANS dabei nicht ein[58].

PAUL VOET entscheidet wie RODENBURG und BURGUNDUS, daß bezüglich anderswo gelegener Liegenschaften die Ehegatten einen Anspruch auf gegenseitige Übertragung haben, wofür er allerdings D'ARGENTRÉ neben RODENBURG als Autorität anführt. VOET hat hierbei den ausdrücklichen oder stillschweigenden Vertrag im Auge, von dem er sagt, daß er nicht die Güter, als vielmehr die Personen quoad bona betreffe[59]. Wo allerdings eine örtliche Consuetudo die Gütergemeinschaft nicht zulasse, könne sich diese nicht entfalten. VOET nennt dabei das Statut real[60]. Der Ehevertrag wird nach dem Wohnsitzrecht des Mannes beurteilt, außer wenn dieser die Absicht hatte, sich am Wohnsitz der Braut niederzulassen[61], und wenn nichts Gegenteiliges vereinbart worden ist.

Der Vertrag im allgemeinen wird vom Recht des Abschlußorts beherrscht[62]; doch gilt in einigen Fällen das Recht des Erfüllungsorts. So richtet sich der Erwerb der Mitgift durch die Frau nach dem Wohnsitzrecht des Mannes zur Zeit der Eheschließung – hier handle es sich nicht so sehr um den Vertrag selbst (denn dann würde das Recht des Ab-

---

[58] Vgl. aber oben S. 162. Das Consilium 53 wird noch einmal erwähnt in der Decisio 121, S. 213.

[59] Sectio IV Kap. II Nr. 16 f.; KOLLEWIJN 97.

[60] IV. III. Nr. 9. [61] IV. II. Nr. 5.

[62] „Quia censetur quis semet contrahendo, legibus istius loci, ubi contrahit, subjicere voluisse". Verweis auf BARTOLUS, BALDUS, SALICET, ALEXANDER Cons. 100 Bd. III, CRAVETTA, CHASSENEUZ, BARBOS, A. MATTHÄUS, SURDUS, MEVIUS: IX. II. Nr. 9. Vertragsort ist sowohl der Abschluß- wie der Erfüllungsort: IX. II. Nr. 11. Allgemein von locus contractus spricht VOET in X. Nr. 14.

schlußorts gelten) als um seine Erfüllung, die am ersten ehelichen Wohnsitz erfolge[63]. Auch ein späterer Wohnsitzwechsel ändere nichts mehr daran. Die extraterritoriale Wirkung des Vertrags (und damit des ihn sachlich ausgestaltenden Rechts des Vertragsorts) erklärt VOET damit, daß das dem Vertrag anhängende Statut nicht die Sachen an sich, sondern personam quoad bona betreffe, hinsichtlich welcher durch den Vertrag ein wohlerworbenes Recht entstanden sei[64]. Eine gesetzliche Hypothek der Frau an den Gütern des Mannes richte sich bei Liegenschaften nach der lex situs, bei beweglichen Sachen nach dem Wohnsitzrecht des Schuldners (Mannes)[65].

HUBER erklärt für Form und Inhalt des Vertrags die lex loci contractus, für gewisse Folgen des Vertrags das Recht des Erfüllungsorts für maßgebend.

Interessant sind seine Auslassungen über die Wirkungen der Eheschließung: „Auch die am Vertragsort geltenden Wirkungen des Ehevertrags haben ihre Kraft überall. In Holland besteht mangels anderer Vereinbarung Gütergemeinschaft, diese gilt auch für die in Friesland belegenen Güter, obwohl dort nur die Errungenschafts- und Schadensgemeinschaft bekannt ist; also bleiben andererseits auch friesische Ehegatten Eigentümer ihrer in Holland belegenen Liegenschaften ... Das gilt auch für Grundstücke, obwohl das bestritten ist. Man könnte dieserhalb zweifeln, da die Gesetze nicht Teile eines anderen Staates berühren können". HUBER gibt darauf zwei Antworten, von denen die erste allerdings nicht schlüssig ist, da sie für jede Art von Auslandsbeziehung gilt: „Das geschieht nicht kraft der unmittelbaren Gewalt eines fremden Gesetzes, sondern unter Hinzutritt der Zustimmung der höchsten Gewalt des andern Staates, die der Ausübung der fremden Gesetze in seinem Bereich Wirkung verleiht, ohne Schaden für sich und die Seinen, aus gegenseitiger Achtung der Nützlichkeit für die Völker, was das Fundament dieser ganzen Doktrin ist." Der zweite Grund lautet: „Eine solche Erstreckung geschieht nicht so sehr kraft eines Gesetzes als kraft einer Übereinkunft der Parteien, ihre Güter gegenseitig zu übertragen, auf Grund derer eine Übertragung des Eigentums mittels Heirat nicht weniger als durch Vertrag erfolgen könne." Der Vertragsort sei aber nicht der Abschlußort, wo

[63] IX. II. Nr. 6 ff. Dumoulin wird in der langen Reihe von Verweisungen nicht aufgeführt. Zum Geltungsbereich des Rechtes des Erfüllungsorts nach dem Vorbild von BARTOLUS s. auch IX. II. Nr. 12, 15.

[64] IV. II. Nr. 15.

[65] IX. II. Nr. 9.

die Ehe eingegangen wurde, sondern vielmehr der Ort, wo die Gatten die Ehe ausüben wollten. HUBER beruft sich hierfür wieder auf die lex contraxisse [66].

Also auch HUBER kämpft gegen die Ausschließlichkeit der Anwendung des Rechts des Abschlußorts; nicht versucht er hingegen – ebensowenig wie Dumoulin – an die Stelle einer Kollisionsnorm für das Vertragsrecht, wie sie die lex contraxisse für ihn darstellt, die Anknüpfung an die Absicht der Parteien zu setzen. Soweit er sich auf den Willen der Parteien beruft, dient ihm das zur Bekräftigung einer auf anderem Wege gefundenen Regel [67].

JOHANNES ANDREAS VAN DER MUELEN hat gegen die Ansicht seines französischen Namensvetters von der ehelichen Gütergemeinschaft eine Streitschrift von 120 Seiten verfaßt (1698), nachdem in einer weiteren bekannten Entscheidung des Brabanter Obergerichts von 1693 die herrschende Ansicht verworfen worden war. Viel Einfluß hat diese Schrift nicht gehabt [69].

Eingehend erörtert JOHANNES VOET das Recht, nach dem die Verträge beurteilt werden.

In dem allgemeinen Teil seiner Erörterungen über den Geltungsbereich der Statuten [70] behandelt VOET die Frage, wie weit durch private Ver-

---

[66] De conflictu legum Nr. 5–10; weitere Äußerungen zum Vertragsrecht bei KOLLEWIJN 147 f.

[67] Ebenso KOLLEWIJN 149 ff., 159: „Begreife ich HUBER richtig, so spricht er hier sicher nicht von dem Recht der Parteien, das Recht zu wählen, sondern von einem Vertrag, der seine Kraft dem jus gentium entlehnt und dessen Inhalt sich aus dem am Abschlußort geltenden Recht ableitet." Gleiches gilt wohl auch für BURGUNDUS (oben S. 213 f.).

[68] Decisio Brabantina super famosissima quaestione ..., KOLLEWIJN 105 Anm. 1; JITTA, Die „famosissima quaestio" von 1693. Ein Beitrag zur Geschichte der alten niederländischen Schule des internationalen Privatrechts, in: Festschrift für Kohler, 1909. Diese Entscheidung ist nicht identisch mit der von STOCKMANS oben S. 217 f. mitgeteilten, unrichtig daher SURVILLE, Le rôle de la volonté 16 f., LAURENT V 410 ff., ENAULT 102.

BOULLENOIS Traité I 760: „L'espèce fut jugée au Conseil Souverain de Brabant où les avis différens de Dumoulin et de D'ARGENTRÉ furent pleinement discutés, et il faut l'avouer, l'avis de M. Ch. Dumoulin n'eut pas le dessus. La présumée convention fut rejetée et l'on se détermina dans ce tribunal par la seule loi de la situation."

Unrichtig die Ansicht CALEBS 1, daß bereits Dumoulin die Frage als famosissima quaestio bezeichnet habe; zu einer solchen wurde sie erst durch das Consilium 53 und die daraufhin einsetzende Diskussion.

[69] KOLLEWIJN 106 f.

[70] De statutis (oben S. 179 Anm. 46) Nr. 18.

träge vom statutarischen Recht abgewichen werden könne. Er unterscheidet einmal die Statuten, die um des öffentlichen Wohls und des öffentlichen Anstandes halber eingeführt seien und von welchen abzuweichen niemand gestattet sei (wozu VOET auch die Formvorschriften zählt), und zweitens die Gesetze, die Recht, Vorteil und Nutzen des Einzelnen zum Inhalt haben; hier komme es weiter darauf an, ob das Gesetz prohibitiv sei oder ob es lediglich etwas anordne. Ein prohibitives Statut kann in Bezug auf Sachen in seinem Bereich weder von subditi noch von exteri durch Parteivereinbarung außer Kraft gesetzt werden, von den andern könnten die Parteien abweichen (Beispiel: es stehe jedem frei, zu testieren und damit von der gesetzlichen Erbfolge abzuweichen).

Dies ist auch möglich durch stillschweigenden Vertrag, fährt VOET fort; die Folge sei eine Vermutung, der Vertragschließende wolle in den Vertrag das, was sein heimisches Recht in solchen Fällen vorsieht, einführen; nicht gelte solche Vereinbarung dort, wo ein verbietendes Statut dem entgegenstehe; auch dann sei eine stillschweigende Vereinbarung nicht anzunehmen, wenn das Wohnsitzrecht Abweichungen verbiete; denn man wisse ja nicht, ob die Ehegatten nicht überhaupt lieber etwas anderes vereinbart hätten (Nr. 20). Ebensowenig ist ein stillschweigender Vertrag oder Testament dort anzunehmen, wo überhaupt nichts Rechtserhebliches verhandelt, geschehen oder vereinbart worden sei: so werde nach den verschiedenen leges situs beerbt, wer ohne Testament verstirbt.

Sehr ausführlich äußert VOET sich zur Frage der ehelichen Gütergemeinschaft [71].

Einige behaupten, so beginnt er, die Gütergemeinschaft werde ebenso wie die Intestaterbfolge behandelt, d. h. Grundstücke der lex situs, bewegliche Sachen dem Wohnsitzrecht des Eigentümers unterworfen; so D'ARGENTRÉ, PECK, A. MATTHÄUS [72] und J. VOET selber in seinem tractatus de familia erciscunda Kap. 4 a. E. Andere sind der Meinung, es gelte das Recht des ersten Wohnsitzes der Ehegatten, soweit nicht die Übertragung des Grundeigentums an besondere Manzipationsakte gebunden sei und bloße Einigung hierfür genüge, wie es im römischen Recht der Fall sei; hierher zählen Dumoulin, BURGUNDUS, CHOPPIN, MEVIUS, CHASSENEUZ, PAPON, CHARONDAS, LAMBERTUS GORIS, H.

---

[71] 23. 2. 85; vgl. auch 1. 4. II. 19; 23. 4. 29; 24. 3. 34; 23. 2. 136.

[72] A. MATTHÄUS II und VAN WASSENAAR waren Anhänger der Ansicht D'ARGENTRÉS, daß auf Grundstücke die lex situs anwendbar sein solle. KOLLEWIJN 71 f.

Grotius, Someren, Rodenburg, Abraham von Wesel. Dieser Meinung schließt auch Voet sich an.

Er geht aus von vier Voraussetzungen:

1. Aus der Natur des Ehevertrags oder der Ehe an sich gehe die Gütergemeinschaft keineswegs hervor.

2. Das die Gütergemeinschaft einführende Statut kann die extra territorium gelegenen Güter nicht erfassen, da niemand außerhalb seines Herrschaftsbereichs statuieren könne. Man müsse also nach einem anderen Grund für die Ausdehnung der Gütergemeinschaft forschen.

3. Im allgemeinen ist den Ehegatten ein Abweichen von dem gesetzlichen Güterstand gestattet, doch ist ein solches Abweichen

4. nicht möglich gegenüber verbietenden Statuten.

Die Entscheidung der Frage aus dem Wortlaut des Statuts herauszulesen, lehnt Voet ab. Auch könne man seine Extraterritorialität nicht mit der Behauptung begründen, die Ehegatten an dem einen Ort als gemeinschaftliche, an dem andern Ort als getrennte Eigentümer zu behandeln; denn diese Härte rühre vom Gesetz her. Ebensowenig sei es auch unbillig, daß ein armer Ehegatte gewissermaßen in einem Augenblick die Hälfte des ganzen Reichtums seines reichen Gemahls erhalte; wem dies mißfalle, der könne ja durch einen Ehevertrag abhelfen.

Woher kommt es nun, daß, wenn ein Holländer in Holland die Ehe schließt, seine in Holland und in Friesland gelegenen Grundstücke gemeinschaftlich werden oder an die Gemeinschaft zu übertragen sind? Die in Holland gelegenen Güter werden Gesamtgut kraft des holländischen Statuts bzw. Gewohnheitsrechts, das durch keine Eheverträge abgeändert, mithin stillschweigend bestätigt worden ist, so daß hier die Wirksamkeit des Statuts und die stillschweigende Einwilligung der Ehegatten zusammenwirken. Die in Friesland belegenen Güter jedoch werden keinesfalls kraft des holländischen Statuts gemeinschaftlich, da dieses keine realen Wirkungen auf die friesischen Grundstücke äußern könne, ebensowenig aber auch personale Wirkungen hier entfalte, da die mehr auf Gewohnheit denn auf niedergelegtem Recht beruhende holländische eheliche Gütergemeinschaft den in Holland die Ehe Schließenden nicht die Verpflichtung auferlege, die in Friesland belegenen Grundstücke gegenseitig zu übertragen – wobei nicht geleugnet werden könne, daß es andernorts solche Statuten gibt, die ihren Untertanen die gegenseitige Übertragung, eventuell die Leistung der Hälfte des Schätzwerts der Liegenschaften zur Pflicht machen oder die in ihrem Bereich dem Ehegatten, der seine anderswo belegenen Güter nicht in das Gesamtgut einbringt, die Gütergemeinschaft verwehren: aber auch hier habe das Statut keine direkte, tatsächliche, reale Wirkung jenseits seiner Grenzen.

Wenn man also bezüglich der friesischen Grundstücke eine Wirkung des holländischen Statuts ausschließt, so bleibt nichts anderes übrig, als zu sagen, die Notwendigkeit einer Übertragung der friesischen Grundstücke leite sich von einem stillschweigenden vorehelichen Vertrag der Ehegatten ab, so daß sich die Gütergemeinschaft von selbst ergibt, soweit die Liegenschaften im Bereich von Statuten liegen, wo eine mancipatio nicht nötig ist; hier könne man ein constitutum possessorium annehmen, das in der societas universalis der Ehegatten inbegriffen sei, wonach derjenige, der bisher im eigenen Namen besessen hat, fortan in fremdem Namen zu besitzen unternimmt, worauf alles, was den Gesellschaftern, hier den Ehegatten, zusteht, so angesehen wird, als sei es auf Grund des Titels der Gesellschaft zum Teil übertragen worden.

Dieser stillschweigende Vertrag der Ehegatten bestehe nur darin, daß sie, da sie erkannt haben oder hätten erkennen müssen, welche Wirkungen das Recht ihres Wohnsitzes für die Ehe vorsieht, so angesehen werden, als hätten sie die Ehe gemäß diesem Gesetz als einem gerechten, billigen, guten und lobenswerten geschlossen, da sie, was ihnen nicht gepaßt hätte, durch Eheverträge hätten zurückweisen können. Zu Unrecht habe man das eine Erfindung der Ausleger, etwas Fiktives genannt, denn im Zweifel werde jeder so angesehen, als habe er gemäß dem Recht des Orts, wo der Vertrag geschlossen wurde, kontrahieren wollen: Verweis auf Ulpian D. 50. 17. 34. Zuerst müsse man sehen, was in Eheverträgen vereinbart worden sei; wenn aber nicht ersichtlich sei, was vereinbart wurde oder unter welchem Gesetz oder unter welcher Bedingung die Ehe eingegangen wurde, so werde nach allgemeiner Meinung nicht das Recht angewendet, das in dem Gebiet gilt, wo jeweils die Sachen belegen sind, sondern einzig das Gesetz, das am Vertragsort gilt; im Zweifel ist dabei die Ehe als am Wohnort des Mannes, wo sich das spätere Eheleben abspielen soll, geschlossen anzusehen.

Auch fehle hier nicht, wie es einige glauben, das für das Vorliegen eines tacitum pactum geforderte offensichtliche Ereignis: dieses liege in dem wissentlichen Schweigen der Ehegatten, gleich wie die Geschäftsführung ohne Auftrag für einen andern durch dessen wissentliches Schweigen zu einem Auftrag werde.

Wer einen stillschweigenden Vertrag eingehe, der nehme auch alle gesetzlichen Folgen daraus auf sich – etwa eine Haftung für culpa, auch wenn nichts von culpa vereinbart worden sei. Deswegen könne man aber nicht sagen, die Verpflichtung sei aus dem Gesetz erwachsen; denn die actio werde dem andern aus Vertrag, nicht aus Gesetz gewährt. Aus dem gleichen Grunde müssen Ehegatten, auch wenn sie die Ehe ganz schlicht ohne die geringsten Abreden eingegangen sind, doch so angesehen werden, als hätten sie stillschweigend alles das ihrem Ehevertrag beigefügt, was das Statut des Wohnsitzes, an dem die Ehe als geschlossen gilt, als Ehewirkungen aufgestellt habe, also auch, daß Gütergemeinschaft gilt, wo das entsprechende Gesetz solche vorsieht. Da nun ausdrückliche Eheverträge, wonach universalis inter conjuges communio sit, zwar keine reale, aber doch eine personale Wirkung haben, so steht dem nichts entgegen, daß auch einem stillschweigenden Vertrag gleiche Wirkung beigemessen wird.

Nicht nötig sei ferner, daß die Ehegatten ausdrücklich entgegenstehende Statuten ausschließen oder sich formell auf ihr Heimatrecht beziehen müßten, um dessen extraterritoriale Wirkung zu begründen (wird ausgeführt).

Dort, wo das Recht des ehelichen Wohnsitzes seinen Untertanen eine Abweichung nicht gestattet, wie z. B. in Utrecht, wo verboten ist, daß die Ehegatten sich mehr als den bloßen Nießbrauch zuwenden, könne man daraus, daß die Ehegatten nichts bestimmt hätten, einen stillschweigenden Vertrag nicht ableiten. Dieses Statut wolle auch die Unwilligen und Zögernden binden; deshalb könne man nicht sagen, wer die Ehe eingehe, habe stillschweigend Utrechter Recht annehmen wollen, wisse man doch nicht, ob er nicht selbst für in Utrecht belegene Güter davon abgewichen wäre, wenn das Gesetz ihm dies gestattet hätte.

Voet schließt seine Ausführungen mit Erörterungen über die Form der Eheschließung. Der Jungvermählte stirbt beim Hochzeitsschmaus vor Vollziehung der Ehe. Nach holländischem Recht ist die Ehe mit der Einsegnung, nach Utrechter Recht mit der Vollziehung perfekt; sollen nun die in Holland belegenen Güter gemeinschaftlich, die Utrechter dagegen Einzeleigentum geblieben sein? Voet verneint das, es komme darauf an, wo die Ehe geschlossen worden sei: wenn in Holland, dann wurden alle Güter Gesamtgut, wenn in Utrecht, keines. Sogar, wenn die Ehe überhaupt nicht kundbar gemacht worden ist, würde dieser güterrechtliche Erfolg eintreten, soweit nur die Ehe an einem Ort geschlossen wurde, dessen Recht eine solche heimliche Eheschließung anerkennt, wenn auch bestraft.

Soweit Voets Theorie zur ehelichen Gütergemeinschaft. Sie bedeutet gegenüber Dumoulin einen weiteren Fortschritt, denn er hebt die Frage aus dem Bereich der Statuten überhaupt heraus und verfällt nicht wie Dumoulin in den Fehler, die extraterritoriale Wirkung des stillschweigenden Vertrags mit der Personalität des Statuts, auf das die Ehegatten sich beziehen, zu erklären [73].

Für die Fortsetzung der ehelichen Gütergemeinschaft nach dem Tode eines Ehegatten gilt das Recht des Orts, an dem die Ehegatten im Zeitpunkt der Auflösung ihrer Ehe, d. h. des Todes des Erstverstorbenen, ihren Wohnsitz hatten, auch wenn sie früher anderswo beheimatet gewesen waren; denn der Anfang der fortgesetzten Gütergemeinschaft ist im Augenblick der Auflösung der Ehe gegeben, „initium vero cujusque negotii inspici debeat, non id, quod postea supervenit". Da sich das eheliche Güterrecht nach dem ersten ehelichen Wohnsitz richtet, kann somit bei späterem Wechsel des Wohnsitzes für die Fortsetzung der Gütergemeinschaft ein anderes Recht gelten als das Güterrecht, unter welchem die Gatten zu ihren Lebzeiten gestanden haben. Nicht gelte das Recht der Belegenheit der Sachen, die den Gegenstand der Gütergemeinschaft bilden, aus den gleichen Gründen, die für die eheliche Gütergemeinschaft selbst angeführt worden sind [74].

Die Wandelbarkeit von Eheverträgen richtet sich bei Grundstücken nach der lex situs, bei beweglichen Sachen nach der lex domicilii des Eigentümers [75].

Voet nimmt auch Stellung zu allgemeinen Fragen des Vertragsrechts. Daß er an sich die lex loci contractus für anwendbar ansieht, ist bereits

---

[73] Surville, Le rôle de la volonté 18 f., und ihm folgend Enault 152 ff. sehen deshalb in Voet den eigentlichen Begründer der Theorie von der Wahlfreiheit der Parteien; m. E. zu Unrecht. Was Voet richtig herausgearbeitet hat, ist, daß die extraterritoriale Wirkung eines solchen stillschweigenden Vertrags mit der Einteilung der Statuten nichts zu tun hat, sondern lediglich eine Wirkung des allgemeinen Grundsatzes von der Verbindlichkeit der Verträge ist; dabei ist noch nichts über das Gesetz gesagt, das den Rahmen dieser Verbindlichkeit absteckt und damit das eigentliche den Vertrag beherrschende Recht ist. Nach wie vor steht es den Parteien nicht frei, zwingende Vorschriften (wohl der mit der lex situs zusammenfallenden lex fori) durch ihre Rechtswahl auszuschalten. Gleicher Ansicht ist Kollewijn 122 ff.: „J. Voet ist dafür bekannt, daß er in seinem System, insbesondere im Ehegüterrecht der Parteiautonomie einen besonderen Platz eingeräumt hat; das ist richtig nur, wenn man darunter nicht die wirkliche Rechtswahl, sondern die durch das innere Recht gewährte Befugnis versteht, vom inneren Recht durch Verweisung auf fremdes Recht abzuweichen. Von Abweichungen vom zwingenden Recht will Voet nichts wissen." So könnten zwar holländische Eheleute von dem (dispositiven) Recht der allg. Gütergemeinschaft durch Wahl des friesischen Rechts abweichen, sie könnten aber nicht durch Verweisung auf holländisches Recht eine Schenkung zwischen Ehegatten, die in Utrecht verboten sei, mit Wirkung auf Utrechter Grundstücke gültig machen.

[74] 24. 3. 34. [75] 23. 4. 69.

in seinen Ausführungen über die eheliche Gütergemeinschaft zum Ausdruck gekommen. Wenn jemand ein Darlehen zurückzahlen muß und der Wert der Darlehensmünze am Erfüllungsort ein anderer ist als am Abschlußort, so hat er gemäß dem am Erfüllungsort geltenden Wert zu leisten. VOET beruft sich dazu auf die lex contraxisse [76].

Die Rückforderung eines Darlehens richtet sich nach dem Recht des Erfüllungsorts als des [eigentlichen] Vertragsorts; sind jedoch Grundstücke verpfändet, so gilt die lex situs [77].

Die Frage, ob für die Eviktion ein Bürge gestellt werden muß, beurteilt sich auch bei Grundstücken nach der lex loci contractus; Verweis auf die lex si fundus und JAKOB KOREN, Dumoulin wird nicht erwähnt. Der Grund liege darin, daß es sich hierbei um eine Formvorschrift, allenfalls um ein accidentale des Vertrags handele [78].

Nach der lex loci contractus richtet sich auch die Höhe der möglichen Zinsen; Vertragsort ist auch hier der Erfüllungs-, nicht der Abschlußort. Voraussetzung ist nur, daß alles bona fide vor sich gehe und die Parteien nicht zur Umgehung des am normalerweise zu erwartenden Vertragsort geltenden Rechts einen Erfüllungsort wählen, an dem höhere Zinsen gesetzlich zugelassen sind [79].

4. Interessante Abhandlungen über das Recht der ehelichen Gütergemeinschaft und das allgemeine Vertragsrecht finden sich auch bei den *deutschen Statutisten*.

MYNSINGER geht davon aus, daß für Verträge das Recht des Abschlußorts gilt [80], auch für die Frage der restitutio in integrum [81], beschreibt dann nach dem Vorbild der ausgiebig zitierten Italiener die Zweiteilung nach Abschluß- und Erfüllungsort.

Ebenso MEVIUS. Der Vertrag unterliegt dem Recht des Vertragsorts, da die Vertragschließenden so angesehen werden, als wollten sie ihren Vertrag diesem Recht unterwerfen. „Forensis contrahens in aliquo loco, ubi est particularis consuetudo, contra vel praeter jus commune,

---

[76] 12. 1. 25. [77] 12. 1. 29. [78] 21. 2. 4.

[79] 22. 1. 6; vgl. auch 22. 1. 11; 22. 2. 10 (Wechsel).

[80] Singularium observationum, obs. 82 cent. 4. Dies gilt auch für den Beweis des Vertrags. Ebenso GAILL, Practicarum Observationum obs. 123 Nr. 2.

[81] Ebda. Nr. 4; vgl. J. VOET, Commentarius 4. 1. 29.

contractum legibus istius loci ... subjicere velle censetur“ [82]; MEVIUS verweist auf die lex si fundus, SURDUS, COLERIUS und CHASSENEUZ. An anderer Stelle spricht er sich quoad materialia für eine gewisse Berücksichtigung des Heimatrechts der Vertragschließenden und der lex situs des Gegenstandes des Vertrags aus [83].

WOLFGANG ADAM LAUTERBACH (1618–1678) [84], Professor in Tübingen, kennt die Systeme D'ARGENTRÉS, Dumoulins und BURGUNDUS' und hebt die Schwierigkeiten hervor, die die Zweiteilung der Statuten in der Anwendung auf den Einzelfall mit sich bringt. In der Frage der ehelichen Gütergemeinschaft übernimmt er die Theorie Dumoulins.

HERT widmet den 37. seiner Fälle der Frage der Gütergemeinschaft [85]. Auch er folgt dieser in Deutschland ebenfalls herrschenden Lehre. Ob er die Abhandlung von J. VOET gekannt hat, ist zweifelhaft; in der Sache ist er derselben Ansicht: die societas bonorum der Ehegatten resultiere nicht aus einem Statut, sondern aus einer stillschweigenden Übereinkunft, weshalb die Regel immobilia sequent legem loci ubi sunt, nicht zur Anwendung kommen könne. Eine Ausnahme gelte nur, wo die lex situs die Gütergemeinschaft ausdrücklich ausschließt und gegenteilige Eheverträge nicht zuläßt. HERT verweist auf die niederländischen Juristen VAN SOMEREN und ABRAHAM VON WESEL [86].

Dumoulin wird in dem vorangehenden 36. Fall erwähnt [87], wo es sich umgekehrt darum handelt, ob Gütergemeinschaft in den Gegenden, die sie kennen, besteht, wenn sie am Wohnsitz der Ehegatten unbekannt ist und überdies die Ehe an einem dritten Ort geschlossen wurde. „Die herrschende Ansicht ist, daß das Wohnsitzrecht des Mannes überwiegt, s. LAUTERBACH und ABRAHAM VON WESEL [88] u. a.; JOH. VOET will nur die beweglichen Sachen diesem Recht, die Liegenschaften hingegen der lex situs unterwerfen“ – so die frühere Ansicht VOETS [89] –. „Der Ort der

[82] Commentarii in jus Lubecense, quaestio 4 Nr. 10.

[83] Quaestio 6 Nr. 8 f.; ebenso TITIUS und HOFACKER, lt. WÄCHTER 25 (1842) 398 Anm. 393.

[84] Dissertationes academicae Bd. 3: Disputatio 128, De societate bonorum conjugali, vgl. WÄCHTER 25 (1842) 54; LAINÉ I 411. Über LAUTERBACH s. STINTZING-LANDSBERG II 139 ff.

[85] De collisione legum, Sectio IV Nr. 47, S. 204.

[86] S. oben S. 217.

[87] Sectio IV Nr. 46 S. 202.

[88] S. oben zu Anm. 84 und 86.

[89] S. oben S. 221.

Eheschließung [der offensichtlich der frühere Wohnsitz der Braut ist] kommt nicht in Betracht, weil wir annehmen, daß der Mann dort fremd ist und die Braut am Tage der Hochzeit zu dem Manne zieht; es wären also dann beide diesem Ort fremd. Die Regel quae actum vult regi a loco actus findet also in diesem Fall keine Anwendung. Auch den Ort der Belegenheit der Sachen können wir nicht anführen; zwar nicht, weil das Gesetz etwa nicht als Gesetz die Sache beherrschen würde, wie es Molinaeus Cons. 53 und BURGUNDUS Tr. I Nr. 15 behaupten, welche Ansicht mit Recht von D'ARGENTRÉ Art. 218 gl. 6 und PAUL VOET De statutis s. IV Kap. 3 Nr. 9 zurückgewiesen worden sei, – sondern weil das Statut hier nicht einfach befehlend sei, da es ja den Ehegatten freiläßt, etwas anderes ausdrücklich oder stillschweigend zu vereinbaren." Daraus folge, daß diese Gesellschaft aus einer vom Gesetz gebildeten Tatsache resultiere und ihren Hauptentstehungsgrund nicht im Statut an sich habe; diese societas könne auch stillschweigend eingegangen werden. Dies gelte dann nicht, wenn eine andere Absicht der Parteien feststehe. Woraus zu schließen sei, „ad domicilium mariti tantum, ubicumque etiam locorum bona sita fuerint, flectendos esse oculos".

Daß ein späterer Wohnsitzwechsel auf das Güterrecht der Ehegatten keinen Einfluß hat, erhärtet er im 38. und 39. Fall [90]. „Die Ehe wurde im Bereich des gemeinen Rechts geschlossen, später zieht das Paar in ein Gebiet, wo Gütergemeinschaft gilt; deshalb kann die Frau noch nicht das halbe Eigentum verlangen, nam probabile non est, conjuges, qui pactis in societatem bonorum non consenserunt, sola domicilii mutatione eam inducere voluisse."

Wenn HERT also im Bereich des ehelichen Güterrechts dem Willen der Parteien einen gewissen Spielraum gewährt, so ist er doch noch weit davon entfernt, dies zum allgemeinen Prinzip zu erheben. Grundregel bleibt, daß der Vertrag dem Recht des Vertragsorts unterliegt. So antwortet er auf die Frage: Contractus in alio loco fit, in alio confirmatur; quaeritur cujus loci leges ... intueri debeamus? „Si confirmatio accedat ad conciliandam contractui majorem fidem ... spectandam loci, ubi contrahitur, legem; sin, ut contractus sit validus, loci, ubi confirmatur, jura praevalebunt." [91] Keine Rede ist also davon, daß der Vertrag irgendeinem von den Parteien gewählten Recht unterstehe, das auch für die Fragen der Bestätigung usw. heranzuziehen wäre.

Die allgemeine Regel, daß Verträge dem Recht des Vertragsorts unter-

[90] Sectio IV Nr. 48 und 49 S. 205.
[91] Sectio IV Nr. 55 S. 208.

liegen [92], wird auch auf Verpflichtungen erweitert, die aus Verzug und Verschulden entstehen, entgegen BARTOLUS, CHRISTIJNEN u. a., und im Anschluß an COCCEJI [93]; die Gültigkeit von Verträgen, die mit Spiel zusammenhängen, beurteilt sich nach dem Recht, wo gespielt wurde [94]; die auch heute noch umstrittene Frage nach dem Recht, das den schriftlich geschlossenen Vertrag beherrscht, beantwortet HERT ausweichend damit, daß ein solcher Vertrag nur dem Naturrecht unterliege, „solo jure Gentium regi" (Verweis auf GROTIUS, De jure belli ac pacis Kap. II § 5) „quod contrahentes ob absentiam alter alterum jura ignorare censeantur" [95].

An anderer Stelle [96] stellt HERT jedoch auch auf das Recht am Wohnsitz der Person, die sich vertraglich verpflichtet, ab.

5. Ausführlich äußern sich die *französischen Statutisten des 18. Jahrhunderts* zu unserem Thema.

BOULLENOIS hat lange Abhandlungen und Ausführungen hierzu hinterlassen.

Die 5. Frage der Dissertations sur la contrariété des loix [97] wird der Gütergemeinschaft gewidmet.

Das Statut, das die Gütergemeinschaft einführt, ist nach BOULLENOIS personal [98], weil sie eine Folge des persönlichen status des Verheiratet-

---

[92] S. IV Nr. 10; zur Anwendbarkeit der lex loci contractus auch Nr. 58 (Vertragssteuer), Nr. 66 (restitutio aus Gründen, die im Vertrag liegen).

[93] S. IV Nr. 53. [94] S. IV Nr. 57.

[95] S. IV Nr. 56. Vgl. unten S. 245 Anm. 27.

[96] S. IV Nr. 46, vgl. BURGUNDUS, oben S. 215 und MEVIUS, S. 227. Ein Überblick über die Stellung der deutschen Statutisten bei WÄCHTER 25 (1842) 398 Anm. 393.

[97] Question 5 S. 107 ff. Über BOULLENOIS vgl. auch BATIFFOL, Contrats 24 f.

[98] Die Ansicht, daß dieses Statut personal ist, vertritt BOULLENOIS erstmalig in seinem Werk Démissions des Biens S. 111 ff. Das habe schon Dumoulin in seinem Cons. 53 gesagt, doch habe sich dieser dabei weniger von der Personalität des Statuts als von der Kraft der stillschweigenden oder ausdrücklichen Übereinkunft der Parteien leiten lassen. Denn er sage nicht genau, die Gütergemeinschaft trete ein par la force de la coutume même, sondern tamquam pars contractus et lex privata; BOULLENOIS fürchtet von dieser Auffassung eine Einschränkung der Gütergemeinschaft dort, wo ein örtliches Statut diese ausdrücklich verbiete. „En effet, si ce n'étoit qu'en vertu de la convention tacite ou expresse que la communauté ... a son étendue dans toutes les autres Coutumes, où le mari peut acquérir pendant le mariage: ne scait-on pas que toutes les conventions n'ont pas toujours lieu dans les autres, quand ces autres Coutumes sont prohibitives et négatives?" Dies erscheint BOULLENOIS gefährlich, denn der Mann könnte ja seine Erwerbungen im Bereich solcher verbietender Statuten machen, und die Frau könnte sich demgegenüber auf ihre vertraglichen Rechte nicht berufen;

seins darstelle. Unvorstellbar ist für ihn die Ansicht, ein prohibitives Statut könne die Gütergemeinschaft verhindern, die ausdrücklich stipuliert worden sei. Die Frage nach der Realität oder Personalität des Statuts habe allenfalls dann einen Sinn, wenn nichts vertraglich bestimmt worden ist, aber auch hier müsse man die Billigkeit der Ansicht Dumoulins anerkennen, der nicht wolle, daß der Mann den Erfolg der Gütergemeinschaft dadurch vereiteln könne, daß er alle Erwerbungen im Bereich des geschriebenen Rechts mache. Es ist wahr, sagt BOULLENOIS dann ohne viel Folgerichtigkeit, bezüglich der Sachen sind die Coutumes real; und wenn man will, könne man zugeben, daß das Statut betreffend die Gütergemeinschaft real sei; das gelte aber dort nicht, wo eine solche ausdrücklich vereinbart worden sei. „Um alle Schwierigkeiten zu beseitigen, betrachte man die Gütergemeinschaft als personal; diese Lösung ist am vernünftigsten und schneidet alle Streitfragen an der Wurzel ab; das ist auch die Ansicht unserer besten Autoren Dumoulin, BURGUNDUS, STOCKMANS, RODENBURG, CHRISTIJNEN, PIERRE DE BELLEPERCHE [99]" (S. 111).

Ein späterer Wechsel des ehelichen Wohnsitzes ändere daran nichts mehr, die Gütergemeinschaft sei eine Folge des Status des Verheiratetseins, der durch ihn nicht berührt werde [100].

Maßgebend für das Vorliegen der Gütergemeinschaft ist das Wohnsitzrecht des Mannes. Wenn nun die Wohnsitze bei Mann und Frau verschieden sind, und das Recht des Mannes die Gütergemeinschaft verbietet, das Recht der Frau sie gestattet, die Ehe am Wohnsitz der Frau geschlossen und Gütergemeinschaft ausdrücklich vereinbart wurde, so erhebt sich die schwierige Frage, ob sich dieser Vertrag gegenüber dem Verbot des Mannesrechts durchsetzen könne. „On ne doute pas que, s'ils s'étoient soumis à une loi qui ne fût pas celle du domicile de l'une des parties, et que la loi qui régit chacune des parties y fût contraire d'une contrariété de prohibition, cette soumission ne pourrait pas avoir son exécution; ce serait accorder aux parties la liberté de se révolter contre les loix qui les gouvernent et ce serait une espèce d'attentat contre les

leugne man die Personalität des die eheliche Gütergemeinschaft einführenden Statuts, bliebe ihr nur der Umweg über die Einrede des dolus. Daher erklärt BOULLENOIS das Statut, das die eheliche Gütergemeinschaft einführt – ebenso wie das Statut, das sie verbietet, wie in der Normandie – als personal. Damit erreicht er, daß dort, wo ein einführendes einem verbietenden Statut gegenübersteht, das erstere angewendet wird, denn wo zwei personale Statuten einander gegenüberstehen, trage das Statut des Wohnsitzes den Sieg davon (vgl. oben S. 76 Anm. 18). Ähnlich Traité I 746 ff. obs. 29.

[99] Wieso dieser hier mit erwähnt wird, ist nicht ersichtlich.

[100] Das ist nur dann richtig, wenn BOULLENOIS der Theorie der erworbenen Rechte folgt; sonst würde sich der status mit dem Wohnsitz ändern.

loix. Mais quand les parties se soumettent à une loi qui est celle d'un des contractans ... la question est très sérieuse. Il semble qu'il faille à l'égard de cette question faire cesser la grande rigueur des principes", um die Eheschließung zwischen Angehörigen des gleichen Volks zu erleichtern (S. 114) [101].

Aus dieser Stelle geht deutlich hervor, daß BOULLENOIS von der Formulierung einer Theorie der Parteiautonomie noch weit entfernt ist. Wenn er die soumission des parties unter ein Gesetz – schon der Ausdruck Unterwerfung deutet eine andere Geisteshaltung an als der Ausdruck Wahl – anerkennt, zu welchem enge Anknüpfungen bestehen, so empfindet er das als im Widerspruch mit der rigueur des principes und nicht als eigenes Prinzip und rechtfertigt es durch langatmige bevölkerungspolitische Wünschbarkeiten; die Unterwerfung unter ein Gesetz, zu welchem es an enger Beziehung fehlt, erscheint ihm dabei überhaupt als unmöglich, als ein „Attentat gegen die Gesetze". Ohne die von ihm wie von der Mehrzahl der Gelehrten erstrebte möglichste Zurückdrängung des normannischen Verbots der Gütergemeinschaft wäre ihm wohl der Gedanke einer Unterwerfung unter ein anderes Recht gar nicht gekommen.

In der 19. Frage [102] geht es um den Anteil des Mannes an der Mitgift nach dem Tode der Frau; richtet er sich nach dem Wohnsitzrecht der Ehegatten oder der jeweiligen lex situs? [103] Dumoulin habe diese Frage so entschieden, berichtet BOULLENOIS, daß kraft eines stillschweigenden Vertrags das Recht des ehelichen Wohnsitzes überall gelten solle; D'ARGENTRÉ habe hingegen die Maßgeblichkeit der lex situs verteidigt, und dies entspreche auch der Strenge der Prinzipien „qui ne veulent pas qu'une coutume fasse loi à une autre, mais ... que chaque coutume régisse les biens qui sont situez sous sa domination". Die Vermutung eines stillschweigenden Vertrags schlage gegenüber diesen strengen Prinzipien nicht durch, denn nichts sei natürlicher als anzunehmen, daß die Parteien ihre verschiedenen Vermögensmassen der jeweiligen lex situs unterwerfen wollten.

BOULLENOIS merkt nicht, daß er sich hier wiederum widerspricht. Wenn D'ARGENTRÉ recht hat und die strengen Prinzipien gelten, dann kommt es auf die Unterwerfung der Parteien gar nicht an, im anderen Fall ist es zumindest völlig willkürlich, eine Vermutung zugunsten der

---

[101] Vgl. die Ausführungen von RENUSSON, oben S. 210 f.

[102] Question 19 S. 348 ff.; ebenso Traité II 275 obs. 38.

[103] Vgl. oben S. 29 ff.

lex situs aufzustellen, nachdem man bei der ehelichen Gütergemeinschaft mit allen Mitteln dargetan hat, daß die Parteien ihr Heimatrecht, das sie kennen und mit dem sie vertraut sind, wählen wollten. BOULLENOIS stellt im folgenden das ganze Gebäude der dumoulinschen Argumentation mittelbar in Frage, indem er fortfährt: wenn auch der Wille des Menschen, dessen Handlungen das Gesetz Autorität verleiht, Grundlage des Erwerbs gewisser Rechte ist, so hat das Gesetz doch „en fixant ces droits n'a pas prétendu les donner qu'autant qu'elle le pouvoit; et comme elle ne dispose pas des biens hors de l'étendue de son territoire, elle n'a pas donné ces droits sur des biens situez ailleurs; en sorte que la volonté présumé des conjoints ne pouvant être que relative à la disposition de la loi ... cette volonté doit être renfermée sur les biens sur lesquels la loi du domicile peut agir". Deshalb entscheidet BOULLENOIS sich nach langem Hin und Her für die Realität des in Frage stehenden Statuts.

Daß für den douaire die naheliegende Anwendung der Theorie der stillschweigenden Unterwerfung nicht anerkannt wird, wurde bereits oben S. 192 Anm. 41 a. E. ausgeführt.

BOULLENOIS geht als erster ausführlich auf die Auslegung ein, die Dumoulin der lex si fundus gegeben hatte [104]. Er beginnt mit der Teilung der Vertragswirkungen in solche, die sich nach dem Abschlußort, und solche, die sich nach dem Erfüllungsort richten, und vermerkt, daß dadurch die leges si fundus und contraxisse miteinander vereinbar würden [105].

M. Dumoulin wolle dagegen die lex si fundus auf das Domizil der Vertragsparteien bezogen wissen; nur ein Advokat von so umfassendem Ansehen wie Dumoulin habe es wagen können, der einhelligen Meinung der doctores entgegenzutreten. „Quand les actes sont sujets à interprétation et que la décision et le mérite de la cause dépendent de la convention des parties, qui n'est pas suffisamment marquée, de manière qu'il faut avoir recours à la volonté des contractans: en ce cas cette volonté se prend tantôt du lieu où l'on a contracté, tantôt du lieu du domicile, et enfin quelquesfois du lieu de la situation"; es folgen Verweisungen auf Stellen der conclusiones de statutis. Auch aus dieser Stelle scheint klar hervorzugehen, daß BOULLENOIS, wie Dumoulin, den Parteiwillen nur in dem Maß heranziehen will, wie es im Rahmen der materiellen Vertragsfreiheit zur Auslegung unklarer und lückenhafter Vereinbarungen erforderlich ist.

---

[104] S. oben S. 24 ff.

[105] Démissions des biens, S. 151 ff.

Interessant ist auch, was BOULLENOIS zu unserem Thema in seinem zweibändigen Traité schreibt. Daß er im Bereich der Statuten reiche Unterscheidungen getroffen hat, wurde bereits erwähnt. In diesem Zusammenhang verweist er auf seine Auffassung vom Wesen der ehelichen Gütergemeinschaft als Ausfluß des status des Verheiratetseins: anerkenne man diesen status, dann sei das darüber befindende Statut personal, andernfalls real: „aussi pour rendre ce statut personnel (d. h. extraterritorial) on a été obligé d'imaginer une convention tacite et présumée, et dès lors il n'est plus question d'un statut mais d'une convention.“ BOULLENOIS verweist für seine Ansicht auf DENIS LE BRUN[106].

Der Traité enthält auch eingehende Ausführungen zum Recht, dem der Vertrag, sei es ein Ehevertrag, sei es ein Vertrag schlechthin, unterliegt. Am Anfang des Werkes hatte er die Grundsätze aufgestellt: Verträge (mit Ausnahme des Ehevertrags) richten sich nach dem zwingenden Recht des Abschlußorts (38. principe); ex post facto entstandene Rechte unterliegen dem Recht des Entstehungsorts (39. pr.); Form und Beweismittel der lex loci actus (43.–45. pr.). Bezeichnend ist das 48. principe: „Das Recht des Ortes, an dem ein Vertrag oder ein Testament errichtet wird, entscheidet nicht immer die Fragen, die aus ihm entstehen können. Mehrere solche Fragen unterliegen dem Recht des Wohnsitzes der Parteien, zuweilen einer Partei. Handelt es sich z. B. um die Rechte der Ehegatten, die ohne Ehevertrag geheiratet haben, so wird entschieden nach dem Recht der Ehegatten am ersten ehelichen Wohnsitz; hatten sie verschiedene Wohnsitze, so eher nach dem Recht des Mannes als dem der Frau. Mehrere andere Fragen entscheiden sich gemeinhin nach der lex situs, z. B. wenn es sich um das Maß eines Grundstücks handelt, daß zwischen anderswo beheimateten Parteien den Besitzer gewechselt hat . . Schließlich entscheidet man sehr oft nach den Umständen, und das hauptsächlich im Fall des Testaments.“ Wie man sieht, ist auch hier eine Theorie der Parteiautonomie nicht einmal im Keime vorhanden.

An einigen Stellen des Traité behandelt BOULLENOIS ausführlich die Frage, inwieweit Verbote, die den Abschluß gewisser Verträge betreffen, auf die Gültigkeit des Vertrags wirken, wenn er von einem Untertan im Ausland mit einem andern Untertan oder mit einem Ausländer geschlossen worden ist; BOULLENOIS unterscheidet hierbei, ob ein Gericht im Verbotsstaat oder im Ausland über den Vertrag zu erkennen hat[107].

Ebenso untersucht er im Anschluß an RODENBURG, wie sich verbie-

[106] Traité I 738. Über le Brun s. oben S. 212.

[107] Traité I 163 ff., obs. 11.

tende Statuten am Lageort auf Verträge auswirken. Wo die lex situs den Inhalt eines Vertrags nicht zuläßt, könne dieser keine Kraft entfalten. Im Bereich der „conventions quae pendent a voluntate partium", sagt er in direkter Anlehnung an die conclusiones de statutis, „l'homme a une pleine liberté de s'arranger comme il le juge à propos; que si au contraire la loy de la situation est prohibitive, ce seroit aller contre la loy qui régit les biens, ce qui n'est pas admissible" [108].

Die 46. Observation des Traité enthält eine Abhandlung von 93 Seiten „sur la loi qui doit régler les contracts" [109].

Boullenois verweist zunächst auf den Widerspruch der beiden leges si fundus und contraxisse, und die verschiedenen Erklärungen derselben. Dumoulin habe gemeint, die lex si fundus sei so zu verstehen, daß der Abschlußort gleichzeitig Wohnsitz der Parteien und Erfüllungsort sei, die lex contraxisse finde dagegen Anwendung, wenn sich jemand zur Erfüllung an einem andern als dem Abschlußort verpflichtet habe. Gemeine Meinung der Autoren sei dagegen, „Vertragsort" habe den doppelten Sinn von Abschlußort und Erfüllungsort; die erstere lex gelte für alle äußeren und materiellen Erfordernisse des Vertrags, letztere für die später erwachsenden Rechte, sofern an einem andern Ort zu erfüllen ist.

Damit ist Boullenois nicht zufrieden, denn noch seien zwei andere Rechtsordnungen nicht einbezogen, die doch eine Rolle spielen könnten, nämlich die lex situs und die lex domicilii der Parteien.

Nach einer eingehenden Auseinandersetzung hauptsächlich mit Burgundus stellt er für die Bestimmung des maßgebenden Rechts zehn Regeln auf:

1. Die lex loci contractus ist maßgebend für Beweis und äußere Formgültigkeit (preuve et authenticité) des Vertrags.

2. Die lex loci contractus ist maßgebend für alles, was das Band des Vertrags, vinculum obligationis, betrifft. Doch hänge hier viel von den Umständen ab. Als Beispiel führt Boullenois die Notwendigkeit der Bürgenstellung beim Verkauf an, die er der lectura Tubingensis entnimmt [110]. Diese Nebenverpflichtung des Verkäufers gehöre zwar zu den naturalia des Vertrags, sei aber gewissermaßen eine Verpflichtung zweiter Klasse (S. 461); von ihr werde nicht vermutet, daß sich der Verkäufer ihr unterwerfen wollte, wenn er nicht am eigenen Wohnsitz verkaufte und dieses Statut daher kennen mußte. „La nécessité de donner caution est ... une charge à laquelle le vendeur n'est pas présumé s'être

[108] Traité II 409, obs. 43.

[109] Traité II 445 ff.; vgl. Caleb 150 ff.

[110] S. oben S. 25.

soumis ... et cela d'autant plus qu'elle dégénère en action personnelle .. et que c'est la loy du domicile qui doit régir ces sortes d'actions." Wie Dumoulin gesagt habe, „statutum non concernit rem sed personam, quia satisdatio est praestatio personalis et qu'il faut consulter que vraisemblablement les contractans ont voulu, et que le vendeur n'est présumé d'avoir voulu s'obliger que selon la loi de son domicile". Man sieht, daß Boullenois genau so unklar denkt wie Dumoulin; wenn die Bürgenstellung zum Bereich des dispositiven Rechts gehört und mithin durch einen abweichenden Willen des Verkäufers ausgeschaltet werden kann, so kommt es auf die Personalität des Statuts nicht mehr an. Mit der gewollten und vermuteten Unterwerfung unter dieses oder jenes Recht – hier sogar einer vermuteten Nichtunterwerfung! – kann man eben alles beweisen.

Wie Bouhier, so schließt sich auch Boullenois im weiteren der Meinung an, daß die Umstände einen großen Einfluß haben können, ebenso auch die Worte, in denen das Gesetz abgefaßt sei; wenn das Gesetz, das am Abschlußort gilt, ausdrücklich bestimme: ein Vertrag ohne Bürgenstellung ist nichtig, so sei nicht daran zu zweifeln, daß dies zum lien du contrat, ad firmitatem contractus gehöre. Doch abgesehen von solchem präzisen Fall, sagt Boullenois, „j'estimerois que les circonstances peuvent beaucoup influer; la charge des lors de donner caution n'appartient plus au lien du contrat, c'est onus conventionis, non vinculum formans ... conventionem".

3. Die lex loci contractus gilt für die inneren konstitutiven Formerfordernisse. Was das ist, hatte Boullenois in der 23. observation ausgeführt.

4. Die lex situs gilt für gewisse den Sachen selbst anhaftende Formerfordernisse.

5. Wenn das Recht des Abschlußorts Bestimmungen hat, die nicht aus der Natur des Vertrags herrühren, sondern im status der Parteien begründet sind, so gilt die lex domicilii der Parteien.

Beispiel: Wenn ein Ehemann, nach dessen Heimatrecht die Frau für seine Vertragsschulden nicht mithaftet, an einem Ort kontrahiert, an dem solche Haftung besteht, so haftet die Frau dennoch nicht.

6. Die lex loci contractus gilt für Rechte, die aus der Natur des Vertrags zur Zeit des Abschlusses erwachsen („qui naissent ex natura et tempore contractus"). Verweis auf Dumoulin (oben S. 112 Anm. 6).

7. Die lex loci contractus gilt für Verträge über bewegliche Sachen, deren Übergabe sofort bewerkstelligt wird.

8. Für Rechte, die zufällig und ex post facto aus einem gültigen Vertrag entstanden sind, gilt das Recht des Entstehungsorts.

9. Wenn eine Streitfrage aus Vertrag vor einem fremden Gericht verhandelt wird, so muß dieses so wie das zuständige Gericht entscheiden.

10. Wenn es sich um die Auslegung von Klauseln in einem Vertrag oder Testament handelt, so kann man zwischen der lex loci contractus, dem Wohnsitzrecht der Parteien und einem andern Recht schwanken. Gewöhnlich entscheiden die Umstände.

Während BERROYER und DE LAURIÈRE, zwei bekannte Rechtsanwälte, für die Lückenausfüllung die lex loci contractus heranziehen wollen, findet BOULLENOIS das zu allgemein gesagt und beruft sich auf Dumoulin, wonach semper inspiciuntur circumstantiae voluntatis. Nur in dieser zehnten Regel, wo es um die Klärung unklarer und lückenhafter Verträge und Testamente geht, anerkennt er eine Bedeutung des Parteiwillens. Er verweist auf das Beispiel Dumoulins, daß jemand unterwegs 100 Morgen Land verkauft hat und daß am Abschlußort der Morgen größer ist als am Ort des Grundstücks. „Faut-il mesurer les cent arpents sur la mesure de lieu du contrat? Il n'y a personne qui ne sente qu'une pareille prétention choque" (S. 497).

Wenn die Umstände nichts besagen oder auf die lex loci contractus hinweisen, so bleibt es bei deren Anwendung; so, wenn der Verkäufer sich ausdrücklich an den Ort des Verkaufs begibt. Nach Dumoulin, so schließt BOULLENOIS, ist die lex loci contractus eine der Umstände, die man in Betracht ziehen muß, um den Willen der Vertragschließenden auszulegen, und „dieser tiefgründige Gelehrte hat dafür einen ausgezeichneten Platz: in his quae pendent a voluntate partium et par eas immutari possunt". Daher gelte das nicht in dem Fall, wo prohibitive reale Statuten entgegenstehen, sondern nur „dans les choses qui sont toutes de volonté, sans offenser aucune loi".

Ebenso sind die Umstände maßgebend für die Auslegung von Testamenten [111].

[111] BATIFFOL, Les conflits de lois en matière de contrats 26, sieht in diesen Ausführungen die erste, wenn auch nur nebenhin ausgesprochene Formulierung des Prinzips der Wahlfreiheit im IPR. Die von ihm angeführte Stelle bezieht sich aber m. E. ebenso wie alle andern nur auf sachlichrechtliche Änderungen von dispositiven Bestimmungen des an sich maßgebenden Rechts bzw. der lex fori; wie wäre sie sonst mit der immer wieder, man möchte fast sagen, inbrünstig ausgesprochenen Versicherung vereinbar, daß die Geltung eines prohibitiven Statuts nicht in Frage gestellt sein sollte. Zudem sollte man erwarten, daß, wer auch nur dunkel das Prinzip der Parteiautonomie fühlt, diese Erkenntnis irgendwann einmal zur herrschenden Regel locus contractus regit contractum in Beziehung setzt. Davon ist bei BOULLENOIS, wie bei den andern, keine Rede.

Bouhier, der die Idee der stillschweigenden Vereinbarung in ihrem Anwendungsbereich stark erweitert hat [112], folgt naturgemäß im Bereich der ehelichen Gütergemeinschaft der herrschenden Lehre.

Seine ersten Äußerungen zu dem Thema der Eheverträge kommen einer Formulierung des Grundsatzes der Wahlfreiheit schon sehr nahe, jedoch mit der merklichen Einschränkung, daß „im Hinblick auf die öffentliche Freiheit und zugunsten der Eheschließung" sich „die Übung herausgebildet habe, sich bei der Eheschließung der Rechtsordnung zu unterwerfen, die man für geeignet hält" [113], auch wenn es nicht das Recht eines der beiden Wohnsitze sei. Doch scheidet wohl auch Bouhier noch nicht die Frage, ob ein gewisses Verhalten der Eheleute einen stillschweigenden Vertrag darstellt, von der Frage, welchem Recht dieser Vertrag unterliegt; ebenso ist es den Vertragschließenden versagt, ein Verbot ihres Heimatrechts dadurch zu umgehen, daß sie den Abschluß des Vertrages im Ausland vornehmen [114].

Daß eine ausdrückliche Stipulierung der Gütergemeinschaft überall wirksam sei, sagt Bouhier, bedürfe keiner Erläuterung, fehlt es an einer solchen, so gelte weder das Recht des Orts, wo die Ehe eingegangen worden sei, noch des Ortes, an dem die Einsegnung stattgefunden habe, noch das Wohnsitzrecht der Frau noch das Recht des gemeinschaftlichen Wohnsitzes zur Zeit des Versterbens des ersten Gatten, sondern, mit der gemeinen Meinung und Dumoulin, das Recht des Mannes, das gleichzeitig erstes gemeinsames Wohnsitzrecht sei; diesem Statut hätten die Vertragschließenden sich unterwerfen wollen, es gelte als stillschweigend vereinbart und sei daher extraterritorial [115].

Bouhier untersucht dann weiter, inwieweit verbietende Statuten zuwiderlaufenden Verträgen entgegenstehen. Unrichtig sei die Ansicht von Dumoulin, daß eine negative Coutume nicht durch Vereinbarung der Parteien umgangen werden könne. Bouhier unterscheidet einfach negative und prohibitive Statuten, nur die letzteren machen alle zuwiderlaufenden Verträge nichtig, die ersteren gestatten solche. Nur wenn aus dem Sinn des Statuts klar hervorgehe, daß es auch eine ausdrückliche gegenteilige Vereinbarung nicht zulassen wolle, sei es absolut prohibitiv. Weiter unterscheidet Bouhier absolute und relative Nichtigkeit und

[112] S. oben S. 197.

[113] Observations Kap. 21 Nr. 15. Bouhier fußt stark auf den Gedankengängen von Renusson, s. oben S. 146 ff., 210 f.

[114] Kap. 21 Nr. 48; geschweige denn, dem Verbot bei Abschluß im Bereich des Verbots durch Wahl eines fremden Rechts zu entgehen!

[115] Observations Kap. 21 Nr. 15 ff., S. 582 ff.

personale und reale Verbote. Das personale Verbot entfalte seine Wirkung überall, nicht, weil das Statut direkt über Liegenschaften außerhalb seines Bereichs verfügen könne, sondern weil das Verbot den ihm Unterworfenen die Hände binde und ihnen die Macht nehme zuwiderzuhandeln [116]. Nach einem Hinweis darauf, daß die Coutumes nur „Sachen und Personen, die ihnen unterworfen sind", binden könnten, man also bei letzteren die Regel statutum non ligat nisi subditum zu vernehmen meint, zieht er jedoch daraus die Folgerung, daß „les Coutumes (folgen zwei Beispiele) ne lient que les personnes qui ont contracté mariage dans l'étendue de ces Coutumes" [117], während man nach dem Vorgehenden erwartet hätte, daß Bouhier auf den Wohnsitz abstellen würde. Das reale, auf Sachen bezügliche Verbot geht jedoch nicht über den Bereich des Statuts hinaus [118].

In der Frage des Rechts, das auf Verträge schlechthin anzuwenden ist, ist die Stellungnahme von Bouhier durchaus uneinheitlich. „Dumoulin hatte zuerst die Ansicht vertreten", so schreibt er, „in concernentibus contractum et emergentibus tempore contractus inspici debet locus in quo contrahitur" [119], welche Regel bereits von den Autoren aufgestellt und angenommen gewesen sei. „Mais ayant dans la suite considéré que les parties contractoient souvent par hasard dans un lieu ... où ils ignoraient la coutume, il a rejeté la précédente règle comme fausse, ajoutant que la chose devait dépendre de l'esprit des contractans ... quinimmo just est in tacita et verisimiliter mente contrahentium". Dem schließt Bouhier sich an. Sicherlich hat er sich hier über die Ansichten Dumoulins getäuscht, denn dieser hat nicht die Regel von der Maßgeblichkeit der lex loci contractus zugunsten der Anknüpfung an den Parteiwillen zurückgewiesen, wie aus dieser Stelle hervorzugehen scheint; daß auch Bouhier nicht so zu verstehen ist, ergeben die von ihm nunmehr gebrachten Beispiele, in denen er sich weder von der lex loci contractus zu lösen, noch zu einem andern leitenden Grundsatz durchzustoßen vermag [120].

---

116 Vgl. oben S. 94.

117 Kap. 21 Nr. 80; vgl. auch Nr. 167.

118 Kap. 21 Nr. 48 ff., S. 587 ff.

119 S. oben S. 112 Anm. 6.

120 Obs. Kap. 21 Nr. 190 ff. S. 612 f. Das Darlehen richtet sich nach dem Recht des Gläubigers; die Maßgeblichkeit des Rechts des Abschlußorts wird abgelehnt, um zu vermeiden, daß die Parteien sich in Umgehungsabsicht an einen Ort begeben, wo höhere Zinsen zulässig sind; gleiches gilt für Leibrentenverträge und Sicherheitsleistung (Nr. 194 ff.).

An anderer Stelle (Kap. 21 Nr. 170 f.) hatte er gesagt, daß die Ausländer in bezug auf das gerichtliche Verfahren der lex fori unterworfen seien, anders sei es beim „fond de la contestation", „quantum ad decisoria litis il faut suivre la coutume du

In unmittelbarem Anschluß an diese Ausführungen behandelt BOUHIER die Frage der Auslegung von Testamenten, bei der ebenfalls ein zufälliger Testierort nicht zu berücksichtigen sei [121].

FROLAND, der von den französischen Statutisten des 18. Jahrhunderts noch am stärksten der Realität der Coutumes verhaftet war, ist in seinen Äußerungen zur Gütergemeinschaft schwankend, scheint sich aber der herrschenden Ansicht doch angeschlossen zu haben [122].

POTHIER, mit dem die Betrachtung der einzelnen Statutisten abgeschlossen werden soll, folgt der Ansicht Dumoulins. Die Communauté coutumière wird so genannt, sagt er in seinem Kommentar zur Coutume von Orléans [123], „non qu'elle ait lieu vi ipsius consuetudinis immediate et in se, mais parce que, à défaut de convention expresse, c'est la coutume qui règle ce dont les parties sont censées d'être convenu touchant la communauté des biens: car les parties sont censées ... s'en être rapportées à la coutume et être tacitement, ou du moins implicitement convenues de tout ce dont il est usage de convenir". Wenn also zwei Bürger von Orléans sich ohne Vertrag verheiraten, so erstreckt sich die zwischen ihnen bestehende Gütergemeinschaft auch auf Güter außerhalb, „car ce n'est pas la Coutume d'Orléans qui, à la vérité, n'a point d'empire sur ces héritages ... mais c'est la convention implicite de communauté qu'on suppose intervenue entre les parties". Die Erkenntnis, daß die Unterstellung eines stillschweigenden Vertrags mit der Einteilung der Statuten nichts gemein hat, hindert POTHIER an anderen Stellen jedoch nicht, dieses Statut als ein „statut personnel" zu bezeichnen, „puisqu'il a pour objet immédiat de régler les conventions" [124], was den Herausgeber zu der richtigen Bemerkung veranlaßt, „il ne s'agit ni d'un statut réel ni d'un statut per-

---

domicile des Plaideurs", also das gemeinsame Wohnsitzrecht der Parteien; dies sei ständige Rechtsprechung der Gerichte.

Den Fall der beiden Engländer, von dem BRODEAU berichtet hatte (s. oben S. 138), hätte BOUHIER ebenso entschieden: zwei Ausländer seien nicht verpflichtet, die französischen Gesetze zu kennen und zu beachten; deshalb sei es am angebrachtesten, sie nach gemeinem Recht oder nach ihrem Heimatrecht zu behandeln (Kap. 21 Nr. 205 ff.).

[121] Kap. 21 Nr. 220 ff. unter Verweis auf Dumoulin.

[122] Vgl. NIBOYET, Traité V 44 Anm. 5; SURVILLE, Du rôle de la volonté 20 ff.; ENAULT 120 ff.

[123] Introduction au titre X „de la communauté d'entre homme et femme", Art. préliminaire Nr. 2.

[124] Traité de la Communauté, Art. préliminaire Nr. 12.

sonnel, la capacité des parties n'étant pas mise en doute; mais il est simplement question de régler les effets et l'étendue d'une convention ou expresse ou tacite".

3. Kapitel

ZUSAMMENFASSUNG – AUSBLICK AUF DAS NEUNZEHNTE JAHRHUNDERT

§ 1

Zusammenfassung der Entwicklung der Statutenlehre auf dem Kontinent

Fassen wir die Entwicklung des Kollisionsrechts von Dumoulin bis zur Wende des 18. Jahrhunderts zusammen, so läßt sich der Schluß wohl nicht abweisen, daß man die Bedeutung Dumoulins für die Geschichte des internationalen Privatrechts überschätzt hat und überschätzt. Dumoulins Größe als Jurist überhaupt, als Exeget des römischen wie als kritischer Bearbeiter des Gewohnheitsrechts, steht hierbei nicht in Frage; doch ist, was er auf dem Gebiet des Kollisionsrechts geleistet hat, für ihn nur ein kleiner Ausschnitt eines großen Werkes, und die Wertschätzung, die er für seine sonstigen Verdienste zu Recht genießt, hat wohl auch seinen Beitrag zur Statutenlehre größer erscheinen lassen, als er tatsächlich gewesen ist.

Sehen wir zunächst ab von der Frage der ehelichen Gütergemeinschaft, wo seine Meinung die Entwicklung bestimmt hat, so fällt, wie die Darstellung wohl gezeigt hat, sein Ansehen in den ersten beiden Jahrhunderten, die wir untersucht haben, gegenüber dem Gewicht der Persönlichkeit D'ARGENTRÉS stark ab. Zitiert man ihn zunächst wegen seiner Anmerkung zu ALEXANDER I 16 vielfach als Vertreter einer absoluten Territorialität der Coutumes, so tritt dann oft eine Verweisung auf das Consilium 53 zur Stützung der Extraterritorialität gewisser Statuten hinzu. Meist sind es die Anführungen seiner Anmerkungen zu den französischen Coutumes, in denen sich die Wertschätzung äußert, die er als Jurist überhaupt genießt; in den Fragen des eigentlichen Kollisionsrechts sehen wir seinen Namen indessen im Gefolge vielzähliger Nennungen von Autoritäten[1] – während D'ARGENTRÉ alsbald als der hervorragendste Meister des Kollisionsrechts bezeichnet und seine Ansicht an erster Stelle vermerkt wird. Noch mehr tritt Dumoulin in der niederländischen und deutschen Doktrin zurück, während BARTOLUS und D'ARGENTRÉ auch dort einen großen Platz einnehmen. HUBER erwähnt Dumoulin überhaupt nicht mehr. Erst die französischen Statutisten des 18. Jahrhunderts bringen sein Werk wieder in Erinnerung; durch BOULLENOIS werden auch STORY und SAVIGNY mit ihm bekannt geworden sein. Jene – d. h. in erster Linie BOULLENOIS – sind die einzigen, die ihre Verweisungen auf Dumoulin nicht nur auf irgendeinen herausgerissenen Satz oder einen Lösungsvorschlag beschränken, sondern sich mit seinen Gedanken tatsächlich befassen und auseinandersetzen. Ihnen ist wohl zuzuschreiben, daß Dumoulin nunmehr als einer der Großen des Kollisionsrechts angesehen wird und seinen Platz neben BARTOLUS und D'ARGENTRÉ erhalten hat, eben deshalb, weil er als Begründer der Wissenschaft vom französischen Recht, als Ahnherr des Code civil und Wegbereiter der Rechtsvereinheitlichung wegen dieser seiner Verdienste allgemein in größtem Ansehen stand, wie es die vielfachen Lobpreisungen jener Zeit beweisen. Bei ihnen wird Dumoulin zum Ausgangspunkt aller geschichtlichen Betrachtungen, von den Früheren wird allenfalls noch BARTOLUS erwähnt; indem man ihm somit alle von der italienischen Schule erzielten Ergebnisse zuschreibt, ergibt sich für jene Zeit der Eindruck, als sei er neben D'ARGENTRÉ als Begründer des Kollisionsrechts überhaupt anzusehen. Daß Dumoulin aber ganz im Geiste der Bartolisten geschrieben und eine straffe Zusammenfassung des Gedankengutes gegeben hat, das die drei Jahrhunderte vor ihm zusammengetragen haben, ist im ersten Teil der Arbeit dargelegt worden.

Tatsächlich ist das eigentlich Neue seines Systems, die Einteilung der Gesetze in dispositive und zwingende, von keinem einzigen seiner Nachfolger übernommen worden. Soweit die französischen Statutisten überhaupt ein System entwickeln, legen sie die Zwei- bzw. Dreiteilung der Statuten in reale, personale und gemischte zugrunde[2]; bei den Niederländern wird vielfach das Formstatut zum tertium genus statutorum[3].

---

[1] Vgl. CHARONDAS, oben S. 136, BOUVOT, oben S. 140, PECK, oben S. 151, RODENBURG, oben S. 159, PAUL VOET, oben S. 176 Anm. 25, JOH. VOET, oben S. 179 Anm. 47.

[2] D'ARGENTRÉ, oben S. 68 ff.; LOUET, oben S. 132; CHALLINE, oben S. 140; SIMON, oben S. 145; LE BRUN, oben S. 149; BOULLENOIS, oben S. 186; BOUHIER, oben S. 198

[3] GROTIUS, oben S. 158; RODENBURG, oben S. 159; PAUL VOET, oben S. 173; JOH. VOET, oben S. 179; ebenso HERT, oben S. 168 f.; POTHIER, oben S. 201.

Während RENUSSON eine eigene Theorie von den teilbaren und unteilbaren Statuten aufzustellen bemüht ist [4], tritt bei MEVIUS die Einteilung der Bartolinischen Abhandlung in den persönlichen und örtlichen Bereich des Statuts wieder hervor [5], und scheint JOHANNES VOET, unter anderem, als Ausgangspunkt die Gruppierung in öffentlich- und privatrechtliche Statuten, und letztere in verbietende und nachgiebige, zu nehmen [6].

Daß vielfach Kriterien, die Dumoulin verwendet, auch von seinen Nachfolgern benützt werden – so der Charakter eines Statuts als favorabile, odios oder exorbitant [7], die interpretatio passiva extensiva [8], die Übereinstimmung mit dem gemeinen Recht [9], Erweiterung oder Einschränkung der Geschäftsfähigkeit [10], Gedanken des Naturrechts und des öffentlichen Wohls [11], die Freiheit der Person [12], die Absicht des Gesetzgebers [13] –, ist für die Darlegung der ihm zugeschriebenen Größe nicht schlüssig, da sie alle schon vor Dumoulin in Gebrauch waren, wenn man auch ohne weiteres annehmen kann, daß ihre Verwendung durch Dumoulin ihr Ansehen gestärkt haben wird – gegenüber dem Ansehen D'ARGENTRÉS und seiner Verdammung aller dieser Kriterien eine nicht unwichtige Tatsache; ob die Förderung dieser doch immer recht willkürlich gebrachten Anhaltspunkte zur Bestimmung des Charakters eines Statuts für die Entwicklung zum Vorteil war, steht dabei allerdings auf einem andern Blatt. Einschränkend ist hierzu zu sagen, daß alle diese Argumente vielfach den Charakter von Hilfserwägungen erhalten, mit denen man den Grundsatz der lex situs bekräftigt oder das Abweichen von ihm rechtfertigt – wiederum ein Beweis für den überragenden Einfluß D'ARGENTRÉS. Andere Argumente, wie sie vornehmlich von den Niederländern verwendet werden, sind Dumoulin fremd: so die zeitweilige Untertanschaft [14] und die Erklärung der extraterritorialen Wir-

[4] Oben S. 146 f. [5] Oben S. 165. [6] Oben S. 221.

[7] CHOPPIN, oben S. 126; CHALLINE, oben S. 143; RENUSSON, oben S. 147, 210; LE BRUN, oben S. 152; GAILL, oben S. 165; PECK, oben S. 151 f.; STOCKMANS, oben S. 161; PAUL VOET, oben S. 174 f.; BOULLENOIS, oben S. 192 Anm. 43; BOUHIER, oben S. 197, 200.

[8] BRODEAU, oben S. 137 (wohl unmittelbar auf Dumoulin zurückzuführen).

[9] CHALLINE, oben S. 142 f.; GAILL, oben S. 164; PAUL VOET, oben S. 174; BOUHIER, oben S. 197; BOULLENOIS, oben S. 191 A. 35 a. E., S. 193 Anm. 43 u. a.

[10] CHALLINE, oben S. 141; MEVIUS, oben S. 166 f.

[11] COQUILLE, oben S. 130; RENUSSON, oben S. 146; PECK, oben S. 151; BOUHIER, oben S. 197 f.

[12] CHARONDAS, oben S. 134.

[13] COQUILLE, oben S. 129; MEVIUS, oben S. 166; JOH. VOET, KOLLEWIJN 110; BOULLENOIS, oben S. 188.

[14] BURGUNDUS, oben S. 214; HUBER, oben S. 177; HERT, oben S. 169.

kung eines Statuts aus der Natur der Sache [15], die mit der natürlichen Gerechtigkeit nicht verwechselt werden darf.

Zusammenfassen zu wollen, wieweit im Bereich der Einzellösungen der strittigen Fragen der Statutenlehre eine Einflußnahme Dumoulins auf die nachfolgenden Schriftsteller und Gerichtsentscheidungen feststellbar ist, würde zu weit und zu einer ermüdenden Wiederholung führen; wo sich die Statutisten bei ihren Entscheidungen mit Dumoulin auseinandergesetzt haben, wurde es vermerkt. Nunmehr sei nur noch einmal die Frage des stillschweigenden Vertrags im Bereich des ehelichen Güterrechts herausgehoben. Hier hat sich Dumoulins Theorie gegen die Kritik D'ARGENTRÉS durchgesetzt, dessen Argumente von den Gegnern der Parteiautonomie auch heute noch mit Vorliebe benützt werden. Abgesehen von wenigen – CHOPPIN, BASNAGE in Frankreich, PECK, VAN DER MUELEN u. a. in den Niederlanden – folgen Dumoulin in diesem Punkt selbst solche Vertreter der Maßgeblichkeit der lex situs wie BURGUNDUS und JOH. VOET; in Frankreich ist Dumoulins Lehre heute noch geltendes Recht [16].

Wie ist es mit dem Grundsatz der Wahlfreiheit der Parteien im Vertragsrecht? Daß Dumoulin dem Parteiwillen nur im Rahmen der materiellen Vertragsfreiheit größere Berücksichtigung gegenüber einer zu starren Anknüpfung an den Vertragsort verschaffen wollte, und daß die Idee des stillschweigenden Vertrags von der Rechtswahl zu trennen ist, wurde bereits erörtert. Eine eigentliche Theorie der Wahlfreiheit ist aber, angeregt durch die Gedanken Dumoulins, auch von seinen Nachfolgern nicht entwickelt worden [17]. Prüfstein ist immer die Ausschaltung der zwingenden, prohibitiven Gesetze, und zwar nicht nur der Gesetze die zum „ordre public“ gehören, welcher Begriff bei den Statutisten erst im Keime vorhanden ist, sondern aller Statuten „sic volo sic jubeo“, die „non pendent a voluntate partium“ – und hier zeigt sich immer wieder, daß ihre Außerkraftsetzung durch einen Parteiwillen, der sich auf ein anderes Gesetz beruft, an sich abgelehnt wird [18]. Wenn RENUSSON [19] den Eheschließenden unter gewissen einschränkenden Vor-

---

[15] RODENBURG, oben S. 159.

[16] Vgl. BATIFFOL, Traité 243; Berufungsgericht Aix, Revue Critique de Droit int. privé 40 (1951) 284 ff., und Anm. LOUSSOUARN daselbst mit geschichtlichem Überblick.

[17] Ebenso DELAUME 283 ff. Bemerkenswert ist, daß Dumoulin wie seine Nachfolger den Willen der Parteien meist überhaupt nur bei den Eheverträgen erwähnen.

[18] D'ARGENTRÉ, oben S. 205; CHOPPIN, oben S. 206 f.; BRODEAU, oben S. 209; RENUSSON, oben S. 212; RODENBURG, oben S. 217 Anm. 53; PAUL VOET, oben S. 218; JOH. VOET, oben S. 221 f.; HERT, oben S. 227.

[19] S. oben S. 210 ff.

aussetzungen die Wahl ihres Güterrechts gestattet, so nicht kraft eines verweisungsrechtlichen Grundsatzes – wie fern liegt dieser Gedanke den Statutisten! –, sondern als besondere Ausnahme, die nur durch die angestrebte Einschränkung des odiosen und exorbitanten normannischen Statuts gerechtfertigt wird. BOULLENOIS erklärt das Statut betreffend die eheliche Gütergemeinschaft für personal, weil es ihm unerträglich erscheint, daß prohibitive Statuten am Ort, wo der Mann seine Erwerbungen macht, die Gütergemeinschaft ausschließen und damit die Frau um die Früchte ihrer Arbeit und ihres Rechts bringen könnten; ausgeschlossen können aber eben nur die Wirkungen von Parteivereinbarungen sein, nicht die Wirkung eines personalen Statuts [20]. Immer wieder versichert dieser Autor mit großem Nachdruck, daß Verträge nur gelten sans offenser aucune loi, alles andere wäre ein Attentat auf die Gesetze [21]. Daher ist die Berücksichtigung des Parteiwillens in den dem Vertragsrecht gewidmeten Kapiteln des Traité von BOULLENOIS Teil der Auslegung, nicht Anknüpfung [22], die gleichermaßen auf die Worte des Gesetzgebers zurückgreift und die für Testamente ebenso gilt wie für Verträge [23], während niemand etwa den Gedanken hegt, der Testator könne das ihm genehme Testamentsrecht wählen und dieser Wille müsse aus dem Testament zu ermitteln sein [24]. Das Recht, das die Verträge beherrscht, wird meist nach den bewährten Regeln durch den Abschluß- oder Erfüllungsort bestimmt; welche allerdings die prohibitiven Statuten sind, die die Grenze des freien Willens bilden, wird nicht so recht ersichtlich; hauptsächlich wohl die lex situs (sagt doch etwa BURGUNDUS, ihm sei unbegreiflich, wie man den Gedanken an die lex situs aus den Erwägungen über das Vertragsrecht verbannen könne, oben S. 215), ebenso aber auch die lex domicilii der Vertragschließenden – hier spielt vielfach der Gedanke hinein, daß die Parteien sich dem Zugriff ihres Heimatrechts nicht entziehen könnten, daß ihr Willen gebunden sei –

[20] Oben S. 229 f. Anm. 98, 234, 236.

[21] Oben S. 231.

[22] „Ohne mich von der 6. Regel zu entfernen (oben S. 235), die nur die conventions précises et non sujettes à interprétation betreffe", sagt BOULLENOIS aus Anlaß eines Falles, wo er statt der lex loci contractus die lex domicilii debitoris anwenden will, Traité II 496, obs. 46.

[23] S. oben S. 236.

[24] Wohlbekannt ist den Statutisten hingegen die Begründung einer erbrechtlichen Verweisungsnorm, etwa der Geltung der lex domicilii des Erblassers, mit dessen vermutetem Willen, s. oben S. 112 ff. An sich stünde nichts im Wege, auch im Erbrecht an den Willen des Einzelnen (also des Erblassers) anzuknüpfen, man vgl. das heutige Schweizer Recht, MOSER 175, und BATIFFOL, Traité 656 Anm. 1.

und ebenso auch die lex fori [25]. Die beiden letzteren nennt BOULLENOIS „deux lois bien impérieuses" [26]. Wo bei der Erörterung von Verweisungsnormen der Parteiwille eine Rolle spielt, geschieht dies zu ihrer Erklärung und Begründung; eine Theorie der Parteiautonomie will aber nicht abstrakte Kollisionsnormen begründen, sondern im Einzelfall Anknüpfungen vermitteln und jene Normen gerade entbehrlich machen. Zu einer Formulierung des Grundsatzes der Wahlfreiheit hätte es auch einer besseren Klärung der Begriffe bedurft, als sie den Statutisten gelungen war; man hätte sich darüber Rechenschaft ablegen müssen, daß es zunächst gilt, ein Recht zu finden, das an sich anwendbar ist, und daß dann die einzelnen Gesetze des forum, des Lageorts und des Heimatorts der Parteien daraufhin zu untersuchen sind, inwieweit sie auf den Vertrag Einfluß nehmen wollen. Es hätte vor allem einer Entledigung der Betrachtungsweise vom Statut allein her bedurft, die, wie gesagt, an sich für die Parteiautonomie überhaupt keinen Raum läßt. Schließlich darf man auch nicht übersehen, daß im gewöhnlichen Vertragsrecht für eine verweisungsrechtliche Wahlfreiheit zur damaligen Zeit kaum ein Bedürfnis bestanden hatte, galt doch weithin das römische Recht als Verkehrsrecht, so daß Verweisungsfragen gar nicht auftauchten, und war auch der damalige Handelsverkehr nicht mit dem heutigen zu vergleichen [27]. So haben auch HUBER und JOHANNES VOET den Begriff der Parteiautonomie noch nicht erarbeitet, wenn auch ihre Ausführungen einen Schritt vorwärts bedeuten und die Lehre von den Fesseln der starren Vermutungen, die neben die dem römischen Recht entnommenen Regeln getreten sind, befreit haben oder zu befreien versuchten [28].

Ob sich in der deutschen Doktrin des 17. und 18. Jahrhunderts eine klarere Formulierung des Gedankens der Parteiautonomie findet, müßte

[25] Vgl. BOULLENOIS, Traité I 175, obs. 12.

[26] Traité II 447, obs. 46. Soweit Unklarheiten des Vertrages einen Rückgriff auf die Umstände gebieten, bleibt BOULLENOIS die Unsicherheit nicht verborgen, die damit im Rechtsverkehr hervorgerufen werden kann; „parce que l'on pourra se déterminer par des conjectures peu solides, et que le cerveau des hommes n'est pas unanimement frappé des mêmes circonstances"; man vermeint einen Kritiker der heutigen Rechtsprechung zur Parteiautonomie zu vernehmen. Dieser Übelstand scheint BOULLENOIS solange unheilbar, als man nicht die gewöhnlich auftauchenden Fragen einer (verweisungsrechtlichen) Regelung unterworfen hat: auch dies wieder ein Beweis, daß ihm eine Regelung fern liegt, die dem Parteiwillen das Amt der Kollisionsnorm überträgt!

[27] Man vgl. die Ansicht HERTS, oben S. 229, schriftlich abgeschlossene Verträge unterlägen nur „dem Naturrecht": HERT meint damit, Abänderungen dieses Verkehrsrechts durch die örtlichen Rechte von Käufer und Verkäufer sollten, da dem Partner unbekannt, auf den Vertrag keinen Einfluß haben.

[28] Oben S. 220 Anm. 67 und S. 225 Anm. 73.

einer eigenen Untersuchung vorbehalten bleiben; doch kann wohl schon jetzt mit Wahrscheinlichkeit gesagt werden, daß der auslösende Funke dann nicht auf Dumoulin zurückzuführen sein wird. Die Geburtsstunde des unser Schuldrecht beherrschenden Grundsatzes ist aber doch wohl im 19. Jahrhundert zu suchen.

§ 2

Das 19. Jahrhundert

Das 19. Jahrhundert bringt die Überwindung der Statutentheorie; sie ist verknüpft mit den Namen STORY, WÄCHTER und SAVIGNY. Nach diesen drei Begründern einer neuen Epoche in der Geschichte des internationalen Privatrechts wird die Beschäftigung mit den Erkenntnissen der Statutisten von einem Anliegen der Rechtslehre zu einem Gegenstand der Rechtsgeschichte.

1. Mit STORY[1] beginnt das internationale Privatrecht – das ihm auch diesen Namen verdankt –, sich der Statutenlehre zu entledigen und nach neuen Wegen zu suchen. STORY räumt zwar in seinem Werk[2] den Ansichten der Statutisten einen sehr weiten Raum ein, doch darf man sich dadurch nicht täuschen lassen; STORY läßt die Statutisten an dem Leser vorbeiziehen, wobei die Ausführlichkeit, mit der sie zu Wort kommen, nicht immer die fehlende Verarbeitung ihrer Texte durch den Verfasser ersetzen kann; in der Tat wiederholt STORY sich nicht nur bisweilen in den Zitaten, sondern diese sagen auch nicht immer das, wofür sie angezogen werden. Dennoch gibt er ein eindrucksvolles Rundbild der Statutenlehre, vor allem ihrer Art der Beweisführung. In den Fragen des Geltungsgrundes des Kollisionsrechts ist STORY von HUBER und den andern Vertretern der comitas-Lehre beeinflußt; in praktischen Fragen folgt er hingegen stets den durch das common law aufgestellten Grundsätzen; sein hervorstechendstes Zuordnungsprinzip bildet die Einteilung nach Grundstücken und beweglichen Sachen[3]; selten ist STORY bereit, der Beweisführung der kontinentalen Juristen Zugeständnisse zu machen. Wie er die Werke aller bedeutenden Statutisten gebührend zitiert, so auch das von Dumoulin; doch sind es vor allen Dingen die Niederländer und die französischen Forscher des 18. Jahrhunderts: BOULLENOIS,

[1] Vgl. ZWEIGERT, Die Gestalt Joseph Storys, Zeitschrift f. d. ges. Staatswissenschaften 105 (1949) 590 ff.

[2] Commentaries on the conflict of laws (8. Aufl. 1883).

[3] Vgl. oben S. 180 Anm. 53.

BOUHIER, FROLAND und MERLIN, deren Meinungen vermerkt werden; seltener greift STORY auf BARTOLUS und BALDUS, zuweilen auf andere Italiener, wie ALEXANDER und PAUL DE CASTRO, zurück. Manchesmal hat man sogar den Eindruck, daß STORY die vielfachen Meinungen in einer praktischen Frage zu dem Zweck vorführt, um den Leser von der Nichtigkeit aller der besprochenen Argumente und der Wohlbegründetheit der Stellung des common law zu überzeugen.

STORY beginnt mit einer Übersicht über die kontinentale Lehre[4] und verweist auf ihre zahlreichen Schwierigkeiten: „The subject is in itself full of difficulties, but it has been rendered more perplexed by metaphysical niceties and overcurious learning"; die Klage von BOULLENOIS, daß man „bei gewissen Gelegenheiten ein bißchen zu viel philosophiere"[5], findet also bei STORY Gehör. STORYS allgemeine Regeln, die er im zweiten Kapitel entwickelt, atmen den Geist der niederländischen Schule und sind merklich an den Leitsätzen HUBERS ausgerichtet. Erster und allgemeinster Grundsatz ist ihm die ausschließliche Souveränität und Gerichtsbarkeit des Staates und die Begrenzung seiner Macht auf das Staatsgebiet. Daß andererseits jeder Bürger auch im Ausland den Gesetzen seines Heimatlandes unterworfen bleibt (personal allegiance), soll für die Gerichte nur des Heimatstaats, nicht aber des Auslands verbindlicher Grundsatz sein (S. 21 ff.); jedoch kann andern Gesetzen aus comitas Raum gewährt werden.

Nach diesen allgemeinen Betrachtungen wendet STORY sich den einzelnen Problemen zu. Er beginnt – ebenso wie SAVIGNY – mit der Vorabbehandlung des Domizilbegriffs (Kap. 3) und wendet sich dann zur Geschäftsfähigkeit (capacity, Kap. 4); nach langen Zitaten der kontinentalen Juristen, unter ihnen auch Dumoulins, und angloamerikanischer Entscheidungen faßt STORY die widersprechenden Ergebnisse dahin zusammen, daß „no general rules have been or can be established"[6] und daher, wie HUBER festgestellt habe, die den status und die capacitas betreffenden Gesetze keine extraterritoriale Wirkung beanspruchen können; es folgen dann einige Regeln, in denen für Rechtshandlungen, Erwerb von Rechten, Abschluß von Verträgen, Fragen der Volljährigkeit, Geschäfts- und Ehefähigkeit die Maßgeblichkeit der lex loci actus vertreten wird. STORY schließt das Kapitel mit folgender Erkenntnis: „In short, every nation, in these and the like cases, will govern itself by such rules and principles as are best adapted in its own judgment to subserve

[4] Kap. I Nr. 11.
[5] Vgl. oben S. 193 Anm. 43.
[6] Kap. IV Nr. 98, S. 168.

its own substantial interests and fixed policy, and to uphold its own institutions, as well as to promote a liberal intercourse, and a spirit of confidence and reciprocal comity with all other nations.“ [7]

In der Frage des auf das eheliche Güterrecht anwendbaren Rechts teilt STORY die Untersuchung in zwei Teile: 1. die Ehegatten haben ihren Wohnsitz nicht gewechselt, 2. sie haben ihn nachträglich verlegt. Zunächst wird in aller Breite die Meinung der foreign jurists verzeichnet; nach Anführung der Huberschen Ansicht folgt eine Darstellung der Lehren vom stillschweigenden Vertrag. „Dumoulin was the author, or at least the most distinguished advocate of this latter doctrine“ [8], für welche weiter ausführlich COCHIN, LE BRUN, HERT, MERLIN, RODENBURG, BOULLENOIS, POTHIER, für die Gegenmeinung D'ARGENTRÉ, VAN DER MUELEN und FROLAND zu Worte kommen. STORY macht sich jedoch die Ansicht von Justice PORTER vom Supreme Court von Louisiana zu eigen, wonach nur bewegliche Sachen dem Recht des Wohnsitzes unterliegen, denn „movables have no situs“, Grundstücke jedoch der lex situs [9]. Auch für die zweite Frage werden die gleichen Verfasser zitiert; unter dem Einfluß des Supreme Court von Louisiana faßt STORY hingegen seine Ansicht in folgenden Punkten zusammen: [10]

1. Ein güterrechtlicher Vertrag ist überall gültig, wo nicht ein verbie-

[7] Kap. IV Nr. 101 ff., S. 170 ff. (175).

[8] Kap. VI Nr. 147, S. 243.

[9] In Louisiana bestand im Gegensatz zu den common law-Staaten die eheliche Gütergemeinschaft des französischen Rechts. In Sachen *Saul v. his Creditors* äußerte Justice PORTER hierzu folgende Ansicht: „...; and that this opinion is, by most of them founded on the idea first promulgated by Dumoulin that, where the parties marry without an express nuptial contract, they must be presumed to contract with reference to the law of the country where the marriage took place, and that this tacit contract follows them wherever they go. But that court are of opinion that the ground is unsatisfactory especially when it is applied to cases of property acquired after a subsequent change of domicil of the parties. Their view of the subject is, that, if the doctrine of a tacit contract be admissible at all, the contract is to be construed in the same way as if the laws of the contract of the marriage were inserted in it; and that, as far as they are deemed real laws, and not to be personal laws, they are necessarily territorial, and can be construed to apply only to acquests or acquisitions within that particular country. The extent of the tacit agreement depends upon the extent of that law. If it has no force beyond the jurisdiction of the sovereign by which it has been enacted; if it is real, and not personal; then the tacit consent of the parties cannot turn it into a personal statute. The parties have not said so; and they are presumed to have contracted in reference to the law, such as it was; to have known its limitations as well as its nature; and to have had the one as much in view as the other. In one word, the parties have agreed that the law shall bind them, as far as that law extends, but no further“ Kap. VI Nr. 157, S. 249 f.

[10] Kap. VI Nr. 184 ff., S. 267 ff.

tendes Statut entgegensteht, verleiht bezüglich Grundstücken extra territorium jedoch nur ein „right of action";

2. wo der Vertrag nur im Hinblick auf das gegenwärtige Vermögen geschlossen worden ist, gilt nach Wohnsitzwechsel die neue lex domicilii;

3., 4. wo ein Vertrag fehlt, gilt das Recht des ehelichen Wohnsitzes für alle *beweglichen Sachen* extra territorium, die zum gegenwärtigen und, wenn kein Wohnsitzwechsel erfolgt, auch künftigen Vermögen gehören;

5. Wo ein Wohnsitzwechsel eintritt, gilt das neue Wohnsitzrecht für die danach folgenden Erwerbungen von beweglichen Sachen;

für *unbewegliche Sachen* gilt in 3–5 die lex situs, soweit nicht

6. die lex fori oder

7. sonstige Erwägungen des ordre public entgegenstehen.

8. „The doctrine of tacit contract to regulate the rights and duties of matrimony, in cases where there is no express contract, according to the law of the place where the marriage has been celebrated, is questionable in itself; and, even when admitted, must be liable to many qualifications and restrictions. We have seen that it has been much doubted in Louisiana; and the Scottish courts have utterly refused ... to allow the doctrine of such a tacit contract to regulate the rights of divorce" [11].

Daß der „eheliche Wohnsitz" nicht der zufällige Ort der Eheschließung, sondern die eigentliche Niederlassung ist, wird unter Zitierung der Verfasser und in Übereinstimmung mit dem Gericht in Louisiana dargestellt [12].

Kapitel 8 „Foreign Contracts" [13] ist dem internationalen Vertragsrecht gewidmet. STORY beginnt mit den leges si fundus und contraxisse und den Versuchen Dumoulins und anderer, ihre Vereinbarkeit herzustellen. Ausführlich werden die Darlegungen von MEVIUS, BURGUNDUS, HERT, HUBER, BARTOLUS, BOULLENOIS [14], COCHIN und DAGUESSEAU [15] geschildert, Dumoulin wird als Schöpfer der Lehre von der Maßgeblichkeit der lex loci contractus bezeichnet [16]. Nach common law gilt dieses Recht für die Fragen der Gültigkeit und Ungültigkeit von Verträgen, soweit die Parteien nicht in fraudem legis handeln oder die öffentliche Ordnung und Moral des forum widerspricht [17].

[11] Kap. VI Nr. 190, S. 270.

[12] Kap. VI Nr. 191 ff., S. 271 ff.

[13] Kap. VIII Nr. 231 ff., S. 315 ff.; vgl. NEUMANN 51 ff.

[14] Kap. VIII Nr. 236–240, S. 318 ff.

[15] Kap. VIII Nr. 241, Anm. 2, S. 325.

[16] Kap. VIII Nr. 242, Anm. 3, S. 326 unter Verweis auf die oben S. 112 Anm. 6 genannte Stelle.

[17] Kap. VIII Nr. 242 ff., S. 326 ff.

Die Förmlichkeiten des Vertrags unterliegen ebenso der lex loci contractus; daß dies jedoch auf einer Unterwerfung der Parteien unter dieses Gesetz beruhen soll, wie es einige Statutisten behaupten, wird von STORY verneint: „It would be perhaps more correct to say that the law of the place of the contract acts upon it, independently of any volition of the parties, in virtue of the general sovereignty possessed by every nation to regulate all persons and property and transactions within its territory. And in admitting the law of a foreign country to govern in regard to contracts made there, every nation merely recognizes, from a principle of comity, the same right to exist in other nations which it demands and exercises in itself" [18].

Die Anwendung der lex loci contractus für die Fragen von Inhalt und Auslegung des Vertrags wird sodann in sehr eingehenden Ausführungen erhärtet [19]; daß dies auf einer Unterwerfung der Parteien unter dieses Gesetz, auf ihrer Wahl desselben, beruhen soll, erscheint nicht als Ausgangspunkt, sondern gewissermaßen nur im Nebensatz [20]; ob das Maß eines Grundstückes der lex situs oder der lex loci contractus zu entnehmen ist, läßt STORY unentschieden [21]. Nicht ganz vereinbar mit seiner Hauptregel ist allerdings folgende Stelle, die sich zwischen lauter Verweisungen auf die lex loci contractus findet: „Especially in interpreting ambiguous contracts ought the domicil of the parties, the place of execution, the various provisions and expressions of the instrument and other circumstances to be taken into consideration" (S. 368). Die von Dumoulin vorgeschlagenen Abweichungen von der lex loci contractus nach Lage des Falls [22] werden zwar im Wortlaut gebracht [23], aber ebenso wie andere, den gemeinsamen Wohnsitz der Parteien berücksichtigende Meinungen als „niceties" abgelehnt [24]. Inwieweit der Erfüllungsort als

[18] Kap. VIII Nr. 260 ff., S. 345 ff. (348), mit Verweis auf Dumoulin, lectura Tubingensis; O. o. I 224 (vgl. S. 18 Anm. 1) und Cons. 53 Nr. 9 (vgl. oben S. 22 Anm. 15). S. auch oben S. 102 Anm. 125.

[19] Kap. VIII Nr. 263 ff., S. 351 ff.

[20] Vgl. Kap. VIII Nr. 270, S. 364 (im Abschnitt „interpretation"): „Hence the rule has found admission into almost all, if not into all, systems of jurisprudence, that if the full and entire intention of the parties does not appear from the words of the contract, and if it can be interpreted by any custom or usage of the place where it is made, that course is to be adopted"; Nr. 280, S. 376: „... there the general rule is in conformity to the presumed intention of the parties".

[21] Kap. VIII Nr. 271 a, S. 366 ff., unter Verweis auf CHOPPIN, JOH. VOET und Dumoulin.

[22] S. oben S. 24 ff.

[23] Kap. VIII Nr. 274 a, S. 370 f.

[24] Kap. VIII Nr. 279, S. 375: „In the common law of England and America all these niceties are discarded. Every contract, whether made between foreigners or

Vertragsort erscheint, bildet den Inhalt weiterer eingehender Untersuchungen, in denen nicht nur die Ansichten der kontinentalen Juristen, sondern auch eine Fülle von Entscheidungen angloamerikanischer Gerichte in Einzelfragen in extenso dargestellt werden[25], insbesondere wird breiter Raum den Erörterungen über die dinglichen Sicherheiten von Verträgen gewährt; es folgen Erörterungen über den Sitz der Schulden[26] und das auf Verträge anwendbare Recht, wenn Grundstücke ihren Gegenstand bilden[27]; in ihnen folgt STORY dem common law, denn „after all, looking at the great diversity of views of foreign jurists, there is much reason to be satisfied with the general rule of the common law on this whole subject; that is to say, that in respect to movables the law of the place where the contract is made will, with few exceptions, be allowed to govern the forms and solemnities thereof; but as to immovables, no contract is obligatory or binding unless the contract is made with the forms and solemnities required by the local law where they are contracted (lex situs)" (S. 531).

Die nächsten beiden Kapitel sind den beweglichen und unbeweglichen Sachen gewidmet. Erstere folgen, nach allgemeiner Meinung, dem Recht des Eigentümers[28], letztere dem Recht des Lageorts[29]. Bei der Durchführung dieser Grundsätze untersucht STORY zahlreiche Einzelfragen, die an Hand von Aussprüchen kontinentaler und englischer und amerikanischer Autoren und Richter besprochen werden. In diesem Fall kommt Dumoulin verhältnismäßig wenig zu Wort[30]. Weitere Anwendungen

---

between foreigners and citizens, is deemed to be governed by the law of the place where it is made and is to be executed."

[25] Kap. VIII Nr. 280 ff., S. 376 ff.

[26] Kap. VIII Nr. 362, S. 507 ff.

[27] Kap. VIII Nr. 363 ff., S. 510 ff.

[28] Kap. IX Nr. 374 ff., S. 533 ff.

[29] Kap. X Nr. 428 ff., S. 598 ff.

[30] Erwähnt sei, daß für die Form von Rechtsgeschäften, insb. Testamenten, betreffend Grundstücke die lex situs für maßgebend erachtet wird; da STORY hier von der einhelligen Meinung der Statutisten abweicht, werden sie besonders ausführlich zitiert; man hat jedoch den Eindruck, daß alle Argumente zwar vorgeführt, aber für völlig unverbindlich angesehen werden, vgl. Kap. X Nr. 444, S. 622: „It is hardly possible to conceive a stronger illustration of the difficulty of undertaking to build up systems of jurisprudence upon mere theory and private notions of general convenience. The common law has wisely adhered to the doctrine that the title to real property can pass only in the manner, and by the forms ... allowed by the local law. It has thus cut off innumerable disputes, and given simplicity as well as uniformity, to its operations." (Man vergleiche die Bemerkungen zu D'ARGENTRÉ oben S. 107.)

Gleiches gilt für die Rechte des Mannes an der Mitgift (lucrum dotis): „Dumoulin asserted the same doctrine (wie BALDUS, maßgeblich sei das Wohnsitzrecht der Ehegatten) upon his favorite theory that in all cases the law of the matrimonial domicil constituted a tacit contract between the parties. There are many jurists who maintain

finden sich in den folgenden Kapiteln über Testamente (XI) und die gesetzliche Erbfolge (XII); das Recht des Vormunds ist nach Ansicht STORYS und des common law streng örtlich begrenzt, selbst hinsichtlich der Verwaltung beweglicher Sachen [31]; ähnliches gilt für den Testamentsvollstrecker [32]. Zuständigkeit, Urteil, Verfahren und Vollstreckung bilden den Gegenstand der weiteren Ausführungen (Kap. XIV); die Verjährung zählt STORY zum Prozeßrecht, wobei er die abweichende Ansicht mancher Statutisten, auch Dumoulins [33], diesmal nicht nur verzeichnet, sondern sich etwas eingehender mit ihr auseinandersetzt [34]. Im 15. Kapitel behandelt STORY die Wirkungen von Urteilen im Ausland, je nachdem ob sie Sachen, Ernennungen von Vormündern, Eheschließung und -scheidung oder Personen betreffen. Nach einem Kapitel über penal law and offences schließt er seine Commentaries, von denen mehr als einen flüchtigen Überblick zu geben nicht Aufgabe dieser Arbeit sein kann, mit Ausführungen über das Beweisrecht, das er zum Verfahrensrecht zählen möchte; er ist sich aber der Schwierigkeiten einer sauberen Abgrenzung voll bewußt [35].

2. WÄCHTER erwähnt Dumoulin nicht mehr. Seine kritische Darstellung [36] hat der Statutentheorie den Todesstoß versetzt; doch ist auch bei ihm der Einfluß des geschichtlich Gewordenen so stark, daß das ihm anhaftende Etikett eines Vertreters der grundsätzlichen Anwendung der lex fori – ähnlich wie bei den Schöpfern der comitas-Lehre – dem tatsächlichen Gehalt seiner Ansichten nicht gerecht wird [37].

Dem Willen der Parteien räumt WÄCHTER nur im Bereich des dispositiven Rechts einen Platz ein. Der Inhalt gebietender Normen ist der Autonomie der Parteien nicht unterworfen, über die Anwendung solcher Gesetze könne auch der wahrscheinliche Wille der Parteien nicht ent-

the same opinion," Kap. X Nr. 450, S. 631 f.; doch die Lehre des common law „seems uniformly to be, that in all cases of this sort, the law of the place rei sitae is to govern", Nr. 454, S. 634; gleiches gilt von den Rechten des Vaters am Kindesvermögen: „The common law has avoided all these difficulties by a simple and uniform test. It declares that the law of the situs shall exclusively govern in regard to all rights, interests and titles, in and to immovable property. Of course it cuts down all attempts to introduce all foreign laws, whether they respect persons or things, or give or withhold the capacity to acquire or to dispose of immovable property", Nr. 463, S. 639.

[31] Kap. XIII Nr. 504 f., S. 701 f.

[32] Kap. XIII Nr. 512, S. 713.

[33] Kap. XIV Nr. 581, S. 799 f.

[34] Vgl. Kap. XIV Nr. 578, S. 796.

[35] Kap. XVII Nr. 634 a, S. 857 f.

[36] Über die Collision der Privatrechtsgesetze verschiedener Staaten, Archiv für die civ. Praxis 24 (1842) 230 ff.; 25 (1843) 1 ff., 161 ff., 361 ff.; vgl. NEUMANN 27 f.

[37] Vgl. 24 (1841) 268.

scheiden [38]. Die Auslegung ihrer Erklärungen richtet sich, wenn keine ausdrückliche Verweisung im Rahmen der ihnen eingeräumten Freiheit erfolgt ist, nach dem Recht des Abschlußorts; Wächter geht hierbei auf die verschiedenen Ansichten der Statutisten, die lex si fundus und andere Stellen des römischen Rechts ausführlich ein, ohne Dumoulins Namen zu erwähnen.

Das an sich maßgebende Gesetz, das den Umfang der Wahlfreiheit bestimmt, ist im allgemeinen die lex fori, deren Prohibitivgesetze nicht ausgeschaltet werden können; Wächter zählt hierzu als Beispiele die Verbote der Einklagung wucherlicher Zinsen oder von Spielschulden, also Fälle, die schon den eigentlichen ordre public betreffen [39]. Anders ist es „dort, wo der Richter nach dem Sinn unserer Gesetze ein Rechtsverhältnis lediglich nach fremdem Recht zu beurtheilen hat" [40] wie im Bereich der ehelichen Güterverhältnisse. An sich folgt auch Wächter der Theorie von der stillschweigenden Übereinkunft, deren Bedeutung er unterstreicht, wenn ein nachträglicher Wechsel des Wohnsitzes eingetreten ist [41]; soweit aber die Autonomie nach den Gesetzen des Staates, in dem der Ehemann wohnt, nicht eingreifen darf, haben diese, nicht die lex fori, zu entscheiden [42]; die Absicht des Gesetzgebers sei nicht gewesen, über die Sachen seines Bereichs, sondern über die ihm unterworfenen Personen zu statuieren. Deshalb richtet sich für Wächter auch die Fähigkeit zu Schenkungen zwischen Ehegatten nach dem gleichen Recht.

Im Bereich der persönlichen Eigenschaften anerkennt Wächter ein Gewohnheitsrecht dahingehend, daß diese an sich dem Wohnsitzrecht der Person unterliegen; welche Wirkungen diese Eigenschaften allerdings haben, bemesse sich nach der lex fori. Ob also ein Fremder minderjährig oder adlig ist, hänge von seinem Wohnsitzrecht ab, welche Wirkungen sich daraus ableiten lassen (restitutio in integrum, Unverjährbarkeit gewisser Forderungen, Adelsprivilegien), richte sich nach der lex fori [43].

Das gemeinsame Wohnsitzrecht der Beteiligten beherrscht auch die Familienverhältnisse und ihre persönlichen Wirkungen [44]; inländisches Recht ist aber anzuwenden, wenn einer der Beteiligten dem Forumstaat angehört [45]; auch sind Handlungen nicht zu dulden, die zwar in diesen Bereich gehören, die der Staat aber an und für sich für unzulässig er-

---

[38] 25 (1843) 35 ff. (39); 402 ff.
[39] 25 (1843) 402.
[40] Ebda. 36.
[41] Ebda. 47 ff.
[42] Ebda. 362.
[43] Ebda. 176 ff.
[44] Ebda. 184 ff.
[45] Ebda. 186 ff.

klärt, es könne also bei uns ein Engländer nicht seine Frau an einem Strick auf den Markt führen und dort verkaufen wollen [46].

Aus dem Willen des Gesetzgebers leitet WÄCHTER weiter die einheitliche Anwendung des Wohnsitzrechts des Erblassers auf die Erbfolge und letztwilligen Verfügungen ab, wobei es keinen Unterschied mache, ob Grundstücke oder bewegliche Sachen zum Nachlaß gehören; wo dagegen das Gesetz etwas über die Sachen als solche bestimmt, wie beim Besitz und bei Sachenrechten, gelte die lex situs, also das ausländische Recht bei ausländischem Lageort [47].

Für die Form endlich gilt nach der Ansicht von WÄCHTER die lex loci actus fakultativ neben dem Wohnsitzrecht des Erblassers (bei Testamenten) und dem Recht des Erfüllungs- und Klageorts (bei Verträgen) [48].

3. SAVIGNY bildet den Auftakt einer neuen Epoche in der Geschichte des Kollisionsrechts und damit das Ende unserer Untersuchungen. Die Darstellung seiner Lehren ist bereits mehrfach und vollständig erfolgt [49] und braucht hier nicht wiederholt zu werden. Lediglich einiges sei herausgegriffen.

SAVIGNYS Schriftenverzeichnis enthält folgende Namen (§ 345): BARTOLUS, D'ARGENTRÉ, RODENBURG, PAUL VOET, HERT, HUBER, JOHANNES VOET (die Abhandlung de statutis), BOULLENOIS (Traité) [50], D. MEIER, STRUVE, STORY, BURGE, SCHÄFFNER, WÄCHTER, NIC. ROCCO, FOELIX. Dumoulin wird nur einmal in einer Fußnote erwähnt [51], wo SAVIGNY auf seine Ansicht von der Auslegung der lex si fundus [52] verweist, die SAVIGNY teilt. SAVIGNY selbst steht unter merklichem Einfluß der niederländischen Statutisten und STORYS, deren Ansichten sich in der „freundlichen Zulassung des fremden Rechts unter souveränen Staaten" wiederfinden [53].

SAVIGNYS größte Bedeutung beruht wohl in dem Wechsel der Fragestellung im Kollisionsrecht: nicht mehr der Bereich des Gesetzes, sondern der Sitz des Rechtsverhältnisses wird gesucht und damit eine neue

---

[46] Ebda. 188. [47] Ebda. 198 ff., 363 ff., 383 ff.

[48] Ebda. 368 ff. (377 f.), 405 ff.

[49] GUTZWILLER, Der Einfluß Savignys auf die Entwicklung des Internationalprivatrechts; NEUHAUS, Savigny und die Rechtsfindung aus der Natur der Sache, RabelsZ 15 (1949/50) 364 ff.; NEUMANN 29 ff.

[50] „Französische Übersetzung des Werks von RODENBURG mit sehr weitschweifigen Zusätzen", System des heutigen Römischen Rechts, VIII. Band, 3. Buch, Herrschaft der Rechtsregeln über die Rechtsverhältnisse. S. 8 ff.

[51] S. 254 Anm. 1. [52] S. oben S. 25 f. [53] S. 28.

Methode des internationalen Privatrechts eröffnet. Allerdings: SAVIGNY selbst ist sich dieses Wechsels wohl nicht immer ganz bewußt gewesen [54]; auch ist die Frage nach dem anwendbaren Recht keineswegs seine Erfindung [55]; aber ihm gebührt das Verdienst, die Existenz dieser Verschiedenartigkeit aufgezeigt und sich in der praktischen Kleinarbeit der zweiten Fragestellung zugewandt zu haben; damit hat SAVIGNY die Wissenschaft vom internationalen Privatrecht überhaupt erst in Stand gesetzt, ein System allseitiger Kollisionsnormen zu entwickeln.

Oft beruft SAVIGNY sich für die Anwendbarkeit eines Rechts auf die stillschweigende freiwillige Unterwerfung der Parteien als Kriterium; man hat darin eine Verwandtschaft zu Dumoulin gesehen [56], wohl zu Unrecht; beide Systeme sind zu verschieden, um noch ohne Gewaltsamkeit in eine andere als historische Beziehung zueinander gebracht werden zu können, zumal da SAVIGNY dieses Argument zur Begründung der allerverschiedensten Anknüpfungen benutzt: der Geltung des Rechts des Wohnsitzes des Erblassers für die Intestaterbfolge [57], der fünf Regeln, die das auf Obligationen anwendbare Recht bestimmen [58], selbst zur Begründung der Geltung der lex situs im Sachenrecht [59] und der lex domicilii im Bereich der persönlichen Rechtsverhältnisse [60]. Im Bereich des

---

[54] NEUHAUS 370. [55] Vgl. oben S. 73 Anm. 8.

[56] ROLIN I 95; „Bienqu'il cite D'ARGENTRÉ sans mentionner une seule fois Dumoulin (unrichtig, s. oben Anm. 51), il se rapproche beaucoup plus du système de ce dernier."

[57] S. 303: „Dieselbe beruht überhaupt auf dem präsumtiven, also stillschweigenden, Willen des Verstorbenen; nicht als ob ... ein solcher Wille als sichere Tatsache behauptet würde, sondern indem jedes positive Recht eine allgemeine Vermutung aufstellt, so wie sie der Natur der Familienverhältnisse angemessen erscheint. Daß nun eine solche Präsumtion in verschiedenen Gesetzgebungen so oder anders angenommen werden kann, ist ganz natürlich. Dagegen würde es sehr unnatürlich sein, in einem einzelnen gegebenen Fall der Erbfolge, dem Erblasser für verschiedene Vermögensstücke einen verschiedenen Willen durch Präsumtion unterzulegen ..." Vgl. die entgegengesetzte Ansicht über das, was die Parteien stillschweigend zu wollen scheinen, die STORY mit dem Supreme Court von Louisiana teilt, oben S. 248 Anm. 9.

[58] S. 246: „... indem dieselbe präsumtive Unterwerfung, welche den Sitz der Obligation und mit ihm den Gerichtsstand bestimmt, auch für das anwendbare örtliche Recht als bestimmend anerkannt werden muß".

[59] S. 169: „Wer an einer Sache ein Recht erwerben, haben, ausüben will, begibt sich zu diesem Zweck an ihren Ort und unterwirft sich freiwillig für dieses einzelne Rechtsverhältnis dem in diesem Gebiet herrschenden örtlichen Recht."

[60] S. 111: „Jeder mögliche Zweifel verschwindet aber für das heutige Recht, in welchem die persönliche Abhängigkeit von einem bestimmten örtlichen Recht durch den Wohnsitz bestimmt wird. Denn da der Wohnsitz selbst durch völlig freie Wahl eines jeden bestimmt wird, so kann auch für einzelne Rechtsverhältnisse die regelmäßige Befugnis zur freien Unterwerfung unter ein bestimmtes örtliches Recht keinem Zweifel unterliegen."

ehelichen Güterrechts hält SAVIGNY das Recht des ersten ehelichen Wohnsitzes für maßgebend, allerdings nicht auf Grund eines stillschweigenden Vertrags der Parteien, denn oft fehle es bei Eingehung der Ehe den Eheleuten an dem erforderlichen Bewußtsein der güterrechtlichen Wirkungen der Ehe – aber, was im Ergebnis auf das gleiche hinausläuft, auf Grund einer freien Unterwerfung, die auch durch bloßen Nichtwiderspruch möglich sei [61]. Ein weiteres, allerdings schwaches Argument für diese Lösung ist, daß die Absicht des Gesetzgebers nur dahin ziele, die einheimischen, nicht auch die zuwandernden Ehen in ihren güterrechtlichen Verhältnissen zu regeln [62].

Die Gesetze, die Schenkungen zwischen Ehegatten einschränken, haben dagegen streng „positiven" Charakter; „man wird nicht behaupten können, daß die an einem Ort des Römischen Rechts geschlossene, nachher an einen anderen Ort verlegte Ehe nur unter dem stillschweigenden Vertrag geschlossen wurde, daß in derselben zu keiner Zeit eine wirksame Schenkung vorkommen werde. Das Verbot der Schenkung ist vielmehr eine reine Beschränkung der Freiheit, der sich die Ehegatten fügen müssen, kein durch freie Unterwerfung in die Ehe herüber genommenes Rechtsinstitut" [63]; maßgebend ist hierfür mithin das jeweilige Wohnsitzrecht der Ehegatten ohne Rücksicht auf das Statut des Orts, an dem die Ehe geschlossen worden ist, aber auch ohne Rücksicht auf die lex situs des geschenkten Gegenstands [64].

Die weitere Entwicklung des Kollisionsrechts bis zur heutigen Zeit ist nicht mehr Gegenstand der vorliegenden Untersuchung; ausgedehnte Darstellungen wurden ihr bereits auf den verschiedensten Gebieten gewidmet. Die Geburtsstunde des Grundsatzes der Parteiautonomie liegt in der Mitte des vorigen Jahrhunderts, ihre wissenschaftliche Herausarbeitung ist Frucht der neuesten Doktrin [65].

---

[61] S. 331. [62] S. 333.

[63] S. 335.

[64] S. 336: „Denn der Zweck dieser Gesetze ist nicht der, von den Sachen eine Gefährdung abzuwenden, gleich als ob dieselben durch eine Schenkung unter Ehegatten Schaden leiden könnten, sondern vielmehr ... die sittliche Reinerhaltung der Ehe."

[65] In Frankreich dauert es bis 1910, bis der Kassationshof für Verträge schlechthin die Anknüpfung an den Parteiwillen als Grundsatz anerkennt, vgl. DREYFUS 31 ff., 137; BATIFFOL, Contrats 27 f., 29; DONNEDIEU DE VABRES, L'évolution de la jurisprudence française en matière de conflit de lois 234 ff. Für die Niederlande vgl. DONKER CURTIUS, La position jurisprudentielle néerlandaise en matière de loi applicable aux contrats, Revue Crit. de d. i. p. 39 (1950) 1 ff.; für Deutschland die bei HAUDEK 47 Anm. 2 zitierte Rechtsprechung.

NAMENVERZEICHNIS

VERZEICHNIS DER WERKE DUMOULINS

(nach Haag, La France protestante Bd. 5)

I. Commentariorum in Consuetudines parisienses pars I, Paris 1539
II. Consiliorum seu responsorum Alexandri Tartagni, Imolensis jurisconsulti. lib. VII, cum notis, Lyon 1543
III. Tractatus contractuum et usurarum redituumque pecunia constitutorum, Paris 1545
IV. Sommaire du livre analytique des contrats, usures, rentes constituées, intérêts et monnoyes, Paris 1547
V. Oratio de concordia et unione Consuetudinum Franciae, Paris 1608
VI. Tractatus de eo quod interest, Paris 1546. Neudruck unter dem Titel: Extricatio labyrinthi de eo quod interest, Paris 1555
VII. Tractatus duo analytici: prior de donationibus factis vel confirmatis in contractu matrimonii; posterior de inofficiosis testamentis, donationibus et dotibus; Paris 1550, 1556, 1557
VIII. Dyni Mugellani commentarius in regulas juris pontificii, cum notis, Paris 1548, 1563
IX. Stilus supremae curiae parlamenti parisiensis... cum novis annotationibus, Paris 1551
X. Commentarius analyticus in regulas cancellariae romanae hactenus in regno Franciae receptas, Lyon 1552
XI. Annotationes in jus canonicum 1550; Neudruck unter dem Titel: Ad jus pontificium seu canonicum annotationes, Paris 1603
XII. Commentarius ad edictum Henrici II contra parvas datas et abusus curiae romanae, et in antiqua edicta et senatus consulta Franciae contra annatarum et id genus abusus, multas novas decisiones juris et praxis continens, Lyon 1552
XIII. Consilia IV seu propositiones errorum in causa Philippi, landgravii Hessiae, contra comites a Nassau et principes Auriaci, Paris 1552
XIV. Annotationes ad Philippi Decii regulas juris, Lyon 1553
XV. Solemnis oratio in Tubingensi universitate habita die lunae IV cal. martias anni 1554, Tübingen 1554
XVI. Quinque solemnes lectiones Dolanae, Lyon 1557
XVII. Commentarii in Consuetudines parisienses, Paris 1558 (Zweitauflage von I)
XVIII. Consilia analytica in causa M. D. Martini ab Aragonia ducis Villae Hermosae, Lyon 1560
XIX. Tractatus analyticus de dignitatibus, magistratibus et civibus romanis quantum ad legum humanarum intellectum spectat, 1560
XX. Novus intellectus quinque legum quas C. Molinaeus in exitu Dolae auditoribus suis delineavit, die lunae 15 dec. 1556, Lyon 1560
XXI. Consilia et responsa juris analytica, Paris 1560

XXII. Nova et analytica explicatio rubricae et L. I et II de verborum obligationibus, Lyon 1562

XXIII. Extricatio labyrinthi dividui et individui, Lyon 1562

XXIV. Extricatio labyrinthi XVI legum

XXV. Novus et analyticus intellectus IV legum

XXVI. Intellectus novus et analyticus L. si partem

XXVII. Novus et analyticus intellectus in § finito in L. tribus et in totam D. L. de usufructu earum rerum quae usu consumuntur

XXVIII. Novus et analyticus intellectus L. si usufructu (XXIV–XXVIII Lyon 1562)

XXIX. Traité de l'origine, progrès et excellence du royaume et monarchie des François et couronne de France, Lyon 1561

XXX. Catéchisme ou sommaire de la doctrine chrétienne, Lyon 1563

XXXI. Apologie contre un livre intitulé La défense civile et militaire usw., Lyon 1563

XXXII. Consultation pour la noblesse de Picardie, 1564

XXXIII. Consilium super commodis vel incommodis novae sectae, seu fictitiae religionis Jesuitarum, 1594 (unter dem Titel: Consultatio an Jesuitae recipiendi in regno Franciae)

XXXIV. Conseil sur le fait du concile de Trente, réception ou rejet d'iceluy, Lyon 1564

XXXV. Collatio et unio quatuor Evangelistarum J.-Ch. cum exacta textus illibati recognitione et cum brevibus annotationibus, Paris 1565

XXXVI. Copie des articles présentés par C. Du Molin contre les ministres de la R. P. R. de son temps pour en faire informer

XXXVII. La défense de Ch. Du Molin contre les calomnies des Calvinistes et ministres de leur secte, 1565

XXXVIII. Le grand coutumier contenant les coutumes générales et particulières du royaume de France et des Gaules avec des annotations, Paris 1567

XXXIX. Le coutumier du pays et duché de Bourbonnois, annoté, Lyon 1572

XL. Commentarius in sex primos libros Codicis, Hannover 1604

XLI. Opera omnia, Paris 1612, 3 Bde.; 1624 und 1625, 3 Bde.; 1657, 4 Bde.; 1681, 5 Bde.

XLII. J. de Selva tractatus de beneficio cum notis, Paris 1628.

SCHRIFTTUMSVERZEICHNIS

Zur Einleitung:

Allgemeine deutsche Biographie, Bd. 22, Leipzig 1885

BRODEAU, Julien: La Vie de Maistre Charles du Molin advocat en Parlement, tirée des titres de sa maison, de ses propres Ecrits, de l'Histoire du Temps, des Registres de la Cour et autres monuments publics, in: Opera omnia I 1–60

BUDER, W.: Calvins Beziehungen zu Tübingen, in: Tübinger Blätter 11 (1908/09) 11 ff.

CARBONNIER, Jean: Dumoulin à Tubingue, Sonderdruck aus Revue Générale du Droit 1936

EISENBACH: Beschreibung und Geschichte der Stadt und Universität Tübingen, Tübingen 1822

HAAG, Emile und Eugen: La France protestante (2. Aufl. Paris 1886) Bd. 5

HELLO: Etudes sur les Jurisconsultes anciens et modernes, V. Dumoulin, in: Revue de législation et de jurisprudence 10 (1839) 97 ff.

HENRION DE PENSEY: Eloge de Dumoulin, Genf 1769

HUGO: Lehrbuch der Geschichte des Römischen Rechts seit Justinian, Berlin 1830

KLÜPPEL, K.: Geschichte und Beschreibung der Universität Tübingen, Tübingen 1849

LELONG: Bibliothèque Historique, Bd. IV, Paris 1768

MERVILLE: Discours sur Dumoulin, Paris 1848

NETTELBLADT: Hallische Beiträge zur juristischen gelehrten Geschichte, 1715

NICERONS Nachrichten von den Begebenheiten und Schriften berühmter Gelehrter, herausgegeben von F. E. Rambach, Bd. 18, Halle 1758

Nouvelle Biographie générale, hrsgg. von Firmin Didot Frères, Bd. 15, Paris 1858

SIMON, Denis: Nouvelle bibliothèque historique et chronologique des principaux autheurs de droit civil, Paris 1696

TAISAND, Pierre: La vie des plus célèbres jurisconsultes, Paris 1721

TÄUBER, Walter: Molinäus' Geldschuldlehre, Berliner Dissertation, Jena 1928

TERRASSON, Antoine: Histoire de la jurisprudence Romaine, Paris 1721

WARNKÖNIG: Dogmengeschichtliche Darstellung von der Lehre der lex commissoria beim Pfandrecht, in: Archiv für die civilistische Praxis 24 (1841) 17 ff.

Quellen:

ABBAS ANTIQUUS: s. Neumeyer, Zeitschrift für Völkerrecht 11 (1920) 204; Meijers, Neue Beiträge 90

ALEXANDER TARTAGNUS: Consilia, Lyon 1556/57

ARGENTRAEI, BERTRANDI, Commentaria in patrias Britonum leges seu (ut vulgo loquuntur) consuetudines antiquissimi ducatus Britanniae, Paris 1608

BALDUS: Tractatus de vi et potestate statutorum ratione personarum, territorii et rerum, herausgegeben von Meijers, Harlem 1939 (auch abgedruckt in Revue critique de Droit intern. privé 35 [1946] 203) [s. auch Meili].

BARTOLUS: In primam Codicis partem Commentaria, Augsburg 1574 [s. auch: Meili]
BELLEPERCHE, Pierre de: s. Meijers, Beiträge Beilage V; Neue Beiträge 86 f.
BOHIC, Henri: s. Meijers, Neue Beiträge 91
BOUHIER, Jean: Oeuvres de Jurisprudence, 1. Bd.: Observations sur la Coutume du Duché de Bourgogne, Dijon 1787
BOULLENOIS, Louis: Questions sur les démissions des biens, avec deux dissertations, l'une en la qu. 6 sur les statuts réels, personnels et mixtes..., Paris 1727
–: Dissertations sur des Questions, qui naissent de la Contrariété des loix et des coutumes, Paris 1732
–: Traité de la personnalité et de la réalité des loix, coutumes ou statuts, 2 Bde., Paris 1766
BOUVOT, Job: Nouveau Recueil des Arrests de Bourgogne, 2 Bde., Genf 1628
BRODEAU, Julien: Commentaire sur la Coustume de la Prévosté et Vicomté de Paris
–: Illustrations et remarques sur les Coustumes du Maine, Bd. I, Paris 1658
BURGUNDUS, Nikolaus: Tractatus controversiarum ad Consuetudines Flandriae, Antwerpen 1621
CHALLINE, Paul: Méthode Générale pour l'intelligence des Coustumes de France, Paris 1666
CHARONDAS, gen. le Caron, Louis: Responses et décisions du droict françois
–: Résolutions de plusieurs notables célèbres et illustres questions du droit tant romain que françois
–: Mémorables Observations du droict françois
–: Pandectes ou Digestes du droict françois
–: Coustume de la Ville, Prévosté et Vicomté de Paris, Paris 1637
CHOPPIN, René: Commentaire sur la Coustume d'Anjou
–: Commentaire sur la Coustume de la Prévosté et Vicomté de Paris
–: Privilèges des Rustiques, Paris 1662
COQUILLE, Guy: La Coustume de Nivernois
–: Les Institutions au droict françois
–: Questions et Responses sur les articles des Coustumes, Paris 1646
–: La Coutume de Nivernais, herausgegeben von Dupin [zit. Dupin], Paris 1864
CUNEO, Wilhelm von: s. Meijers, Beiträge Beilage VI
DECIUS, Philippus: Consilia sive responsa, 2 Bde., Venedig 1575
DUMOULIN, Charles: Caroli Molinaei Franciae et Germaniae celeberrimi Jurisconsulti et in supremo Parisiorum senatu antiqui advocati, omnia quae extant opera, 5 Bde., Paris 1681 [zit. O. o.]
–: Solemnis oratio in celeberrima Tubingensis universitate habita, Tübingen 1554
–: Commentarius in Parisienses totius Galliae supremi Parlamenti consuetudines, Lausanne 1576
–: In regulas Cancellariae Romanae. Commentarius analyticus, Paris 1599
–: Commentarius in 6 primos libros Codicis, Hannover 1604
–: Le Grand Coustumier général, Contenant toutes les coutumes générales et particulières du Royaume de France et des Gaules, corrigées et annotées par Ch. D., Paris 1567.
DURANTIS, Wilhelm: s. Meili, Niem Z 9 (1899) 24 ff.
FABER, Johannes: s. Meili, Niem Z 9 (1899) 30 ff.; Meijers, Beiträge Beilage VIII
FROLAND, Louis: Mémoires concernans la nature et la qualité des statuts; diverses questions mixtes de droit et de coutume; et la pluspart des arrests qui les ont décidées, 2 Bde., Paris 1729
GAILL, Andreas: Practicarum Observationum libri duo, Köln 1580

HERT, Johann Nikolaus: Commentationum atque Opusculorum de selectis et rarioribus ex jurisprudentia universali publica feudala et romana ... argumentis tomi tres, Frankfurt 1700

HUBER, Ulrich: Praelectionum juris civilis tomi tres, 2. deutsche Ausgabe, Leipzig 1725 [s. auch Meili]

JACOBI, Petrus: s. Meijers, Beiträge Beilage VII

LE BRUN, Denis: Traité de la communauté entre mari et femme, Paris 1709

–: Traité des successions, Paris 1692

LOISEL: Institutes Coustumières, Paris 1607

LOUET, Georges: Recueil de plusieurs arrêts notables du Parlement de Paris, Paris 1742

MASUER: Practica forensis, Frankfurt a. M. 1573

MEVIUS, David: Commentarii in Jus Lubecense libri quinque, 3. Auflage, Frankfurt 1697

MYNSINGER VON FRUNDECK, Joachim: Singularium Observationum imperialis camerae centuriae, Lyon 1608

PECK, Peter: Opera omnia, Antwerpen 1647: De testamentis conjugum; De jure sistendi

POTHIER, Robert-Joseph: Oeuvres, herausgegeben von Bugnet, Paris 1845:
Traité du préciput des nobles
Traité de la Communauté
Commentaire sur la coutume d'Orléans
Traité des successions
Traité des prescriptions
Traité des donations testamentaires
Traité des donations entre mari et femme
Traité des retraits
Traité du douaire

RENUSSON, Philippe de: Oeuvres, Paris 1760:
Traité de la communauté des biens entre l'homme et la femme conjoints par mariage
Traité du douaire
Traité de la garde noble et bourgeoise
Traité des propres réels, réputés réels et conventionnels
Traité de la subrogation

RÉVIGNY, Jacques de: s. Meijers, Beiträge Beilage V; Neue Beiträge 82 ff.; Neumeyer, ZfVölkerrecht 11 (1920) 202 ff.

RICARD, Jean-Marie: Traité des donations entre vifs et testamentaires, contenant traité du don mutuel

–: La Coutume du bailliage de Senlis, Paris 1754

RODENBURG, Christian: Tractatus de jure conjugum, cum tractatione praeliminari de jure quod oritur ex statutorum vel consuetudinum discrepantium conflictu, Trajecti ad Rhenum 1653

SALINS, Lambert von: s. Meijers, Neue Beiträge 87 ff.

SAVIGNY, Friedrich Carl von: System des heutigen Römischen Rechts, Band VIII 3. Buch: Herrschaft der Rechtsregeln über die Rechtsverhältnisse, Berlin 1849 [zit. Savigny, System VIII]

STOCKMANS, Peter: Decisiones curiae Brabantinae, in: Opera omnia, 1686

STORY, Joseph: Commentaries on the conflict of laws, foreign and domestic, in regard to contracts, rights and remedies, and especially in regard to marriages, divorces, wills, successions and judgments, 8. Aufl., Boston 1883

VOET, Paul: De statutis eorumque concursu, Brüssel 1715

VOET, Johannes: Commentarius ad Pandectas, Halle 1776
WÄCHTER: Über die Collision der Privatrechtsgesetze verschiedener Staaten, in: Archiv für die civilistische Praxis 24 (1841) 230 ff. und 25 (1842) 1 ff., 161 ff., 361 ff.

Schrifttum:

AUBÉPIN: L'influence de Dumoulin sur la législation française, Sonderdruck aus: Revue critique de législation et de jurisprudence IV (1861)
AUBRY: De la notion de territorialité en droit international privé, in: Journal Clunet 27 (1900) 689 ff.; 28 (1901) 253 ff., 643 ff.; 29 (1902) 209 ff.
BARTIN, Etienne: Principes de droit international privé selon la loi et la jurisprudence françaises, I. Bd., Paris 1930
BATIFFOL, Henri: Traité élémentaire du droit international privé, Paris 1949
– : Les conflits de lois en matière de contrats Paris 1938 [zit. B., Contrats]
BONNICHON, André: La notion de conflit de souverainetés dans la science des conflits de lois, in: Revue Critique de Droit international privé 38 (1949) 615 ff. und 39 (1950) 11 ff.
BUSTAMANTE Y SIRVEN, Antonii S.: Derecho internacional privado, 2. Aufl., Havanna 1934
CALIXTE, Alexandre: Des donations entre époux en droit international privé, Paris 1895
CALEB, Marcel: Essai sur le principe de l'autonomie de la volonté en droit international privé, Paris 1927
CHÉNON-OLIVIER-MARTIN: Histoire générale du droit français public et privé des origines à 1815, Paris 1929
DAWSON: The equitable remedies of the French Chancery before 1789, in: Festschrift für Ernst Rabel I (1954) 99 ff.
DELAUME, Georges-René: Les conflits de lois à la veille du Code civil, Contribution à l'histoire du droit international privé français, Paris 1947
DESPAGNET, Frantz: Précis du droit international privé, 5. Aufl. herausgegeben von DE BOECK, Paris 1909
DONKER-CURTIUS, F.: La position jurisprudentielle néerlandaise en matière de la loi applicable aux contrats, in: Revue Critique de Droit international privé 39 (1950) 1 ff.
DONNEDIEU DE VABRES, Henri: L'évolution de la jurisprudence française en matière de conflits de lois, Paris 1905
DREYFUS, Georges: L'acte juridique en droit privé international, Paris 1904
ENAULT, Etienne: Du régime matrimonial des époux mariés sans contrat en droit international privé, Paris 1891
ESMEIN-GENESTAL: Cours élémentaire d'histoire du droit français, 14. Aufl., Paris 1921
GIRARD, Paul Frédéric: Manuel élémentaire de droit romain, 8. Aufl., Paris 1928
GUTZWILLER, Max: Le développement historique de droit international privé, in: Recueil des Cours de l'Académie de Droit international 29 (1929 IV) 287 ff. [zit. Gutzwiller]
– : Der Einfluß Savignys auf die Entwicklung des Internationalprivatrechts, Freiburg (Schweiz) 1923 [zit. Gutzwiller, Savigny]
HAUDEK, Wilhelm: Die Bedeutung des Parteiwillens im internationalen Privatrecht, Berlin 1931
JANSSENS, Raymond: Nicolas Bourgoigne: Le droit international privé, in: Pasicrisie Belge 1906/I S. 1 ff.
KAHN, Franz: Abhandlungen zum internationalen Privatrecht, München und Leipzig 1928

KAYSER, P.: L'autonomie de la volonté en droit international privé dans la jurisprudence française, in: Journal Clunet 58 (1931) 32 ff.

KNECHT, Roger: Des conflits de coutumes matrimoniales de Paris et de Normandie à partir du 16 siècle, Paris 1909

KOLLEWIJN, R. D.: Geschiedenis van de nederlandse wetenschap van het internationaal privaatrecht tot 1880, Amsterdam 1937

KRCMAR: Beiträge zur Geschichte des internationalen Privatrechts, in: Festschrift zum hundertjährigen Bestehen des ABGB (1911) 133 ff.

KUNKEL, Wolfgang: Römisches Privatrecht, auf Grund des Werks von Paul Jörs, 2. Aufl., Heidelberg 1935

LABORDERIE, Pierre: Quelques réflexions sur l'influence de Dumoulin dans l'histoire du droit français, Paris 1908 [zit. L., L'influence de Dumoulin]

–: Un précurseur du droit international privé: Dumoulin et les conflits de lois, in: Journal Clunet 39 (1912) 79 ff.

LAINÉ, Armand: Introduction au droit international privé, contenant une étude historique et critique de la théorie des statuts, et des rapports de cette théorie avec le Code civil, 2 Bde., Paris 1888 und 1894

DE LA LANDE DE CALAN: Bertrand d'Argentré, ses doctrines juridiques et leur influence, Saint-Amand 1892

LAURENT, F.: Droit civil international, Bd. 1, Paris 1880

LEREBOURS-PIGEONNIÈRE, Paul: Précis de droit international privé, 5. Aufl., Paris 1948

LOUIS-LUCAS, Pierre: L'autonomie de la volonté en droit privé interne et en droit international privé, in: Etudes de droit civil à la mémoire de Henri Capitant, Paris 1939

MEIJERS, Eduard-Maurits: L'histoire des principes fondamentaux du droit international privé à partir du moyen âge spécialement dans l'Europe occidentale, in: Recueil des Cours de l'Académie de Droit international 49 (1934 III) 543 ff. [zit. Meijers oder Meijers, Recueil]

–: Bijdrage tot de geschiedenis van het internationaal privaat- en strafrecht in Frankrijk en de Nederlanden, Harlem 1914 [zit. Meijers, Beiträge]

–: Nieuwe bijdrage tot het ontstaan van het beginsel der realiteit, in: Tijdschrift voor Rechtsgeschiedenis 3 (1922) 61 ff. [zit. Meijers, Neue Beiträge]

–: De universiteit van Orleans in de XIIIe eeuw, in: Tijdschrift voor Rechtsgeschiedenis 1 (1918) 108 ff.

MEILI, Friedrich: Die theoretischen Abhandlungen des Bartolus und Baldus über das internationale Privat- und Strafrecht, in: Böhms Z 4 (1894) 258 ff.

–: Argenträus und Molinäus und ihre Bedeutung im internationalen Privat- und Strafrecht, in: Böhms Z 5 (1895) 363 ff., 452 ff., 554 ff.

–: Ein Specimen aus der holländischen Schule des internationalen Privatrechts (Ulricus Huber 1636–1694), in: Böhms Z 8 (1898) 189 ff.

–: Über das historische Debut der Doktrin des internationalen Privat- und Strafrechts, in: Böhms (Niem) Z 9 (1899) 1 ff.

–: Das internationale Civil- und Handelsrecht auf Grund der Theorie, Gesetzgebung und Praxis, Zürich 1902 [zit. Meili, Lehrbuch]

MEYLAN, Philippe: Les statuts réels et personnels dans la doctrine de Du Molin, in: Festschrift Paul Fournier, Paris 1929

MEYNIAL: Remarques sur le rôle joué par la doctrine et la jurisprudence dans l'oeuvre d'unification du droit français, in: Akten des internationalen Kongresses für Rechtsvergleichung, Paris 1900, Sitzungsprotokolle I (1905) 270 ff.

MITTEIS, Heinrich: Die germanischen Grundlagen des französischen Rechts, in: Zeitschrift der Savigny-Stiftung für Rechtsgeschichte Germ. Abteilung 63 (1943) 137 ff.

MOSER, Rudolf: Vertragsabschluß, Vertragsgültigkeit und Parteiwille im internationalen Obligationenrecht, St. Gallen 1948
MÜLLER, Horst: Der Grundsatz des wohlerworbenen Rechts im internationalen Privatrecht, Hamburg 1935
NEUHAUS, Paul Heinrich: Savigny und die Rechtsfindung aus der Natur der Sache, in: Rabels Z 15 (1949/50) 364 ff.
NEUMEYER, Karl: Die gemeinrechtliche Entwicklung des internationalen Privat- und Strafrechts bis Bartolus, 2 Bde., München 1901 und 1916
–: Statutenkollision und persönliche Rechte, in: ZSSt 39 (1918) G. A. 309 ff.
–: Zur Geschichte des internationalen Privatrechts in Frankreich und den Niederlanden, Zeitschrift für Völkerrecht 11 (1920) 190 ff.
NIBOYET, Jean-Paulin: Traité de droit international privé français, Bd. 3 und 5, Paris 1944 und 1948 [zit. Niboyet, Traité]
–: Cours de droit international privé français, 2. Aufl., Paris 1950
–: La théorie de l'autonomie de la volonté, in: Recueil des Cours de l'Académie de Droit internat. 16 (1927 I) 5 ff. [zit. Niboyet, L'autonomie]
NIEDERER, Werner: Einführung in die allgemeinen Lehren des internationalen Privatrechts, Zürich 1954
NUSSBAUM, Arthur: Deutsches internationales Privatrecht, Tübingen 1932
OLIVIER-MARTIN, François: Histoire de la Coutume de la Prévôté et Vicomté de Paris, 2 Bde., Paris 1922 und 1926 [zit. Olivier-Martin, Coutume de Paris]
–: Histoire du droit français des origines à la Révolution, 2. Aufl., Paris 1951
–: L'esprit de tradition et l'esprit critique ou novateur dans les oeuvres de Dumoulin, in: Concours d'agrégation des facultés de droit, composition d'histoire du droit, Paris 1908
PILLET, Antoine: Traité pratique du droit international privé, Bd. 1, Paris 1923
RAAPE, Leo: Internationales Privatrecht, 3. Aufl., Berlin und Frankfurt 1950 [zit. Raape, Lehrbuch]
RIEZLER, Erwin: Internationales Zivilprozeßrecht und prozessuales Fremdenrecht, Berlin und Tübingen 1949
RIVIER, Alphonse: Introduction historique au droit romain, 2. Aufl., Brüssel 1881
ROLIN, Albéric: Principes du droit international privé et applications aux diverses matières du Code civil (Code Napoléon), 1. Bd., Paris 1897
SACK, Alexander: Conflicts of Law in the history of English law, in: LAW: A Century of Progress 1835–1935, Bd. III, New York 1937, 342 ff.
SAVIGNY, Friedrich Karl von: Geschichte des Römischen Rechts im Mittelalter, Bd. 4–6 (1826–31) [zit. Savigny IV (bzw. V, VI)]
STAUDINGER-RAAPE: Kommentar zum BGB, VI. Bd.: Einführungsgesetze, 2. Teil, 9. Aufl. München, Berlin und Leipzig 1931
STINTZING, R.: Geschichte der deutschen Rechtswissenschaft, 1. Abt., München u. Leipzig 1880; 2. Abt. 1884; 3. Abt. besorgt von Ernst LANDSBERG 1898
SURVILLE, F.: Du rôle de la volonté dans la solution des questions de droit international privé, que soulève le contrat de mariage, in: Revue critique de législation et de jurisprudence 1888, S. 159 ff., zitiert nach Sonderdruck Paris 1888 [zit. Surville, Du rôle de la volonté]
–: Cours élémentaire de droit international privé, 7. Aufl., Paris 1925
–: La théorie des statuts d'après Bartole et Dumoulin, in: Journal Clunet 48 (1921) 5 ff.
VALÉRY, Jules: Manuel de droit international privé, Paris 1914
VILLEQUEZ: Les écoles de droit, in: Revue de législation ancienne et moderne, herausgegeben von Laboulaye, 1872, S. 288 ff.

VIOLLET: Histoire du droit civil français, 3. Aufl., Paris 1905
WARNKÖNIG und STEIN: Französische Staats- und Rechtsgeschichte, Bd. 2: Geschichte der Rechtsquellen und des Privatrechts, 2. Aufl., Basel 1875
WEISS, André: Traité théorique et pratique de droit international privé. Bd. 3, Paris 1912
WIEACKER, Franz: Privatrechtsgeschichte der Neuzeit, Göttingen 1952
WOLFF, Martin: Das internationale Privatrecht Deutschlands, 2. Aufl., Berlin 1949
–: A new doctrine on private international law, in: The Law Quarterly Review 63 (1947) 325 ff.
YVER, Jean: Les caractères originaux du groupe de coutumes de l'ouest de la France, in: Revue historique de droit français et étranger 30 (1952) 18 ff.
YNTEMA: Die historischen Grundlagen des internationalen Privatrechts, in: Festschrift für Ernst Rabel I (1954) 513 ff.
ZWEIGERT, Konrad: Die Gestalt Joseph Storys, in: Zeitschrift für die gesamte Staatswissenschaft 105 (1949) 590 ff.

FSC
www.fsc.org
MIX
Papier | Fördert
gute Waldnutzung
FSC® C083411

Kolibri 360 GmbH
Ferdinand-Jühlke-Straße 7
99095 Erfurt, Deutschland
produktsicherheit@kolibri360.de